最新 機械製作

機械製作法研究会編

東　京
株式会社
養賢堂発行

執 筆 者 （50音順）

会 田 俊 夫	元京都大学名誉教授
岡 田 　 実	元大阪大学名誉教授
岡 村 健二郎	京都大学名誉教授
奥 島 啓 弐	元京都大学名誉教授
川 崎 元 雄	甲南大学名誉教授
斉 藤 浩 一	大阪府立大学名誉教授
佐々木 外喜雄	元京都大学名誉教授
田 中 行 雄	前関西大学教授
築 添 　 正	大阪大学名誉教授
津 和 秀 夫	元大阪大学名誉教授
鳴 瀧 良之助	神戸大学名誉教授
横 山 武 人	元大阪産業大学教授

改訂版序

　本書「機械製作」は昭和35年全三巻で発足したものであるが，昭和39年**新編機械製作**として上下二巻となり，さらに昭和43年**改訂新編機械製作**となって今日に至った．その都度，大幅な内容の改訂を行なってきたが，前回の改訂以来すでに数年を経過しその間のこの分野における進展はまことに目ざましく，重ねての改訂が不可避のものとなった．

　最新機械製作は，このような変遷を経てたび重なる大改訂の末，新しくまとめられたものであるが，機械製作法を若い技術者に示すための基本的な取扱い方は終始一貫してなんら変更されていない．

　今回の改訂を機会に，上下巻2分冊であったものが合本の1冊に改められた．また従来一つの章となっていた工業材料は，他の専門書に譲ることとして本書から削除された．

　なお十数名の執筆分担者のうち吉本源之助，上田太郎の両先生には故人となられたため，今回の改訂に参加していただけなかったことは痛恨の極みである．

　　昭和49年2月

機械製作法研究会

序

　過去十年わが国機械工業の発達は実にすばらしいものがあり，経済成長率の示すようにその進み方の早かったことは，世界各国にも例が少ない．もちろん，この間外国との技術提携があり日本独自の発達進歩だけでは決してない．すなわち輸入技術も少なくなかった．しかし以前の技術に比べ上達して段違いになったことはいなめない．

　なお，よりよい品質でしかもむらのないものがより廉価に製作されることはいつの時代にも望ましく，このための基準的な機械製作法を若い技術者に示すことを目的として，十数名が分担して筆を取ったものである．前に「機械製作」全三巻を刊行しているが，**新編機械製作**は大学の機械工学専攻の学生教科書であることを目的として稿を上下二巻に改めたものである．もちろん機械工場技術者の参考書として活用できる点にも心を配っておいた．

　しかるに4年を経るに及びさらに新しい技術が生れ，ここに大きく改訂を加えねばならなくなった．

　この書には，素材の加工 合成樹脂の成形 管理工学などを差し控えてあまり大部となることを避けたが，それでもなお機械製作に必要な諸材料から寸法測定まで広い範囲にわたって記載した．

　機械製作を学ぼうとする学生諸君ならびにこの種の作業に従事する技術者諸賢の参考とならば筆者らの喜びとするところであって，改版を快く引受けられた養賢堂及川伍三治氏に特に謝意を表する次第である．

　　　昭和43年3月

　　　　　　　　　　　　　　　　　　吉　本　源　之　助

目　次

緒　論 …………………………………… 1

第1章　鋳造作業 …………………………… 3
1・1　模　型 ………………………………… 3
1・1・1　模型の種類 ……………………… 3
(1)　現　型 …………………………… 3
(2)　回し型 …………………………… 3
(3)　かき型 …………………………… 3
(4)　骨組み型 ………………………… 4
(5)　中子型 …………………………… 4
(6)　湯道付き模型 …………………… 4
(7)　マッチプレート ………………… 4
1・1・2　模型製作における注意事項 … 5
1・1・3　模型用材料 ……………………… 5
1・1・4　模型製作に用いる木工機械 … 6
(1)　木工旋盤 ………………………… 6
(2)　研削ディスクおよび
　　　研削ロール …………………… 6
(3)　丸のこ盤，帯のこ盤
　　　および糸のこ盤 ……………… 6
(4)　木工かんな盤 …………………… 7
(5)　木工ボール盤 …………………… 8
1・1・5　木工用工具 ……………………… 8
1・1・6　模型製作のときの木の
　　　　　継ぎ合わせ …………………… 9
1・1・7　模型の塗装 ……………………… 10
1・1・8　模型の整理 ……………………… 11
1・2　鋳型用砂 ……………………………… 11
1・2・1　鋳型用砂の性質 ………………… 11
1・2・2　鋳物砂の種類 …………………… 12
(1)　生型用砂 ………………………… 12
(2)　焼型用砂 ………………………… 12
(3)　かき型および回し型用砂 …… 12
(4)　中子砂 …………………………… 12
(5)　はだ（肌）砂 …………………… 12
(6)　仕切り砂 ………………………… 12

1・2・3　鋳物砂の粘結剤 ………………… 12
(1)　無機物 …………………………… 12
(2)　有機物 …………………………… 12
1・2・4　塗型材料 ………………………… 13
1・2・5　鋳物砂試験法 …………………… 14
(1)　通気度試験法 …………………… 14
(2)　試験片の搗固器 ………………… 15
(3)　水分含有量の測定 ……………… 15
(4)　粘土分の含有量を測定す
　　　る方法 ………………………… 15
(5)　粒度試験法 ……………………… 15
(6)　砂粒の形状検査 ………………… 16
(7)　耐火溶着試験 …………………… 16
(8)　粘結力試験 ……………………… 16
(9)　鋳型のかたさ試験 ……………… 16
(10) 圧縮試験 ………………………… 17
1・3　砂処理用機器 ………………………… 17
(1)　砂ふるい機 ……………………… 17
(2)　混砂機 …………………………… 19
(3)　投砂機 …………………………… 19
1・4　造　型 ………………………………… 19
1・4・1　手込め式の造型 ………………… 20
1・4・2　造型用の手道具 ………………… 23
1・4・3　湯口，湯道，上りおよび押湯 … 25
(1)　湯　口 …………………………… 25
(2)　かけぜき ………………………… 26
(3)　湯　道 …………………………… 27
(4)　上　り …………………………… 28
(5)　押　湯 …………………………… 28
1・4・4　心金，冷し金および
　　　　　中子押え …………………… 29
(1)　心　金 …………………………… 29
(2)　冷し金 …………………………… 29
(3)　中子押え ………………………… 29
1・4・5　造型用機械 ……………………… 30
(1)　サンドスリンガ ………………… 30
(2)　造型機 …………………………… 30

（3）中子造型機……………32
　（4）自動鋳造装置…………32
1・5　地金の溶解………………32
1・5・1　キュポラ………………32
　（1）前炉………………………35
　（2）羽口………………………36
　（3）付属設備…………………36
1・5・2　るつぼ炉………………39
1・5・3　その他の炉……………40
　（1）反射炉……………………40
　（2）平炉………………………41
　（3）転炉………………………41
　（4）電気炉……………………41
1・5・4　鋳込み…………………43
1・6　鋳造後の処理……………43
1・6・1　鋳造品仕上処理用機器…43
　（1）タンブラ…………………45
　（2）鋳ばり取り用機器………45
　（3）砂吹き加工機……………46
　（4）水射清浄装置……………47
1・6・2　シーズニング…………47
1・7　鋳鉄以外の鋳造…………48
1・7・1　鋳鋼……………………48
　（1）鋳鋼の溶解………………48
　（2）鋳鋼における造型上の注意…49
　（3）鋳鋼の鋳込み後の処理…49
1・7・2　可鍛鋳鉄………………50
1・7・3　非鉄合金鋳物…………51
　（1）銅合金鋳物………………51
　（2）アルミニウムおよび
　　　　アルミニウム合金鋳物…52
1・8　鋳造の欠陥とその原因および
　　　鋳造品の設計に対する注意…53
1・8・1　鋳造の欠陥……………53
　（1）寸法の不正確……………53
　（2）はだの不良………………53
　（3）鋳巣………………………54
　（4）外ひけ……………………55
　（5）割れ………………………55
　（6）凝固収縮による寸法の狂い…56

　（7）湯境………………………56
1・8・2　鋳造品とその設計……56
1・8・3　鋳造品の寸法差………57
1・9　特殊な鋳造法……………57
1・9・1　ダイカスト……………57
1・9・2　鋳鉄の金型鋳造………58
1・9・3　低圧鋳造法……………58
1・9・4　遠心鋳造………………58
1・9・5　チル鋳造………………59
1・9・6　石こう鋳型法…………59
1・9・7　シェルモールド法……59
1・9・8　自硬性鋳型法…………60
　（1）セメント鋳型……………60
　（2）CO_2プロセス…………60
　（3）Nプロセス………………60
　（4）ダイカル鋳型……………61
　（5）F.S法……………………61
1・9・9　ショープロセス………61
1・9・10　ロストワックス法または
　　　　インベストメント法……62
1・9・11　フルモールド法………62
1・9・12　連続鋳造法……………62
1・9・13　真空鋳造………………63

第2章　鍛造作業………………64
2・1　鍛造用材料………………64
2・1・1　鍛造用鋼材……………64
2・1・2　鍛造用非鉄材料………65
　（1）軽合金……………………65
　（2）銅合金……………………65
2・2　材料の加熱法……………66
2・2・1　鍛造温度………………66
2・2・2　鍛造用加熱炉…………68
2・3　鍛造作業…………………70
2・3・1　自由鍛造………………70
2・3・2　型鍛造…………………73
　（1）型鍛造の原理……………74
　（2）型の設計…………………74

（3）型の材料……………………75
　　（4）型鍛造の作業例……………76
　2・3・3　鍛　接……………………76
　2・4　鍛造用工具および機械………77
　2・4・1　鍛造用工具…………………77
　2・4・2　鍛造用機械…………………77
　　（1）ハンマ………………………80
　　（2）プレス………………………86
　　（3）その他の鍛造用機械………86
　2・5　その他の鍛造作業……………89
　2・5・1　高速鍛造……………………89
　2・5・2　液圧変型……………………89

第3章　板金プレス作業……………90
　3・1　板金プレス（部品）加工法
　　　　の基本………………………90
　3・1・1　せん断加工…………………91
　　（1）せん断加工の区分…………91
　　（2）せん断切口の形状と
　　　　　クリアランス………………92
　　（3）せん断荷重とシヤ角………93
　3・1・2　曲げ加工……………………93
　　（1）曲げ加工の区分……………93
　　（2）曲げにおけるはねかえりと
　　　　　そり…………………………94
　　（3）曲げにおける板厚減少と
　　　　　曲げ半径……………………94
　　（4）曲げ加工と材料の割れ……95
　3・1・3　深絞り加工…………………95
　　（1）（深）絞り加工の区分………95
　　（2）円筒深絞り…………………95
　　（3）再絞り加工…………………96
　　（4）角筒および異形容器の
　　　　　絞り加工……………………97
　　（5）へら絞り加工………………98
　3・1・4　張出し加工…………………98
　　（1）張出し加工の区分…………98
　　（2）深絞り加工と張出し加工の
　　　　　比較…………………………99

　　（3）複合成形……………………99
　3・1・5　各種成形加工………………99
　　（1）フランジング………………99
　　（2）カーリング…………………100
　3・1・6　圧縮加工……………………100
　　（1）エンボス加工………………101
　　（2）スエージ加工………………101
　　（3）圧印加工……………………101
　　（4）押出加工……………………101
　　（5）しごき加工…………………102
　3・2　板取りおよび加工工程の
　　　　一例……………………………102
　3・2・1　板取り………………………102
　3・2・2　加工工程の一例……………103
　3・3　板金プレス用金型および
　　　　潤滑材料………………………104
　3・3・1　板金プレス用金型の
　　　　　種類と構造…………………104
　　（1）せん断加工用金型…………104
　　（2）曲げ型………………………108
　　（3）絞り型………………………110
　3・3・2　板金プレス加工用金型の
　　　　　材料…………………………112
　3・3・3　板金プレス加工用金型の
　　　　　加工…………………………114
　3・3・4　板金プレス用潤滑材料……114
　3・4　プレス機械……………………115
　3・4・1　プレス機械の分類…………115
　3・4・2　クランクプレス……………117
　3・4・3　トグルプレス………………119
　3・4・4　ダイイングマシン…………120
　3・4・5　ドローイングプレス………120
　3・4・6　液圧プレス…………………120
　3・4・7　板せん断機とプレス
　　　　　ブレーキ……………………121
　3・5　自動化大量生産方式と
　　　　小量生産方式…………………122
　3・5・1　組合せ型，複合型…………122

3・5・2 順送り型 …………………123
3・5・3 トランスファプレスおよび
　　　　トランスファプレスライン………………………124
3・5・4 小量生産方式 ……………126
3・6 プレス加工製品の精度向上 …127
3・6・1 ひずみ取りロール ………127
3・6・2 精密打抜き ………………127
3・6・3 成形加工の精度向上 ……128
3・7 高エネルギ加工法 ……………128
3・7・1 爆発成形法 ………………128
3・7・2 放電成形法 ………………129
3・7・3 電磁成形法 ………………129

第4章 溶接作業……………………130
4・1 ガス溶接 ………………………130
4・1・1 ガス溶接用機材 …………130
4・1・2 溶接作業 …………………131
4・2 アーク溶接 ……………………132
4・2・1 アーク溶接機 ……………132
4・2・2 溶接棒 ……………………132
4・2・3 被覆金属アーク溶接………133
4・2・4 イナートガスアーク溶接 …134
4・2・5 サブマージアーク（潜弧）
　　　　溶接 ………………………134
4・2・6 その他のアーク溶接法………134
4・3 抵抗溶接 ………………………135
4・3・1 抵抗溶接機 ………………135
4・3・2 スポット溶接 ……………135
4・3・3 シーム溶接 ………………136
4・3・4 アプセット溶接 …………136
4・3・5 フラッシュ溶接 …………136
4・3・6 プロジェクション
　　　　溶接法 ……………………136
4・4 ろう付け法，はんだ付け法……137
4・5 その他の溶接法 ………………137
4・6 新しい溶接法 …………………138
4・7 切断作業 ………………………139

4・7・1 ガス切断 …………………139
（1） 炭素鋼のガス切断 …………139
（2） 炭素鋼以外の金属の
　　　ガス切断 …………………140
（3） 特殊ガス切断法 ……………140
4・7・2 アーク切断 ………………141
4・7・3 アークエアーガウジング …141
4・7・4 プラズマ切断 ……………141
4・8 溶接継手の種類および
　　　その選択 ………………………141
4・8・1 溶接継手の種類 …………141
4・8・2 継手の選択 ………………145
4・9 残留応力と変形 ………………145
4・10 溶接部の組織 …………………146
4・11 各種金属の溶接法 ……………146
4・11・1 鉄鋼材料 …………………146
4・11・2 非鉄金属材料 ……………147

第5章 切削加工総論………………149
5・1 工作機械の種類 ………………149
5・1・1 生産の様式による分類 …149
5・1・2 機種による分類 …………150
5・1・3 その他の分類 ……………150
（1） 模写によるものと創成法に
　　　よるもの …………………150
（2） 切くずを出すものと出さな
　　　いもの ……………………150
5・2 切削加工の傾向 ………………151
5・2・1 精　度 ……………………151
5・2・2 剛　性 ……………………151
5・2・3 切削加工時間 ……………151
5・2・4 安　全 ……………………152
5・3 工作機械の精度 ………………152
5・4 工作機械の効率 ………………153
（1） 切削効率 ……………………153
（2） 機械的効率 …………………153
（3） 仕事量の効率，稼働率 ……153
5・5 切削加工上の注意 ……………153

第6章　けがき作業 ………………155
- 6・1　けがき用工具 ………………155
- 6・2　けがき作業 …………………155

第7章　旋盤作業 …………………158
- 7・1　普通旋盤 ……………………158
- 7・2　旋盤の構造 …………………159
  - 7・2・1　主軸台 ………………159
  - 7・2・2　心押台 ………………161
  - 7・2・3　往復台 ………………161
  - 7・2・4　ベッド ………………162
- 7・3　旋盤用工具 …………………162
  - 7・3・1　完成バイト …………162
  - 7・3・2　高速度鋼付刃バイト …163
  - 7・3・3　超硬バイト …………163
  - 7・3・4　バイトホルダ ………164
  - 7・3・5　チップブレーカ ……164
  - 7・3・6　ローレット …………164
- 7・4　旋盤用付属品 ………………165
  - 7・4・1　回し板，回し金，面板，チャック …………………165
    - (1)　チャック ………………166
    - (2)　コレットチャック ……166
    - (3)　空気チャック …………166
    - (4)　マグネットチャック …167
  - 7・4・2　振れ止め ……………167
  - 7・4・3　マンドレル …………168
  - 7・4・4　センタ ………………168
- 7・5　旋盤の作業 …………………170
  - 7・5・1　工作物の取付け ……170
  - 7・5・2　バイトの取付け ……170
  - 7・5・3　つりあい削り，多刃削り，複合削り ………………171
  - 7・5・4　テーパ削り …………171
  - 7・5・5　ならい削り …………171
  - 7・5・6　穴あけ，リーマ通し …173
  - 7・5・7　ねじ切り ……………173
    - (1)　ねじ切りバイトによるねじ切り作業 ……………173
    - (2)　ダイヘッドによるねじ切り作業 …………………174
    - (3)　旋盤によるねじの転造 …174
    - (4)　自動ねじ切盤 …………174
  - 7・5・8　偏心を有する工作物の旋盤作業 …………………174
  - 7・5・9　バイト刃部標準角度および標準作業条件 …………174
  - 7・5・10　切削理論概要 ………177
    - (1)　切くず生成機構 ………177
    - (2)　切削抵抗 ………………179
    - (3)　切削温度 ………………179
    - (4)　工具摩耗 ………………180
    - (5)　仕上面あらさ …………182
    - (6)　切削油剤 ………………182
- 7・6　特殊旋盤 ……………………182
  - (1)　卓上旋盤 ………………182
  - (2)　ならい旋盤 ……………182
  - (3)　多刃旋盤 ………………182
  - (4)　二番取り旋盤 …………184
  - (5)　正面旋盤 ………………184
  - (6)　カム軸旋盤 ……………184
  - (7)　ねじ切旋盤 ……………184

第8章　タレット旋盤および自動旋盤作業 ……………186
- 8・1　タレット旋盤の種類 ………186
  - (1)　ラム形タレット旋盤 …187
  - (2)　サドル形タレット旋盤 …187
  - (3)　ドラム形タレット旋盤 …187
- 8・2　タレット旋盤用工具 ………188
- 8・3　タレット旋盤の作業 ………189
- 8・4　自動旋盤の種類 ……………190
- 8・5　単軸自動旋盤 ………………191
- 8・6　多軸自動旋盤 ………………194
- 8・7　素材自動供給装置 …………195

第9章　立旋盤作業 …………196
- 9・1　立旋盤 …………196
- 9・2　立旋盤の機能 …………197
- 9・3　立旋盤に用いられる装置 …………198
  - (1) 定速装置 …………198
  - (2) 無段変速装置 …………198
  - (3) 自動定寸装置 …………198
  - (4) 機械防護装置 …………198
  - (5) ならい装置 …………198
  - (6) プリセレクト装置 …………199
- 9・4　工具 …………199
- 9・5　立タレット旋盤 …………199
- 9・6　立旋盤の作業 …………200

第10章　ボール盤作業 …………201
- 10・1　ボール盤 …………201
  - 10・1・1　直立ボール盤 …………201
  - 10・1・2　ラジアルボール盤 …………203
- 10・2　ボール盤用工具 …………203
  - 10・2・1　ドリル …………203
  - 10・2・2　リーマ …………207
  - 10・2・3　タップ …………211
- 10・3　ボール盤の作業 …………211
- 10・4　特殊なボール盤 …………214

第11章　中ぐり盤作業 …………216
- 11・1　横中ぐり盤 …………216
- 11・2　横中ぐり盤用工具 …………217
- 11・3　横中ぐり盤作業 …………219
- 11・4　精密中ぐり盤とその作業 …………220
- 11・5　ジグ中ぐり盤 …………222

第12章　平削り盤，形削り盤および立削り盤作業 …………226
- 12・1　平削り盤作業 …………226
  - 12・1・1　平削り盤 …………226
  - 12・1・2　平削り盤用工具 …………228
  - 12・1・3　平削り盤作業 …………229
    - (1) 工作物の取付け …………229
    - (2) けがきおよび工具位置決めゲージ …………230
    - (3) 作業条件 …………230
    - (4) 特殊作業 …………231
- 12・2　形削り盤作業 …………231
  - 12・2・1　形削り盤 …………231
  - 12・2・2　形削り盤作業 …………234
- 12・3　立削り盤作業 …………234

第13章　ブローチ盤作業 …………236
- 13・1　ブローチの分類 …………236
- 13・2　ブローチの要素 …………236
  - 13・2・1　ピッチと刃数 …………237
  - 13・2・2　刃先の形状と角度 …………237
  - 13・2・3　案内部 …………238
  - 13・2・4　切込量 …………238
  - 13・2・5　バニシ刃 …………238
  - 13・2・6　引抜端部 …………238
  - 13・2・7　ブローチの材料 …………239
- 13・3　ブローチ盤 …………239
  - 13・3・1　横形内面ブローチ盤 …………239
  - 13・3・2　立形内面ブローチ盤 …………241
  - 13・3・3　表面ブローチ盤 …………241
- 13・4　ブローチ作業 …………241
  - 13・4・1　作業の準備 …………241
  - 13・4・2　キーみぞブローチ …………241
  - 13・4・3　スプライン穴ブローチ …………242
  - 13・4・4　ねじれ穴ブローチ …………242
  - 13・4・5　表面ブローチ …………243
  - 13・4・6　切削剤 …………243

第14章　フライス盤作業 …………244
- 14・1　フライス盤 …………244
  - 14・1・1　フライス盤の種類 …………244
  - 14・1・2　フライス盤（ひざ形） …………244
  - 14・1・3　生産フライス盤 …………246
  - 14・1・4　プラノミラー …………246

14・2　フライス盤用工具 …………247
　14・2・1　フライス …………………247
　14・2・2　工具取付用付属品 ………250
　14・3　フライス盤の作業 ……………251
　14・4　特殊なフライス盤 ……………257
　14・5　金切りのこ盤…………………259

第15章　工作機械の動向 ……………262
　15・1　自動制御工作機械 ……………262
　15・1・1　ならい制御工作機械 ………262
　15・1・2　数値制御工作機械 …………263
　15・2　専用工作機械…………………264
　15・2・1　パワーユニット ……………264
　15・2・2　ステーショナリマシン ……265
　15・2・3　インデキシングマシン ……265
　15・2・4　トランスファマシン ………267
　15・2・5　シャフト用トランスファ
　　　　　　マシン …………………267
　15・3　単能工作機械…………………269
　15・4　複合工作機械…………………270

第16章　研削盤作業 …………………271
　16・1　円筒研削 ………………………271
　16・1・1　円筒研削盤 …………………271
　16・1・2　円筒研削盤の付属装置 ……273
　16・1・3　円筒研削盤の作業 …………274
　16・2　内面研削 ………………………275
　16・2・1　内面研削盤 …………………275
　16・2・2　内面研削盤の作業 …………277
　16・3　平面研削 ………………………277
　16・3・1　平面研削盤 …………………277
　16・3・2　平面研削盤の作業 …………280
　16・4　心なし研削……………………281
　16・4・1　心なし研削方式と
　　　　　　その利点 ………………281
　16・4・2　心なし研削盤 ………………282
　16・4・3　心なし研削盤の作業 ………283

　　（1）工作物の中心高さおよび
　　　　支持刃 …………………283
　　（2）工作物の周速度および送り …284
　　（3）案内板 …………………………284
　16・5　工具研削 ………………………284
　16・5・1　工具研削 ……………………284
　16・5・2　各種の工具研削盤と
　　　　　　その作業 ………………285
　　（1）バイト研削盤とその作業 ……285
　　（2）ドリル研削盤とその作業 ……286
　　（3）カッタ研削盤とその作業 ……286
　16・6　砥石車 …………………………287
　16・6・1　砥石車 ………………………287
　16・6・2　砥石構成要素 ………………288
　　（1）砥粒 …………………………288
　　（2）粒度 …………………………288
　　（3）結合剤 ………………………288
　　（4）結合度 ………………………289
　　（5）組織 …………………………290
　16・6・3　砥石車の形状 ………………291
　16・6・4　研削砥石の選択 ……………292
　16・7　特殊研削盤……………………293
　16・7・1　ロール研削盤とその作業 …293
　16・7・2　クランク軸研削盤と
　　　　　　その作業 ………………294
　16・7・3　カム軸研削盤とその作業 …294
　16・7・4　スプライン軸研削盤と
　　　　　　その作業 ………………295
　16・7・5　ねじ研削盤とその作業 ……295
　16・7・6　輪郭研削盤とその作業 ……296
　16・7・7　その他の研削盤 ……………297

第17章　砥粒加工作業 ………………298
　17・1　ホーニング仕上げ ……………299
　17・1・1　ホーニング仕上げ …………299
　17・1・2　ホーニング仕上作業および
　　　　　　ホーニング盤 …………299
　17・1・3　ホーニング仕上作業条件 …301

（1）砥　石 …………………301
　　（2）ホーニング速度 …………301
　　（3）砥石圧力 ………………302
　　（4）ホーニング仕上用工作液 …303
17・1・4　ホーニング仕上げの応用 …303
17・2　超仕上げ …………………303
17・2・1　超仕上げ ………………303
17・2・2　超仕上盤 ………………304
17・2・3　超仕上機構 ……………305
17・2・4　超仕上作業条件 ………306
　　（1）砥　石 …………………306
　　（2）運動条件 ………………307
　　（3）砥石圧力 ………………308
　　（4）工作液 …………………308
17・3　ラップ仕上げ ……………308
17・3・1　ラップ仕上げの方法 …308
17・3・2　ラップ盤 ………………310
17・3・3　手作業によるラップ
　　　　　仕上げ ………………311
　　（1）平面のラップ仕上げ …311
　　（2）外径のラップ仕上げ …312
　　（3）内径のラップ仕上げ …313
　　（4）ねじのラップ仕上げ …313
17・4　研磨布紙仕上げ …………314
17・4・1　研磨布紙の構成 ………314
17・4・2　研磨布紙仕上用機械 …314
　　（1）ベルトグラインダ ……315
　　（2）ディスクサンダ ………316
　　（3）その他 …………………317
17・5　バフ仕上げ ………………317
17・5・1　バフ仕上げの機構 ……317
17・5・2　バフ構成要素 …………318
　　（1）バフ車 …………………318
　　（2）砥粒 ……………………318
　　（3）油脂 ……………………319
17・5・3　バフ仕上作業 …………319
17・5・4　バフ仕上用機械 ………320
17・6　バレル仕上げ ……………321
17・6・1　バレル仕上げの機構 …321

17・6・2　装　置 …………………322
　　（1）バレルの材質 …………322
　　（2）バレルの形状 …………322
17・6・3　使用材料 ………………322
　　（1）研摩石 …………………322
　　（2）メディア ………………322
　　（3）コンパウンド …………322
17・6・4　作業条件 ………………323
　　（1）バレルの回転数 ………323
　　（2）装入量 …………………323
　　（3）混合比 …………………323
　　（4）研摩石の選択 …………323
　　（5）研摩時間 ………………323
17・6・5　バレル仕上げの得失 …324
17・6・6　バレル仕上法の応用と
　　　　　類似の方法 …………324
17・7　噴射加工 …………………324
17・7・1　吹付加工 ………………324
　　（1）吹付加工機械 …………324
　　（2）吹付粒子 ………………326
17・7・2　液体ホーニング ………326
17・7・3　ショットピーニング …327

第18章　特殊加工作業 …………329
18・1　バニシ仕上げ ……………329
18・2　ローラ仕上げ ……………330
18・2・1　円筒のローラ仕上げ …330
18・2・2　ねじの転造 ……………331
18・3　電解研摩 …………………332
18・4　化学研摩 …………………333
18・5　ケミカルミリング法 ……333
18・6　放電加工 …………………334
18・7　電解加工 …………………336
18・8　超音波加工 ………………338
18・9　電子ビーム加工 …………339
18・10　レーザ加工 ………………341
18・11　プラズマジェット加工 …342

第19章　歯車の製作 ……………343

19・1　円筒歯車の歯切り …………344
19・1・1　成形歯切法 …………………344
19・1・2　ホブ切法 ……………………345
　（1）　ホブ ………………………345
　（2）　ホブ盤 ……………………346
19・1・3　ラックカッタによる
　　　　歯車の形削り ……………348
19・1・4　ピニオンカッタによる
　　　　歯切り ……………………349
19・2　かさ歯車の歯切り …………351
19・2・1　すぐばかさ歯車の
　　　　ならい歯切法 ……………351
19・2・2　すぐばかさ歯車の成形フ
　　　　ライスカッタによる歯
　　　　切り ………………………352
19・2・3　すぐばかさ歯車の創成
　　　　歯切法 ……………………353
　（1）　ライネッカ形すぐばかさ歯車
　　　　創成歯切盤 ………………353
　（2）　グリーソン形2本バイト方式
　　　　すぐばかさ歯車創成仕上盤 …353
　（3）　さら形フライス創成歯切盤 …354
19・2・4　まがりばかさ歯車の
　　　　歯切り ……………………354
　（1）　ホブ切法 …………………354
　（2）　環状フライス削り法 ………355
19・3　ウォームギヤの歯切り ……357
19・3・1　ウォームの切削 ……………357
　（1）　旋削 ………………………357
　（2）　フライス削り ………………358
　（3）　ホブ切り …………………358
　（4）　ウォームの研削 ……………358
19・3・2　ウォームホィールの
　　　　歯切り ……………………359
　（1）　ホブ切り …………………359
　（2）　舞いカッタによる歯切り ……359
　（3）　シェービングホブによる
　　　　仕上歯切り ………………360
　（4）　ウォームホィールの歯面に
　　　　ふくらみをつける歯切法 …360
　（5）　鼓形ウォームギヤの歯切り …360
19・4　歯車の仕上加工法 …………360
19・4・1　歯車のシェービング
　　　　仕上げ ……………………360
19・4・2　歯車のラップ仕上げ ………362
19・4・3　歯車のホーニング仕上げ …363
19・4・4　歯車の研削仕上げ …………363
　（1）　マーグ歯車研削盤 …………365
　（2）　ウォーム状砥石を用いる
　　　　歯車研削盤 ………………365
　（3）　かさ歯車研削盤 ……………366
19・5　特殊歯形の歯切り，その他 …367
19・5・1　非円形歯車の歯切り ………367
19・5・2　特殊歯形の歯切り …………368
19・5・3　歯形の修整と
　　　　クラウニング ……………368
19・5・4　歯の面とり …………………369
19・6　歯車の非切削加工 …………369
19・6・1　歯車の鋳造 …………………369
19・6・2　歯車の鍛造 …………………370
19・6・3　歯車の転造 …………………370
19・6・4　歯車の引抜き，押出し ……371
19・6・5　歯車の打抜き ………………371
19・7　歯車の測定 …………………371
19・7・1　歯車の仕上寸法管理
　　　　―歯厚の測定 ……………371
19・7・2　ピッチの測定 ………………372
19・7・3　歯形の測定 …………………374
19・7・4　歯みぞのふれ，歯すじ方向
　　　　の測定 ……………………374
19・7・5　かみあい試験 ………………374
　（1）　両歯面かみあい誤差測定器
　　　　（中心距離変化方式）………374
　（2）　片歯面かみあい誤差測定器
　　　　（中心距離固定方式）………375
19・7・6　歯車の精度 …………………375

第20章 手仕上げ，組立および工作測定 ……376

- 20・1 たがね ……376
- 20・2 やすり ……377
- 20・3 きさげ ……377
- 20・4 その他の手仕上げおよび組立用作業工具 ……378
  - 20・4・1 万力およびハンマ ……378
  - 20・4・2 穴あけ用工具 ……378
  - 20・4・3 ねじ切用工具 ……379
  - 20・4・4 リーマ通し用工具 ……380
  - 20・4・5 ハクソーフレーム ……380
  - 20・4・6 研削仕上用工具 ……380
  - 20・4・7 ねじ回し ……380
  - 20・4・8 プライヤ類 ……381
  - 20・4・9 レンチ類 ……381
  - 20・4・10 その他 ……382
- 20・5 工作測定 ……382
  - 20・5・1 ブロックゲージ ……382
  - 20・5・2 限界ゲージ ……383
  - 20・5・3 その他のゲージ ……383
  - 20・5・4 物さしとパス ……385
  - 20・5・5 ノギス ……385
  - 20・5・6 マイクロメータ ……386
  - 20・5・7 ダイヤルゲージ ……386
- 20・6 角の測定 ……387
- 20・7 面の測定 ……387
  - 20・7・1 平たん度の測定 ……387
  - 20・7・2 表面粗さの測定 ……388
- 20・8 自動選別および自動組立 ……388

第21章 表面処理 ……390

- 21・1 洗浄 ……390
  - 21・1・1 脱脂 ……390
    - (1) 溶剤脱脂 ……390
    - (2) アルカリ脱脂 ……390
    - (3) 電解洗浄 ……390
  - 21・1・2 酸洗い ……391
- 21・2 エッチング ……391
- 21・3 電気めっき ……391
  - 21・3・1 光沢めっき ……391
  - 21・3・2 クロムめっきの性質と用途 ……393
  - 21・3・3 クロメート処理 ……393
  - 21・3・4 電気めっきと公害防止 ……393
- 21・4 化学めっき ……394
- 21・5 溶融めっき ……394
  - 21・5・1 亜鉛 ……394
  - 21・5・2 すず ……395
  - 21・5・3 アルミニウム ……395
- 21・6 真空めっき，気相めっき ……395
  - 21・6・1 真空めっき ……395
  - 21・6・2 気相めっき ……395
- 21・7 陽極酸化 ……395
- 21・8 化成処理，着色 ……396
  - 21・8・1 化成処理 ……396
  - 21・8・2 着色 ……396
- 21・9 塗装 ……396
  - 21・9・1 塗料 ……396
  - 21・9・2 塗装方法 ……397
- 21・10 ライニング，コーチング ……397
  - 21・10・1 金属溶射 ……397
  - 21・10・2 無機質被覆 ……397
  - 21・10・3 有機質被覆 ……397
- 21・11 拡散浸透 ……397

第22章 ジグ ……398

- 22・1 ジグの要素 ……398
  - 22・1・1 工作物の位置決め ……398
  - 22・1・2 工作物の締付け ……401
  - 22・1・3 工具の案内 ……402
    - (1) ブシュ ……402
    - (2) フィーラブロック ……404
  - 22・1・4 工作物の位置決め装置と

目　　次　(11)

　　　工具の案内装置との連
　　　　結機構……………404
22・1・5　その他の付属装置………404
　（1）　ジグのつり上げ装置………404
　（2）　ジグの機械への取付装置
　　　　およびあし……………404
　（3）　工作物の補給および
　　　　取出装置……………405
　（4）　送り装置……………405
　（5）　その他の装置……………405
22・2　ジグ用標準部品………405

22・3　ジグの材料と製作…………406
22・4　ジグの実例…………………407
22・4・1　ドリルジグ………………407
22・4・2　中ぐりジグ………………407
22・4・3　その他のジグ……………408
　（1）　フライスジグ………………408
　（2）　旋削ジグ……………………408
　（3）　溶接ジグ……………………408
　（4）　組立ジグ……………………408

索　　引

――目次終――

緒　　論

　機械類を製作するときに要望されることは，優良品を低い原価でしかも短い期間に製作することである．このために今日は世界水準以上の製品を製作し，これを世界市場で競争しなければならない．
　製品は日々に進歩し，競争は刻々に激化する．
　この競争に打ち勝つためには優秀な技術を必要とする．
　すなわち，工程管理，作業手法などの製作管理も完全でなければならないが，使用材料の研究も重要である．しかしそれ以外に製作方法の優秀さを欠くことはできない．素材の製作から，最終製品に仕上げ，組立てるまでに，常に特別の考慮を払わねばならない．
　形状・寸法・精度・表面あらさ・その他について最適のものを，最小工数で短期間に製作しなければならないのである。
　このためには製作方法の原理原則をまず知りつくし，それを基礎とするよう心がけるべきである。
　技術は前述したように日進月歩する．これに対応するというより一歩ずつ先んずることが望ましい．
　また技術は，必ずしも同一の方法が使える場合だけとは限らない．たとえば製作数量について考えるとき，個別生産あり，多数製作あり，繰り返し製作がある．これらによって適応した製作技術を用いねばならない．
　多数製作と単にいっても，流れ作業がよいのか，トランスファやオートメーションのいずれがよいのか．
　いずれにしても基礎となる製作技術は共通する点が多い．
　少数製作に対しても，一個二個の修理のように現物合わせの場合もあり，数は少なくても互換性を必要とするときもある．

(2) 緒　論

　要するに，製作品種に応じ，業態に適するよう，以下述べるような原理原則を応用して，偉大な効果をあげるべきである．

第1章 鋳造作業

鋳造作業(casting)とは,加熱溶解した金属を所要の形の型に流し込み,これを冷却凝固させて製品を造る作業である.鋳造しうる金属としては,鋳鉄,鋳鋼,銅合金およびアルミニウムとその合金などがある.鋳造作業の一般的順序としては,まず製品と同じ形状の**模型**(木製のものが多いので**木型**(pattern)という)を造り,これを砂(鋳物砂という)に埋め,つき固めてから模型を抜き出して**鋳型**(mouldまたはmold)を造る.一方溶解炉で金属を溶かし(流動状の金属を湯という),これを鋳型に流し込み(湯を注入することを**注湯**(pouring)という)冷却凝固してから製品を鋳物砂から取り出す.したがって鋳造作業は,模型製作,鋳型製作,溶解,鋳込みおよび鋳造品の清掃などの後処理よりなっている.

1・1 模 型

1・1・1 模型の種類
模型は次のような種類がある.
(1) **現 型**(solid pattern)込め型ともいい図1・2のBに示すもののように,所要の鋳物と同形の模型である.これを次のように細分する.

(a) **単体模型**(one piece pattern)鋳造品と全く同形のものである.

(b) **分割模型**(split pattern)鋳型製作に便利なように,二つまたは三つに分割して造ったものである.

(c) **組立模型**(built up pattern)製品の形が複雑であるため,二つ三つに分割した程度でなく,幾つかの部分に分かれ,多くの部分を組み合せるものである.

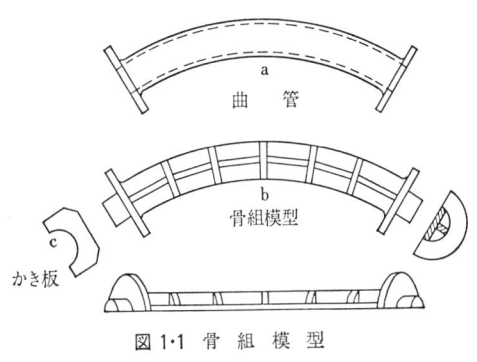

図1・1 骨組模型

(2) **回し型**(sweeping pattern)鋳物の形状が1軸の回りの回転体のときに,その回転体の断面の半分の形状に板を加工し,軸を中心として回しながら砂で鋳型を造るもので図1・40に示すようなものである.

(3) **かき型**(strickling pattern)鋳造品の断面の外形に相当する形の板と,これ

(4) **骨組み型** (skeleton pattern) 大物鋳造のとき大体の輪郭だけを造り，連続した平面や曲面の両端だけを造った骨組みのもので図 1·1 にその例を示す．

(5) **中子型** (core box または core pattern)

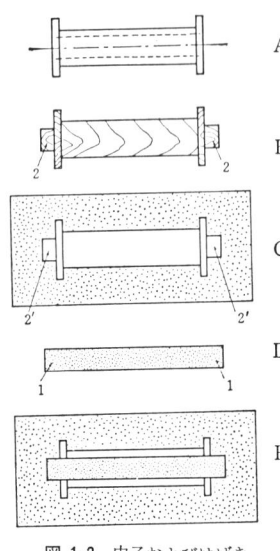

図 1·2 中子およびはばき

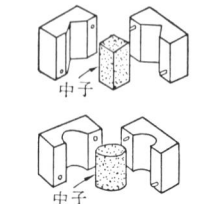
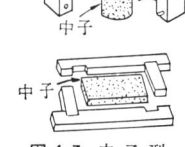

図 1·3 中 子 型

図 1·2 において A のパイプを造るとき，B のような模型を用い C のように砂の中に空所を造る．このときパイプの穴に該当する砂の型 D を造って，C の空所の中央におき，E のような鋳型ができる．このとき模型の 2 の部分に相当した砂の空所には 2′ のくぼみができていて，その 2′ に D の 1 の部分が入る．このようにして鋳型 E の空所が所定のパイプ A の形状となり，この空所に溶解した金属を流し入れて製品が得られる．この D の砂型を**中子** (core) といい，1 の部分，2 の部分および 2′ の部分を**はばき** (core point) という．はばきは中子を支持する部分ならびに中子の支持される部分である．

このような中子を造る模型を中子型といい，その簡単なものを図 1·3 に示す．

(6) **湯道付き模型** 鋳型に必然的必要な湯道を模型と一体に製作して，砂込めを行ない鋳型を造るとき，湯道を設定する手数を省き，湯道に関するむらをなくすることができる．鋳造品の数の多い場合に，有効に利用する．湯口，上り，押湯の型に応用することもある．

(7) **マッチ プレート** (match plate) 模型の半分ずつを黄銅板，アルミニウム板，また硬木の表裏に取り付けたもので普通，湯道も造り付けられている．図 1·4 はアレーの一対が半切されている．半分ずつ砂型を造り，それを上下合わせて，一組の上下型とする．このとき模型は，黄銅，アルミニウム，ホワイトメタルなどの金属が多い．造型機に能率よく使用されるほか，ぬき枠造型にも使用される．

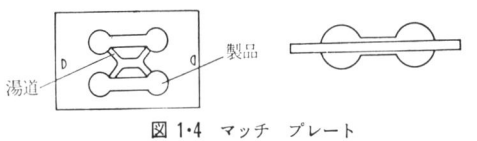

図 1·4 マッチ プレート

1・1・2 模型製作における注意事項

模型を製作するにさいし，注意すべきおもな事項は次のごとくである．

（a） 抜けこう（勾）配（taper） 抜き勝手ともいい，模型を砂から抜き出しやすくするため，表1・1のようなこう配をつける．これを抜けこう配という．

表 1・1 模型の抜けこう配

手作業で抜き出す模型のとき	機械で抜き出す模型のとき	座，ボスなどの小突起
1/20〜1/30	1/50〜1/100	30°

（b） 面取り（rounding） 砂で造った鋳型のかど（角）になる部分は，くずれやすいので丸味をつける．木製の模型ではすみやかどに小さくろう（蠟）を流して丸味をつけておく．もちろん大きいものは模型本体に丸みをつける．

（c） 縮みしろ（shrinkage allowance） 金属は一般に凝固冷却するときに収縮する．模型を製作するときこれを考慮して，各目盛の間隔の伸びた鋳物ざし（shrinkage rule）を使用する．その伸びの例を表1・2に示す．

表 1・2 鋳物ざしの伸び（1mにつき）　　　　単位mm

| 鋳 鉄 | 8〜10 | 銅 合 金 | 12〜17 |
| 鋳 鋼 | 15〜20 | アルミニウム合金 | 15〜20 |

（d） 仕上しろ（machining allowance） 鋳造品の表面（黒皮という）はでこぼこがあり，はだ（肌）は荒い．寸法もいくぶん不正確である．精密な形状寸法を必要とするものには，表面を削り取らねばならない．この目的で削り取る部分を，表1・3に示す程度に大きく鋳造する．これを仕上しろという．

表 1・3 仕上しろ　　　　単位mm

| 荒仕上げ | 1〜5 | 普通仕上げ | 3〜5 | 大きい鋳造品 | 5〜10 |

（e） 捨てざん（stopping off） 鋳造品が凝固冷却の際，狂いを生じて所定の形が求めにくいとき，これを防ぐためにつなぎを造り鋳造後取り去るものを捨てざんという．図1・5のAに捨てざんの一例を示す．

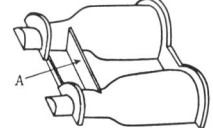

図 1・5 捨てざん

1・1・3 模型用材料

模型を製作する主材料としては，ひのき・杉・ほう・姫小松・桜などのよく乾燥したものが用いられる．しかし多数製作または繰り返し使用の模型には銅合金，アルミニウムまたはその合金・マグネシウムまたはその合金および鋳鉄などが用いられ，上記の木型に対し特に金型ということがある．このほか石こう・合成樹脂・ろうなどを使うこともある．一般には広く木材が使用されるので以下木型の製作に関して述べる．

まず木型に使う木材は十分乾燥させることが望ましく，このためには自然乾燥（natural seasoning) と，熱気・蒸気・高周波などによる人工乾燥 (artificial seasoning) が用いられる．

1・1・4 模型製作に用いる木工機械

（1） 木工旋盤 (wood working lathe) (図 1・6) あし上に載せられたベッドの上には主軸台，心押台および刃物台があり，主軸に取り付けた面板またはセンタ (図1・7) で工作物をささえる．刃物台は送りねじによって自動送りのできるものもある．木工旋盤用刃物をB図に示す．

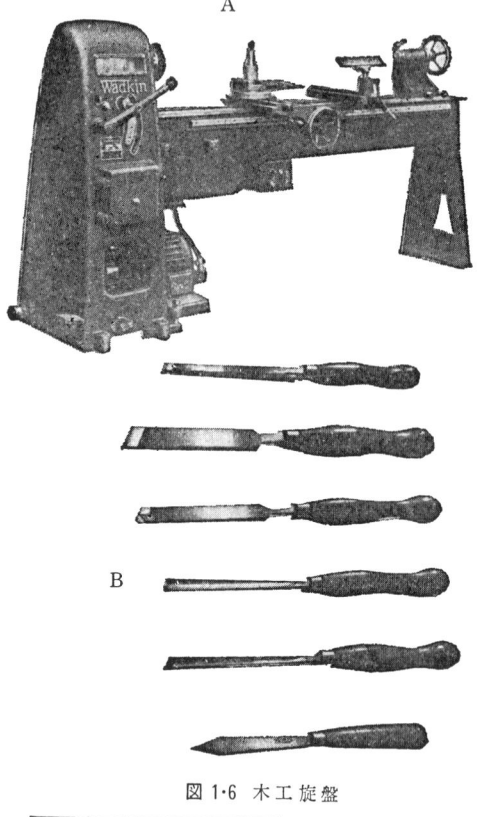

（2） 研削ディスクおよび研削ロール[1] (disk and spindle sander) 模型製作に有効に用いられる機械の一つで，ディスクとロールにエメリー粉その他の砥粒を付着させたものである．(図1・8) 参照

（3） 丸のこ盤[2] (circular sawing machine, circular saw 図1・9)，帯のこ盤[3] (band sawing machine, band saw 図1・10) および糸のこ盤 (jig saw, fret saw 図1・11) これらはいずれもすこぶる高速であるから，各部のつりあい，軸受の構造その他に十分の注意が肝要である．丸のこ盤において，丸のこまたはテーブルのいずれかを傾け，切り口を斜めにするものがある．丸のこ盤の呼び寸法は取り付けることのできる丸のこの最大直径で表わす．丸のこは**腰入れ**と称し，使用するとき平らになるよう，中央に近い

図 1・6 木工旋盤

(1) 第17章 17・4 研磨布紙仕上げ 参照
(2) JIS B 4802 (木工用丸のこ)，JIS B 6508 (木工及び製材用丸のこ盤)
(3) JIS B 4803 (木工用帯のこ)，JIS B 6509 (木工用帯のこ盤) 参照

部分がいずれの側にもくぼむことができるようにしている．丸のこ盤を使用するとき誤って刃物に手が触れると危険であるから，押し棒（push stick）を用いる．切断中工作物が丸のこを強くはさむことを防ぐため割り刃（clearance block）を用いる[1]（図1・12）

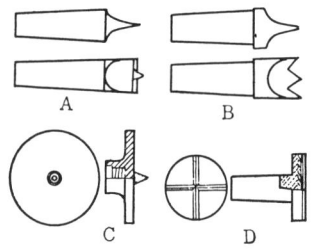

図1・7　木工旋盤用センタ類

図1・8　研削ディスクおよび研削ロール

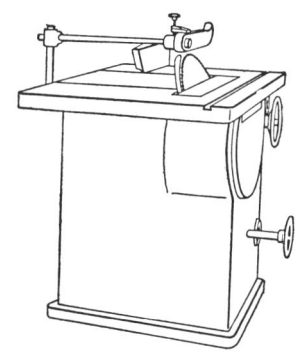

図1・9　丸のこ盤

帯のこ盤の呼び寸法はプーリの直径でいう．帯のこの刃を図1・13に示す．糸のこ盤は糸のこが上下に動き，不規則な形の加工に用いられる．

（4）木工かんな盤[2]　（wood planer または wood planing machine）回転する**カッタヘッド**（cutter head）によって板の面を削る機械で（図1・14），呼び寸法は有

---

(1) 労働安全および衛生規則第79条参照．なお同上第80条には帯のこ盤についての規則がある．
(2) JIS B 6501（木材加工機械の試験方法通則），JIS B 6521（木材加工機械の騒音測定方法），JIS B 6502（かんな盤の試験及び検査方法）．参照

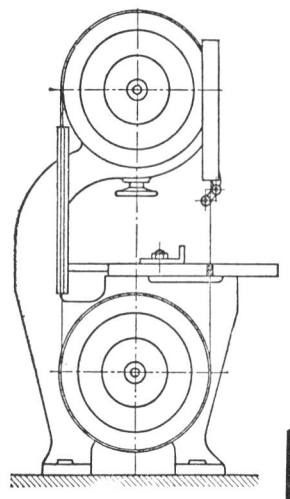

図1·11 糸のこ盤

図1·10 帯のこ盤

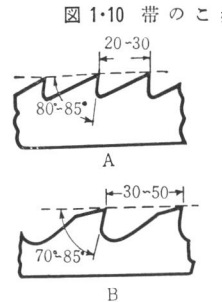

図1·13 帯のこの刃

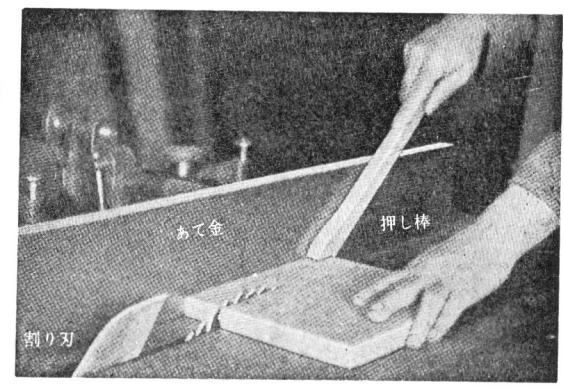

図1·12 押し棒と割り刃

効切削幅で表わす[1]．カッタヘッドに取り付けた刃には一般に高炭素鋼を使用するが，超硬合金を用いたものもある．カッタヘッドの一例を図**1·15**に示す．

（5） **木工ボール盤**（wood borer または wood drilling machine）図**1·16**Aに立形のものを示す．Bは穴あけに用いられるビット（bits）の一例である．

このほか木工フライス盤（wood milling machine）も用いられる．

1·1·5 木工用工具

いろいろあるがそのうち のこぎり[2]を図**1·17**に示す．

---

(1) JIS B 6591（木工かんな盤）の呼び寸法 参照
(2) JIS B 4804（手引きのこぎり）参照

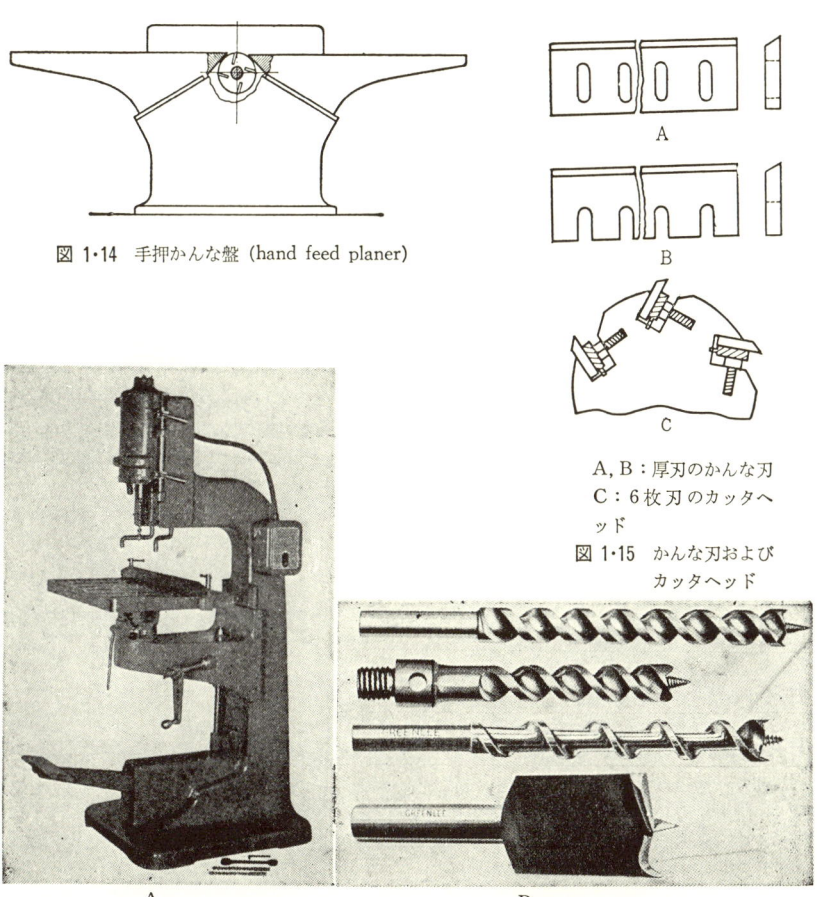

図1·14 手押かんな盤 (hand feed planer)

A, B：厚刃のかんな刃
C：6枚刃のカッタヘッド

図1·15 かんな刃および
　　　　 カッタヘッド

図1·16 木工ボール盤

1·1·6 模型製作のときの木の継ぎ合わせ

模型の製作に際しては鋳型の製作が容易であり，かつ精密なものが得られるように考えるほか，模型自体が安くでき，しかも狂いのおきやすくないようにしなければならない．将来再使用の可能性の大きいものには，材料も吟味する．**図 1·18** に薄い板をはり合わせて狂いの出ない工夫をするときの継ぎ合わせ方を示す．**図 1·19** は円形断面の木

組みと板の継ぎ合わせ方を示している．A図のような単体模型は木材の乾燥によって狂いが出るため，数多く鋳造するときには他の図のような組立木材を使用する．また継ぎ合わせ方もB図の代わりに他の例のようにする．

1・1・7 模型の塗装

模型は表面をなめらかにするため，また鋳型を造るとき砂から離れやすいようにするため，模型の表面にニスを塗る．これは型込めをするとき，砂の水分を吸収しないためにも効果がある．しかしニスよりはペイント・エナメルのほうが砂離れもよくまた吸湿も少ない．このとき模型の部分に色分けをすることが行なわれることがある．

たとえば黒皮の部分は黒，仕上げは赤，はばきは黄，取りはずす部分が黄地に赤，捨てざんが黄地に黒[1]などである．なお前述のように丸みのある内面をろうやプラスチックスで造ることがあるが，小さい木型には全面にろう

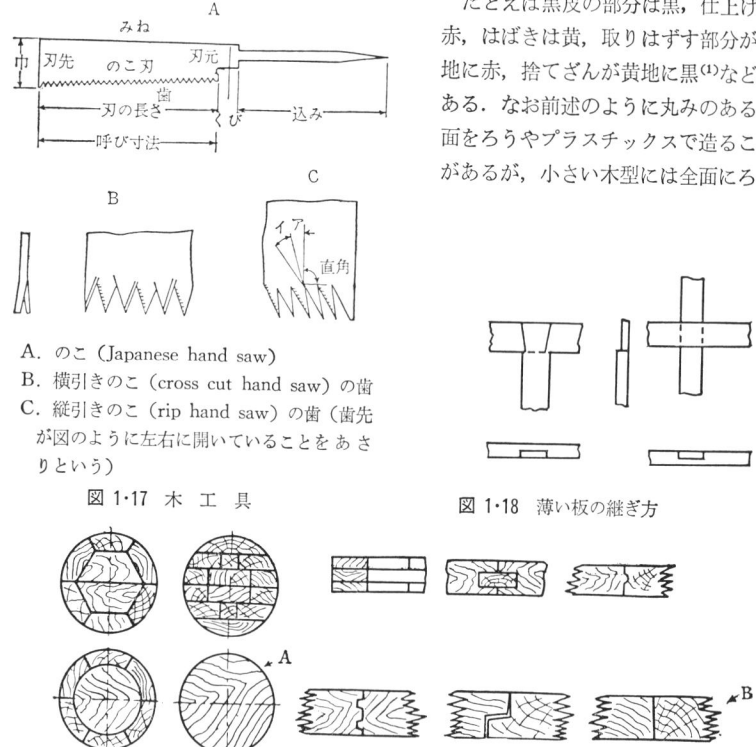

A. のこ (Japanese hand saw)
B. 横引きのこ (cross cut hand saw) の歯
C. 縦引きのこ (rip hand saw) の歯 (歯先が図のように左右に開いていることをあさりという)

図 1・17 木 工 具

図 1・18 薄い板の継ぎ方

図 1・19 木組みおよび板の継ぎ合わせ

---
(1) 規格にしている国もある

を薄く塗って上述の目的に適合させることもある．ビニール塗料，その他の合成樹脂塗料も用いられるが水性塗料の大部分は望ましくない．

1・1・8 模型の整理

模型は，いずればく大な数になり，おき場所に困る．またおき方が乱雑なため前のものの探し出しに苦労する．模型は図面と照合した番号（pattern number）をつけ，これによって整理するのがよい．その他機種によって一まとめとする方法，同一品種の部品を集める方法，一時保存の模型と永久保存のものとを分ける方法などがある．製品の種別によって各別棟に保存させる方法を行なっている大工場もある．

1・2 鋳型用砂

鋳型は砂で造る場合が多いが，金属で造ることもある．前者を **砂型** (sand mould) といい，後者を **金型** (metallic mould) という．一般に前者が多い．湿らせた砂で型を造り湿気のある間に，溶かした金属を注入する **生型法** (green sand mould)，造った型を焼き完全に水分を取り去った型にして湯を注入する **焼型法** (dry sand mould)，ならびに型の湯に直接接する表面だけを乾燥させる **あぶり型法** (skin dried mould) がある．このほか砂の代わりに合成樹脂を用いる **シェルモールド法** (shell mould)，砂に大量のセメントを混じた **セメント法** (cement mould) その他がある．

1・2・1 鋳型用砂の性質

鋳型を造るのに用いる砂を **鋳物砂** (moulding sand) という．けい砂粒を主体とし幾分粘土が含まれている天然産のものである．

鋳物砂の必要な性質のおもなものは，
- ⅰ) 鋳型製作のとき，砂がくずれないで，しかも砂離れ良く，成形性に富むこと．
- ⅱ) 湯を注入するとき焼け付きや型の軟化変形なく耐火性が大であること．
- ⅲ) 湯が凝固する際，型は収縮性のあること．
- ⅳ) 湯の圧力に十分耐えられる耐圧性のあること．
- ⅴ) 湯の高い熱に触れてもガスの発生少なく，変質しないこと．
- ⅵ) 湯を注入するとき，発生するガスが，すみやかに外部に出やすいこと．すなわち通気性 (permeability) の大であること．

その他である．

しかし以上の条件には相反する場合もあり，全部の条件を満足させる砂は，ほとんどない．そこで人工的にけい砂に必要成分を混じて理想的な合成砂を用いることもある．このほか粘結力 (bond strength) のため適量の水分が必要である．なお混砂時間の長短が砂の強度に影響するので，一般の鋳物砂は長時間よく混合することが望ましい．

1・2・2 鋳物砂の種類

鋳物砂は用途によって次のように分類する.

（1） **生型用砂**（green sand）これは ふるい によって，きょう雑物を取り除いた山砂をおもなものとし，粘結力の足りないときは，粘土を少し混ぜるなど性質上の補足をする．鋳造工場の床の上はこの砂を敷きつめている．この砂にいくぶん水分を持たせて造型し水分のあるまま湯を注入する.

鋳鉄用，鋳鋼用，可鍛鋳鉄用，銅合金用などでいくぶん砂に差異がある.

（2） **焼型用砂**（dry sand）石英（SiO_2）を主成分としたものであるが，粘結力を与えるため粘土を加える．できた鋳型を炉で焼くからこの名がある．砂にコークス粉その他の可燃性の粉末を加え炉で焼き，それを燃焼させて小穴を作り，ガスを抜き出すに好都合なようにすることもある.

（3） **かき型および回し型用砂**（loam）現場では へな と称し水で泥状にし，工場の床砂で大体の形を造った上にふりかけてかき型または回し型の木型によって成型する．これを乾燥させて注湯する.

（4） **中子砂**（core sand）中子は注湯するとき湯で包まれるので，耐火性と通気性が特に必要である．また強く圧縮されるので耐圧力も大でなければならない．そこで中子砂には粘結力や耐圧力を強めるため，油，合成樹脂，水ガラスなどの粘結剤が用いられる．焼いて強度を増すとともに通気性をよくする（粘結剤については後述する）.

（5） **はだ（肌）砂**（facing sand または skin sand）鋳はだをなめらかにするため鋳はだに接する部分に 10〜30mm ぐらいの厚さに，細かいふるいで通した砂を使用する．これをはだ砂という.

（6） **仕切り砂**（parting sand）造型のとき上型と下型を分かれやすくするために用いる砂で，粘土分の全然ない細粒の川砂，浜砂その他の代用品が用いられる.

なお鋳物砂を繰り返し使用すれば質はしだいに劣化する．劣化した鋳物砂には水や粘土分をいくぶん多くして成型することがあるが，焼けた砂は微細化により通気度が悪く，耐火度も低下する．ゆえに古い砂は微粉の除去や新土の補充を行なわねばならない.

1・2・3 鋳物砂の粘結剤

鋳型砂または中子砂の粘結剤としては，無機物のほかに有機物や特殊合成したものが使用される．そのおもなものを列記すると次のとおりである.

（1） **無機物** 無機物の粘結剤には粘土類が多く用いられる．たとえばベントナイト類（bentonite）・耐火粘土・切粘土・山砂など.

（2） **有機物** 中子だけでなく鋳型にも用いる．たとえば油類・穀類・糖みつ類・合成樹脂・ゼラチンなどすこぶる種類が多い.

そのほかオージン・サンサルエキスなどの商品名で売り出されているものが少なくな

い．なお，このほか後述の自硬性鋳型には種々な砂や粘結剤が用いられる．

1・2・4 塗型材料

荒い はだ砂の目つぶしならびに はだ砂の鋳造品に焼き付くのを防止する目的で塗型（とかた）材料を成型後 型に塗布する．比較的低融点の生型には きら粉（雲母の粉）

表 1・4 鋳型用塗型材料（その1）

用途	番号	黒鉛	きら粉	粘土	滑石	チャイナクレー	コークス粉	木炭粉	石炭粉	シャモット	ベントナイト	けい石	備考
鋳鉄用	1	45	—	10	—	—	45	—	—	—	—	—	肉厚物用
	2	60	—	8	—	—	20	12	—	—	—	—	肉厚物用
	3	—	—	10	—	—	65	20	5	—	—	—	薄物用
	4	15	—	10	—	—	—	(糖みつ 5)	—	—	—	—	学振
鋳鋼用	1	—	40	木節粘土 5	—	—	けい化石灰 多少	—	—	40	15	—	
	2	—	—	木節粘土 10	—	—	—	—	—	—	—	90	
銅合金用	1	20	—	—	60	20	—	—	—	—	—	—	
	2	30	60	8	—	—	—	—	—	—	—	—	

表 1・5 鋳型用塗型材料（その2）

鋳造品の種類 \ 配合		鱗状黒鉛	土状黒鉛または黒味	ベントナイト	コークス粉	NH₄Cl	黒鉛
鋳込み温度 1350°C以下のもの	(1)	0〜40	100〜60	10〜20または粘土 20〜40			
	(2)	20〜50	80〜50またはコークス粉	10〜20または粘土 20〜40			
鋳込み温度 1350°C以上のもの	(1)	90〜80		10〜20	20		
	(2)	70	30	10〜20			
	(3)	細目鱗状黒鉛		10〜20		0.5%	
肉厚が普通または薄いもの	(1)	20	70	10〜20または粘土 20〜40			
	(2)	20	50	10〜20または粘土 20〜40			30
肉厚が25mm以上の厚物		100〜60（荒目）	反応性の低い土状黒鉛 0〜40（またはコークス粉）	8〜20または粘土 20〜40			
高さの高いもの		30（荒目）および20（細目）	50	粘土 20〜40またはベントナイト15〜30			
広い平板状のもの		70〜60	10（上型だけ）	10〜20	30〜40または黒味		

または黒鉛を振りかける．焼型にはこれを水または粘土水に濃く混ぜて使うことがあるが粘土水を用いたものは一般によくない．鋳鉄や鋳鋼の焼型には 表 1・4 のような黒味 (blacking) を用いる．いずれにしても，i) 塗りやすいものであること，ii) 微粒であること，iii) 湯の高温にさらされて変質しないこと，iv) 塗型材料よりガスの発生のないこと，などが要求される．湯の温度その他から塗型材料を表 1・5 のように推奨する文献もある．

1・2・5 鋳物砂試験法

研究室において行なう将来の砂の改良のための試験とともに，工場現場においても，その日その日の砂の不備を防止する試験を実施し不良品防止の一助とすることが望ましい．

（1） **通気度試験法**　鋳物を一定の搗固度に搗き固め，この試験片に一定圧の空気を通じ，そのときの抵抗を測定する方法で図 1・20 にその一例を示す．水そう（槽）Aにドラム Bを差し込み，水そうAの中央の規定位置まで水を貯える．試験片Tを円筒Hにしっくりと入れておく．ドラム B中の空気は気密室Kによって，ある圧力で試験片Tを通過する．このときの圧力を圧力計 I で読み取る．気密室Kの圧力とドラムBの圧力とがだいたい等しく，常に均一に保たれる．内管Rに連結されている管Sには三方コックDが取付けられ，測定のとき開閉の操作をする．開のときはドラム B中の空気は外部と連絡する．Dを開の位置にしてBを引き上げ，外部より空気をBの中に吸い，Dを測定の位置に切り換え，ドラム内の空気をS管から試験片Tに送る．この空気がTのすきまを通って外に逃げる．

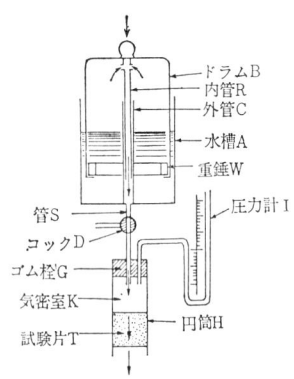

図 1・20　通気度試験器

いま　V　試験片を通過する空気量 (cm³)
　　　p　気密室の圧力（試料両端の圧力差の意味）（水柱 cm）
　　　a　試験片の断面積 (cm²)
　　　t　空気の通過するに必要な時間 (min)
　　　h　試験片の高さ (cm)　とすれば

$$V = P \cdot \frac{p \cdot a \cdot t}{h} \quad \text{または} \quad P = \frac{V \cdot h}{p \cdot a \cdot t}$$

ここに P は試料の通気性の良否を表わす定数で，この値が大であれば通気性は良く，小さければ通気性は悪い．これを通気度とする．t はドラム Bが自重により 0 から 2,000 cm³ の線まで降下する時間を測定して定める．

(2) **試験片の搗固器** 図1・21の搗固器 (sand rammer) を使用し試験片を標準化する．Hに試料の砂を入れ，受台B上でPでこれを押さえ，Cを回して重りW (6.5kg) を50mmの高さから3回落下させる．砂の荒さによっては，重りWの落下距離を減ずることができる．試験片の直径は50mm，高さも50mmとする．

(3) **水分含有量の測定** 100gの試料を105～110°Cに1時間乾燥させ，デシケータ内で，冷却しその重量減を測定してこれを百分率で表わす[1]．また50gの試料を110±5°Cに1時間ないし2時間熱し，これを計量して百分率を求める方法[2]もある．

図1・22に示すものは迅速に湿度を計測するもので，試料は50gで，約110°Cの熱風により1～3分間乾燥させ，百分率を求める湿度計[3]である．

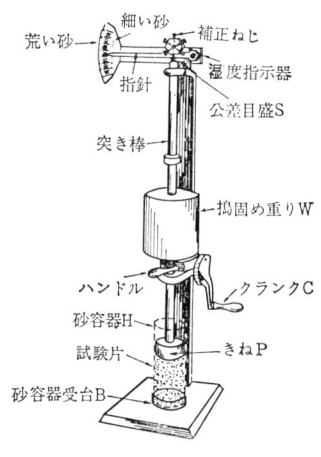

図1・21 鋳物砂試験片の搗固器

普通の生型鋳物砂においては水分が11％付近において最大の通気度を示し，強度は水分が7％ぐらいのとき最大であるという文献がある．要するに水分の多少がいろいろの点に影響する．

(4) **粘土分の含有量を測定する方法** 粘土分がなければ成形性が悪い．さりとて過多のときは通気性が悪くなる．そこで粘土分の含有量の適切なものが望ましいが，その量の測定を行なうために砂洗い器 (sand washer) を用いる．まず乾燥した鋳物砂50gをガラス容器に入れ，3％の苛性ソーダ溶液で1時間かくはんした後，サイフォンで液を取り出し，さらに水を加えこの水をサイフォンでくみ出すことを数回行ない，残留する砂を乾燥させて計量し，50gとの差の2倍を粘土分の％とする[4]．

(5) **粒度試験法** 粒度の荒い砂を使用するときは，結合度が悪く，鋳はだも荒い．さりとてあまり細かいとき

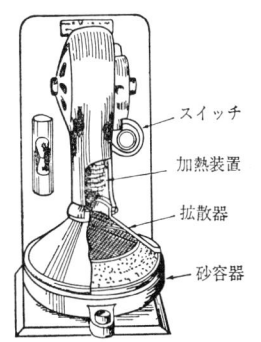

図1・22 湿度計

---

(1) A.F.S.の方法
(2) 学振
(3) moisture teller という．
(4) この方法はA.F.S.の方法で別に学振の方法もある．
なお JIS G 5902（鋳型用山砂）の付属書を参照するとよい．

は通気性が悪い．粘土分を取り去って乾燥させた試料50gをふるい (sieve または riddle) でふるい分けし，重量に対する百分率を計算する[1]．

(6) 砂粒の形状検査
上記粒度試験法によって残された砂粒を拡大鏡または顕微鏡によってその形状を観測する．メッシュの不そろいのものは，通気性の点ではよくな

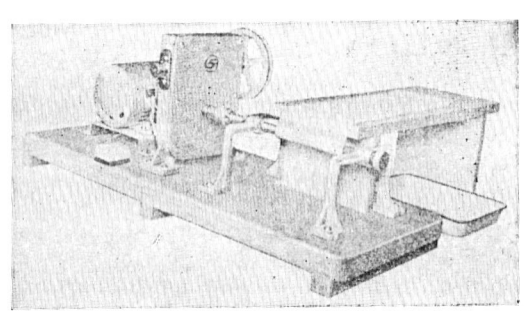

図 1・23　粘結力試験器

い．また粒の形の破壊しやすいものも寿命の点で喜ばしくない．

(7) 耐火溶着試験　鋳物砂が湯の高温に接してこれに耐えられず鋳造品に溶着するときは[2]見苦しい．

この試験には温度の判明している数種の ゼーゲル コーン (Seger cone) と試験片とを炉内で熱し，円すい形の頂点の溶融湾曲する温度を察知する．

そのほか白金のリボンに電流を通じてしゃく（灼）熱し，これを鋳物砂に5分間押し当て，砂の一部が溶融してリボンに焼き付くときの温度を測定するものもある[3]．

その他試験片を実際の湯の中に入れる方法や，試験片の上に湯を流す方法もある．

(8) 粘結力試験　湯を注入するとき，砂型を押し曲げるような力がかかることがある．これに耐えうるため粘結力試験 (bond test) を行なう．図 1・23 は「ようかん」状の試験片を所定の圧力で造り，これを試験器のすべり台上の帯状紙片に載せ，その紙片を 150mm/min の速度で巻き取り，台の端から試験片を突き出す．このとき試験片は自重によって折れる．この重量を粘結力とする．

図 1・24　鋳型かたさ試験器

(9) 鋳型のかたさ試験　造型のとき砂を搗き固めすぎると通気度を害する．そうかといってあまり軽く搗き固めると成形が不完全となる．そこで造型された砂型のかたさを測定する必要がおきる．図 1・24 はこの目的の鋳型かたさ試験器

---

(1) JIS Z 8801 標準ふるいを参照，なお JIS G 5902 鋳型用砂の解説も参照のこと．
(2) にえ，または砂かみと現場でいう．
(3) A.F.A.の方法

(mould hardness tester) である．これは底の球を砂型に押し付けると，球は砂型のかたさを指針に示す．焼型は型がかたいので，球の代わりに円すい形のポイントを使用する．

(10) **圧縮試験** 砂型を積み重ねるとき砂型はこの重さに耐えねばならない．また湯を入れるとき湯の重量にも耐えねばならない．このためには前述の通気性を見る試験片を試験片として，圧縮してその耐圧力を測定する[1]．

このほか**せん断試験**を行なうこともあり，**化学分析**や**強熱減量試験**を行なうこともある．

表 1·6 に鋳物砂の化学分析および強熱減量の数例を示す．

表 1·6 鋳物砂の化学成分　　　　　単位 %

種類 成分	強熱減量	SiO_2	Al_2O_3	Fe_2O_3	CaO	MgO	H_2O
切　粘　土	5.43	65.39	15.48	4.75	0.68	0.44	3.73
木節粘土の一例	18.65	49.28	27.48	2.29	0.90	0.31	—
生型用新土の一例	3.27	68.90	13.83	4.91	1.04	0.89	3.93
浜　砂　（大粒）	3.80	75.52	11.77	2.75	1.01	0.27	0.73

1·3 砂処理用機器

（1）**砂ふるい機** (sand sieve, sand riddle, sand sifter または sand screen) 鋳物砂は，その中に新砂のときの石塊はもちろん，前に鋳造のときに残った金属類（たと

図 1·25 回転式砂ふるい機

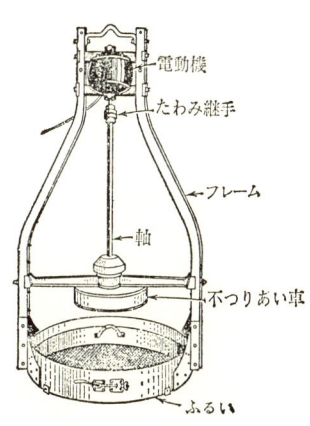

図 1·26 砂ふるい機

(1) 後述の自硬性鋳型の試験には耐圧力の測定が行なわれることが多い．

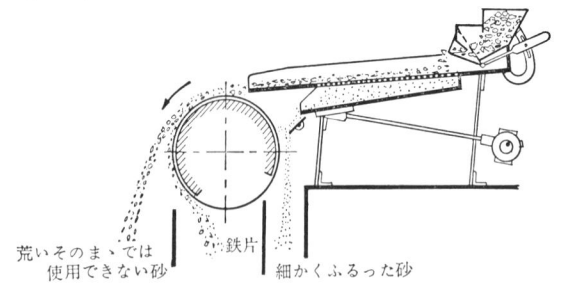

荒いそのままでは　　鉄片　　細かくふるった砂
使用できない砂

図 1·27　砂ふるい機

図 1·28　砂うすまたはフレット（サンドブレンダ付き）

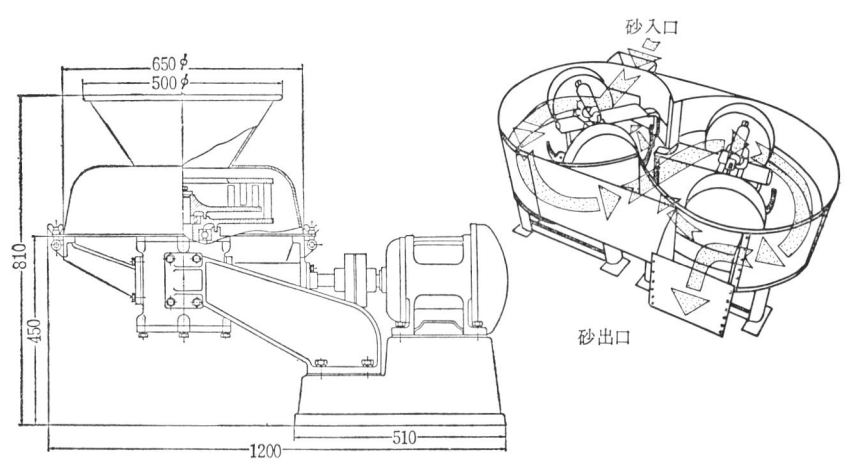

図 1·30　混砂機　　　　　　　　図 1·29　連続混練機

えば こぼれた湯，欠けた鋳ばり，湯口，湯道，心金，くぎなど）その他の混入物を取り除かねばならない．このために ふるい を使用する．ふるいを手に持って作業することは能率が悪い．そこで種々の砂ふるい機が考案されている．図1·25はドラムの回転によって砂をふるう．図1·26は電動機でふるいに振動を与え砂をふるい分けるものである[1]．古砂の中の金属回収のため電磁鉄片分離装置（magnetic separator）を付けたものがある（図1·27）．

（2）**混砂機**（sand mixer）砂に他の物質を混ぜるとき，ならびに古砂に新砂を合わせるときなどあらゆる場合に混砂が行なわれる．図1·28は**砂うすまたはフレット**（sand mill）と称せられるもので，二つのローラまたは底板のいずれかが 15～20rpm ぐらいの回転をする．これは混砂もするが，砂の塊などを砕くことができる．少量の水または粘土水を入れ，石炭粉その他必要なものを混入する．これに似た**混練機**（muller）がある．図1·29は二つの混練機を直結させて効率の高いことを望むものである．

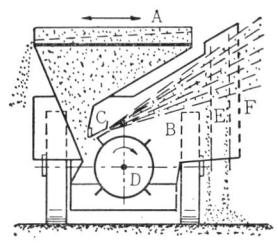

図 1·31 投砂機

図1·30はケースの中で互に反対方向に回転する二組のピンを植えたケージにより，ホッパより投入した砂を混合する．一般に砂は混砂時間の長いほど通気度や抗圧力が強いのでこれら混砂機が重用される．

（3）**投砂機**（sand thrower）これは図1·31に示すもので古砂新砂の区別なくAに載せられた砂をふるい，ふるい終った砂をDのドラムで 3～5m の遠いところに投げる機械である．砂は投げ飛ばされるときEおよびFの立ふるいで完全にふるわれる．必要のときは高い場所に設けた砂そう（槽）へも投げ入れることができる．

1·4 造 型

砂型を造る方法は製品の大きさ，形，製作数などによって異なるが，**流し吹き，合せ枠**（わく），**土間込め**などに大別する．流し吹きは床砂または床の一部に浜砂で特定の場所を設け，水準器で土を水平にならし，模型を押し込むようにして型を造り，注湯する方法で上枠を用いない．よい製品は得られないが，小さい枠，心金などを鋳造するのに利用する（図1·32）．合せ枠は2個以上の枠を使用して鋳型を

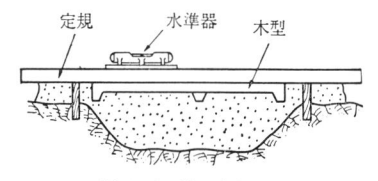

図 1·32 流し吹き

（1） 圧縮空気による設計のものもある．

造る最も普通の方法である．土間込めは土地込めまたは床込めなどとも称せられるもので，工場の床を用い別の上枠を使用する方法である（図1・33）．他方，機械を使用する方法も数の多いところに盛んに用いられる．（1・4・5参照）

1・4・1 手込め式の造型

図1・34において A は上下に分割できる模型である．B のように下半型 (drag) を定盤の上に載せ枠の下半分で囲う．C のようにまず，はだ砂を軽く振りかけ砂を入れ 搗き固め 余剰の砂をかき取る．これを上下反対にして定盤上におく．つぎに模型の上半型 (cope) をDのように下半型の模型に合わせ，上半分の枠を重ね湯口棒や上り棒を立て仕切り砂を少し与えて砂を入れCと同じ作業を行なう．それをEのように二つに分け，それぞれ模型を抜き，Fの中子を収め湯道を作り再びGのように重ね湯口を皿形に押え，枠の締め付金を使って造型を終る．これは二つ枠の場合であるが三つ枠を使用するものもある．また大きいものでは枠を横から合わせる寄せ枠を使うことも珍らしくない．

図 1・33 土間込め (pit mould)

造型のとき G のように最終の枠組み合わせを かぶせる といい，この作業を かぶせまえ という．

焼型は**生型**と大体同じ方法であるが，砂は幾分異なる焼型砂を使う．下型，上型ができ上ると湯に接する面に黒味を塗る．その上で乾燥炉に入れ乾燥後，上型と下型を正しい関係位置となるようにかぶせて注湯を待つ．焼型は型を焼く手数が生型より高価となるため，できるだけ生型を使う．一概にいえないが1トンぐらいまでは生型で可能な製品もある．次に**あぶり型**は焼型では高くつくため，一部または表面だけを焼いて注湯しようとするものである．**中子**はもちろん焼く．特に重量を受ける場所はあぶるか焼いて丈夫にする．

型の乾燥炉の例として，図1・35は石炭を燃料としストーカを用いた炉であるが近頃は重油を燃料とする炉のほうが多い（図1・36）．またガスや電熱によるものもある．中子の乾燥にはこれらの小形のものが用いられる（図1・37）．鋳型をあぶり型の程度にかわかすとき，可搬式のドライヤが用いられる（図1・38）．

1・4 造 型 （21）

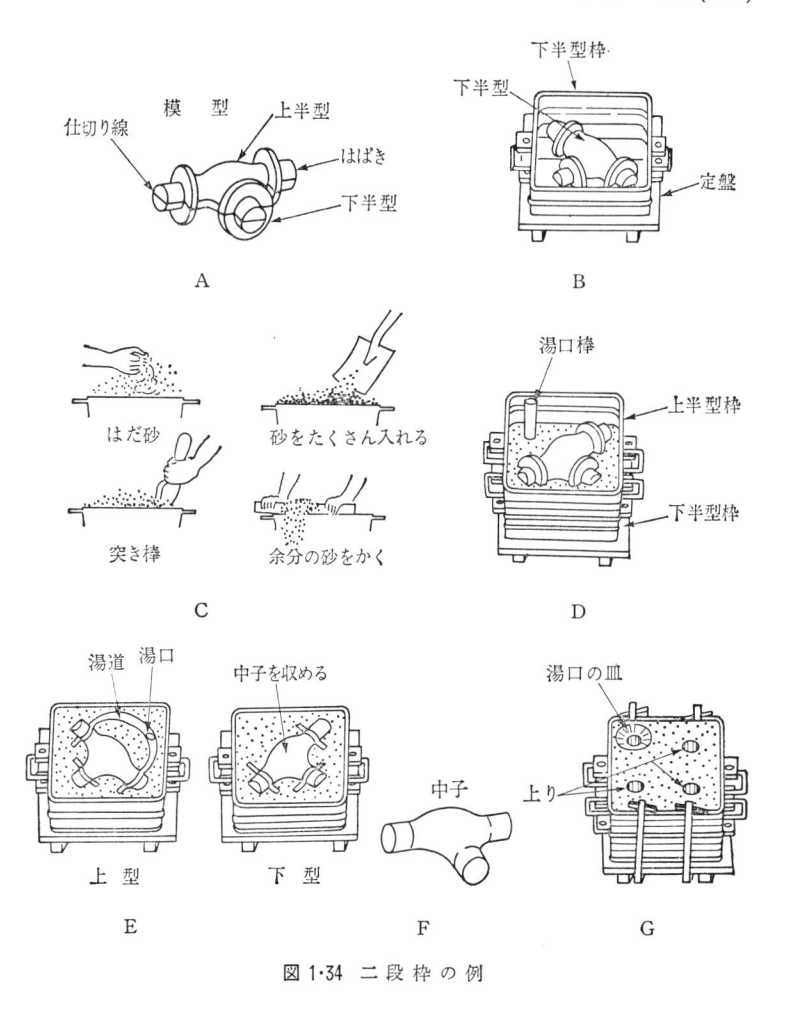

図 1・34 二段枠の例

かき型または回し型は数量の少ないときに用いる．図 **1・39** は中子の型を造るかき型で，曲線案内を持っている．図 **1・40** は中央に柱を立て，柱に取り付けた回し型を柱の周囲に回すことによって砂型を造る．この二つの方法はいずれも鋳物砂で大体の形を造り，粘土を泥状に溶いたもの (loam) をおおいかぶせ，ふたたび型によって美しい鋳型を完成する．（1.2.2 鋳物砂の種類 参照）

(22) 第1章 鋳造作業

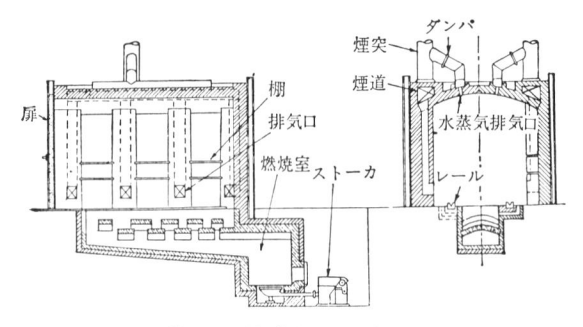

図 1·35 鋳型乾燥炉（石炭）

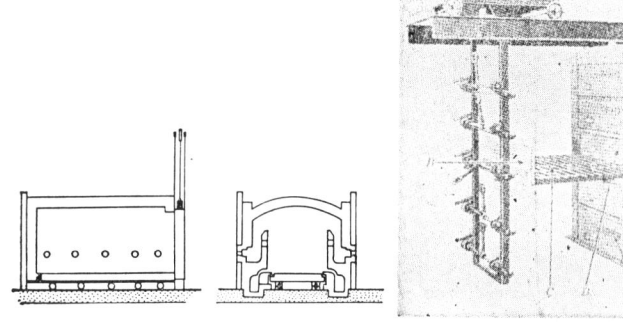

図 1·36 鋳型乾燥炉（重油）台車形

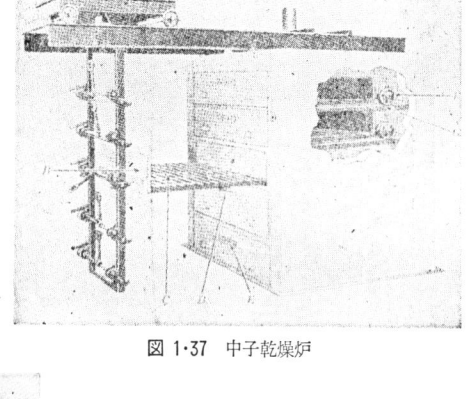

図 1·37 中子乾燥炉

図 1·38 可搬式ドライヤ

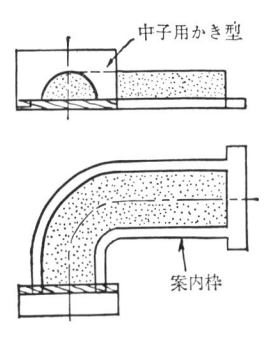

図 1·39 か き 型

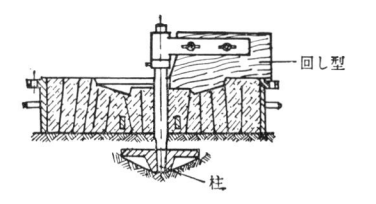

図 1・40　回し型

1・4・2　造型用の手道具

造型用の道具のうち一般に広く用いられているものを図 1・41 に示す．**枠** (flask)（図 1・42））は鋳造品の形状および寸法に合せて製作するのが理論上よいのである．鋳造品に対して適切な砂つき(1)にした枠を鋳造で製作する．しかし小形のいろいろな鋳造品に使用するものは，枠の大きさを標準化させて使用する．したがって丸形のものを特殊用

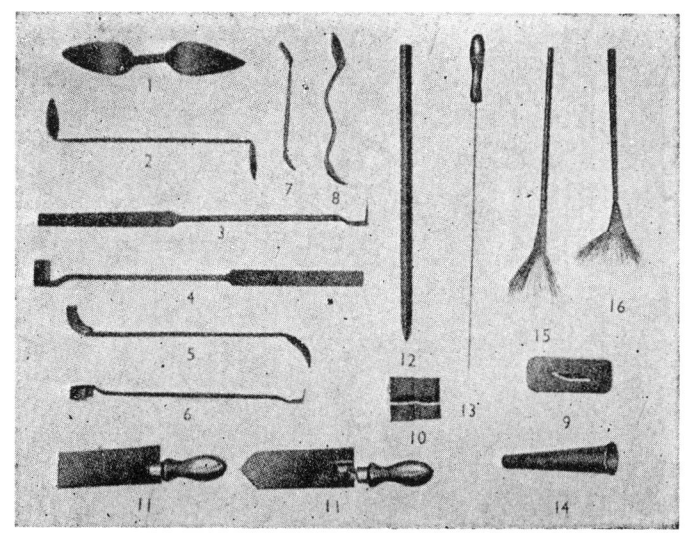

1. へら (slice)，2. そこなで (smoother)，3. ごみあげ (lifter)，4. ころし (lifter)，5. 天神 (Yankee lifter)，6. はばきなで (core smoother)，7. めんなで (round edge smoother)，8. ひるべら (smoother)，9. パイプなで (pipe smoother)，10. りずわ (corner smoother)，11. こて (trowel)，12. 目吹き (blowpipe)，13. 気抜き針 (vent wire)，14. 湯口棒 (gate pattern)，15. 丸筆 (round brush)，16. 板筆 (flat brush)

図 1・41　型込用手工具

---

(1) 枠から模型までの砂の部分

(24)　第1章　鋳造作業

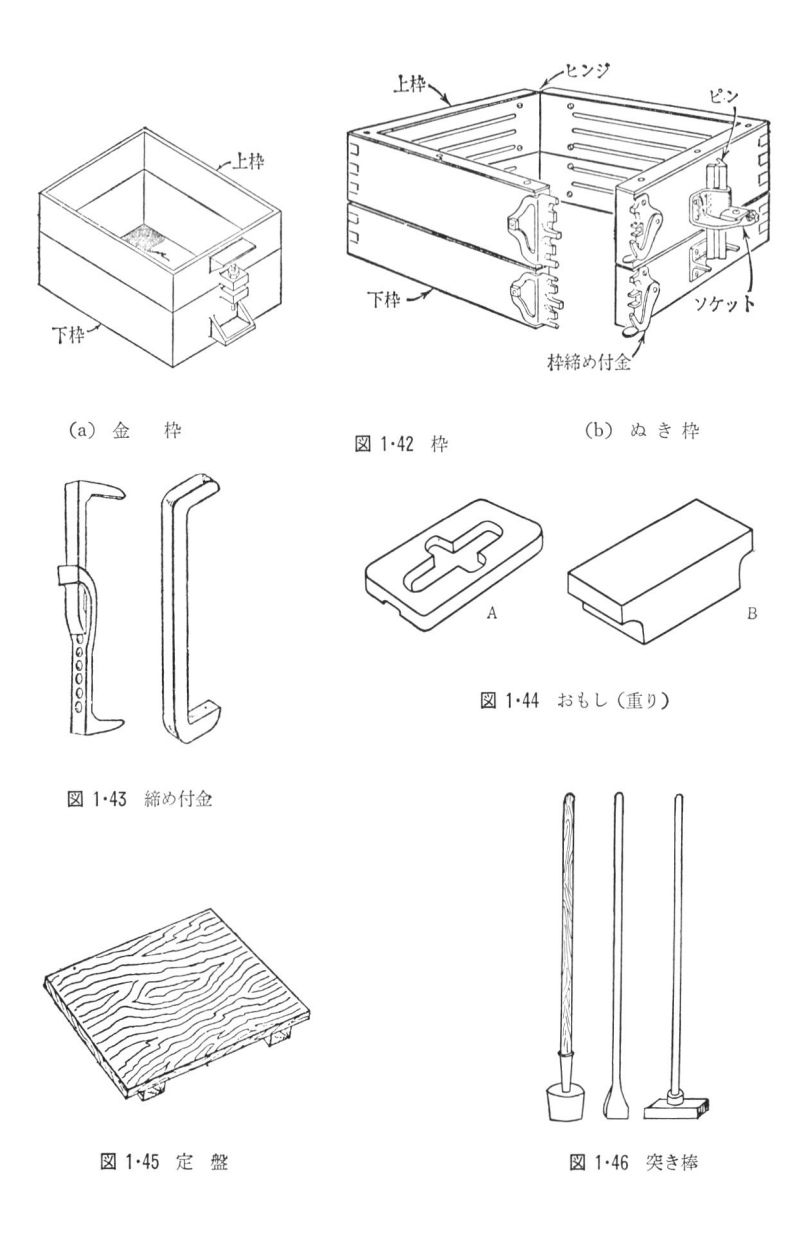

(a) 金枠

図 1・42　枠

(b) ぬき枠

上枠／ヒンジ／ピン／下枠／枠締め付金／ソケット

図 1・43　締め付金

図 1・44　おもし（重り）

A　　　　B

図 1・45　定盤

図 1・46　突き棒

途に用いることもあるが，一般に角または長方形のものが使われる．枠は一時的なものを荒木で造ることもあるが，鋳鉄製が多く，鋼板製および軽合金製も用いられる．枠は二つまたは三つを重ねて使用するため，その外周にピンとピン穴を設け，重ね合せるときに食い違いの起らないようにする（図**1·42**(a)）．また持ちやすいように手持ちを設ける．大形のものは，起重機でつりやすいようにワイヤがけの部分を造っておく．このほか**ぬき枠**（snap flask）と称して数の多い製品を造るとき，造型したものを工場の床の上に並べ，その場所で枠をはずし枠を繰り返し使用する方法がある（図**1·42**(b)）．図**1·43**は注湯のとき上枠が浮き上らないようにする**締め付金**（clamp）を示す．締め付金

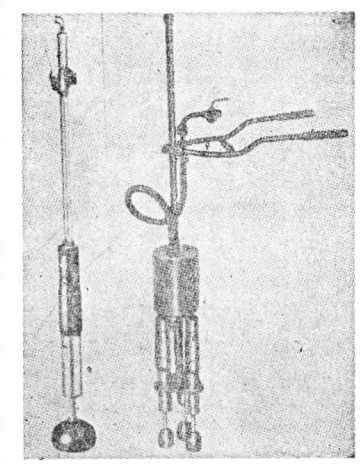

図 1·47 空気ランマ

の代わりに図**1·44**に示すような鋳鉄製のおもしを使用することが多い．造型のときは木製の定盤上で型込めをする．**定盤**（moulding board）を図**1·45**に示す．**突き棒**（rammer）で枠に入れた砂を搗き固める．立って使うものは長さが長く重さも大きいが，腰を下ろして作業するときのものは小さい（図**1·46**）．図の両端のものをスタンプ（stamp）という．突き棒で砂を搗き固める作業を軽減させる工夫に圧縮空気で突き棒の先端に上下運動を行なわせる**空気ランマ**（air rammer）がある．図**1·47**にその数例を示す．これには一つの本体に頭を二つまたは三つにした工夫もある．

1·4·3 湯口，湯道，上りおよび押湯

これらは，健全な鋳造品を得るためには適切でなければならないもので，一つでも不完全ならばその鋳造品は不良となる．

（1）**湯口**（gate）（現場では**せき**という．ときには sprue ともいう）図**1·48**においてA·B·Cはさほど大きくない鋳造品，またはフランジ表面があまり大事でないときの込め方で，D·E·Fは大きい物，特

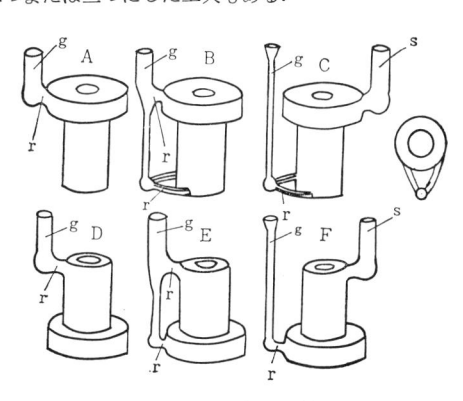

図 1·48 湯口の種々の形式

に下になっているフランジの面が大切なときに用いられる方法である．図において g は湯を注ぐ穴すなわち **湯口** であり r は **湯道** である．また s は **上り** で湯が型からあふれ出る部分である．湯口の大きさは鋳造品の重さに比例する．注湯は短時間が望ましい．（短時間で注湯を終る湯口を「よく飲む」という）大きい鋳造品には湯口を2個所まれにそれ以上設けることがある．このときは両方から同時に注湯を開始する．ある程度一方から注湯したあとで他方から注湯する方法もある．このとき型の下部に第一段の湯を入れ次の瞬間に他の湯口から第二段の 湯 を 注 ぐ．このとき初めの湯に高級のものを用い，後のものに普通の湯を使う二段注ぎの方法がある．湯口に対しては次のような種々の注意が必要である．

（i） 鋳造品の重量と肉厚との関連を研究する．（ii） 湯口は湾曲部をなくしまた各部断面の変化もなくして，乱流を起こさないようにする．(iii) 断面の形状は円が最もよい．(iv) 湯口の中に砂じんの残らぬようにし黒味または黒鉛を塗る．（v） できれば湯の中の **のろ**（鉱さい）(slag) が湯口の方には入ら ないこ とを望む．このため図1.49に示すかけぜきの上部と同じように，湯口の周囲をやや高くしてのろが湯口に入らない工夫をすることがある（図1.50参照）．(vi) 注湯時間の短いよう十分な断面とする．

（2） **かけぜき** (pouring basin) 湯口の上に湯を瞬間ためる別の枠を図 **1·49** のように設けることがある．これを かけぜき という．かけぜきにも のろ が鋳型に入らない種々の工夫をする．図 **1·50** に湯口または かけぜき に用いる のろ の流入を防ぐ数例を示す．図のうち(1)はのろを飲み込まないだけでなく湯がおとなしく入ることを目

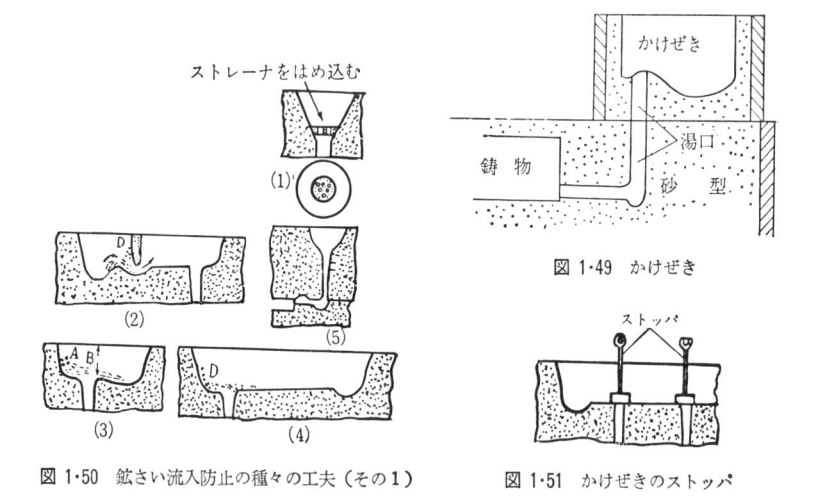

図 1·50　鉱さい流入防止の種々の工夫（その1）

図 1·49　かけぜき

図 1·51　かけぜきのストッパ

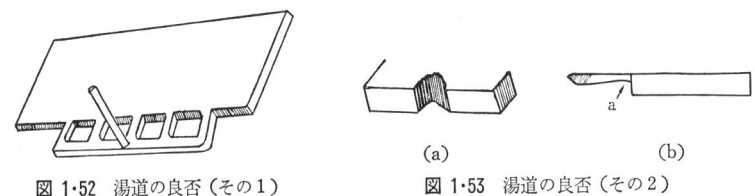

図 1·52 湯道の良否（その1）　　図 1·53 湯道の良否（その2）

的としたもので，丸または長方形の粘土で穴のたくさんある板を造り，ストレーナとする．(2)はのろをかき取るためのしきりDを設けたもの，(3)は手数少なく のろ はBからAにたい積されて，流入を防ぐ．(4)，(5)は他の考案を示す（なお図 1·55 も参照のこと）．

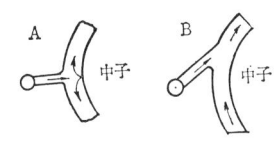

次に かけぜき には図 1·51 のようにストッパ (stopper) を持つことがある．ストッパは かけぜき の穴のせん（栓）で，必要量の湯をかけぜきの中に貯え，ストッパを上に抜いて注湯するもので，のろ は上に浮くため製品の中に混入することがない．しかも注湯時間を短く計画どおりに行なうことが容易である．ストッパの せん は耐火粘土で造られた柄に取り付けるが，耐火れんがで造って数回使用することもできる．

図 1·54 湯道の良否（その3）

(3) **湯道** (runner) 湯口から入ってきた湯を鋳型の空所に導くための道を湯道という．湯口に比べ湯流れの方向を変えたり湯を分配したりするからその面積は湯口よりやや大でなければならない．湯が均等に回るため，一つの湯口に対し図 1·52 のように多くの湯道にすることもある．次に製品となったとき湯道を不注意に折ると図 1·53(a) のように，製品まで欠くおそれがあるから，同図 (b) のaのように工夫するとよい．湯道の良否によって湯が全般に十分回らないようなことが起こる．このため均等に湯が回るよう湯道を

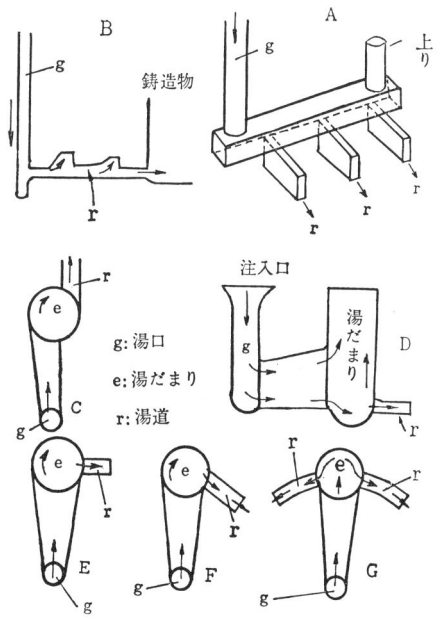

図 1·55 鉱さい流入防止の種々の工夫（その2）

g：湯口
e：湯だまり
r：湯道

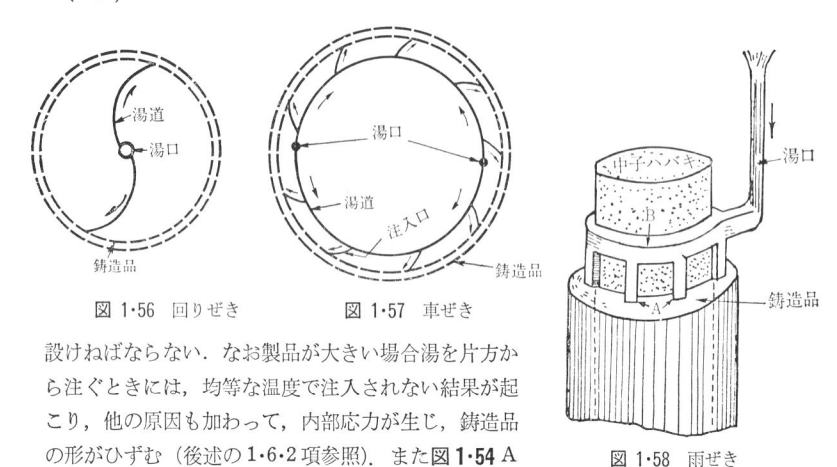

図 1·56 回りぜき　　図 1·57 車ぜき　　図 1·58 雨ぜき

設けねばならない．なお製品が大きい場合湯を片方から注ぐときには，均等な温度で注入されない結果が起こり，他の原因も加わって，内部応力が生じ，鋳造品の形がひずむ（後述の 1·6·2 項参照）．また**図 1·54 A**
図では中子を荒らすおそれがあり，B 図のように湯を回すほうがよい．なお**図 1·55 A**のように湯道 r に枝を作り，のろの流入を防ぐ工夫がある．なお，のろを送り込まない工夫の例を，図 1·55 B～G に示す．次に，高さが低い直径の大きいプーリまたは歯車のようなものは，鋳造の際の変形を少なくするため **図 1·56** のような回りぜきを用いることがある．また多くの枝のような湯道を設けた車ぜきがある（**図 1·57**）．**図 1·58** は雨ぜきと称するもので，A のように多くの小さい湯道がリング状の B の湯道から出ていて，数多くのAによって注湯されるものである．Aのように湯道からさらに分離した湯道を注入口（sprue）ということがある．上述の車ぜきの例においても湯口の次の環状の湯道から，車輪のスポークのようになっている湯道が注入口である．なお 図 1·58 の注入口のAの部分を鋳込み口（inlet）ということもある．湯口，湯道，注入口または鋳込み口には寸法的な関係がある．一例を次に示す[(1)]．

　　湯口断面積：湯道断面積：注入口断面積＝3.6：4：2

（4）**上り**（あがり）（riser）　湯が鋳型に満たされた後，鋳型の上面よりさらに少し湯を上昇させる部分を上りという．上りは注湯のとき初めに型の中の空気を，次にじんあいや湯の表面に浮いている のろ を吐き出す役目をする．なお湯の重量によって凝固前の鋳造物に圧力をかけ，巣のできないようにも働き，材質を ち(緻) 密にもする．図 1·48 C および F の s がそれである．

（5）**押湯**（dead head）　上り と似た役目をする．鋳造物の凝固前に重圧を加えて良成績とするほか，鋳造品が凝固収縮するとき，中央または肉厚の部分に，周囲よりお

（1）　飯高一郎監修 "鋳物" 72 ページ Lehmann の式

そく凝固するための空所（cavity）ができることを防ぐ．すなわち空所（ひけ または ひけ巣という）ができる凝固前に，押し湯から湯を補給するため ひけ のできない工夫となる．

1・4・4　心金，冷し金および中子押え

(1)　**心金**（core-iron）　中子に多く用いる．造型に際し中子を組合わせるとき，乾燥炉などへの運搬に持ちよいように，また大きいものは起重機などでつることのできるように，心金という骨組みを入れる．これは注湯の際中子がくずれないように，あるいは圧力に耐えうるように砂を保持させる目的も兼ねる．中子だけでなく大きい主型（おもがた），外型（よせ枠）などにも使用する．心金は，鋳鉄には流し型で鋳造したもの，鋳鋼には針金を曲げたもの，曲げた針金や棒鋼を組合わせたものなどが主として用いられる．

(2)　**冷し金**（chilling-block）　肉の厚い部分を早く冷却させたいとき，砂型の中に鉄片（ときには黒鉛片を使うこともある）を埋め込み，注湯の際急冷する目的に利用する．冷し金はあまり冷えていると注湯のときの きらい をひき起こすことがある．また同じ冷し金をたびたび使用するときは，成長変質（growth）を起こして冷し金としての役目を果さなくなる．それゆえ使用回数に注意せねばならない．成長を起こしたものは割って見ると変質が肉眼でよくわかる．（特殊な鋳造法のチル鋳造　参照）

(3)　**中子押え**（chaplet）（ぞくにケレンという）　鋳造において中子を取付ける種

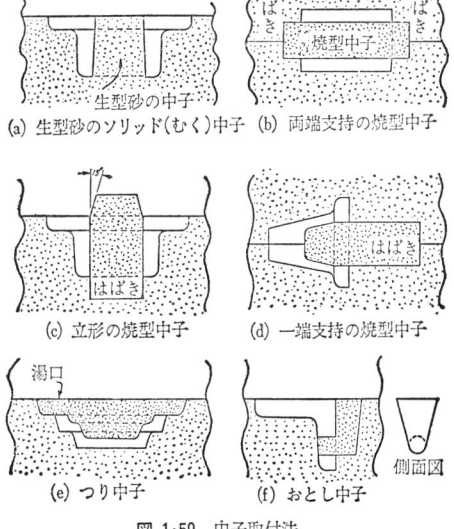

(a) 生型砂のソリッド（むく）中子　(b) 両端支持の焼型中子
(c) 立形の焼型中子　(d) 一端支持の焼型中子
(e) つり中子　(f) おとし中子

図 1・59　中子取付法

(30) 第1章 鋳造作業

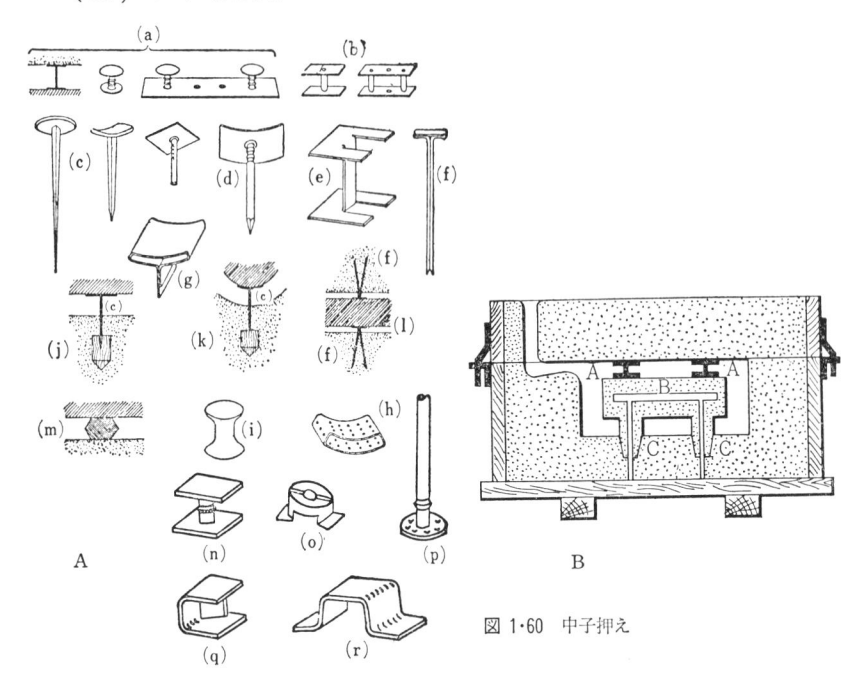

図 1·60 中子押え

々の形式を図 **1·59** に示す．このように中子は一般に はばき でささえるが，注湯のとき湯の圧力により曲がるおそれのあるとき，はばきだけでささえることが不可能のとき，あるいは一端だけを はばき で支持しているため注湯のとき浮き上ったり，曲るおそれのあるときなどには，中子押えにより中子をささえる必要がある．これは軟鋼で製作し表面に すずめっき を施す．大きいものは鋳鉄で製作することもある．中子押えは，型と型との間隔を所定の寸法とするためにも用いることがある．図 **1·60** A に中子押えの数例を，B に使用例を示す．

1·4·5 造型用機械

造型用の機械は手作業を機械作業に換えて合理化させるもので，その種類はすこぶる多い．

（1） **サンドスリンガ** (sandslinger)（図 **1·61**）ホッパに入れた砂をふるい分け，その砂を高速で投げつける機械で，ヘッドの下に枠を置くか，土間込めの所定の場所に機械を移動させて造型する．

（2） **造型機** (moulding machine) 造型する機械で簡単なもの，複雑なもの，小形

1·4 造型 (31)

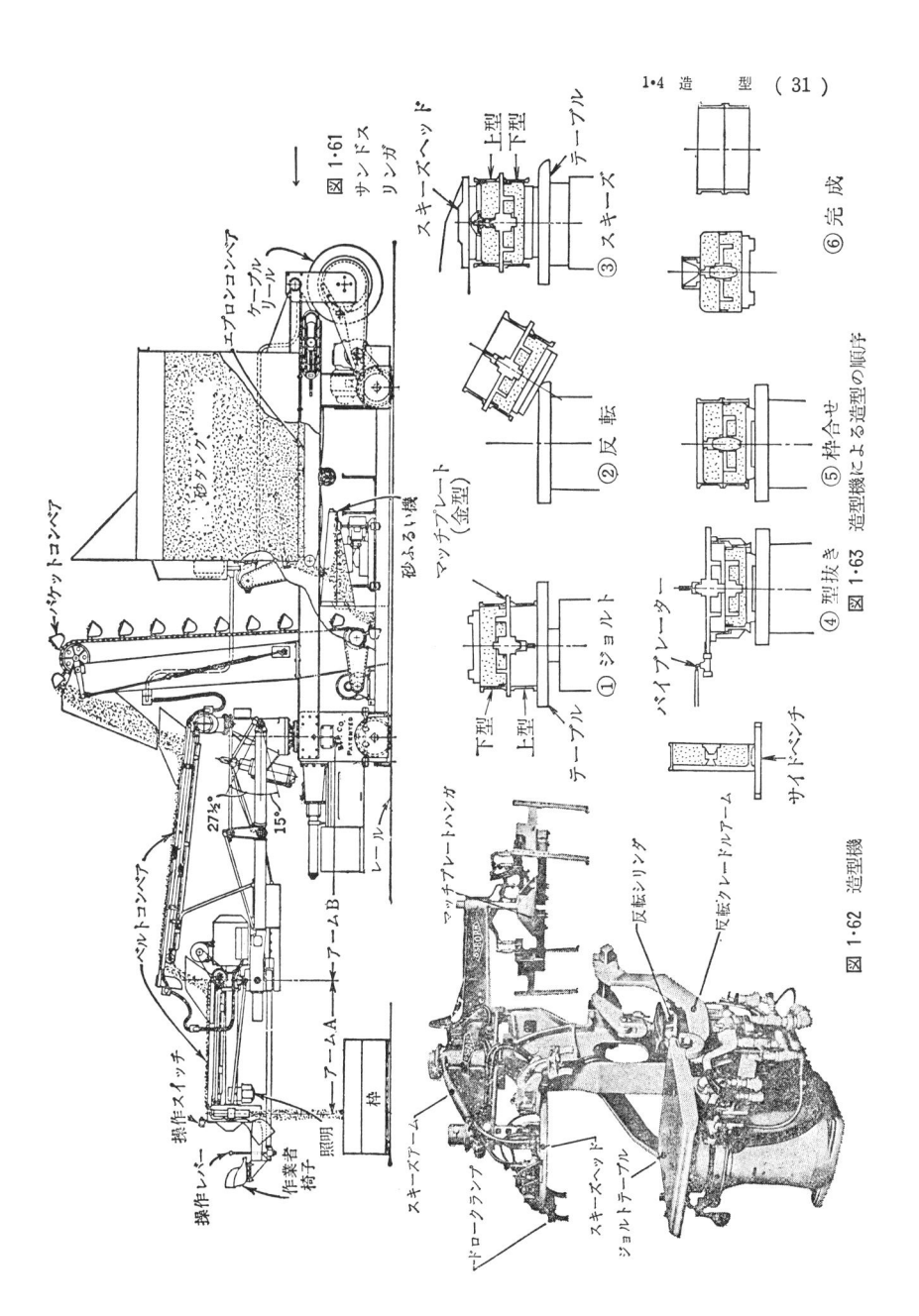

図 1·61 サンドスリンガ

③ スキーズ
上型 下型
テーブル
スキーズヘッド

② 反転

① ジョルト
下型 上型
テーブル

マッチプレート（金型）
砂ふるい機

バケットコンベア
ホッパ
エプロンコンベア
ケーブル
ベルトコンベア
操作スイッチ
操作レバー
作業者椅子
照明
アームA　アームB
27½°
15°
レール
枠

⑥ 完成

⑤ 枠合せ

④ 型抜き
パイプレーザ

サイドベンチ

図 1·63 造型機による造型の順序

マッチプレートハンガ
反転シリンダ
スキーズアーム
ブロークランク
スキーズヘッド
ジョルトテーブル

図 1·62 造型機

のもの，大形のものなど種類は多い．図 **1·62** は，反転型抜き式といわれるものである．図 **1·63** に作業の概要を示す．模型にはアルミニウムまたは銅合金で製作されたマッチプレートが用いられる．①の図に示すように上型下型を置き中間にマッチプレートを置く．砂を下型の枠に入れ定盤を載せ右ひざでジョルト (jolt)（大きく上下して衝撃を与える）用のレバーを押せばテーブルはジョルトする．次に②のように上下を反転させる．上枠に砂を盛り上に定盤を載せ左手でスキーズバルブ (squeeze valve) を押せば，テーブルは上昇して砂を圧縮する③．次に上定盤や湯口棒などを取りはずし，左ひざでバイブレータバルブを働かせて，細かい振動を与えながら上枠を抜き出し，左側のサイドベンチに置く．同様に細かい振動を与えながらマッチプレートを抜き上げる④．次に中子を入れ上枠と下枠を合わせて（かぶせるという）⑤，湯を注ぐ場所に運び，ぬき枠をはずし⑥，砂型だけをそこに置く．上述のものは圧縮空気（$5.5 kg/cm^2$ 程度）を用いて機械を作動させるのであるが，油圧を使用するもの，単に手だけで作業させるものもある．

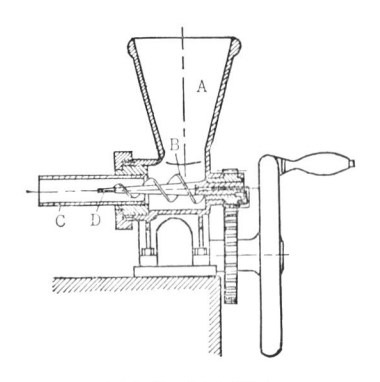

図 **1·64** 中子造型機

（3）**中子造型機** (core making machine) 一般に数多い中子には大きいものが少ないために，動力を用いない簡単な中子造形機が多い．図 **1·64** は手動のもので，A のホッパに入れた砂は D のスクリュによって，C の左に取り付ける中子用木型に進んで中子を造る．

（4）**自動鋳造装置** 造型機をある程度自動化させ，できた鋳型をコンベアその他で自動的に搬送させ，できれば引続き注湯し，砂落し場まで搬出し，砂と鋳造品を別々に処置する式のものが多数製作のものに対して増設されている．少なくともこれに似た流れ作業方式によって管理の合理化と人手の減少を望むものが多い．

1·5 地金の溶解

地金の溶解には種々の方法がある．高温であるからややもすれば燃料や空気中から好ましくない元素を吸収し湿度の影響を受ける．

1·5·1 キュポラ

キュポラ (cupola) は主として鋳鉄の溶解に最も広く古くから用いられている炉で地金を直接コークスの燃焼熱で溶解するものである．キュポラ内での溶融状態の模型を図 **1·65** に示す．図にみるとおり地金に直接燃料が接触するため，地金中の元素の一部は

1·5 地金の溶解　(33)

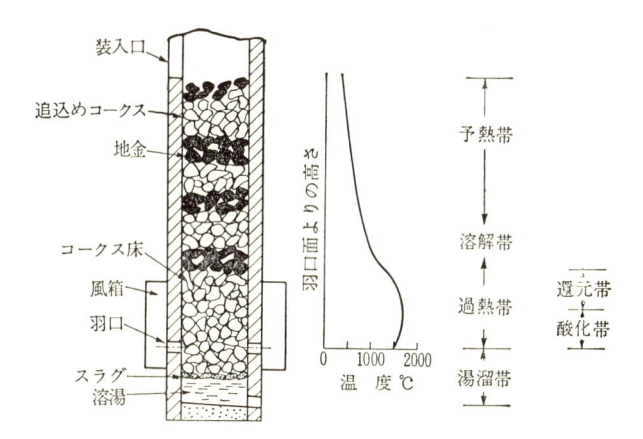

図 1·65　キュポラの溶融状態模型図

燃焼して消失し，反対に燃料の元素の一部が湯に溶け込み，好ましくない結果を生むこともある．ただし燃焼して少なくなった元素はさらに補って湯を所期の成分になるようにし高級化させる．大体において熱効率高く経済的な炉である．

図 **1·66** および図 **1·67** にキュポラの構造を示す．外殻は鋼板で円筒形に製作され，その内部を耐火れんがおよび耐火粘土で裏張り（ライニング lining）する．炉の中央に **風箱**（wind box）（風帯 wind belt ともいう）がある．炉内のコークスを燃焼させるために風を送る空気のたまり場所である．炉内に送る空気は均等を必要とするため，炉壁の周囲に幾つかの穴を設ける．これを **羽口**（はぐち tuyère）という．羽口は小さい炉では，同じ高さで一段に数個設け，大き

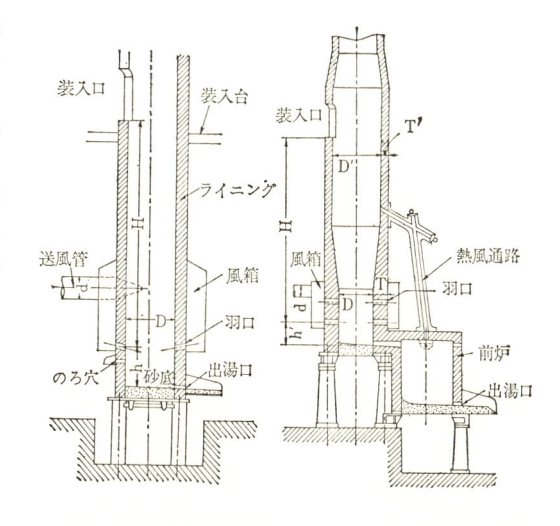

図 **1·66**　前炉を用いない
　　　　キュポラの構造

図 **1·67**　前炉を用いた
　　　　キュポラの構造

い炉では二段におのおの数個とする．羽口の形状，寸法，数などは溶解成績に大きく影響する（後述(2)羽口参照）．次に羽口から内部の溶解状態をのぞいて，操業の良否を監視する．また羽口にコークスや のろ がつまるときは，長い棒鋼で突いて掃除する．

　キュポラを操業するには まき（薪）で炉内を少し焼いて温めたうえ，適量のコークスを入れこれに点火する．コークスがよく燃えたとき，さらにコークスと地金を交互にキュポラ上部の **装入口** (charging door) から投入する．このとき のろ を湯と分けやすくするため，石灰石を普通少しずつ投入する．上述の，最初に炉を焼くために入れるコークスを はな込めコークス (bed coke) という．これに対し地金と交互に入れるコークスを追込めコークス (charge coke) という．炉底にたまった湯を取り出すには **出湯口** (tap hole, のみ口, せん前などという俗称がある）による．出湯口は大きいキュポラでは一つしかないが，小形のキュポラでは上下の方向に二つまたは三つ用意しているものもある．やや上の出湯口を使うほうが強力な湯が取られる場合が多い．底に近い出湯口は湯を全部しぼり出すときに使う．操業のときは最初に出湯口を耐火粘土で閉じている．これを金属棒で突き破って湯を取り出す．初めと終り以外は耐火粘土の栓をしないで溶けただけ連続して取り出す方式[1]もあるが，操業の都合上湯をしぼり出す度ごとに閉じる方法を採用するものが多い．出湯口の裏（またはすえ付場所の関係で適宜な位置）のやや上の位置に，**のろ穴** (slag hole) があり，ときどきのろがたまったと思われるときに開けてのろを取り出す．炉底は終業のとき炉内に残った火のついたコークス，のろ，地金の残りなどを落し出すに便利な開閉できる構造にする．大きいキュポラでは出湯口の前に **前炉** (fore hearth) と称する湯だめを持つ．これは多量の湯をためることが目的で，高熱のガスを炉の中央より導き湯の温度を低下させないように，むしろ幾分上昇させるぐらいにしてたくわえる．前炉には前の底部の近いところに出湯口を設け別にのろ穴をも設ける．

　キュポラの大きさは，1時間で溶解できる湯の量，すなわち1時間の溶解能力を ton で表わして呼ぶ．キュポラの大きさならびに寸法には **表1·7** のようなものがある．キュポラは鋳鉄品のほか可鍛鋳鉄の溶解にも広く用いられている．設備費は安く操業も容易である．

　普通のものとやや異なったキュポラに次のようなものがある．

　　i）こしき または 積みこしき (top charge cupola)：1 ton 以下の小さいキュポラで，普通三つの炉体を積み重ねる．その操業は上述のものと変らない．ただ，地金やコークスの投入が三つに積み重ねた上から投入する点だけが異なる．小量にはこの式のものが多い．

（1）　溶解する部位すなわち溶解層 (melting zone) が一定の場所になるので，均等な湯が得られ，キュポラのライニングの損耗が一個所に集まるので修理が比較的容易である．

表 1·7 キュポラの標準寸法

溶解能力 W(t/hr)	羽口のところの炉の内径 D(mm)	予熱帯の炉の内径 D′(mm)	羽口比 A/a	有効高さ H (mm)	羽口の炉底よりの高さ		風箱の断面積(縦方向) a′(mm²)	送風管の内径 d(mm)	炉壁の厚さ	
					前炉なし h(mm)	前炉あり h′(mm)			羽口の附近 T(mm)	予熱帯の附近 T′(mm)
1	465	465	5.50	2330	500	250	85,000	150	130	130
2	600	740	5.75	2990	550	275	130,000	195	200	130
3	700	1000	6.00	3530	600	300	170,000	235	300	150
5	880	1280	6.50	4410	650	350	250,000	295	350	150
8	1090	1510	7.25	5460	—	425	340,000	370	440	230
10	1210	1630	7.75	5700	—	475	400,000	410	440	230
15	1470	1890	9.00	5700	—	600	500,000	500	440	230

注 1. 予熱帯とはコークスや地金などが投入後時間を経過していないため，燃焼および溶解のまだ始まっていない部分をいい，溶解帯とは地金の溶解が行なわれている部分をいう（図1·65参照）．
  2. A：羽口のところの炉の断面積$=\pi D^2/4$
    a：羽口の断面積の合計

ⅱ) 熱風キュポラ：これは排気の持つ熱を利用して，風箱に送る風を予熱するものである．

ⅲ) 酸素増補操作：普通のキュポラに酸素を少しずつ燃料に補う方法である．

ⅳ) 多段羽口：キュポラの羽口は前述のように一段か二段であるが，バランストブラスト (balanced blast) と称して，羽口を多段にして各所から風を送ることのできる工夫をしたものがある．

ⅴ) 切くずを主たる地金とするキュポラ：鋼くずと鉄くずとに分けねばならないが，いずれの場合も切くずをある大きさに固めて装入する．

ⅵ) 塩基性のもの：ライニングを塩基性として塩基性操業をすることがある．酸性の操業では，湯の中のSをある限度以下に下げることが不可能であるが．塩基性にするときはそれが可能となるため，Sの低いことを望むとき，たとえば球状黒鉛鋳鉄のときに採用されている．

ⅶ) 水冷式キュポラ：キュポラのライニングはほとんど鋳造の都度手直しを必要とする．そこでライニングのない工夫としてキュポラの外側に水を流して冷やすものである．ただし，連続操業を要するため，大量の湯を昼夜使用する工場に採用される．ライニングは使っているが，ライニングの外，胴の内側を水で冷やしてライニングを長持ちさせる工夫の水冷式もある．

次に前炉ならびに羽口，その他キュポラ設計上の要点を述べる．

(1) 前 炉 前炉は多量の湯をたくわえるためのもので，前炉を持つものはキュポラ内に溶解した湯を停滞させないで前炉に流す．したがって溶解帯の位置は変化することなく，成分組成が均一化する．しかもコークスの中のSおよび炭素が湯の中に入る時

間が短いため良質の湯となる．前炉の大きさはキュポラが1時間に溶解することのできる湯の量をたくわえる程度とする．キュポラと別に回転式と称する可傾前炉を前炉の代りに備え付けるものもある．

（2） 羽 口　羽口は炉の成績を左右する大切なもので，形状，羽口比，数，段数ならびに傾斜角などが主として研究の対象となる．

（a） 羽口形状　羽口の断面形状は

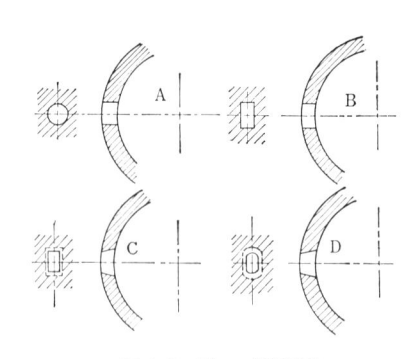

図 1·68　羽口の断面形状

図1·68に示すように，円，長方形，こう配のついた長方形またはだ円である．羽口の形に造らせた耐火れんがを使用するか，耐火性のある金物で造って埋め込む．

（b） 羽 口 比　炉内のコークスの燃焼は炉内のどこでも均等であることが望ましい．このために羽口比 (tuyère ratio) が適当でなければならず，大径のキュポラでは中心部まで風が届かない．このときには羽口をやや小さくして速度を増す必要がある．さりとて中心部に送風を十分ならしめるとき羽口付近では通過空気が冷却作用を起こし，外周で溶解不十分となることがある．

（c） 羽口の段数　羽口は小さいキュポラには一段が多い．大きいキュポラではかならずしも多段にする必要はないが一般に二段とする．

（d） 羽口の数　小さいキュポラでは羽口の数は少なくし，大きいものでは数を増すことは羽口から送る風の炉内全般にわたる均等性から考えて，当然なことである．大体の見当としては表1·8のようなものとなる．

表 1·8　羽口の数

羽口付近のキュポラの直径	650 mm 以下	700 mm 以上
一段羽口のとき	4〜6	6〜10
二段羽口のとき（ただし一列について）	3〜4	4〜6

（e） 羽口の傾斜角　羽口は水平のものが多いが，炉内に向い15°以内で下向きにするものもある．羽口から風をやや下に向わせ，下の方にもよく燃焼させる工夫を行なう．しかし炉にたまった湯の量によっては均一な湯が得がたいことがあるので，前炉のない場合に良質の湯を得るためには，羽口は水平でなければならない．

（3） 付属設備

（a） 送風機　キュポラにおいて送風は絶対的に重要なものであり，したがって送

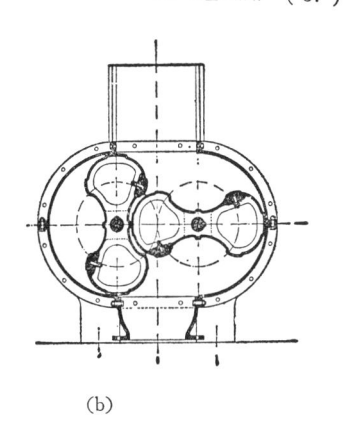

図 1·69 送風機

風機は大切な付属物である．一般に **遠心送風機**(turbo blower または centrifugal blower) が用いられる．これは羽根車がケーシングの中で回転し送風するものである．図 **1·69**(a) にその外観を示す．また，(b)図のルーツブロワ (Roots blower) も用いる．風圧や風量を測ってキュポラの操業を合理化しなければならないため，**風圧計** (manometer) や **風量計** (air flow meter) をキュポラの操業位置に近くおく．風量計の一例を 図 **1·70** に示す．これに記録式のものまたは自動的に制御を行なうものを用いる場合もある．

（b）**キュポラに地金を装入する装置** キュポラに地金やコークス，石灰石その他のわずかながら種々な材料を装入するには，小形の こしき 程度のものでは，いまもなお人力によっている．しかし小形のキュポラでもおいおい機械的装入を行なうようになってきた．

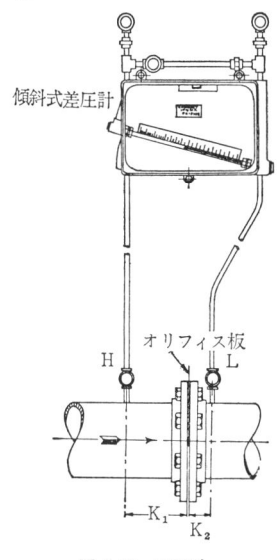

図 1·70 風量計

（c）**脱湿送風** キュポラへ湿度の高い風を送ることは害がある[1]．このために空

---
(1) 米国では $9.16 g/m^3$ 以下にしているものがある．
　　わが国でも夏は鋳造性が悪い，特に梅雨のころのものは悪い，冬のものは良いなどといわれ，大昔は夜から未明にかけて鋳造していた．

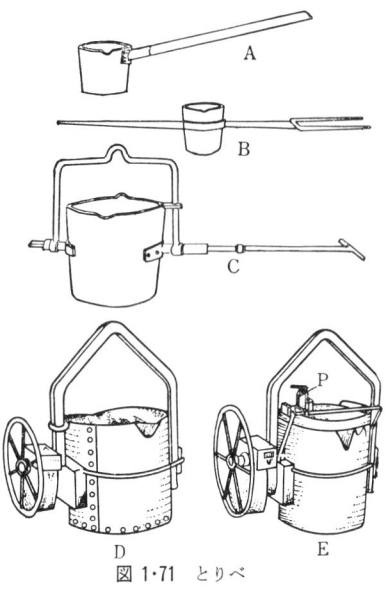

気中の湿度を減じて送風する装置が発案されている．空気の温度を下げて水分を除去する方法やシリカゲルを用いて吸湿させる方法がある．

(d) 鉱さい(のろ)処理　キュポラ操作のとき，ときどき のろ をのろ出し口から排出させる．大きいキュポラにおいては，作業時間も長くその量も多いので台車付ののろ受台に受けるか，特別の容器に入れて起重機などによって工場外に持出す．キュポラがか(稼)働しているときには，コークスの粉が上部から吹き出され，工場の屋根にこれが集積される．火のついているものが多いから，ときには火災の危険がある．そこでこれを集めて処置する工夫がいろいろ行なわれる．最近はたわし金網を組込んだ，シャワ付き集じん器を必ず用いるようになってきている．

図 1・71　とりべ

(e) と り べ　とりべ (取鍋) (ladle) はキュポラおよびその他の炉から出る湯を受けて鋳型まで湯を運ぶ容器である．鋼板製の容器で内側に耐火粘土のライニングが施されている．とりべには大小種々のものがある．図 1・71 に小から大の順に とりべ の形式を示す．A は小とりべで俗に しゃく(杓) という．一人の作業者が湯を運ぶときに使用するものである．B はやや大きい とりべ で二人または三人で持つ．俗に れんだい(蓮台)という．C は 1 ton ないし 2 ton ぐらいの容器で，起重機で運ぶものである．D は C より大形であるため C のように注湯の際手で傾けることがむずかしいので，ハンドル車を回し，歯車の援助を得て とりべ を傾けるものである．E は D と同じぐらいの大きさであるが鋳鋼のときまたは鋼のインゴットを鋳造するときに用いるもので，P を上下させることによってとりべの底にある穴を開閉させるもので，底注ぎのとりべである．これより一層大きい とりべ で台車に載せたものもある．

(f) 接　種　溶融している鋳鉄に添加物を与えるとき，組成に変化を起こして改善された機械的性質となる．この操作を接種 (inoculation) という．化学組成がほとんど等しいときでも，微量元素の存在によって金属組織は改善される．化学分析では説明のできないものにガスの存在する問題もあるが[1]，接種の場合も普通の分析では説明がで

----
(1) 現在はガス分析が完全に可能で，ガス分析に対する研究は，はなはだしく進展した．

きないときもある．この添加物を接種剤（inoculant）という．低炭素，低けい素の鋳鉄に行なわれることが多く，幾分黒鉛化を進めるとともに，黒鉛の形と分布とに変化を起こさせ性質を改善する．接種剤としては，黒鉛化接種剤（graphitizing inoculant），安定化接種剤（stabilizing inoculant），および複合接種剤（complex inoculant）がある．黒鉛化接種剤にはフェロシリコン（ferro silicon JIS G 2302），カルシウムシリコン（calcium silicon JIS G 2314），天然黒鉛，人造黒鉛およびSMZ合金[1]などがある．安定化接種剤にはCr, Mn, Vなどを単体で使うこともあるが，Si, Ti, Zrなどの黒鉛化接種剤と併用する方法もある．またMg, Ce, Liなどを用いることもある．複合接種剤は黒鉛化接種剤と炭化物安定化接種剤の両作用を同時に行なうものである．複合接種剤は次のようなものがある．

Si–Cr合金（Cr 50%, Si 30%），Si–Mo合金（Si 30%, Mo 60%），Si–Mn–Cr合金（Cr 38～42%, Si 17～19%, Mn 8～11%），Cr–Si–Mn–Zr合金（Cr 30～52%, Mn 5～10%, Si 14～35%, Zr 1～6%）．

接種を行なうには湯の温度を高くし1,400°C以上でなければならない．接種剤はあまり細かく粉末にすると飛散しやすく，大粒にすぎると未反応になる．したがって8メッシュ[2]程度が良いようである．キュポラでは出湯口のそとの とい の部分で静かに粉の形のものを投入するのが多いが，鋳型の湯口付近の底に接種剤をおく方法，とりべの底に入れておき湯を入れるもの，その他とりべの湯出口にこれを水ガラスで固めて鋳込時に溶湯に少しずつ溶ける工夫なども行なわれる．

（g） **キュポラの制御**　キュポラの地金溶解作業には高級な一種類の湯だけでなく，低級な湯もほしいことがある．このようなときは，一時地金を投入することをやめ，湯を十分しぼってから次の地金を投入する，いわゆる「湯を切る」操業を行なう，しかし同一性能の湯を求めることもすこぶる多い．同一性能の湯を求めるためには，地金やコークスその他の装入材料の品質および配合割合を均一とし，出湯口を開いたままにして均等な湯を求めることに努力する．しかし，送風する空気量を一定にするだけではいろいろな現場の情況が異なるため，特定の溶解状態を保持することは無理である．風量・風圧・コークスの燃焼情況・装入地金の量および塊の大きさ・通風抵抗の変化その他によって湯に異同があるから，手作業で溶解作業を完全に制御することは至難事である．そこでキュポラにもおいおい自動制御が考えられている．

1·5·2　るつぼ炉

るつぼ炉（crucible furnace）はるつぼ（crucible）に金属を入れてコークス・重油・電気などを熱源として金属を溶解させる炉である．鋳造工場の床面より下にピット

---

(1)　Si 60～65%, Mn 5～7%, Zr 5～7%を含む合金で日本ではあまり用いない．
(2)　ふるい目の開き約2.38mm．

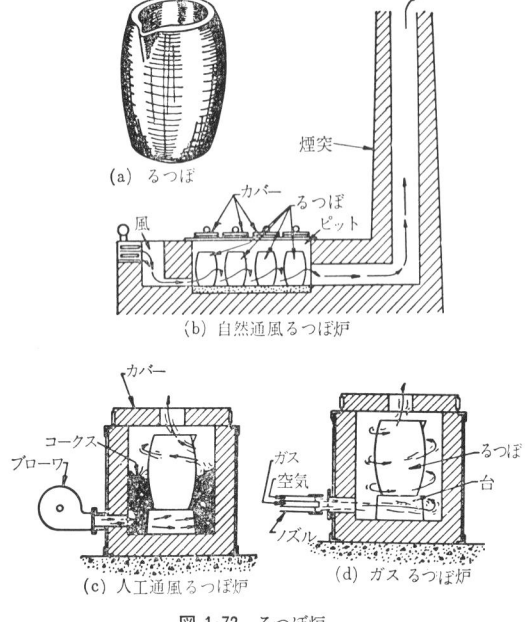

(a) るつぼ
(b) 自然通風るつぼ炉
(c) 人工通風るつぼ炉
(d) ガスるつぼ炉

図 1·72　るつぼ炉

を設け，その中に るつぼを入れる形式が多い（図 1·72）．(b)図は自然通風式を示す．風は図において左端より入り（自然通風 natural draft）炉中のコークスを燃焼させる．(c)図は人工通風（artificial draft または forced draft）でブローワで風を送ってコークスを燃焼させるものである．(d)図にガスを熱源に用いる例を示す．るつぼの大きさは，銅合金を溶解する重量（kg）を番号とし，100番は100kg の銅合金が溶解できる． 1, 2, 3, 4, 5, 10, 15, 20, 30, 40, 50, 60, 80, 100, 150, 200, 250 および 300 番とする．黒鉛るつぼ（生粘土に黒鉛を 1/3 内外混じて製作したもの）を主として使用する．燃焼ガスが直接るつぼの中の湯に触れないようにするため，るつぼの上にふたをする．普通の場合溶解した金属の入った るつぼ はふたをとり除いて長い柄のついた はし で両方からつかんで引上げ差おろしするが，炉全体を傾けて (tilt)，湯をとりべに移すことができる工夫のものもある．るつぼは永久に使用できるものではなく，10回も繰り返して湯を溶かすとやせて壁の厚さが薄くなり危険となる．るつぼ炉は銅合金やアルミニウムまたは軽合金に多く用いられるが，特殊配合の鋳鉄や鋼にも用いられる．

1·5·3　その他の炉

その他の炉には種々のものがあるが，キュポラやるつぼ炉に比べるとその使用されている数はすこぶる少ない．

（1）**反射炉** (reverberatory furnace) 主として 1 ton 以上の大量の湯を一時に求める場合に使用される．燃料は，石炭・コークス・ガス・重油などである．この方法は炎が湯に触れるため良質の湯が得られない．しかし炉は多量の湯を同時に出すことができるので大物鋳造に適する．もちろん 5 ton の炉は 1 回 5 ton しか溶解することができない．図 1·73 にその断面の形を示す．最大 50 ton ぐらいであり 20 ton 内外のものが多

(2) 平　炉 (open hearth furnace) これは鋳鉄には用いない．酸性と塩基性とがありインゴットを造るときに用いられるほか大形の鋳鋼に用いる．20 ton 以上 100 ton に及ぶ．Siemens らが 1868 年に発明したもので，シーメンス炉ともいう[1]（図1・74）．

(a) **酸性平炉**　横に平たい長方形の炉に予熱したガスと空気を送って燃焼させ，地金を溶解させるもので，約 20 分ごとに左右の蓄熱室を交互に使用してガスと空気を予熱する．脱酸剤としてフェロマンガンを投入し残留する酸素を除去する．しかしPおよびSの除去はほとんどできない．

(b) **塩基性平炉**　酸性平炉ではPの除去が困難なため，炉内に地金を装入するとき石灰を入れのろを塩基性となし，Pと石灰が化合してのろに吸収される．

このように炉を塩基性にすると酸性炉のままでは炉床が侵食される．そこで炉床をマグネシヤれんが（塩基性）またはクロムれんが（中性）で築造する．その上に焼苦土（塩基性）で厚い裏付けをする．

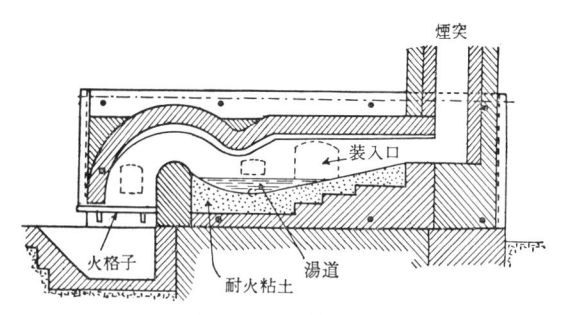

図 1・73　反　射　炉

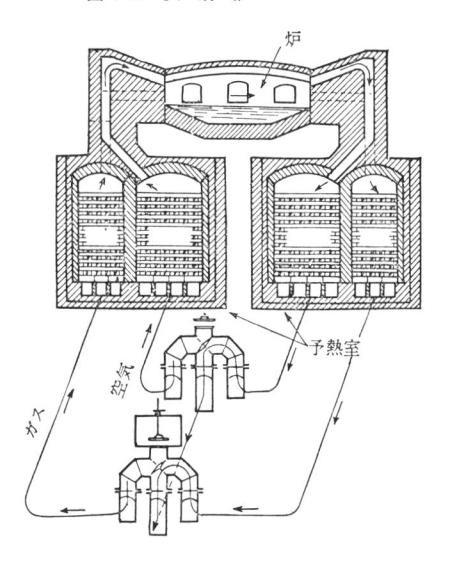

図 1・74　平　炉

(3) 転　炉 (converter) これも鋳鉄には用いない．炉の重心を通る横軸を中心として回すことができる．Bassemer の発明でありこれをベッセマ炉ともいう．炉に湯を入れ底から圧縮空気を噴出させ，炭素を空気中の酸素でガス化させるものである．

(4) 電　気　炉 (electric furnace) 電熱を応用したもので広く用いられ，あらゆる金属の溶解に使用されている．特に鋳鋼は大物以外ほとんど電気炉によっている．電気炉

(1) Siemens と Martin の両者が発明したので Siemens-Martin 炉ということもある．

の特長はだいたい次のようである.

i) 装入された地金は燃料から発生する燃焼ガスに接触しないから, 化学的組成が比較的所要の形のものとなり, 所要の物理的性質のものが得られる.

ii) 他の炉に比べ溶解損失 (melting loss) が少ない.

iii) 炉の温度の調節範囲が広く電気炉では 3,500°C ぐらいが得られる.

iv) 平炉のように大きすぎない. 小さい炉は 0.5 ton から大きい炉は 40 ton[1] ぐらいまで任意に選ぶことができる.

v) 比較的粗悪な地金原料を使用することができる.

電気炉としては現在種々のものが用いられているが, わが国で特に多いのはエルー式電弧炉 (Heroult furnace) で塩基性のものが多い. 酸性のものも漸次用いられるようになってきている. これに次いで多いものに高周波電気炉 (high frequency electric furnace) がある. しかしこれらは小形のものに多い.

(a) **エルー式電弧炉** 塩基性炉においては鉄および鋼の場合, 脱酸・脱硫・脱りんおよび加炭が容易に行なわれるため, 地金の質をあまり選ばない. しかし炉材の入手はやや困難である. こ

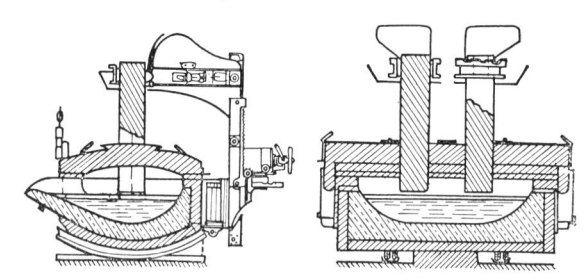

図 1·75 エルー式電弧炉

れに対し酸性炉では炉材の入手は容易であるが, P, S の少ないものを用いねば, これらの除去は困難であり, 加炭も困難である. 酸性炉の炉床は けい砂 で裏付けをする. この炉は電極と地金の間に電弧を飛ばせて地金の溶解を行なう (図**1·75**). 2 ton, 3 ton, 5 ton が最も多い. 湯を出すときは炉体を傾ける. 塩基性炉の炉床は, マグネシヤれんがの上に粒状のマグネシヤと粉末のマグネシヤおよび無水タールを混じたマグネシヤクリンカのライニングを厚く施す. 上部のアーチ部は高熱で侵食されやすいので, とくにコルハルトれんがを使用するとよい.

i) 鋳鉄の溶解:鋳鉄の場合は上述した利益のほか 切くず を使用することができる大きい利益がある. 初めは高級鋳鉄または特殊鋳鉄の溶解だけに用いたが, 今はあらゆるものに用いる.

ii) 鋳鋼の溶解:鋳鋼の場合は上述のようにきわめて多い. 脱りんと脱炭を第一酸化鉄と第二酸化鉄に行なわしめる完全酸化溶解法, および酸素または空気で精練する方法

---

(1) 電気炉の大きさは1回に溶かすことのできる全量 (ton) でいう.

が塩基性エルー炉で行なわれる．そのほか酸性エルー炉も用いられる．

（b）**高周波電気炉** 高級な金属に主として用いられる．高周波電流をコイルに流すとき，コイルの内部が急激な磁場の変化によって渦電流を誘起することを利用して溶解を行なうものである．これは電極を用いないため，電極による不純物の混入はなく，しかも高温溶解が迅速に可能であるほか地金のかくはん混合がよい．これらに対し低周波電気炉もあるがあまり広く用いられていない．

（c）**アーク炉** これはデトロイド形として知られている（図 1・76）．非鉄合金に主として用いられ容量は 100〜500kg 程度のものである．アーク熱で地金を溶解し，炉体を傾けて湯をとり出すものである．普通の鋳鉄，鋳鋼には大量の場合にはあまり用いない．

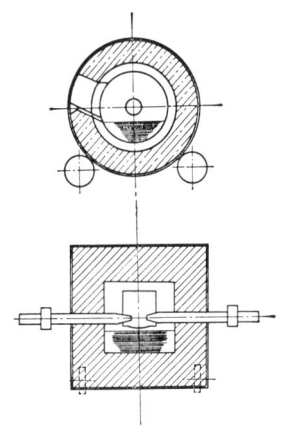

図 1・76 アーク炉（デトロイド形揺動炉）

1・5・4 鋳込み

鋳込み（注湯 pouring）に対しては，**注湯温度**および**注湯時間**が主として注意される．湯はとりべに入れて幾分温度を下げ（湯をおとすという），注湯する．このとき，のろ が注入されないよう長柄のついた かすとり板をとりべの湯出口に当てる．湯の温度測定には種々な高温度計（pyrometer）が使われる．特に携帯用の光高温計は注湯直前の温度測定に便利である．注湯温度を表 1・9 に示し，注湯時間は表 1・10 に示す．

表 1・9 注 湯 温 度

鋳　　　　鉄	1300〜1400	銅合金鋳物	黄銅	1000〜1100
鋳　　　　鋼	1520〜1560		青銅	1100〜1160
可　鍛　鋳　鉄	1430〜1460	アルミニウムおよびアルミニウム合金鋳物		710〜 750

表 1・10 注 湯 時 間

注湯重量　(kg)	200	500	1000	2000	4000	8000	12000
注湯時間(秒)約	15	20	22	25	30	35	40

1・6 鋳造後の処理

1・6・1 鋳造品仕上処理用機器

鋳造が終わると小さい品物は凝固，冷却が早いから砂型より短時間後に取り出す．大

第1章 鋳造作業

図 1・77 空気チッピングハンマ

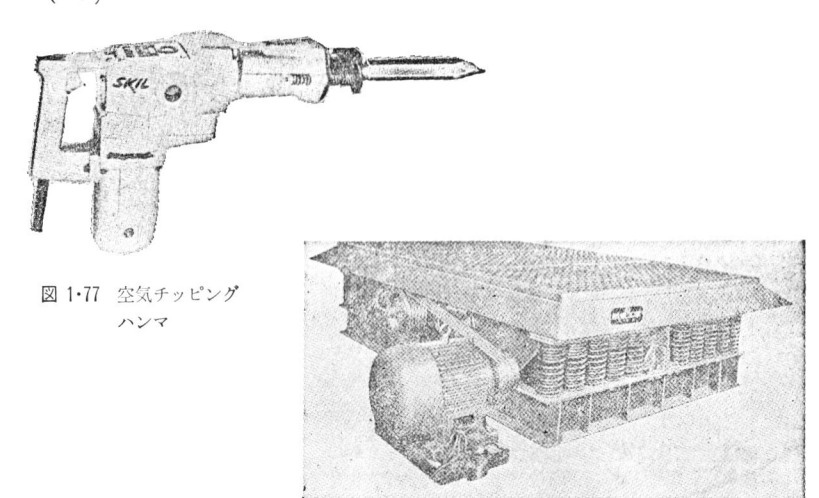

図 1・78 シェーカ

きいものは凝固に長い時間がかかるが，急に冷却すると収縮の際に内部応力を大きく生ずる心配もあり，ある程度十分冷えてから鋳型より取り出すのがよい．非常に大きいものは，注湯したまま数日放置する．次に鋳造品は所定の砂落とし場所に運ばれ砂を完全に落とす．このとき複雑な形のものまたは大きいものは，圧縮空気を利用する **空気チッピングハンマ**（pneumatic chipping hammer）で砂を落とす（図 **1・77**）．しかし近時砂の処理も自動化が喜ばれるようになり，ある程度冷却した砂型を 図 **1・78** のような **シェーカ**（振動ふるい）（flask shaker または shaking out machine）の上に運び格子の振動によって枠と砂と製品を別々とし，砂は格子より下に落とし，枠と製品は格子の端まで進み格子からはずす．このときは砂は地下に設けた通路から砂処理場に運ぶ．

鋳造品の鋳造後の処理に使用する機械はこのほか種々なものがある．

図 1・79 タンブラ

図 1・80 五角形 タンブラ用スター

（1） タンブラ（tumbler または tumbling barrel）俗に がら という．相当騒がしい機械であるが，構造簡単で操作の容易な機械である．図 **1・79** のような鉄板製のドラムを 30～60rpm ぐらいで回転させ，その中に図 **1・80** に示すスターとともに鋳造品を入れ はだ を美しくさせるものである．スターは耐摩性の高いものが望ましく，スターと鋳造品とがドラムの中で互いに摩擦し合い砂を落とし はだ を美しくする．スターは白銑鋳物で造られている．（17・6 バレル仕上げ 参照）

（2） 鋳ばり取り用機器　鋳造品の型と型の合せ目の小さいすきまに湯が入り，ひだができるが，これを鋳ばり（fin）という．鋳ばりは普通薄くて急冷してもろいた

図 1・81　湯口切断機

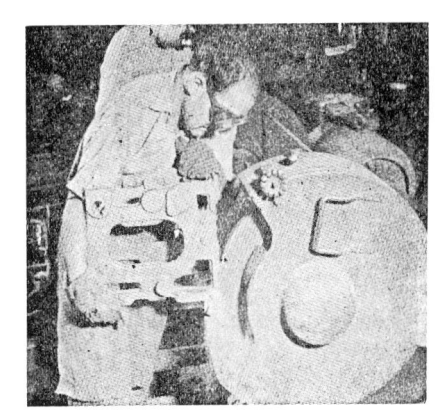

図 1・82　両頭研削盤

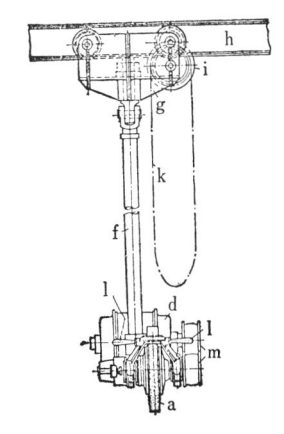

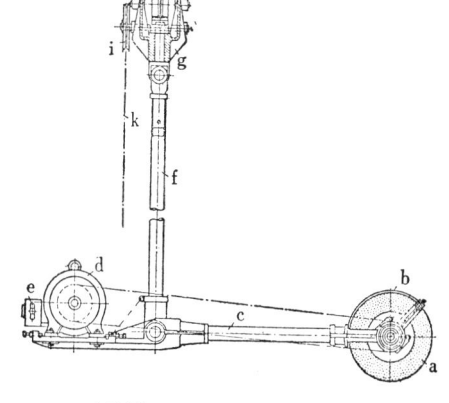

図 1・83　懸垂式研削盤

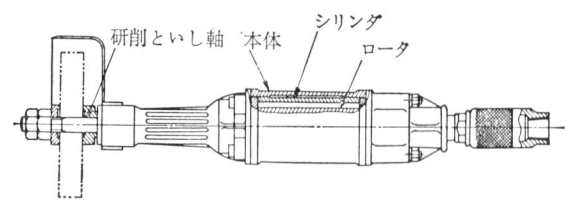

図 1・84 空気グラインダ

め，片手ハンマでたたき折ることができる．ある程度厚いときには，はつり取る．はつり作業は鋳ばりだけでなく，湯口・湯道・上りのような不用の部分の除去にも用いる．鋳鋼のときはガス切断を行なう．銅合金やアルミニウムなどで小物のときは鋳ばりも湯口も図 1・81 の湯口の切断機（riser shear）を利用することが多い．また各種の金切りのこ盤を使うこともある．小物の小さい鋳ばりは製品を手にして図 1・82 のように，両頭研削盤（wet tool grinder）を使うとすこぶる早く便利なことがある．大きいものには懸垂式研削盤（suspend type grinder または swing frame grinder）を使うこともある（図 1・83）．また鋳ばり，湯口などをはつり取ったあとを一層美しくするために，上記の両頭研削盤以外に可搬式の空気グラインダ（JIS B 4901）や電気グラインダ（JIS C 9610）がある（図 1・84）．

（3）砂吹き加工機（sandblast machine）主として乾燥させた川砂を圧縮空気によって鋳造品の表面に吹き付け，鋳はだに付いている砂を取り落とす．これは作業が早く，しかも美しい はだ を得ることができる．砂吹き加工機の外観を図 1・85 に示す．

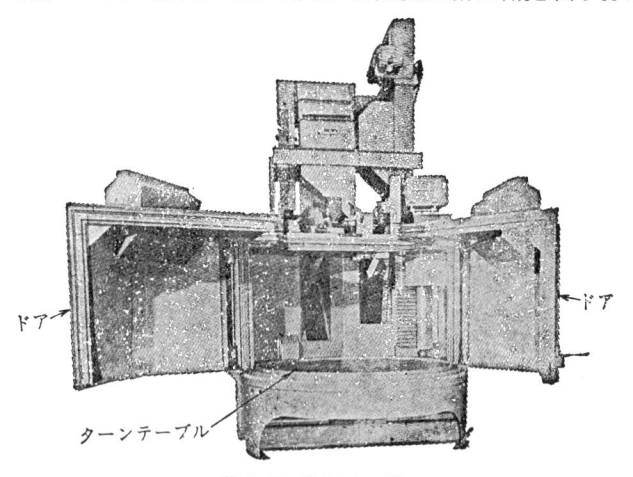

図 1・85 砂吹き加工機

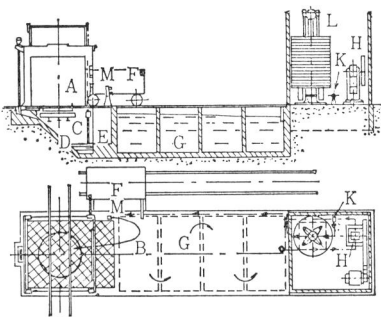

図 1·86　タンブラスト　　　　図 1·87　水射清浄装置

近年川砂の代りに手数がかからない健康的な鋳鉄で作ったグリット (grit) や鋼線を短く切ったショット (shot) を使う．このほうが砂よりはだが美しくなることが多い．図 **1·86** は胴を徐々に回しながら上方に設置したインペラでショットをたたき付けるようにするタンブラスト (tumblast) で一層効果的である（鋳造工場以外にもはだの仕上げに使用している）．製品をつり下げてブラストをかけ，全外周を美しくする装置を使うものもある．(17·7 噴射加工 参照)

　（4）**水射清浄装置**　ゼット (jet) から $35 \mathrm{kg/cm^2}$ ぐらいの圧力の水を，枠をはずした程度の鋳造品に吹き付け，砂も中子も心金も瞬間に落とすもので，美しく水洗いした鋳物が得られる．図 **1·87** において H は水圧ポンプで L はアキュムレータである．A の室で砂落としを行なう．さらに一般的には有用な砂を自動的に回収する附帯設備を持っている．

1·6·2　シーズニング

　鋳造したとき冷却速度の不同によって収縮の状態が異なり，いわゆる内部応力を生ずる．すなわち，冷却の速い部分には圧縮応力を，遅い部分には引張応力が生ずる．設計においてこれを防ぐため，均等の肉厚にしても，鋳造応力を皆無にはできにくい．注湯に無理のないようにし，湯口，湯道を不同のないようにするとき，しかも均一の肉厚であればほとんど，この心配をなくすることができる場合もある．しかし一般に鋳造後この内部応力が日時の経過するにつれ製品に狂いを生じ精度が低下するので，**枯らし**または**シーズニング** (seasoning または ageing) と称して内部応力を消す工夫をする．これには**人工枯らし** (artificial seasoning) と**自然枯らし** (natural seasoning) とがある．後者では風雨にさらして，約一個年すなわち冬と夏とを経過すると応力の約80％は消えるが，このとき荒削りしておいたほうがよいともいわれる．しかし長い期間を費やすことが不可能の場合には枯らし炉を利用して人工的に行なう．人工枯らしは徐々

に加熱して4時間ぐらいの後に約530°Cに炉の温度を上昇させて,小形ならば3時間,大形ならば6時間以上ぐらい保温し,次いで徐々に200°Cぐらいまで冷却させる.この冷却時間は約36時間以上とする.それから空中放冷すればよい.600°C以上になると鋳鉄は変態を起こすので,これより高い温度は望ましくない.ただし焼なましを行なうものは600°C以上になるからシーズニングの必要はなくなる.鋳鋼,可鍛鋳鉄はこの理由によって必要がない.鋳鉄のほかアルミニウムやアルミニウム合金には物によってシーズニングを必要とする.

1・7 鋳鉄以外の鋳造

以上述べたことは主として鋳鉄の鋳造関係であったが,これ以外に鋳鋼,可鍛鋳鉄および非鉄金属がある.

1・7・1 鋳 鋼

普通の鋳鉄はもろくて衝撃に弱いため,衝撃を受けるものや,剛性の大きいことを必要とするものには鋳鋼が使用される.鋳鋼は鋳鉄に比べ溶融点が高く,収縮が大であり(鋳鉄の約2倍),また湯流れが悪くて薄物に不適当であるなど作業の困難な点が多い.しかし引張強さその他の機械的性質が鋳鉄に比べて大であるため,利用範囲は広い[1].またステンレス鋼鋳鋼品 (JIS G 5121),耐熱鋼鋳鋼品 (JIS G 5122),高マンガン鋼鋳鋼品 (JIS G 5131),その他構造用高張力炭素鋼及び低合金鋼鋳鋼品 (JIS G 5111)など,種々の特殊鋳鋼品が使用されている.

(1) 鋳鋼の溶解 鋳鋼の溶解は一般にはあまり大物でないときは塩基性のアーク電気炉(鋳鉄のところで述べたエルー炉その他),転炉が広く用いられ,大物用としては塩基性平炉,合金鋼鋳鋼用としては高周波電気炉その他が用いられ,まれに るつぼ炉も用いられる.次に鋳鋼の鋳造の基礎的常識を列記する.

ⅰ) 鋳鋼は鋳鉄その他の金属に比べて注湯温度が高い.1600°C内外で炉より出鋼させ1520~1560°Cで注湯する.したがって とりべ,鋳型などは耐火性が大でなければならない.耐火度の高いけい砂を はだ砂 に,またけい砂の微粉を塗型材料として使用する.塗型材料のあらいとき,および型に水分の多いときは焼付きが多い.また型の水分は水蒸気となり酸素および水素のガスとなって湯にはいり,鋳巣を造ることの可能性が鋳鉄より多い.

ⅱ) 湯流れが悪く,しかも冷却速度が早いので,焼型,あぶり型が望ましい.

ⅲ) 凝固収縮も固体収縮も大である.前者は ひけ巣 を生ずるおそれがあり,押湯,上りなどに考究を要することとなる.肉の厚さに不同のあるときは肉の厚いところに冷し金を用いて冷却速度を早める.鋳型内で固体になってからも収縮は続行している.し

---

(1) JIS G 5101 炭素鋼鋳鋼品,JIS G 5102 溶接構造用鋳鋼品

かし鋳鋼品は高温度（1250〜1300°C）において もろいから，収縮の邪魔をするときは割れができる．このため型に可縮性を必要とする．肉厚不同による割れの原因もこれに起因することもある．これに対しリブは割れの防止に役立つことが多い．

　iv）その他，化学的に悪い影響のある元素は当然少ないことが望ましく，P, S の多いもの，水素ガスの多いものおよび脱酸不十分のものは好ましくない．

（2）鋳鋼における造型上の注意　造型に対しては，落し込み法やむくり上り法やその中間の湯口の方案があることを図 1·88 より図 1·91 まで示す．いずれも鋳鉄と異なり押湯を大きくしている．鋳込速度は 20sec/ton 程度に鋳込むのであるが湯口の最小径は 60mm くらいである．また湯道の総合計面積は小物以外では湯口面積の 1.5〜3 倍である．

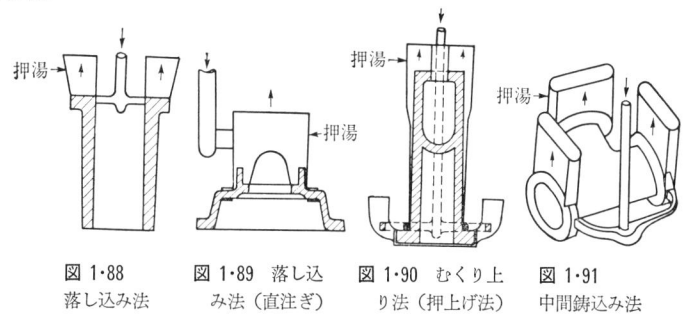

図 1·88 落し込み法　　図 1·89 落し込み法（直注ぎ）　　図 1·90 むくり上り法（押上げ法）　　図 1·91 中間鋳込み法

（3）鋳鋼の鋳込み後の処理　鋳込み後の処理としては第一に砂落としである．砂は焼付きが多く，空気ハンマが主として用いられる．しかし薄肉小物には砂吹き加工機が使用される．湯口や押湯の切断には酸素-アセチレンガスの炎を主として用いる．しかし薄肉には機械切りをすることもある．次に砂落としの済んだ鋳造品には熱処理を施すが，まず第一に焼なましを行なう．その温度を表 1·11 に示す．き裂の生じないようにするため，徐々に温度を上昇させる．保持時間は 2〜4 時間ぐらいで，250〜300°C まで 20〜30°C/hr の速度で冷却させる．合金鋼のときはもちろんであるが，普通の鋳鋼でも焼入れ，焼もどしをして特に強度および衝撃値を増加し，耐摩性を高めることが多い．

表 1·11　鋳鋼の焼なまし温度

炭 素 量 ％	0.16 以下	0.16〜0.34	0.35〜0.54	0.55〜0.79
加熱温度 °C	925	875 または少し高く 950 くらいまで	850	830

要するに鋳鋼品は次のような利点および欠点をもっている．
　i）強力で組織は均一であり，しかも鍛造品のように方向性がない．
　ii）溶接補修が容易である．

iii）熱処理を施すことによって，鍛造品に負けない強度を発揮する．
iv）押湯，上りが大きいから鋳込み後の処理に鋳鉄より時間がかかる．
v）砂落し，掃除の手数が鋳鉄より大である．
vi）耐火度が高い鋳型を造るよう，砂その他に特別の工夫が必要である．

1・7・2 可鍛鋳鉄

可鍛鋳鉄はねずみ鋳鉄のように鋳造しやすくしかも強じん性を持つものを理想とする．鋳鉄，鋳鋼ならびに可鍛鋳鋼の引張強さの比較を表 1・12 に示す．

表 1・12 各種鋳物の引張強さの比較　　　　　　　（JIS による）

材　質	普通鋳鉄	球状黒鉛鋳鉄	黒心可鍛鋳鉄	白心可鍛鋳鉄	鋳　鋼（炭素鋼）	青銅鋳物
引張強さの範囲 kg/mm^2	10 以上より 35 以上まで	40 以上より 70 以上まで	28 以上より 37 以上まで	32 以上より 38 以上まで	37 以上より 49 以上まで	17 以上より 22 以上まで

可鍛鋳鉄の溶解炉はキュポラおよび酸性電気炉が多い．これの原材料には可鍛鋳鉄用銑として製造された銑鉄を用い，炭素を低くするため鋼くずを装入するが，Cr, V, Mo, W などを含む特殊鋼くずは絶対に避けねばならない．ただし，Si, Mn, C を適当に混ぜることは広く採用される．鋳鋼と同じく炉前検査を行ない試験片を鋳造し，これを冷却させて破壊断面を調べる方法が多く採用される．なお鋳込温度は 1430～1460°C くらいが良いといわれる．しかし近ごろは注湯前の過熱を大きくすることが焼なましの時の黒心可鍛鋳鉄には好都合であるとし，ある温度に過熱し，注湯温度もやや高い 1540°C 付近にすることによって短時間焼なましを行なう方法を採用することもある．造型の砂は

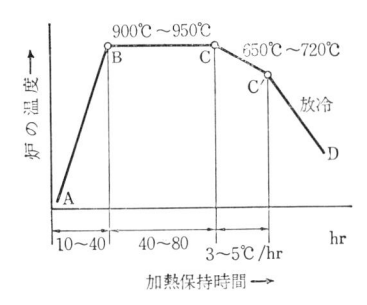

図 1・92　黒心可鍛鋳鉄の焼なまし（その1）

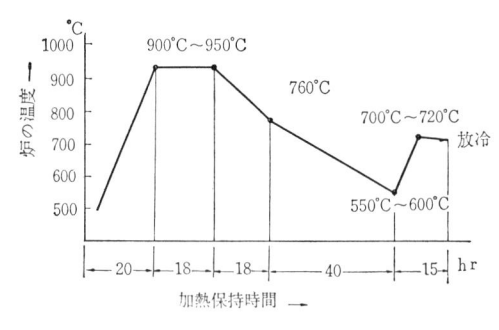

図 1・93　黒心可鍛鋳鉄の焼なまし（その2）

生型砂が多い．以上のようにして製作した白
銑鋳鉄を，黒鉛化させる目的で（黒心可鍛鋳
物），または表面を脱炭させる目的で（白心可
鍛鋳物），焼なましを行なわねば，可鍛性が出
てこない．したがって焼なましは特に大切な
ものである．図 1·92 の方法では，あまり長
時間を要するので，第一段黒鉛化と第二段黒
鉛化に分け図 1·93 のようなことを行なうが，
温度をやや高めて上下を度々行なわさせる
か，その他いろいろの方法が実施される．

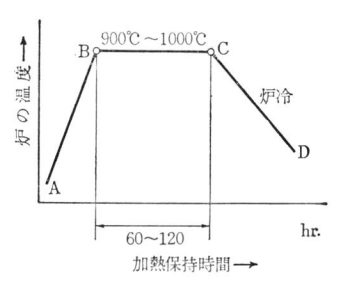

図 1·94　白心可鍛鋳鉄の焼なまし

白心可鍛鋳鉄の焼なましを図 1·94 に示す．白銑鋳物を酸化鉄とともに焼なましポットの中に入れ，図の要領で熱を与えると表面から脱炭が起きる．この過程の間に炭素が内部から外部に拡散を続ける．

炉は普通のものでよいが，黒心可鍛鋳鉄にはポットを用いないでトンネル炉にするものが多い．

1·7·3　非鉄合金鋳物

非鉄鋳物のおもなものは銅合金とアルミニウムおよびその合金である．銅合金のうちでおもなものは青銅鋳物，りん青銅鋳物，黄銅鋳物，高力黄銅鋳物，シルジン青銅鋳物，アルミニウム青銅鋳物などである．

アルミニウムおよびその合金鋳物は Al, Al-Si, Al-Cu, Al-Mg, Al-Zn, Al-Si-Cu, Al-Zn-Mg, Al-Si-Mg などである．最も軽いマグネシウム系に Mg-Al-Zn がある．

（1）**銅合金鋳物**　銅合金鋳物は色彩が美しいほか，一般に次のようなすぐれた点があるため，古くから尊重されている．

ⅰ）耐食性が強く特にある種のものは海水に対し強い．

ⅱ）強さ，かたさはいずれも低いが，それだけ切削性に富んでいる．しかもじん性は大である．また耐摩性も大である．

ⅲ）鋳造性に富み，鋳巣も少ない．しかし価格の高いことが大きな障害となる．

銅合金の溶解は るつぼ炉が 多く用いられている．

溶解上注意しなければならぬことはすこぶる多いが，そのおもなものを次にあげる．

ⅰ）使用材料に含まれる水素や付着している水分，油などを溶解作業前になるべくなくする．

ⅱ）合金成分の蒸発，酸化を計算した上の配合とする．なるべく外気に触れないようにして溶解させる．

ⅲ）配合の順序は配合成分の融点，気化点，酸素との親和力などを考慮して決定し，

融点の高いものおよび量の多いものは初めに，酸化しやすいものはあとに炉に入れる．添加のしにくいものは前に母合金鋳流しとして溶解させておいたものを使用するようにする．また脱酸剤またはその役目をする成分はなるべくあとで装入する．

　iv）合金の種類，製品の肉厚，製品の寸法などを考え注湯温度を考慮する．温度が低いと不純物の浮き上りが悪く，高すぎるときはガスをむやみに吸収する．

　v）注湯直前十分かくはんして化合を完全ならしめる．脱酸剤を加えたときは特によく上下にかくはんし のろ を浮かすようにする．

　vi）注湯温度は 表 **1・13** に示すように鋳造品の肉厚を考慮するとよい．また注湯温度によって，機械的性質に影響のあることは鋳鉄その他の鋳物と同じである．

表 1・13　銅合金鋳物の注湯温度

合金名	化学成分（％）					溶融点 °C（約）	注湯温度 °C		
	Cu	Zn	Sn	Pb	その他		厚さ 12mm 以下	厚さ 12〜25 mm	厚さ 25mm 以上
黄　銅	70	30			Al 1, Fe 1	970	1110	1060	1010
青　銅	90		10			1000	1160	1120	1080
りん青銅	89.5		10		P　0.5	980	1100	1060	1020
鉛入青銅	64		5	30	Ni　1	910	1060	1020	1000
純　銅	99.8				Si　0.2	1080	1220	1200	1160

（2）　アルミニウムおよびアルミニウム合金鋳物　アルミニウム鋳物およびアルミニウム合金鋳物は溶解点低く，鋳造性良く，薄物に適しておりダイカストによる鋳造も可能であり比重の小さい点を尊重して広く使用される．

　溶解鋳込みに対して主として注意しなければならないことは，次のとおりである．

　i）炉内のあらゆるものが含んでいる水分，地金に付着している水分または油などから H_2 ガスを吸収する．他の金属より H_2 ガスの吸収が大であり，ピンホールの原因となる．

　ii）溶湯を過熱するとき，またはあまり揺動させるときは湯は酸化し ひけ が多くなる．湯を静かに早く鋳込む必要がある．

　iii）溶解時間が長くかかるときは，H_2 ガスや O_2 ガスを多く吸収するようになり，いろいろ好ましくないことが起きる．また必要以上に温度を上昇させることも好ましくない．

　iv）比重が小さくて湯の圧力は小さいから湯口は大きく高くして湯足（ゆあし）を早める必要がある．

　v）注湯温度は材質と形状によって異なることは当然であるが 表 **1・14** に数例を示す．

表 1·14 アルミニウム合金鋳物の注湯温度および注湯時間

名 称	材 質	重 量 (kg)	注湯時間 (sec)	注湯温度 (°C)	備 考
六シリンダ	ラウタル	35	13	710	焼 型
シリンダカバー	Y 合金	14	6	750	油砂型
クランク室	6 % Cu	25	10	710	焼 型

（注） ラウタル　Cu 3.5%, Si 4.5%, Mg 0.1%, Al 残
　　　Y 合金　　Cu 4%, Mg 1.5%, Ni 2%, Al 残

vi) H_2 ガスが溶入することによる鋳巣が鋳造品不良の原因となる場合がある．湯がガスを吸収したときは徐冷させ，ガス逃失の後に再溶解させるか，または Cl_2 ガスを吹き込むか塩化物の脱水剤を使用してガス排除を行なう．

vii) 高品位の地金を利用して引張り強さ（30％内外）や特に伸び（ときには2倍以上）を向上させる高品位鋳造（premium quality castings）が行なわれることがある．

1·8 鋳造の欠陥とその原因および鋳造品の設計に対する注意

1·8·1 鋳造の欠陥

鋳造品の不良は労力を無駄にし，工程を混乱させ納期を遅延させる．不良品の原因はその種別多くとうていその全部をあげることは不可能に近いが一応おもなものを列記する．

（1） **寸法の不正確**　i）模型の寸法が不正確なとき，また縮みしろが実際の地金の縮みと一致しないとき．

ii) 模型の合印が悪いため合わせ型に食い違いができるとき．(mismatch)

iii) 鋳型に載せたおもしが軽すぎて，注湯のとき上型が浮いたため厚さが厚くなるとき（俗にいう はり気 を生じたとき）．(swell)

iv) 注湯温度が適切でなかったとき．

v) 上型と下型のかぶせ方が乱雑なとき．

（2） **はだの不良**　はだの不良をさらに分類すると次の3種に分けることができる．

　（a） 一般的なはだの不良　i）模型表面がそったり荒れたりしているとき．

ii) 砂が不適なとき．(耐熱度の低すぎるとき焼付き (burning) を起こす)

iii) 砂型の型込めが かたすぎたとき，または弱すぎたとき．(弱すぎると wash)

iv) 塗型材料の不適およびその方法の不良．

　（b） 砂型の一部が注湯のときくずされ，でこぼこができるものすなわち "すくわれ"（scab）．

砂型や中子の一部が湯に流され思わぬところに砂がはいる"砂くい"（または砂かみ）．

製品表面の一部分に分子のあらいところができて，肉眼でも見え水圧物などには合格しない"しぼられ"(buckling) (rattail).

ⅰ）粘結度不足，耐熱度不足，および熱間強度不足などによる砂の不良．
ⅱ）型の込め方の弱いとき，または要所にくずれを防ぐくぎの使用不足のとき．
ⅲ）湯口の場所の不適当および湯口，湯道などの形状寸法不良．
ⅳ）鋳物砂に水分の多すぎたとき，特に合成砂において水分の多いとき．
ⅴ）ガス抜きの方向が都合悪く，湯の流れを邪魔したとき．
ⅵ）注湯温度の高すぎるとき，および低すぎて全体に流れず固化する湯回り不良(misrun)．
ⅶ）造型したときから注湯まで長く放置してあったとき．

（c）きらい[1]　ⅰ）ガス抜きが不十分なとき．
ⅱ）砂の中に石炭粉やコークス粉が多すぎるとき，また水分の多すぎたとき．
ⅲ）型の込め方が，かたすぎたとき．
ⅳ）湯口や湯道の場所，大きさ，形状などが不良のとき．
ⅴ）上り のないとき，または 上り の場所が不良のとき．
ⅵ）型の乾燥が不十分なとき．
ⅶ）ケレンが悪いとき，すなわちめっきがはげかけたとき，水分を表面に持っているとき．
ⅷ）冷し金が ききすぎるとき，および反対に急冷させる能力がなくなったとき．

（3）鋳巣　ⅰ）設計不良によるもの．
ⅱ）砂の水分が多すぎるとき，および通気度の悪いとき，その他焼型や中子の乾燥不十分など，原因が砂中のガスにあるもの．
ⅲ）作業者の未熟練，不注意または方案企画の悪いときで，たとえば砂の込め方がかたすぎる部分ができているようなとき，注湯のとき静かに湯が入らない いわゆる きらいのできたとき，湯口，湯道，または上りや押湯などの大きさ，位置が悪いとき，型込めのとき上型と下型の考慮が足りなかったとき．

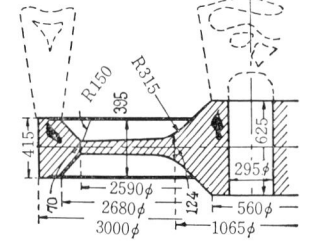

図 1·95　鋳巣（ひけ巣）

---

(1) 湯が型のある部分，たとえば冷し金のところに触れたとき，湯を型がきらって冷し金の部分だけ，湯をはね返し，凝固するまで湯が落ちつかないで，見苦しいはだになることなどを"きらい"という．

iv）地金の成分，配合の不良なとき，注湯温度の不良なとき．

鋳巣は切削面に現われるときは見苦しく，製品の価値を低下させるほか，耐圧を必要とするものに対しては圧力に耐えられない．それだけでなく一般に強度の不足をも招く．

鋳巣のうち，湯または型の中のガスが製品の中に含まれたものは，球またはラグビーのボールのような形であり内部はすべすべして金属光沢をもっている．この種の鋳巣をガス穴または気ほう（gas hole, あわ粒状の穴を pin hole それより大きいものは blow hole）という．また湯が型の中で沸き立つようなときは，湯が型の中で激動するためガス穴が多く残る．なおガス穴の中に球状のゆう(湧)出物ができて俗にいう目玉を見ることがある．このほか，鋳造品の肉厚の部分たとえば押湯の下などにできるものは，最終に凝固収縮した部分であり，円すい形を逆にした形である．内部には針状の結晶のようなものがあり ひけ巣（shrinkage hole）といってガス穴と区別する（図 **1·95**）．

（**4**）**外ひけ** 湯が凝固するとき内部にひけないで，外面にくぼみができることがある．外面にくぼみができて，なお内部にひけていることもある．これを外ひけまたは単にひけという．

（**5**）**割れ** 凝固収縮するときに無理があると割れやひびができる．大きく割れて二分することもある．設計上肉厚の部分や肥大した部分を避け，かどのあるようなことも避ける．たとえば図 **1·96**(a) は無理を生ずるものの例で(b) のような形状にするとよ

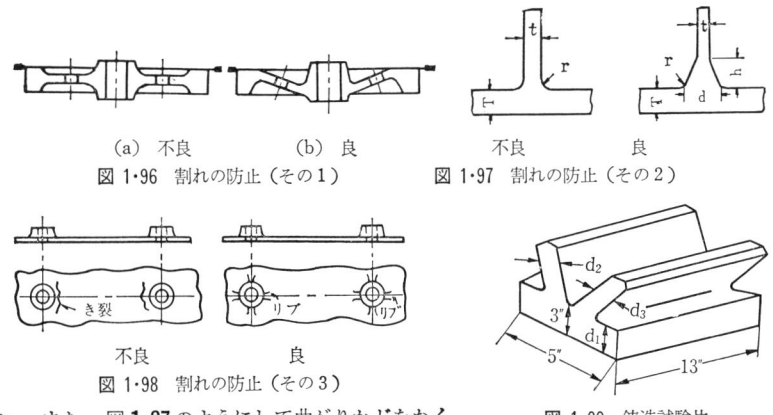

図 1·96 割れの防止（その1）

図 1·97 割れの防止（その2）

図 1·98 割れの防止（その3）

図 1·99 鋳造試験片

い．また，図 **1·97** のようにして曲がりかどをなくする工夫をするとよい．図 **1·98** はリブによって き裂 を防ぐ例である．図 **1·99** に示すような試験片により，ひけ気を試験する．この試験片は ひけ，外ひけ，き裂などが出やすい形で d_1, d_2, d_3 はおのおの2倍の厚さとする．検査のときは外観だけでなく割って試験する．

(6) **凝固収縮による寸法の狂い** 薄肉の部分が肉厚の部分に対して早く凝固するため，形状，寸法に狂いを起こすことがある．たとえば図 1·100(a)において鎖線の形に鋳造されねばならぬものが，凝固したあとでは実線のようになる．(b)も同様である．

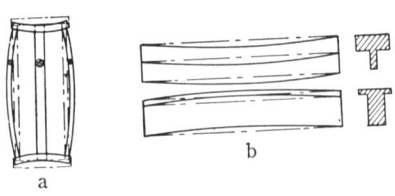

図 1·100 凝固収縮による寸法の狂い

形によっては捨てざん（図1·5）で解決させ，あとでこれを切り取ることもある．なお鋳造の際の内部応力（残留応力）(internal stress) が多く残らないようにすることが必要である．

(7) **湯 境** (cold shut) 湯の温度が低下し流動性が悪くなったようなときに，一応湯は回っているが二方向から接した湯が境目をつくるものを湯境という．

1·8·2 鋳造品とその設計

鋳造品は割れ，ひび，鋳巣のないことを絶対に必要とするほか，内部応力によって形状に狂いの生じないもの，また一様のち密な材質のものが望まれる．鋳造品の設計にはこれらの点に留意し，なお鋳造のやりやすいことにも留意する．このためのおもな設計上の注意を列挙する．

 i ）肉の厚さの均等なことは凝固するとき，均等に冷却するため ひけ巣 を造るようなことが少なく，内部応力が起こりにくい．

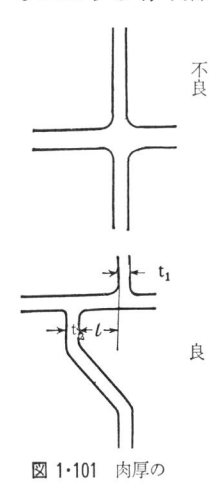

 ii ）広い平面またはそれに準ずるような面はなるべく避けるほうがよい．特に鋳造のときこの平面が水平のときは一層この感が強い．さりとてあまり複雑な曲面も避けるほうがよい．造型の技術が困難になるばかりでなく木型の製作費もかさむ．

 iii ）外側でも すみ には面取りをする．また許される限り リブをつける．リブは鋳鋼品には絶対必要である．リブの厚さは付近の一番薄い肉より，なお薄くする．

 iv ）骨を設けたり さん（桟）を付けるとき，肉厚の部分がなるべくできないようにする．たとえば，これらのために十字交点ができるようなことを避ける（図 1·101）．

図 1·101 肉厚の部分を避ける例

 v ）鋳物砂が閉じ込められるような設計を避ける．また中子のなるべく少ないことが望ましい．このとき中子の形もなるべく複雑でないこととし，中子の心金をはずし，ガス抜きなどの容易な工夫も必要である．

 vi ）鋳造品の肉のあまり薄いものは鋳造しにくい（表 1·15）．

表 1·15 鋳造品における薄肉の限度　　　　　単位　mm

材 質	簡単なもの			中間のもの			複雑なもの		
	小形	中形	大形	小形	中形	大形	小形	中形	大形
鋳　　　鉄	4	6	7	5	6	8	5	8	10
鋳　　　鋼	5	6	8	6	8	9	6	8	10
青　　　銅	3	5	7	3	6	8	5	6	8
軽 合 金	2	5	8	2	5	8	4	6	8

vii) 仕上面が集められるならばなるべく一つの面に集まるようにし，上・下・横などに仕上面があるようなことを避ける．

viii) 木型を幾つにも分割することは厄介であり，また寄せ枠，三つ枠などを避けるほうが鋳造はしやすい．

1·8·3 鋳造品の寸法差

黒皮のままで使用するものでも切削するものでも寸法のむらは望ましくない．また重量制限から寸法に制限をつけることもある．JIS B 0407 の普通寸法差（鋳造加工）に一般の砂型による鋳造品，および可鍛鋳鉄品の長さ・肉厚・抜け勾配の規定がある．

1·9　特殊な鋳造法

1·9·1　ダイカスト (die casting)[1]

金型に鋳込んで造る鋳物のことで主としてアルミニウム・銅・亜鉛・マグネシウム・すずおよびそれらの合金に用いられる．金型に水圧・空気圧・油圧または重力によって湯を流し込むが，圧力は大きいものは 2800 kg/cm² に及ぶものもある．精密で表面のきれいな製品を多数製作する方法である．溶解ポットが機械の中に含まれているもの (hot-chamber method) と，溶解炉を機械と別にもつもの (cold-chamber method) の二様式がある．図 1·102 にプランジャ式横形の機械を示す．

金型 (die) は注湯金属によって異なるが，高炭素鋼，Cr-Mo 鋼および合金工具鋼などが用いられる．1個取りと多数取りがある．鋳造個数の多

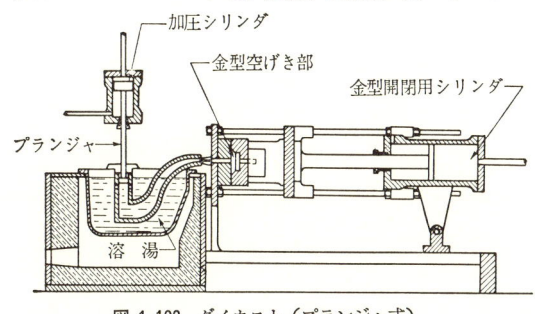

図 1·102　ダイカスト（プランジャ式）

(1) JIS B 0409 普通寸法許容差（ダイカスト）

いものは1時間 200 個に及ぶ.

1・9・2 鋳鉄の金型鋳造 (permanent mould method)

ねずみ鋳鉄の金型鋳造は軽合金のそれと同じく，寸法精度が高く，ち密な気密性の製品が，しかも生産性の高い作業環境で得られることに関心が強く寄せられている．しかしこの方法に伴う困難は鋳鉄の急冷によるチル化と被削性の悪いことならびに金型の寿命の短いことにある．しかしこれらは研究の進展と努力によって，急速に実用域に入ってきた．これには焼鈍によってチルを除く米式と，塗型材料や離型時間の工夫によってチルのない鋳鉄を造る共産系式がある．

工場の近代化に適するため実用化の域にも急速に突入するものと思われ，今日すでに一品 10 t に達するものすら鋳造されているという．

球状黒鉛鋳鉄に対しては種々の有利な点があるもののようであるが，目下研究中に属し，可鍛鋳鉄や鋳鋼は十分な技術進展が見られていない．

なおセラミック系の永久鋳型に，シャモットを骨材としりん酸塩を粘結剤に利用する方法によって，鋳鉄において数十回の繰り返し鋳型使用が行なわれ始めている．

1・9・3 低圧鋳造法 (low pressure casting または low pressure die casting)

1 kg/cm² 以下の圧力を密閉された容器内の溶湯面に加えることによって，ストークというパイプから湯が金型に押し上げられる．湯に圧力を加えたダイカストでもなく，重力により湯を押すものでもない．図 1・103 は黒鉛鋳型を用いた鋳鋼車輪の製作原理を示す．326 kg の車輪を 20 秒で注湯する．

この方法は歩留り，精密さなどのほか，湯の注入が重力と逆の方向になるため方案が建てやすい．しかし中子の浮き，きよう雑物の呑み込みその他の困難があるが，将来普及されるものと注目されている．

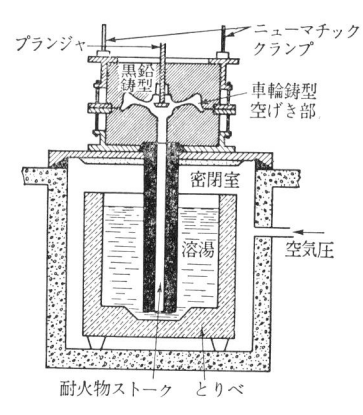

図 1・103 低圧鋳造法

1・9・4 遠心鋳造 (centrifugal casting)

鋳型を高速度で回転させ，鋳込んだ湯に遠心力を与えて鋳込むもので，鉄管，ロールまたはシリンダライナなどに多く用いられる．中子は不要であり，押湯もいらない，回転テーブルの中央に湯口をおき，テーブルの周囲に鋳型をおき，遠心力を利用する立形もある．高級のバルブなどに応用されている．重力の 60～130 倍くらいの力を利用する．これにより各種鋳造材料に対し ち密な分子と 鋳巣のないことを企画する．図 1・104 は

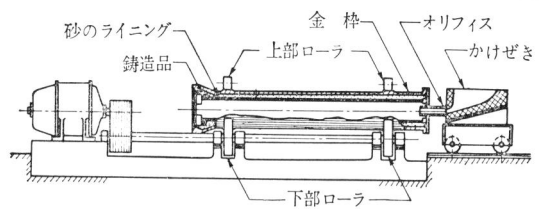

図 1·104　遠心鋳造形（横形）

横形の長い管の鋳造原理を示し，図 1·105 は立形の例を示す．立形において回転速度が遅いときは，a，b に示すように内側が幾分パラボラ形となる．

1·9·5　チル鋳造 (chilled casting)

チル（冷硬）されやすい化学成分の配合の湯を金型に流し込み表面をチルするものである．必要に応じ表面を浅くまた深くチルする．(1.4.4 (2) 冷し金 参照)

1·9·6　石こう鋳型法 (plaster mould method)

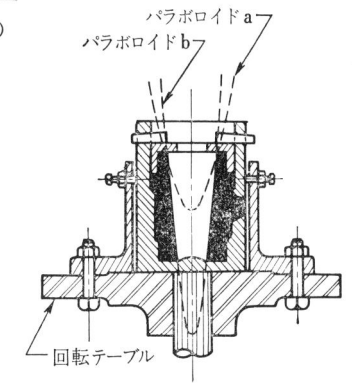

図 1·105　遠心鋳造（立形）

軽合金の精密鋳造にやや広く，また銅合金の鋳造にも応用され，銘板の鋳造，葉・貝殻・木目などのはだの転写に使用される．それほど美しい鋳はだが得られることと，組織が均一で，鋳巣は少ない．しかし耐熱度は幾分低く鋳鉄またはそれ以上の高温に対しては不適である．

滑石を混ぜ水や発泡剤を加えて通気性をよくする工夫や，塩化ナトリウムや水ガラスを少量混ぜて強度の高いものを製作することもある．

1·9·7　シェルモールド法 (shell mould process)

フェノール樹脂を 5～10 パーセントくらい乾燥した鋳物砂に混ぜて鋳型を造る．この材料は加熱すると溶け，さらに温度を 250～350°C に上げると 60 秒くらいで硬化する．これが 3～10mm くらいの殻でそれらを組合わせて鋳型とし，その外に砂および充てん材（冷却速度の調節に役立つ）を入れるか，型をはめて殻の破損しないようにして注湯する．注湯すれば殻は熱分解を起こし，砂落しは非常に楽である．（日本はシェルモールドの利用は世界第 2 位である．）

これによって得られた鋳造品のはだは極めて美しく 12·5-S くらいのものもある．寸法差は ±0.1～±0.5mm である．

これは次に述べる自硬性鋳型法の一つに数えられる．

1・9・8 自硬性鋳型法

焼型は，鋳物砂で成型したものを乾燥させるために，これに伴う燃料費の高騰，炉までの搬入，炉よりの搬出，乾燥させる長い待ち時間その他の生産性の低下がある．

焼型を用いずしてそれと同等またはそれ以上の効果を求めようとするものに自硬性鋳型法がある．これには無発熱性のものと発熱性のものとがあり，研究中のものも少なくない．

(1) **セメント鋳型** セメントを自硬性鋳型の製作に用いることは古くから行なわれていた．造型は流し込みで材料費はさほど高くない．しかし自硬時間が夏でも1昼夜を要しその上高温度に耐えがたく，かつ模型のはだを損耗させるほか砂の復用に手数がかかる．塩化アルミ，塩化カルシウムその他金属粉を混ぜて自硬時間を短縮または調節させることができる．砂型に比べると搗き固めの手数が省かれ，じんあい防止その他の利点がある．

(2) **CO_2 プロセス** (CO_2-process) 無発熱自硬性鋳型法で広く以前から知られたものである．粘土分の極めて少ない砂に，けい酸ソーダ ($Na_2O \cdot xSiO_2 \cdot yH_2O$)（俗に水ガラスという）を加え，造型したのち CO_2 ガスを吹き込むもので，数秒ないし60秒くらいで型は硬化し，直ちに注湯することができる．

$$Na_2O \cdot xSiO_2 \cdot yH_2O + CO_2 = Na_2CO_3 \cdot yH_2O + xSiO_2$$

の反応によって鋳型は硬化する精密鋳造法である．

(3) **Nプロセス** (Nishiyama process) これは発熱自硬性鋳型法で，次の原理による．

カルシウムシリコンまたはフェロシリコンの粉末にけい酸ソーダの水溶液を加えて混合すると，泥状のものから泡立ちが起こり，温度が次第に上昇して発泡は激しく，ついに沸騰状態を呈し，水蒸気の発生が終って固化する[1]．

$$Na_2O \cdot SiO_2 + H_2O \rightleftarrows NaOH + NaHSiO_3$$

一部は $NaHSiO_3 + H_2O \rightleftarrows NaOH + NaSiO_3$

$NaHSiO_3$ および $NaSiO_3$ はゾルとして存在する．けい素は $NaOH$ と H_2O の存在において

$$2NaOH + Si + H_2O = Na_2O \cdot SiO_2 + 2H_2$$

のような反応を起こし，再び水ガラスを生じ同時に水素ガスを発生する．このとき発熱反応を起こし，水またはけい素がなくなるまで反応は継続し，発熱とともに水分を蒸発させ急激に固化し所要の鋳型ができる．

けい砂，フェロシリコン（またはカルシウムシリコン），水ガラスの配合の割合を適度に管理して，可使時間（硬化までの造型作業可能時間）および砂型の抗圧力があまり高

---

(1) $Na_2O \cdot x\,SiO_2$ の $x=1$ のときの例を示す．

くならないよう（普通 25～30kg/cm²）にする．あまり抗圧力が大となるときは砂落しのときの崩壊性（collapsibility）を向上させるため木粉・石炭粉・カーボンサンドなどの崩壊性助長剤を用いねばならない．

この方法は砂に流動性があり，搗き固めることが容易となり，乾燥炉を使用しないため型の運搬が不要であるだけでなく，心金はほとんど使用せずにすむ．じんあいもなく生産性も高い．

（4）**ダイカル鋳型** きわめて軽く搗き固めて鋳型を製作する方式と，流し込み方式の二様式がある．前者は砂・硬化剤・水ガラスを混練して造型し，後者はこれ以外に水および微量の界面活性剤を混練して使用するが，何れも特に発熱しない．

硬化剤としては，けい酸2石灰（$2CaO・SiO_2$）（dicalcium silicate）[1] を用いる．界面活性剤は鋳物砂粒子間の接触面の移動抵抗を小さくして，流動性を付与するもので，アニオン系・カチオン系などのイオン形と非イオン形がある．

この方法の利点は自硬性鋳型のもつあらゆる点にあるが，特に流し込み方式において生産性の向上が嘱目される．

（5）**F. S 法**（fluid sand process または fluid self setting process） 液状自硬性鋳型とか流動自硬性鋳型などという．これは上述の流し込み方式である．界面活性剤の作用で砂の周囲に無数の気泡が玉軸受の作用に似た動きを与え流動性ができる．コンクリートを流し込むように流し込む．30分くらいで固まりはじめ，模型を取り出し，3時間もすれば注湯可能となる．この方法においては全く熟練工の必要はなく，衛生的でありかつ多量生産的である．

自硬性鋳型にはこのほか高炉スラッグ・糖蜜・有機物など種々なものを用いる工夫がある．いずれも鋳鉄・可鍛鋳鉄・鋳鋼・非鉄合金などに適用されるが研究途上のものが多く，また特許も多い．

1・9・9　ショープロセス (Shaw process)

石こう・木材または金属で正確に縮みしろを決め，精度の高い模型を作製し，エチルシリケートの加水分解液に耐火度の高い Al_2O_3，$ZrO_2・SiO_2$ 系の粉末を加えミルク状とし，模型と枠または裏鋳型の間に流し込み，ゴム状に固化したとき模型を抜き取る．これを加熱すると表面に微細なひびわれができる．これをさらに高温に焼いて熱に強い鋳型を造る．一種のインベストメント法であり，精度きわめて高く，はだも美しく機械仕上の手数を大いに省く．

---

(1) 金属マグネシウム製錬のときの残さ（渣）を利用している．他面，かすみ（霞）石からアルミニウムを製錬するときにできるものかとも想像されている．

1·9·10 ロスト ワックス法 (lost wax method) または インベストメント法 (investment casting)

　美術工芸品の鋳造に用いられるろう型法を工業化させたものである。熱膨張の定められたパラフィンにカルナバろうおよびポリプレーンなどの合成樹脂を混合させたもの，またはアクリル樹脂，ポリスチレン樹脂とろうの混合物などで模型を造る。このためにはこれらのろうを金型に流し込んで工業的に造り，このろう型にジルコン砂や石英粉およびエチルシリケート溶液でコーチングを施し，これに砂をふりかけ耐火物の層を造る。さらにこれを耐火材中に数回埋没させ耐火物の厚いシェルようの型を造り，次に炉の中に入れて加熱し，ろうを流し出しそのあとの空所に湯を流し込む。
　このようにして得た鋳造品ははだも美しく精度もすこぶる高い.
(付1) これに似たものにマーカスト法 (Marcast process) がある。これは水銀ナトリウムを用いてロストワックスのように行なう方法であり，炉を必要としない。
(付2) インベストメント法のように加熱してろうを流し出す代わりに，トリクロールエチレン蒸気槽中でろうを溶かす方法をX-プロセス (X-process) という。このとき蒸気はシェルを通して中に浸透する。

1·9·11 フルモールド法 (full mould method)

　発泡ポリスチレンは軽い熱に弱いプラスチックスの一種であるが，これで模型を造り，これを鋳物砂に埋没させたまま注湯する。これが燃えて製品がその代わりにできる。模型を砂から取り出す必要がないため，模型の切り離しや中子がほとんど不要である。
　模型表面に塗型材料を用い，製品の表面を平滑化させ，かつ焼付きを防止する。しかしポリスチレンは砂を搗き固めることによって，変形することがあるので自硬性鋳型を用いることが望ましい.

1·9·12 連続鋳造法 (continuous casting)

　近時炉材の耐熱性が向上してきているのに伴い，連続溶解，連続鋳造，連続鋳鋼の技術が発達してきている。図 **1·106** に鋳鉄棒 (Dense Bar の商品名で呼ばれているもの)

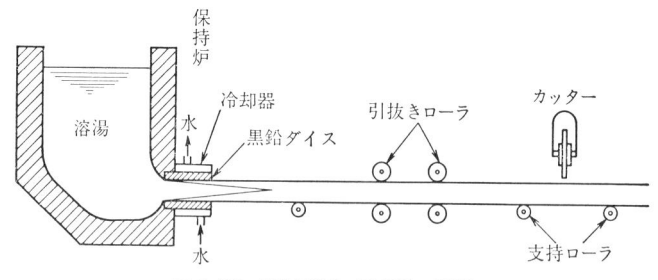

図 1·106　連続鋳造法（鋳鉄棒の製法）

の連続鋳造の原理を示す．保持炉の中に保たれている溶湯が外面水冷された黒鉛ダイス内に流れ込みそこで凝固を始め相当急速度で固化が進行する．固化層が一定厚みになった時点で引抜かれ，引抜き量に相応した溶湯がダイス内に補充され冷却 → 凝固 → 引抜きが続いて行われる．この場合造られる棒はダイスから引き出された瞬間に溶融状態にある内部の溶湯から再び加熱せられ自己焼鈍を起こすため，急冷の場合に生ずるセメンタイトの発生が避けられる．この冷却 → 凝固 → 引抜きのサイクルが金属組織に微妙に影響するので一般の鋳物にはまだ広く用いられていない．

1・9・13 真空鋳造 (vacuum casting)

鉄湯中に高温溶解時の吸蔵ガス及び水分が含まれると伸び率その他機械的性質が悪くなる．したがって北欧その他空気の乾燥した地方で溶解した鉄は緯度の低い地方で溶解したものよりも一般に良質である．それゆえ高級な鉄を必要とする場合には溶湯中の水分，ガスを抜くために真空鋳造が行われる．その原理を図1・107に示す．上のとりべ中の溶湯をアルミ箔を溶かして下の真空中のとりべへ噴霧状に落としてその間にガス，水分を抜いて良質な溶湯を得る方法で，近時我国の大手鉄鋼メーカはほとんどこの装置を備えている．

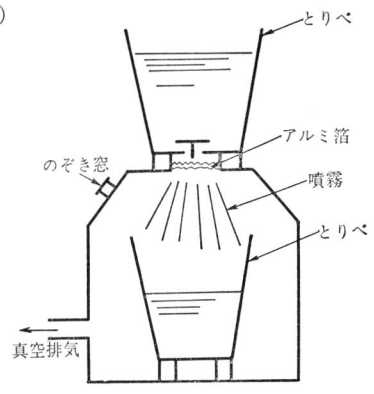

図 1・107 真空鋳造法原理図

第2章 鍛造作業

鍛造作業とは金属材料を，**つち打ち**(hammering)または**プレス**(press)によって圧縮し，塑性変形させる加工法である．変形させるためには，素材の塑性域内で行なわねばならず，亀裂などを生ずることなく，容易にしかもかなり複雑な形状にでも変形可能なことが望ましい．このような要求を満足させるためには，金属素材また仕上り形状にもおのずから制限があるのは当然である．鍛造は常温においても行なうことができるが，素材の塑性変形能を向上させるために，その再結晶温度以上で作業することが多い．前者を冷間鍛造（cold forging）後者を熱間鍛造（hot forging）という．これら両者にはそれぞれ得失があるが，これを考え両者の中間的なものとして，温間鍛造も行なわれている．従来，人力あるいは機械能力に制限があり，高温で行なわれることが多かったため，熱間鍛造作業のことを現場では**火造り**と称している．鍛造の目的の第一は，かなり，複雑な部品を精度よくしかも高能率に造形することであるが，他の重要な目的として，鍛造することにより粗大な樹枝状結晶をくだき，さらに結晶組織を素材の流動方向に繊維状組織として，鍛流線を生ぜしめ，その機械的性質を著しく向上させることである．このため，従来より鍛錬鍛造ともいわれている．

2・1 鍛造用材料

鍛造用の素材となる金属材料は，鉄鋼，非鉄金属のすべてにわたるが，鉄鋼材料においては，鋳鉄，高炭素鋼などは鍛造できない．また非鉄金属中には，全く鍛造不可能なもの，ごくわずかな温度範囲でのみ鍛造可能なもの，あるいは焼鈍して常温加工によるものなどもある．一般に降伏点が低く，伸び率の大きいものなど変形能は大きく，鍛造に適するものといえるが，鉛や銅のように常温で変形能の大きいもののほかは，おおむね温度上昇とともに塑性変形能も増大するので，熱間鍛造が最も多く行なわれてきたわけである．

鍛造用素材が大形の場合は**インゴット**（ingot）を使用しなければならないが，鋳造組織のままでは一般に加工性が悪いので注意を要する．

2・1・1 鍛造用鋼材

鍛造用素材として最も多く用いられるものは鋼材である．なお鋼塊中に Si を投入して，鋼塊中の酸素を SiO_2 として取除いたり，FeO の少ないスラグと接触させて酸素を取除いた鎮静鋼が最も適する．また，素材表面の傷，スケール，脱炭，内部の偏析，不純物，ガス穴などのないものが望ましい．

金属の**可鍛性**（forgeability）は，成分の純粋なものほど良く，たとえば鋼ではフェ

ライト以外の成分は，たいてい可鍛性を害し，その中でも C は最も著しい．P, S の介在も可鍛性を阻害するが，P は特に冷間もろさ[1]を，また，S は赤熱もろさ[2]を増す．非金属介在物は鍛造の際変形せず，その周囲の金属の凝集を妨げるから，加工度の大きいものではこれらが帯状または繊維状となり，鍛造材に機械的性質の異方性を与える原因になる．

素材中の成分元素がどのように可鍛性に影響を及ぼすかを表 2·1 に示す．

表 2·1 鋼材成分の可鍛性に及ぼす影響

C %	Si %	Mn %	P %	S %	Cu %	可 鍛 性
0.11	—	0.13	0.03	0.04	—	赤熱ぜい性を示さず
0.05	—	0.19	0.08	0.06	—	やや赤熱ぜい性を示す
0.07	—	0.14	0.07	0.07	—	同　　　　上
0.09	—	0.35	0.04	0.10	—	赤熱ぜい性を示さず
0.06	—	0.22	0.04	0.10	—	はなはだしく赤熱ぜい性を示す
0.10	—	0.53	0.04	0.17	—	赤熱ぜい性を示さず
0.28	0.16	0.63	0.05	0.12	0.05	かなり赤熱ぜい性を示す
0.39	0.14	0.70	0.07	0.16	0.04	はなはだしく赤熱ぜい性を示す
0.26	0.14	0.50	0.04	0.20	0.08	同　　　　上
0.31	0.08	0.49	0.04	0.21	0.06	同　　　　上
0.22	0.09	0.49	0.03	0.23	0.07	最もはなはだしく赤熱ぜい性を示し破壊する

2·1·2　鍛造用非鉄材料

いくつかの非鉄材料が鍛造用材料として用いられるが，鋼のときと同じく，添加元素が少ないほど可鍛性が良くなる．

（1）**軽合金**　純アルミニウムが最も鍛造容易であり，Al-Cu-Mg 系の合金が最も困難である．特に Cu % の増加とともに可鍛性が低下する．このようなものは低速度圧縮により加工するほうがよい．したがって水圧機，クランク鍛造機などを用いる．また比較的低温で加工するので，潤滑による効果が著しい．

（2）**銅合金**　純銅[3]が最も可鍛性が良いが，黄銅系でも亜鉛 20% までのものは熱間加工性特に圧延性が良好である．しかし六四黄銅になると再び可鍛性が良くなる．一般に $\alpha+\beta$ 組織の合金およびネーバル黄銅は可鍛性が良い．これに反し Pb, Bi, Sb などは銅合金の脆性を増し可鍛性を悪くする．

（1）0°C 以下で起こるもろい性質，冷ぜい（脆）性（cold shortness）ともいう．
（2）1000°C 付近でもろくなる性質，赤熱脆性（red shortness）ともいう．
　　このほか 1300°C 以上で起こる白熱脆性，500°C 付近で起こる青熱脆性などもある．また脆性は brittleness ともいう．
（3）電気銅，脱酸銅などをいう．

2・2 材料の加熱法

鍛造を容易に行なうためには，材料を高温度に加熱しなければならないが，この際不用意に加熱すると，表面の酸化，焼減り，脱炭，結晶の粗大化，割れ，過熱および燃えなどの事故を起こすことがある．これらはいずれも製品の致命的欠陥となるので，なるべく急速に，しかも均一に加熱するよう注意せねばならない．これらの事故を防止するには，適当な加熱炉を選び，炉温，昇温速度，炉内ガスの成分などに注意しなければならない．

材料加熱技術者は **金焼**（かねやき）とか **火床番**（ほどばん）などといわれ，鍛造技術者のうちで最も重要な任務をもっている．

2・2・1 鍛造温度

鍛造温度は材料の種類，大きさ，使用機械の機構，容量などにより適温を選択するが，一般に高温における機械的性質の変化を目安にし同時に結晶粒の成長などを考慮して，各種材料に最適の最高温度が決められている．

図 2・1 は軟鋼の機械的性質に及ぼす温度の影響を，また表 2・2 は各種鍛造用鋼の最高加熱温度を示したものである．

加熱速度は，材料の熱伝導度，肉厚，形状などにより決定するが，大体の標準はC 0.5％以下の鋼では，肉厚75mm 以下なら 5mm につき 1 分，また C1％以上なら，予熱炉で 700〜800°C まで徐熱し，その後本加熱炉へ移すようにする．また大形イン

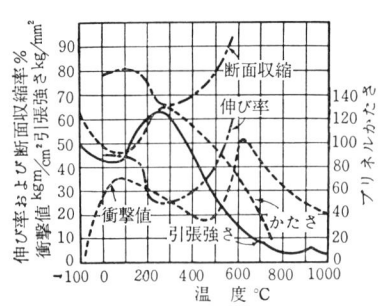

図 2・1 軟鋼の機械的性質に及ぼす温度の影響

ゴットの場合，プレス鍛造を行なうことが多いが，クラック防止と熱経済の点から考えても，750〜850°C 程度迄冷却したときインゴットケースから抜きとって直ちに加熱炉に装入することは，必須の操作である．なお，予熱および加熱時間のおよその目安として，次の式が用いられる．

$$T = \frac{d^2}{169} + \frac{d}{8} + \frac{d^2}{285}$$

T：加熱時間 [hr]
d：直径 [in]
第1項 $\frac{d^2}{169}$：550°C までの加熱時間 [hr]
第2項 $\frac{d}{8}$：550°C から 1250°C までの加熱時間 [hr]

表 2·2 各種鍛造用鋼の最高加熱温度

材質	最高加熱温度 [°C]	備考	材質	最高加熱温度 [°C]	備考
1.1% C鋼	1080	—	3% Ni 鋼	1250	SNC 2〜3 に近い
0.9 〃	1120	—	Ni-Cr-Mo-V 鋼	1250	SNCM に近い
0.7 〃	1180	—	Si-Mn 鋼	1250	—
0.5 〃	1250	S50C相当	1% Cr-1% Mo 鋼	1250	SCM に近い
0.3 〃	1290	S30C相当	3% Cr 鋼	1250	—
0.2 〃	1320	S20C相当	ステンレス鋼	1280	SUS に近い
0.1 〃	1350	S10C相当	25% Ni 鋼	1100	—

第 3 項 $\dfrac{d^2}{285}$：1250°C に保持する時間 [hr]，ただし鍛造温度を 1250°C とする．

また，加熱炉中のふん囲気は，中性あるいはわずかに還元性であることが望ましい．酸性の場合はスケール損失が増大する．

次に重要なものに，鍛造仕上温度（終了温度）がある．高温に加熱した金属は，温度の下降とともに結晶粒の成長が起こるが，鍛造により分裂細分される．しかし，鍛造終了温度が変態域以上であると，再結晶 (recrystallization) を起こし，結晶粒が粗大化する．図 2·2 に，鋼の組織と加工の関係を図示するが，終了温度が低すぎても材料の塑性変形能が低下するので，応力が残留したり，割れを生じたりして良くない．変態域の直上で鍛造を終了するのが最も望ましい．一般鋼材では 750〜850°C が限界である．

軽合金の鍛造温度は，材料により若干異なるが，ハンマ鍛造の場合はプレスの場合よりわずかに低目にし，大体 360〜470°C の範囲にとる．銅および銅合金は，およそ 650〜850°C であり，その他の非鉄材料としてニッケルは約 650〜1200°C，モネルメタルは約 920〜1170°C，ニクロムは約 980〜1300°C をそれぞれ標準としている．

次に，鍛造直後の取扱いであるが，材料は概してもろくなっており，かつ鋼材の深部には表層部の数倍の水素が含有されていることと，空冷の際の 200〜300°C の温度差のための熱応力などにより，割れを発生しやすいので十分注意して徐冷しなければならない．徐冷は，徐冷ピット中か砂，灰，けいそう（珪藻）土などの断熱材中で行なうこともあるが炉中で徐冷するとか，550〜650°C の等温過程を一定時間経て徐冷するとか，あるいは，大形炭素鋼や合金鋼については前述の等温過

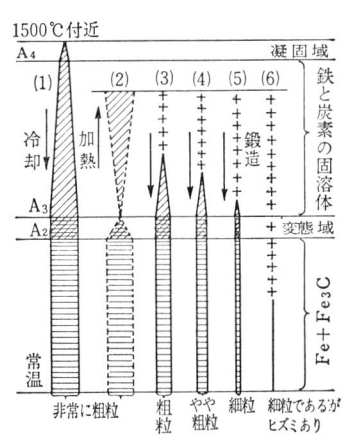

図 2·2 鉄鋼の組織に及ぼす鍛造温度の影響

程を経てさらに若干加熱し,次いで炉冷する方式をとるほうがよい.また,次の熱処理を行なう場合は,直接赤熱材から移るのが最良である.

鍛造品に見られる諸欠陥には次のようなものがある.
　i) 表 面 割 き ず(疵)……急加熱,低温鍛造,鍛造後の急冷などに起因する.
　ii) か ぶ り き ず……鍛造中のきず取り不十分,鍛造方法不適
　iii) し わ き ず……鍛造不良
　iv) 端面まくれ込みきず……加圧不十分,プレス圧力不足
　v) 過　　　　　熱……最高加熱温度が高すぎる.
　vi) 燃　　　　　え……最高加熱温度が高すぎる.
　vii) 白　　　　　点……急冷,水素量過多
　viii) 砂　　き　　ず……切捨量不十分
　ix) ゴ ー ス ト き ず……鍛造比特にすえ込み比過大,急冷
　x) ざ　く　き　ず……鋼塊粗しよう(鬆)部の未圧着

2・2・2　鍛造用加熱炉

鍛造用加熱炉 (reheating furnace) は燃料をできるだけ少なくして熱効率を高め,酸化,過熱を防ぎ,均一加熱と所要加熱速度を得るようなものでなければならない.使用する燃料は石炭,コークス,重油,発生炉ガスなどを用い,このほか電気によるものも数種ある.炉の構造によって分類すると次のようになる.

$$\text{鍛造用加熱炉} \begin{cases} \text{開放炉(粉炭,コークス)} \\ \text{反射炉(石炭,微粉炭,重油)} \\ \text{セミマフル炉(ガス,重油)} \\ \text{マフル炉(台車式,昇降式)} \\ \text{連続炉(ベルト式,回転式)} \\ \text{真空炉} \\ \text{溶炉(油,金属の塩類など)} \end{cases}$$

鋼塊などを均一な温度にする目的の炉を特に**均熱炉** (soaking pit) という.前述の分類における開放炉は最も簡単な構造の炉であり,**火床**(ほど) (smith hearth) あるいは**かじや炉**といい図2・3,図2・4に示す.送風は古くはふいごによったが現在はすべて送風機を用いる.ルーツ式とターボ式が用いられる.加熱材料が大形になると,火床では加熱容量が不足するので図2・5～図2・7に示すような各種大形炉を用いる.図2・7は酸化を防ぐため,品物に直接炎を当てないようにしたマフル炉である.このような加熱炉は,焼鈍,焼入などの熱処理用としても用いられる.

なお近年加熱炉の排出する有害ガスあるいは粉じんによる公害規制が,都市部において特にきびしくなっているため,燃料としてブタンガスを用いるガス炉あるいは電気炉への切換えが行なわれつつあるのが現状である.

2・2 材料の加熱法　(69)

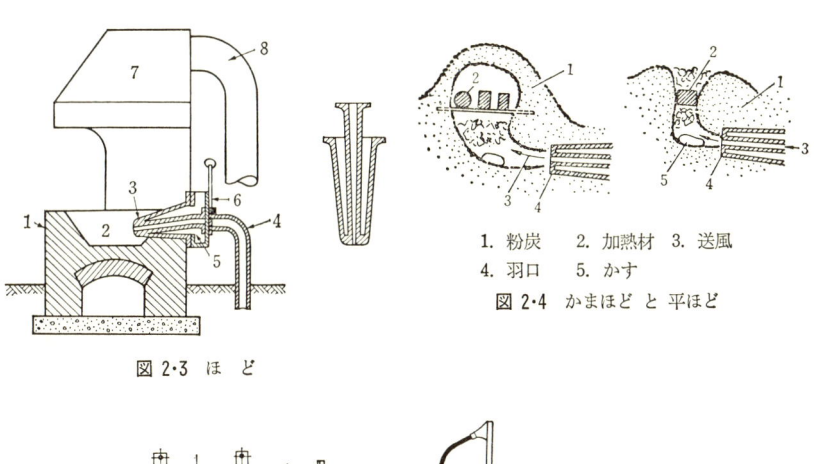

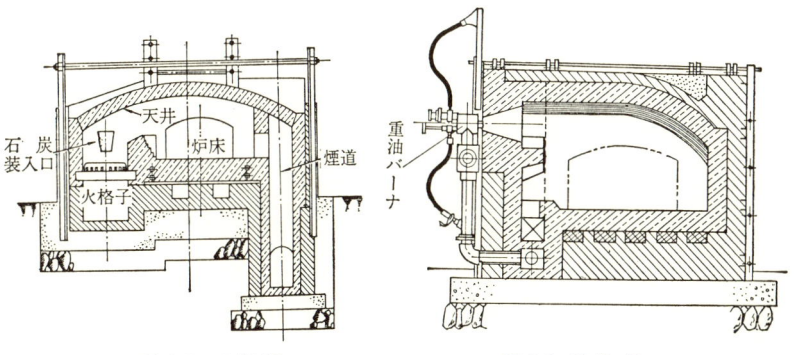

1. 粉炭　2. 加熱材　3. 送風
4. 羽口　5. かす

図 2・4　かまほど と 平ほど

図 2・3　ほ ど

石炭装入口　天井　炉床　煙道
火格子

図 2・5　石 炭 炉

重油バーナ

図 2・6　重 油 炉

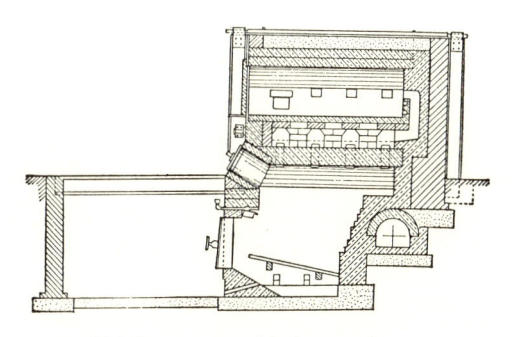

図 2・7　リッチモンド大形コークス炉

2·3 鍛造作業

鍛造作業は広義には分塊圧延などから自由鍛造,型鍛造など,いわゆる火造り作業まで含まれるが,ここでは狭義に解して,後者すなわち自由鍛造,型鍛造について説明する.

自由鍛造は主として,小物をハンマ類で打撃して小量生産する際に用いられる方法であり,型鍛造はスパナ,クランク軸,車軸,車輪など寸法精度をできるだけ高めて多量生産する方法として考えられたものである.

2·3·1 自由鍛造

自由鍛造において行なわれる作業を分類すると,表2·3のようになる.

表 2·3 自由鍛造の作業分類

	記 号	略 記 号	作 業 略 名
(1)	⊟	□	伸 ば し (drawing down)
(2)	⊞	□	延 べ (spreading)
(3)	⊟	◯	すえ込み,圧縮 (up-setting, swaging)
(4)	⏋	⏋	曲 げ (bending)
(5)	⊐⊏	⌐	せ ぎ り (setting down)
(6)	⊐⌐	⊐⌐	せ ん 断 (shearing)
(7)	□□	⊐⊏	切 取 り (cutting off)
(8)	⊏⊐	⊏⊐	穴 あ け (punching)
(9)	⊔	⊔	穴 抜 き (piercing)
(10)	⋈	⋈	ね じ り (twisting)
(11)	⌒	⌣	広 げ (expanding)
(12)	⌒	⌒	絞 り (reducing)
(13)	Z X	X Z	鍛 接 (welding)

(a) **伸ばし作業** これは,連続的に相隣る個所に順次圧力を加えて,太いものを細く,また長さを伸ばし,断面積を減少させる作業である.図2·8に伸ばし作業を示す.伸ばし作業により細い丸棒を得ようとするときは,いったん所要寸法近くまで正方形断面に伸ばし,その後,八角,十六角と順次角を丸め,最後に丸タップによって所要寸法の丸棒を得るような方法による.これに反し,ぐるぐる回しながら伸ばしを行なうと,結晶粒の変形方向を不規則に混乱させ,低温の際は粒間すべりを生じ,亀裂を生ずる原因になる.

(b) **延べ作業** (a)とよく似ている作業であるが,品物の幅と長さを増大させ,厚さを薄くする作業である.つち打ちにより,また圧延ロールにより作業する.

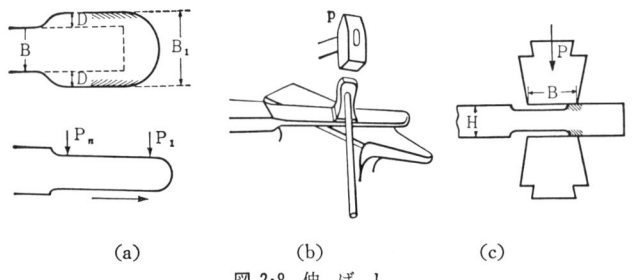

図 2·8 伸 ば し

(c) **すえ作業(すえ込み)** 縮め(すくめ)ともいい，長い材料を圧縮して太く短くする作業である．素材の長さが直径あるいは角柱の一辺の2倍以上になると，座屈現象のため作業は困難になる．また素材全体を一様に加熱すると，圧縮される面は摩擦力のため変形困難で，中間のみふくれて，いわゆる たる形になり，一部を加熱して打てばその個所だけふくれる．したがって，この作業においては，加熱の方法，加熱個所に留意しなければならない．図 2·9 はすえ込みでボルトの頭を造る例である．

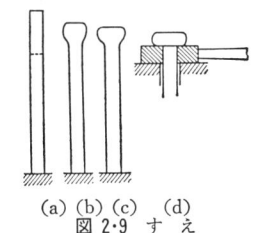

(a) (b) (c) (d)
図 2·9 す え

なお，すえ作業には経験的な法則がある．
第1原則：一打ですえ込むには，すえ込み長さ L は素材径 D_0 の3倍以下．
第2原則：製品径が $1.5D_0$ 以下のとき，$L=(3\sim 6)D_0$ にとりうる．
第3原則：製品径が $1.5D_0$ で $L>3D_0$ のときは，工具間の最初のすきまは D_0 以下であること．
の3原則を，すえ込みの3原則という．

(d) **曲げ作業** 曲げるべき部分を加熱して，図 2·10 に示すような方法で曲げるが，これは型鍛造の一種である．素材を自由に曲げると，素材の外側は引き伸ばされ，

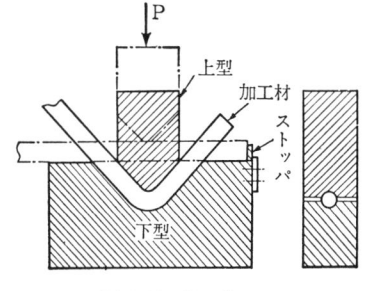

図 2·10 曲 げ

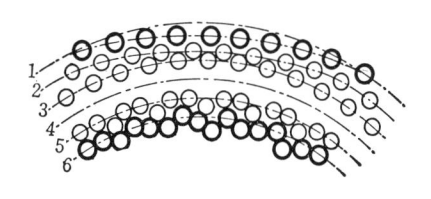

図 2·11 曲げによる原子配列の変化

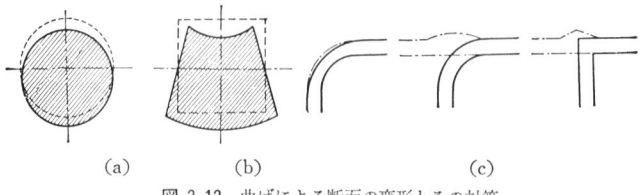

図 2·12　曲げによる断面の変形とその対策

内側は圧縮され，原子配列は図 2·11 のようになる．そのため，丸棒，角棒は図 2·12(a) (b)のように断面が変形する．しかも，外側の断面減少率は内側の増加率を上廻るから，曲げ部は弱くなる．この対策としては図 2·12(c) に示すように，あらかじめ曲げ部をすえ込んで太くしておけばよい．また，管を曲げる場合は，球形心金，そろばん玉状心金を管内にそう入したり，鉛や砂などを管内に充てんして作業し，管のつぶれを防止する．

　(e)　**せぎり作業**[(1)]　部分的に細くする作業であり，図 2·13 に示す．

　(f)　**せん断作業**　図 2·14 に示すように，へし切り を用いてせん断により材料を切断する作業である．

　(g)　**切取り作業**　せん断と異なり，たがねを垂直に打ち込んで切断する方法で図 2·15，図 2·16 に示す．

　(h)　**穴あけ作業**　加熱材にポンチを打ち込み，穴を抜く作業である．ポンチを打

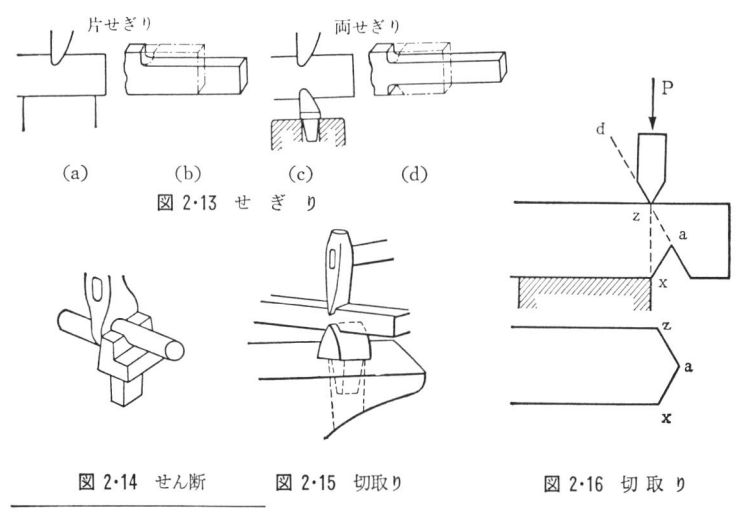

図 2·13　せ ぎ り

図 2·14　せん断　　図 2·15　切取り　　図 2·16　切 取 り

（1）現場用語として用いられる．切削加工でも用いられる．瀬切るとの意．

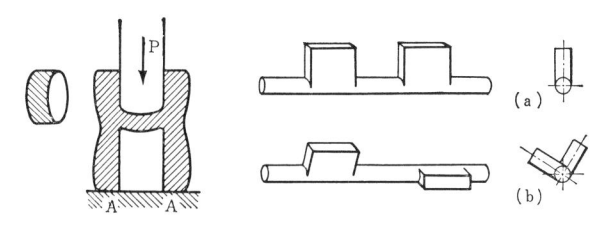

図 2·17 穴あけ　　　　図 2·18 ねじり

ち込むと，材料はポンチの面に沿って流動し，材料は軸に直角な方向に押し広げられ，穴が次第に深くなる．次に，逆方向から同様な操作を行なって，穴あけをする．図 2·17 に示す．なお，この作業ののち穴の内面をなめらかに，また寸法を正確にするため矢 (drift) を通すこともある．

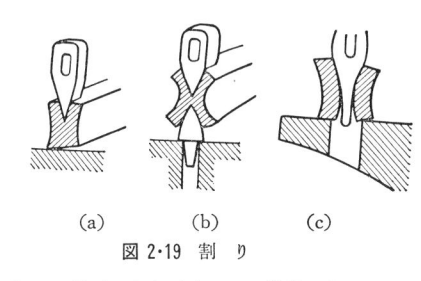

図 2·19 割り

（i）ねじり作業　図 2·18 に示すように，所要の角度だけねじる作業である．ねじられた材料は，外部から内部へ及ぼされる圧縮力のため，一種の鍛練作用をうけるので材質がちょう密化する．冷却につれて，内部応力のため，割れを起こすことがあるから，後処理を行なわねばならない．

（j）絞り作業　これは，圧延ロールまたはプレスなどによる絞り加工で，型鍛造の一種である．

（k）割り作業　図 2·19 に示すように，材料の一部に割りを入れる作業で splitting という．これを広げて丸穴を造ることもある．

2·3·2　型鍛造

型鍛造 (die forging あるいは stamp forging) または型打鍛造は，加熱素材を上下一組の鍛造型 (forging die) の間にはさんで，つち打ちまたはプレスによって圧縮し，所要の形状に鍛造する方法である．自由鍛造に比べて能率的であり仕上がり形状，寸法も正確で[1]，しかも材料強度も自由鍛造より大となる利点があるが，型の製作費が高価につき，また機械設備も大形のものを要するので多量生産でなければコストが合わない．

特に小さい製品の型鍛造として，加熱なしで行なう冷間鍛造の方法がある．加熱の手

---

(1) 鉄鋼の型鍛造品において，特に寸法差，許容値および角度差が，数値または記号で記入されていない寸法に対する寸法差，許容値および角度差については，JIS B 0415 鋼の熱間型鍛造品公差（ハンマ及びプレス加工）および JIS B 0416 鋼の熱間型鍛造品公差（アプセッタ加工）がある．

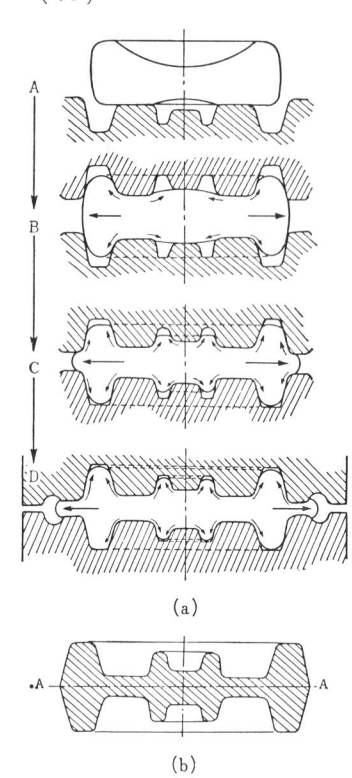

図 2·20 型鍛造における材料の変形過程

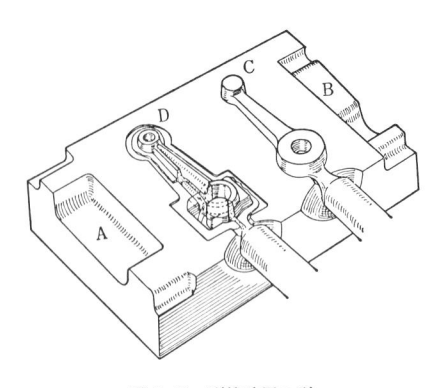

図 2·21 型鍛造用の型

間が省けるため多量生産のとき熱間に比べ10〜60%の節約になる．

(1) 型鍛造の原理 図 2·20 に型鍛造における材料の変形過程を示す．下型の上に置かれた加熱素材は，打撃もしくは圧縮によって最初外方へひろげられ，下型をほぼ満たすと同時に上型の凹所へも流れ込む．型を十分満たしたのち，余分の材料は**ばり**あるいは**ひれ**(flash)となって周囲にはみ出る．このばりは薄いので急冷され変形抵抗が大きくなり，材料は抵抗の少ない型の方へ流れやすく，型のすみずみを満たす．したがって，このばりの形状寸法は鍛造効果に対して重要な意味を持っている．ばりは鍛造後 ばり取プレス (trimming press) で打抜き取除く．

(2) 型の設計 図 2·21 に型の一例を示す．このような型を上下一組使用するが，上型は**ラム**(ram) に下型は**金敷**(anvil) に，それぞれ**ありみぞ**(dovetail) の間にくさびを打ち込んで，上下両型の位置を正しく合わせて固定する．型の設計に関して注意すべき点は，ⅰ）素材の整形が容易で，かつ，型の摩耗，破損を防ぐため，各断面に

表 2·4 型用合金鋼の一例

C	Si	Mn	P	S	Ni	Cr	Mo	V
0.45〜0.60	0.15〜0.35	0.60〜0.80	0.030以下	0.030以下	1.0	0.80〜1.20	—	0.15〜0.35
0.50〜0.60	0.20〜0.30	0.65〜0.95	0.030 〃	0.030 〃	0.30	0.85〜1.15	0.40〜0.50	0.06
0.60	0.30	0.70	0.030 〃	0.030 〃	1.40	0.63	0.25	—
0.55	0.20	0.70	0.030 〃	0.030 〃	1.50	0.70	0.20	0.10

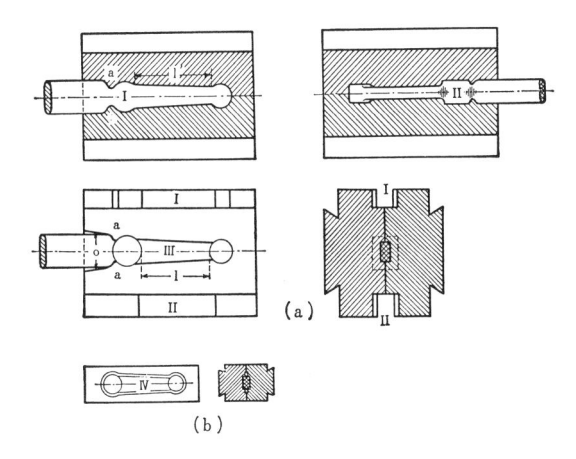

図 2·22 リンクの型鍛造

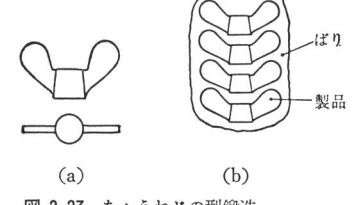

図 2·23 ちょうねじの型鍛造

おける急激な変化を避けること．ii）かどまたは すみ は許される限り 大 にする．iii）まくれを生じないよう適当な抜けこう配をつけること．iv）上下型の分割線はできるだけ簡単な平面にすること．v）複雑な形状の製品に対して材料の無理な急激な変形が起こらないよう，工程を適当に決めること，などである．

（3）型の材料 鍛造作業中，型は高温にさらされると同時に大きい打撃力を受け，さらに，型表面に塗付した離型油の爆発的燃焼による非常な高圧も受ける．したがって，型の材料としては，強度，じん性のほかに，耐熱性，耐摩耗性，耐圧性なども具備していなければならず，一般に Ni–Cr–

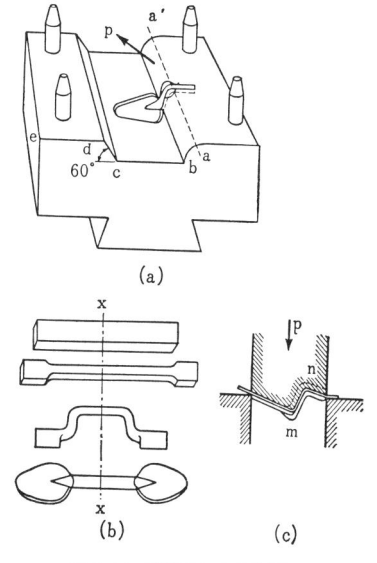

図 2·24 型鍛造による曲げ

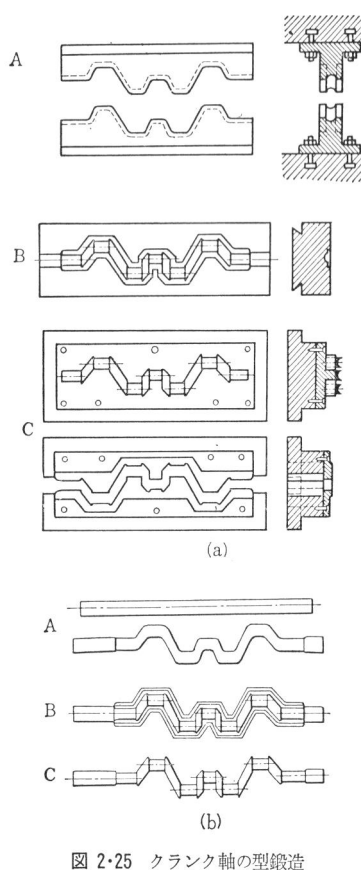

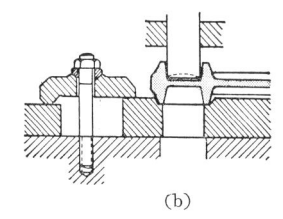

図 2·26 型鍛造による穴あけ

Mo 鋼または Cr-Mo 鋼が用いられる．代表的な材料の化学成分を**表2·4**に示す．

　熱処理による形状寸法の狂いをきらうため，鍛造型は焼入，焼戻処理を行なった後に型彫りし仕上げて，使用に供される．型材は強じんであり硬度も高いので型彫り加工はかなり困難である．しかし，電解加工や放電加工，超音波加工などの採用により，非常に精密で良質な型の製作が比較的容易に行なわれるようになった．

図 2·25 クランク軸の型鍛造

(4) 型鍛造の作業例　図2·22〜図2·26に種々の例を示す．

2·3·3　鍛接

　鍛接 (forge welding または blacksmith welding) は，**わかし継ぎ**ともいい，被溶接部を高温度に加熱して，**溶剤** (flux) を用いてスケールその他を取り去って，つち打ち，プレスなどで圧着接合させる方法である．つち打ちなどにより一度破壊された結晶粒が，仕上温度により再結晶を起こし，このときの結晶の生長により接合されるという考え方と，分子の凝集力によるという考え方とがある．高温度では原子の振動振幅が大きくなり，原子間隔がひろがっているから接着しやすいので，素材が溶けない範囲（一

般に，融点以下 40°C ともいわれる）でなるべく高温度の
ほうが鍛接は容易である．図 2·27 は炭素量と鍛接温度と
の関係を示したものであり，軟鋼ではほぼ 1300°C がよい
ことがわかる．また，炭素量 1% 以上の高炭素鋼では，鍛
接が非常に困難になることもうかがえる．異種金属の場合
は，両金属原子の拡散による合金化によって鍛接される．
特殊鋼は一般に鍛接困難である．

溶剤としては空気中で生じる酸化鉄を溶融するものと，
酸化鉄を還元して鉄に戻すものとがある．前者は ほう砂，
ほう酸などで，また後者はPなど酸素と化合しやすいもの
を用いる．このほか けい酸，青酸カリ，食塩なども用途
により適宜配合する．一例として

　　鉄と鉄：食塩 35%　　ほう酸 41.5%　　けい酸ソーダ
　　　　　　8%　　青酸カリ 15.5%
　　鉄と鋼：食塩 30.1%　　ほう酸 35.6%　　青酸カリ
　　　　　　26.6%　　松脂 7.7%

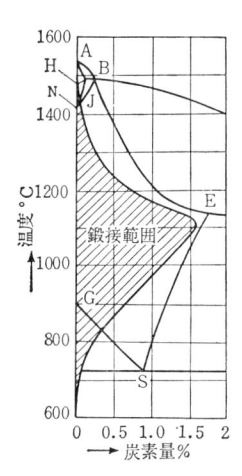

図 2·27　炭素鋼の炭素
　　　　含有量に対する
　　　　鍛接可能範囲

なども用いられる．鍛接はあらゆる場合に用いられるが，棒材の連接に多用される．その形式としては，**突合せ継ぎ**（芋継ぎ）(butt welding)，**重ね継ぎ**（投げ継ぎ）(lap welding)，**矢はず継ぎ** (vee welding) および **T形継ぎ** などがある．また帯鋼より突合せ継ぎあるいは重ね継ぎの方法で鍛接鋼管も製造される．

2·4　鍛造用工具および機械

2·4·1　鍛造用工具

自由鍛造を行なうには多くの工具が必要であるが，**金敷** (anvil)，**はちの巣** (swage block) のように作業台になるもの，**つち** (hammer) 類の打撃用具，**へし** (flatter, fuller) 類の成型工具，および**物さし** (scale)，**パス** (calipers) 類の測定工具などがある．図 2·28〜図 2·38 にこれらを示す．

2·4·2　鍛造用機械

大物の鍛造は鍛造用機械によらねばならない．鍛造用機械には，打撃鍛造を行なわせるハンマ類と，準静的な大圧力で鍛練，鍛造を行なうプレス類とがあり，これが作動方式によりさらに各種に分類される．鍛造に際しては作業と素材の種類により，最適の機械形式，容量を選定せねばならない．いまいくつかの代表的な鍛造用機械について，それぞれの加工工程中どのような速度あるいは加速度で作動しているかを図示すると，図 2·39 のようになる．機械の容量は，ハンマ類は落体の総重量で，またプレス類は総出力

第2章 鍛造作業

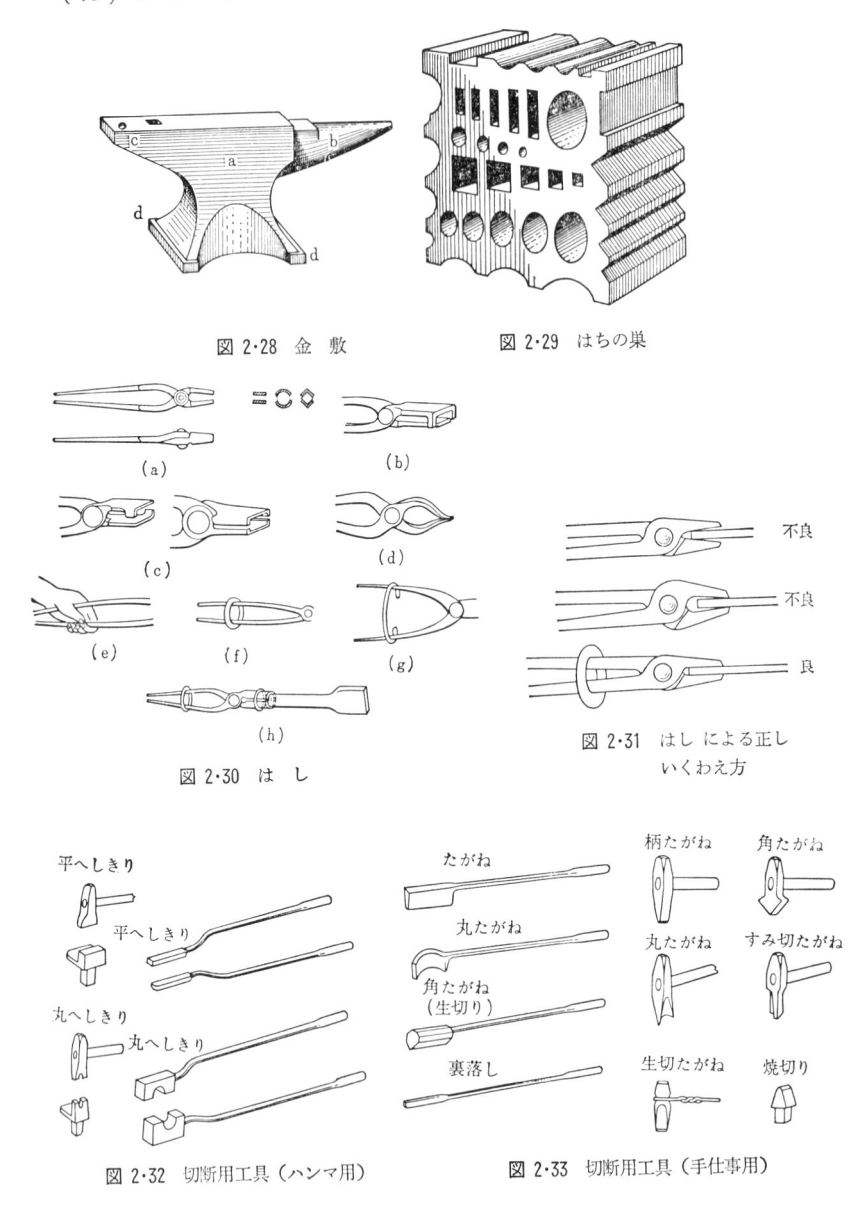

図 2・28 金敷

図 2・29 はちの巣

図 2・30 はし

図 2・31 はし による正しいくわえ方

図 2・32 切断用工具（ハンマ用）

図 2・33 切断用工具（手仕事用）

2・4 鍛造用工具および機械　(79)

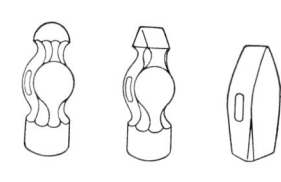

図 2・34　手ハンマ（片手ハンマ）

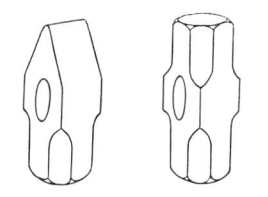

図 2・35　大ハンマ（先手ハンマ）

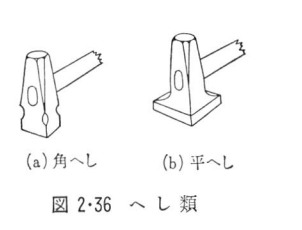

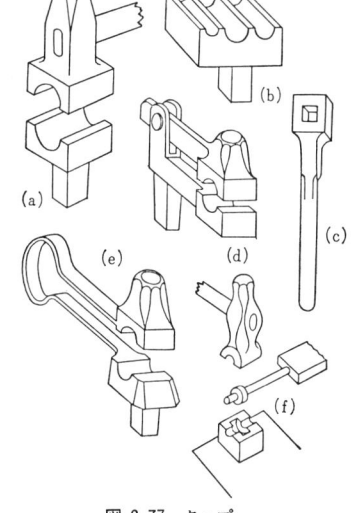

(a) 角へし　(b) 平へし

図 2・36　へし類

図 2・37　タップ

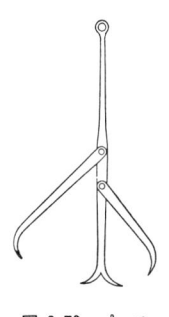

図 2・38　パ　ス

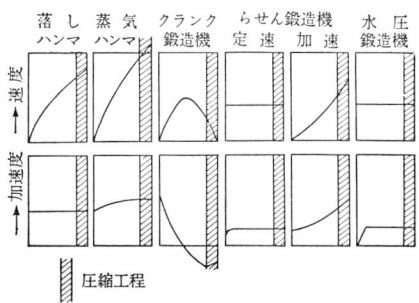

図 2・39　各種鍛造機の鍛造行程における速度および加速度線図

でい表わす．ハンマの打撃エネルギ F (kg・m) は，落体重量を W (kg)，打撃瞬間の落体速度を v (m/sec) とすれば，

$$F = Wv^2/2g$$

となり，落しハンマの場合は落下距離を S (m) とすれば，

$$F = WS$$

となる．しかし，素材に対する鍛造効果は，鍛造形式，素材の材質などにより相当異なり簡単な計算では機械容量は決定し難く，従来経験に基づいてこれを決定している．蒸気ハンマの場合，普通の鋼材 120mm 角に対して約 1 t，225mm 角に対して約 5 t を要し，また，プレスの場合，350mmϕ に対して約 500 t，1000mmϕ に対して約 1500 t のものを用いている．

(1) **ハンマ** 鍛造用各種ハンマを分類してみると次のようになる．

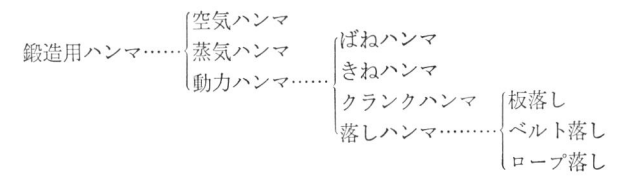

```
                   ┌空気ハンマ
鍛造用ハンマ……│蒸気ハンマ   ┌ばねハンマ
                   └動力ハンマ……│きねハンマ
                                 │クランクハンマ    ┌板落し
                                 └落しハンマ………│ベルト落し
                                                   └ロープ落し
```

次にこれらを構造の簡単なものから説明する．

(a) **ばねハンマ** (spring hammer) ハンマの加速度を増し，打撃エネルギを増大するために，クランク軸に重ね板バネを連結し，バネの反動を利用したもので，図 2・40，図 2・41 に 2 種類のハンマを示す．また図 2・42 にハンマの運動する様子を示す．ハンマの打撃回数は，大物の場合毎分約 70 回で，小物になると 200〜300 回とする．また，ハンマの重量は 15kg から 250kg くらいまでであり，ストロークは 100〜350mm にとる．伸ばし作業や型鍛造の荒打ちなどに用いられる．

(b) **きねハンマ** 図 2・43 に示すが，あまり用いられない．

(c) **空気ハンマ** (pneumatic hammer) 空気ハンマには，ばねハンマのばねの代わりに，圧縮空気の弾性を利用するものと，圧縮空気そのものでラムに打撃力を与えるものとがある．一例を図 2・44 に示す．これはラムの上昇停止，打撃，下降圧縮停止などいろいろな動作を行なうことができるが，これらは図 2・45 に示すように弁位置を変化させることにより行なう．図 2・46 は Bêchê 形のものである．

(d) **蒸気ハンマ** (steam hammer) 蒸気によってラムに打撃力を与える形式のハンマである．図 2・47 に片柱形を，また図 2・48 に両柱形を示す．また，これらの弁構造を図 2・49 に示す．レバー B を水平に回すことにより，バルブ A を切り換え，シリンダに流入する蒸気を調節し，レバー Q の上下によりバルブ D を上下させ蒸気の流入方向を

2・4 鍛造用工具および機械 （ 81 ）

図 2・40 ばねハンマ（その1）

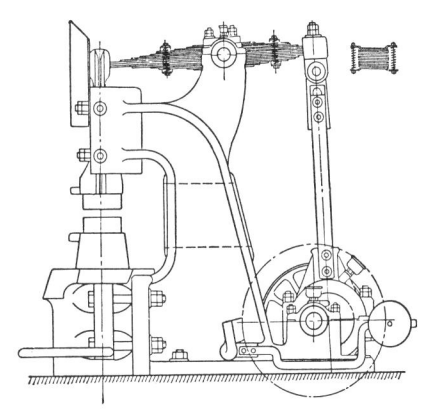

図 2・41 ばねハンマ（その2）

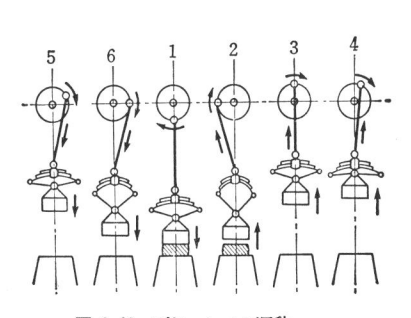

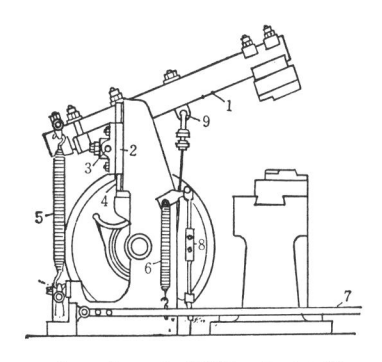

図 2・42 ばねハンマの運動

1. レバー　2. 調整片　3. ねじ棒
4. ねじ棒　5. ばね　6. ばね
7. ふみ板　8. 棒　9. ピン

図 2・43 きねハンマ

切り換える．図の状態はバルブAを通過した蒸気がバルブDの切欠部を通ってピストンの下側に流入し，ピストンしたがってハンマを上昇させようとする所である．また，長刀状のカムJはバネLによってハンマの肩部に常に押し付けられているが，ハンマの上下運動はカムJを介してバルブDの切換運動に連結されるため，上下運動を自動的に継続させることができる．レバーMを回してノッチを切り換えることによってカムJの当

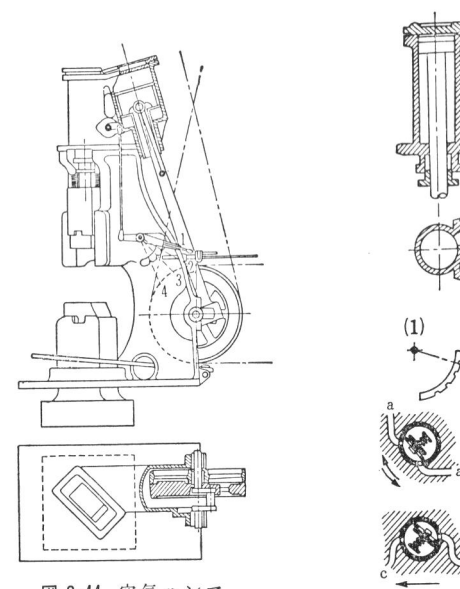

図 2·44　空気ハンマ
　　　　（Massey 社）

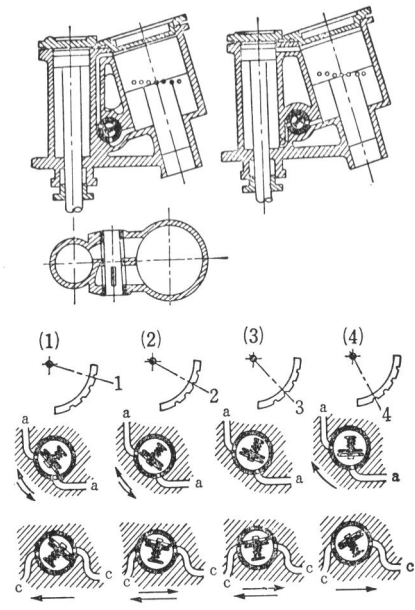

図 2·45　空気ハンマにおける弁の位置と作用

たり方を変え，ハンマの上昇距離およびストロークを変化させることができる．1分間の打撃回数は350回くらいまでである．片柱形のものは1/8～3 t 程度の容量をもち，蒸気圧は7～8気圧である．両柱形のものになると容量を1～10 t くらいにすることができる．また，同じ蒸気ハンマにダブルスエージハンマがある．これは図 2·50 に示すもので，上下のハンマヘッド（図の1,2）は鋼製ベルト3で連結されており，上下から同じ強さ，速度で素材をはさみ打ちにして鍛造する．したがって鍛造効果は大きく，特に精密な型鍛造に適する．これは容量の割にハンマ重量を軽くすることができるほか，鍛造衝撃が相殺されるので機械の基礎を簡単にでき，また，他の機械などに打撃振動を及ぼさない利点があるが，機械そのものは高価につく．

　（e）**落しハンマ**（drop hammer）　型鍛造を行なうのに最も多く用いられるハンマである．ハンマをなんらかの方法で上昇させ，自然落下させてその際の打撃力を利用する形式のものである．上昇させる方法として各種考案され，板，ベルト，ロープ，空気，あるいは蒸気などによる．鍛造効果を増すためには，金敷重量を大きくして（ハンマ重量の14～15倍），打撃に際しての沈みおよび振動をできるだけ少なくするように

図 2·46　空気ハンマ（Bêchê 形）（新潟鉄工所）

図 2·47　蒸気ハンマ（新潟鉄工所）

(84) 第2章 鍛造作業

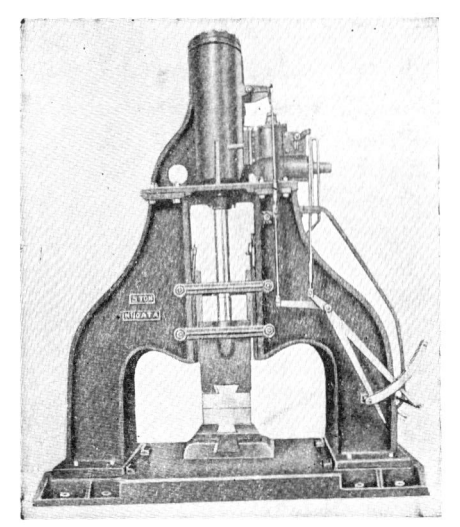

図 2·48 蒸気ハンマ（新潟鉄工所）

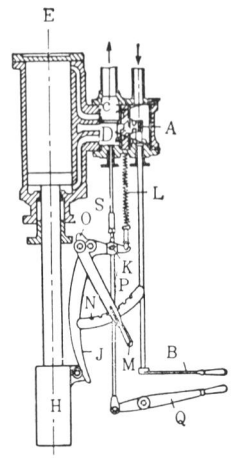

図 2·49 蒸気ハンマにおける弁の構造（Massey 形）

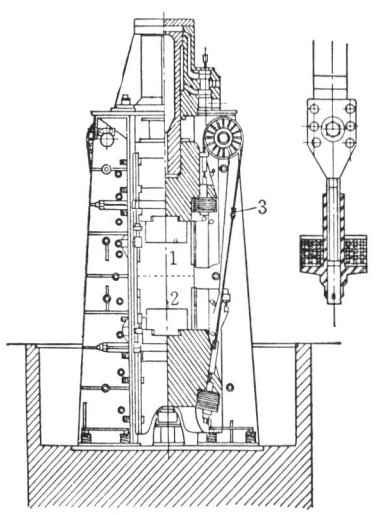

図 2·50 ダブルスエージハンマ
(double swage hammer)
(Bêchê 社)

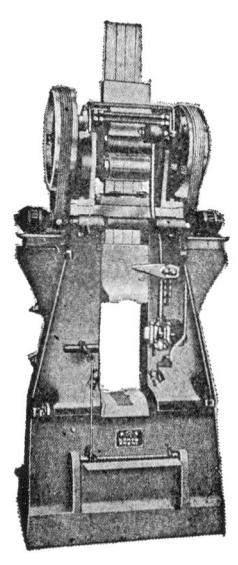

図 2·51 板落しハンマ

2・4 鍛造用工具および機械 (85)

図 2・52 ベルト落しハンマの原理

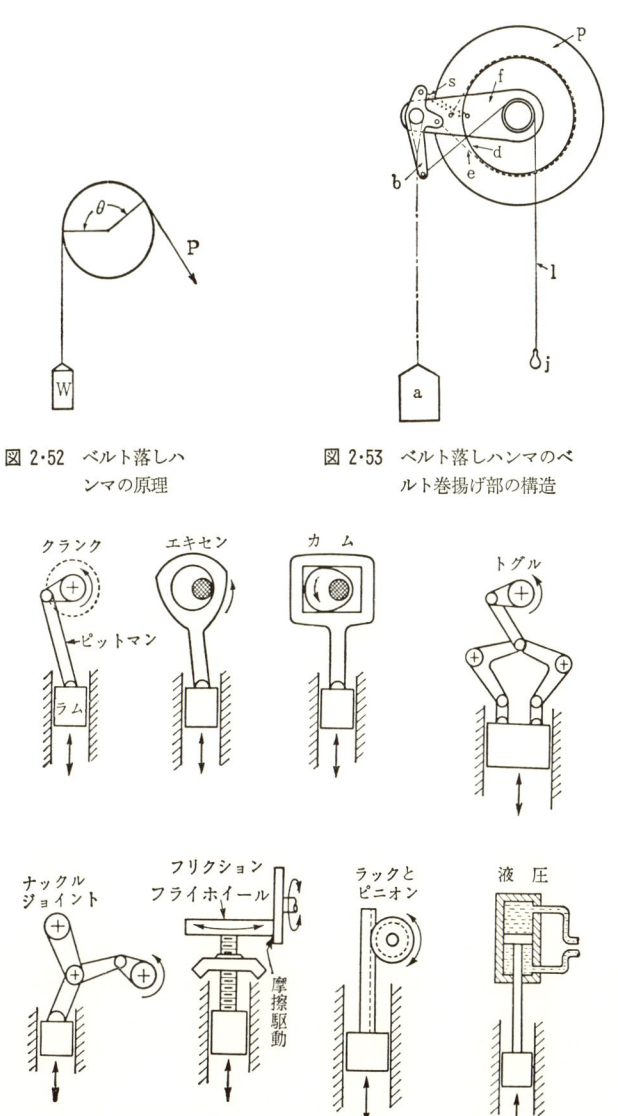

図 2・53 ベルト落しハンマのベルト巻揚げ部の構造

クランク　エキセン　カム　トグル
ピットマン
ラム

ナックルジョイント　フリクションフライホイール　ラックとピニオン　液圧
摩擦駆動

図 2・54 プレスの諸形式

する．板，ベルト，ロープなどの下端にハンマを連結し，二つのローラに板をはさみ，あるいはプーリにベルト，ロープを巻きつけて，ハンマを一定高さまで上昇させたのち落下させる．15～16 回/分の打撃回数で作業する．ハンマ重量は 100～200kg で，大物には向かないが，ハンマ高さは任意に調節でき効率は高い．板落しハンマを図 **2·51** に示す．図 **2·52** はベルト落しハンマの原理図である．ここでベルトの一端に張力 P を加え，巻かけ中心角 θ，摩擦係数 μ，ハンマ重量 W とすれば，$W = Pe^{\mu\theta}$（e は自然対数の底）の関係があり，張力の数倍のハンマを揚げることができる．しかし，このような単純な構造では種々不都合があるので，図 **2·53** に示すようなバンドブレーキの機構を応用して，わずかな力と変位で能率よくハンマを持ち揚げる装置が用いられる．

(2) **プレス** (press)　塑性変形抵抗の大きい材料では，ハンマによる鍛造では鍛造効果が表面だけにとどまるが，これを深部まで及ぼすためには，プレス類によって静圧力を加えて圧縮せねばならない．プレスは板金加工にも多く使用され，図 **2·54** に示すようにいろいろの形式があるが，鍛造用としてはふつう水圧プレスが多く用いられ，水圧プレスは作動方式により，純水圧，蒸気水圧，空気水圧および電気水圧の各形式に分類される．図 **2·55** は純水圧式プレスを，また図 **2·56** は蒸気水圧式プレスを示す．後者はシリンダを満たした水によってプランジャの動きをラムに伝達し，それらの操作動力に蒸気を用いる形式である．なお，前者はこれらにすべて水を使用しているものである．素材の最大寸法に対するプレス容量は，次式で計算できる．

$$P = F \cdot \kappa / \eta$$

ただし　$F =$ 有効鍛造面積（金敷面積）mm^2
　　　　$\kappa =$ 比鍛造抵抗 kg/mm^2，普通炭素鋼で 10～12
　　　　$\eta =$ 機械効率 0.7～0.8

(3) **その他の鍛造用機械**

(a) **押出機械**　押出加工 (extrusion) の工程と押出成形型の一例を図 **2·57** および図 **2·58** にそれぞれ示す．

(b) **すえ込み機械** (swaging machine)　リベット鍛造機械が代表例であるが，図 **2·59** に示すように，一工程で加工が完成され，しかもこれが連続的に自動運転されるものである．冷間で作業困難な場合は，加熱装置がこれに付設される．

(c) **フォージング カスト** (forging cast)　押出加工の場合の加熱素材の代わりに溶湯を入れて行なうものである．

(d) **ロール フォージング** (roll forging)　図 **2·60** に示すような特殊鍛造機械により伸ばし作業を行なって製品を仕上げる．他の鍛造機械のように基礎工事を必要とせずまたロールを取り替えれば種々の形状の製品ができる．

(e) **ナット フォーマ** (nut former)　市販のナットは，ナットフォーマという

2・4 鍛造用工具および機械 (87)

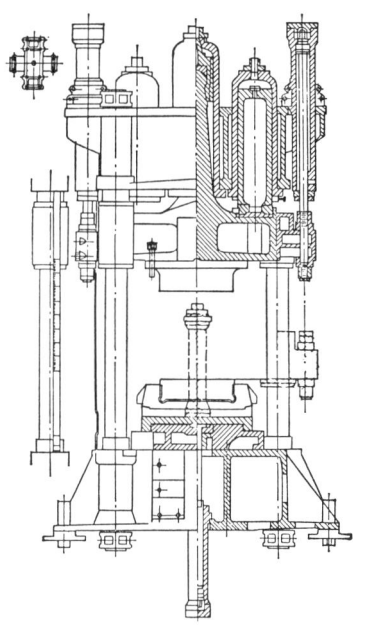

図 2・55 3000 ton 純水圧鍛造プレス本体

図 2・56 蒸気水圧鍛造プレス (750 ton)
（芝浦共同工業）

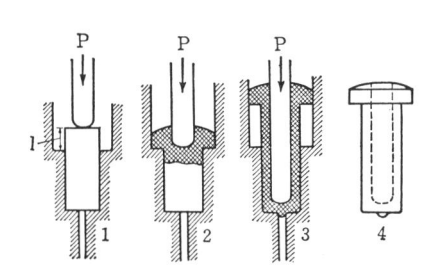

図 2・57 押出作業の例（フラジ付き筒の製作）

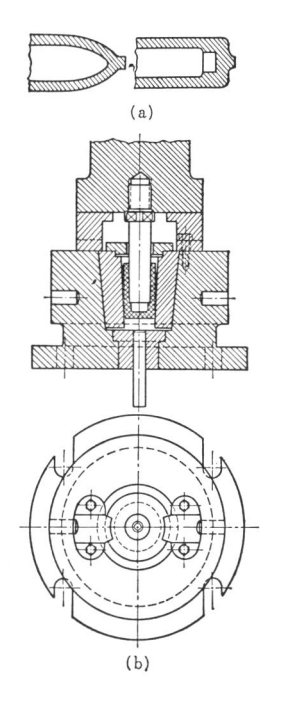

図 2・58 押出作業における型の設計例

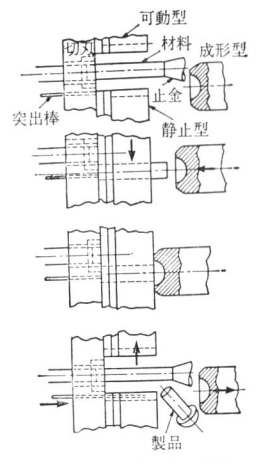

図 2·59　すえ込み作業

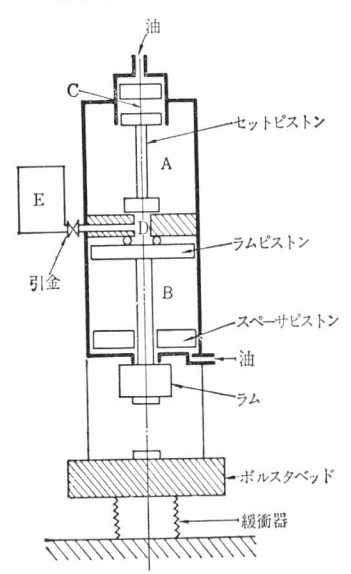

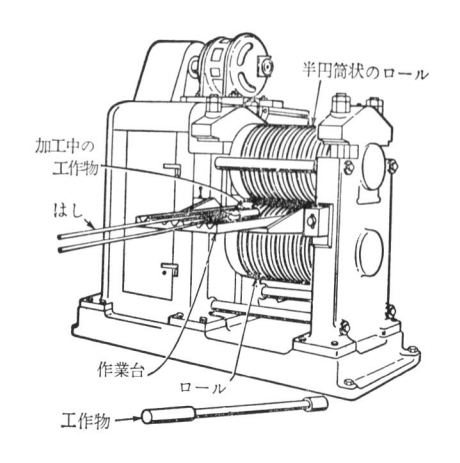

図 2·60　フォージングロール

ガス室：A. 140気圧　B. 7気圧
C. 40気圧　D. 大気圧　E. 引金用高圧ガス
図 2·61　高速鍛造機の原理

自動鍛造機により，高速に連続的に製造される．これには各社の形式があるが，いずれもトンネル状の加熱炉中で1000～1150°Cくらいに加熱された5.5m定尺の棒材を，ナット1個分ずつローラで送り出し，複合型を用いて，せん断，圧縮，型打ちおよび底抜きの4作業を1ストロークで行ない，ベンドタップを用いて行なう連続自動ねじ立て盤にかけうるまでの六角状ナットブランクの造形をするものである．素材径は，19mm用で25mmφ，25mm用で32mmφを用いる．32mmφ材のかなり大形ナットでも，80個/minくらいの生産速度であったが，最近では150個/minに能力が倍増している．ハテバ（スイス），ペルツァー（西独），ネド・シュリフ（オランダ）など欧州製に高能率なものが多い．なお，従来の重油炉は，公害防止の観点から全廃の傾向にあり，型打ち直前に高周波加熱を行なう形式に移っている．

2・5 その他の鍛造作業

2・5・1 高速鍛造

鍛造ハンマの打撃エネルギは $E=\dfrac{Wv^2}{2g}$ で表わされ,打撃速度 v を増大することがエネルギ増大に効果的であることが明らかである.ハンマ頭の加速は,従来より,圧縮空気や蒸気が利用されてきたが,最近高圧ガスを使用して,打撃速度を従来の数倍以上に増速させることができるようになった.ラム速度の比較を示すと,表 2・5 のようである.

表 2・5 各種鍛造用機械のラム速度の比較　　　　（前田禎三）

鍛 造 機 械	ラ ム 速 度 (m/sec)
機 械 プ レ ス	0.02〜1.5
ド ロ ッ プ ハ ン マ	4〜5
蒸 気 ハ ン マ	5〜9
高 速 鍛 造 機	15〜30（100 まで可能）

この形式のものとしては,ダイナパック,クリアリング・ヘルメス,USI 高エネルギ高速鍛造機などの商品名で市販されている.構造の一例を図 2・61[1] に示す.使用ガスは窒素である.引金を引いてラムピストンに働いている圧力の平衡を破ると,高圧ガス（140 気圧）が急激にラムピストンの全上面に作動し大きな加速度を得る.このような機械で従来と同程度のエネルギを得るとすれば,ラム重量は数分の一とすることができ,鍛造機全体もコンパクトにすることができる.もちろん,高圧ガス作動機構や緩衝機構なども非常に高級になり,強大なエネルギで高精度な鍛造を行なうことができる.従来数回の打撃を要したものでも,高速高エネルギ鍛造によれば 1 回の打撃で造形が完了するため,高温素材の熱の放散損失が少なく,素材の型内への流入も容易なため,従来の方法では造形不能であった薄いフィンなどの複雑な形状のものでも高精度に加工することができる.SNCM 8 製のインペラや SUS 410 製のタービンブレードなど精密部品にも応用されている.

2・5・2 液圧変形

配管の際使用される管継手は従来黄銅鋳物製のものが用いられていたが,まっすぐなパイプを寸切った素材の両端開口部から高圧油を注入しつつ,合わせ型内で両端から管素材を押し縮め,あたかもゴム風船の一部をふくらませるような原理で,T型,Y型などのチーズを造形する方法がある.非常に高能率にしかも美麗な製品を得ることができる.油を使用するほか,棒状ゴムや鉛を充てんし造形後これら充てん物を除去する方法もある.この加工は上述の高速鍛造と全く逆で,準静的な変形加工である.（図 3・21 バルジ加工 参照）

---

(1) 武内明之,塑性と加工 3 (1962) 225

第3章　板金プレス作業

　金属板を素材にして，金型を取付けたプレス機械によって所要の製品を加工する作業を **板金プレス作業** または **板金プレス加工** (press working of sheet metal, sheet metal stamping) という．この加工法は，大は航空機の機体や自動車の車体の加工から，小は時計や電子製品などの小部品の加工まで，非常に広範囲にわたる部品加工に採用されており，我々の身のまわりはこの加工法で加工された製品でうずめられている感がある．特に，自動車および家庭電化製品は，板金プレス加工法の普及と技術の発達の主役をつとめて今日に至ったということができる．そしてその加工方式の利点が認められ，機械工業の各分野における部品生産方法の中に広く採用されている現状である．1950年代から1970年代にかけての大量生産による生活水準向上の時代の流れと，板金プレス加工法の第一の特長である高速大量生産とが良く適合したためである．

　板金プレス作業は板材に塑性変形を与えて所要の形状を得るもので，鍛造作業その他とともに **塑性加工** (plastic working) の一分野をなすものである．塑性加工にはこれらのほかにも圧延，押出し，引抜きなどの加工法があるが，これらは機械部品の加工方法というよりは素材，すなわち板材，棒材などの製造法に属するので本書では省いている．

　板金プレス加工を他の加工法特に他の塑性加工法に比べれば色々な特長や欠点を見出すことができるが，その主な長所をあげれば次のようになる．a) 高速大量生産に最も適した加工法であり自動化が容易である．b) 同じ板材から同一金型で連続加工するために均一な製品が得られる．c) 素材である金属板は圧延時に十分鍛練され，すでに良好な機械的性質を与えられているので，軽くて強い製品が得られる．d) 塑性加工の全般的特長である材料の利用率が高い．e) 溶接作業と組み合わせれば複雑な形状のものや各部で厚さや強さの異なる製品が得られる．

3・1　板金プレス(部品)加工法の基本

　寸法的には1箇の長さ10m以上に及ぶトレラーの主フレームから1,2mmあるいはそれ以下の時計部品や電子部品まで，また板状の単純な形状のものから非常に複雑な形状の部品まで，一見千差万別と思われる **板金プレス加工部品** (pressed part) があるが，その加工法を基本原則から分類すると，**せん断加工** (shearing)，**成形加工** (forming) (広い意味での成形加工) に大別でき，なお **接合** (assembling) も付け加えることもできる．

　板材の成形加工はさらに，**曲げ** (bending)，**深絞り** (deep drawing)，**張出し** (bulging)，**各種成形** (forming) (狭い意味での成形加工)，**圧縮加工** (compressive process）などに分けられる．

3・1・1 せん断加工

（1） **せん断加工の区分**　2枚の刃で板材にせん断力を加え，所要の形状・寸法に切断する加工をせん断加工という．図3・1に示すように板材Mを刃A, Bによって，AA′線，またはBB′線に添って切断しようとすれば，板にかかる力は切断しようとする面に平行であってせん断力であるからこれをせん断加工という．せん断加工はせん断専用のせん断機械によって行なう場合とプレスに取付けた金型によって行なう場合とがあるが，その目的によって分類すれば図3・2のようになる．

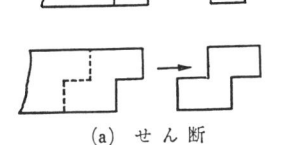

(a) の**せん断**（狭い意味でのせん断）は板材をその一端から一端に至る線に添って所要の寸法にせん断することであって，その線は一直線の場合も多いが，折れ線や曲線の場合もある．

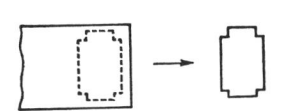

(b) の**打抜き** (blanking) は，板材から必要な輪郭形状の板状部品を打抜く作業であって，図3・3に示すように，**ポンチ** (punch) P と **ダイス** (die) Dを一組の工具としこれをプレスに取り付け，ポンチと

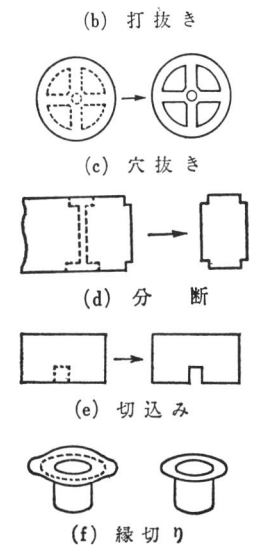

図 3・1 板の切断過程

図 3・2 せん断加工の分類

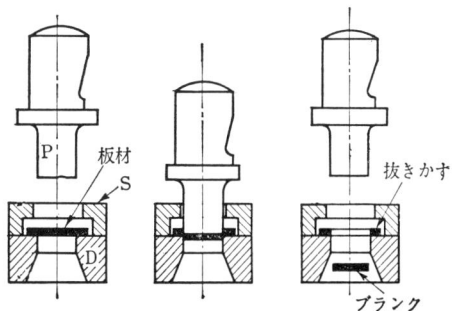

図 3・3 打抜き用ポンチ・ダイス

ダイスの間に板材を送って打抜く.この場合,製品が**ブランク**(blank)であってほぼダイスの形状寸法に近いものが得られる.なお,**ストリッパ**(stripper) S は抜きかすをポンチからはずす役目をする.(c) の **穴抜き**（piercing）は穴あけともいわれ,加工物に所要の穴をあける作業であるが,加工法は原理的には打抜きと同じである.ただし,図3・3の抜きかすが製品になり,ブランクが**抜きかす**（scrap）になる.この場合,穴の寸法形状はほぼポンチの形状寸法に近いものになる.

(d) の **分断**（parting）および (e) の **切込み** または **切欠き**（notching）は,板材の一部をせん断で除くことによって所要の製品を得ようとするものである.

(f) の **縁切り** または **トリミング**（trimming）は成形加工によって不規則な形状になった加工物の輪郭を所要の形状寸法にする一種の打抜き加工である.

(2) **せん断切口の形状とクリアランス**　図3・1に示すように,せん断の場合,上下両刃の間には適当な**すきま**（clearance）c が与えられている.金属材料のせん断の際,せん断力によって両刃先が材料にくい込み,ある程度進行して材料を塑性変形させてから刃先から割れが生じてせん断を完了する.この場合割れの進行方向が (b) 図のように,板材の表面に対し垂直にならずある角度を持ち,上下両方向の割れが一直線状につながる状態が標準とされる.その状態を得るには両刃の間には適当な値のすきまなわちクリアランスが必要になる.一般に使用されるクリアランスは,同種材料であればやわらかい材料の場合に,また製品の精度を高くしなければならない場合に,小さく取る.このような適正クリアランスは片側で板厚の4〜12%とされており材料の性質,板の厚さ,製品の精度,せん断された切口の必要条件などを考慮してその値が選定される.

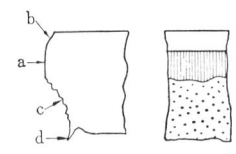

a. せん断面　b. だれ
c. 破断面　d. かえり
図3・4　せん断面切口

クリアランスが適正な場合のせん断された板材の切口の状態を図3・4に示す.だれは刃先がくい込んだときに生じた板材の変形部分を示し,せん断面はせん断の途中で刃先の側面によって押しつけられながらこすられ変形してできた面でバニシ（burnish）加工と同じ原理の変形を受けた面という意味でバニシ面とも呼ばれる.適正クリアランスの場合のせん断面は板厚の1/3を標準としている.破断面とかえりは製品の品質を落とすのでなるべく小さくしたいわけであるが通常のせん断加工では避けられない.かえりは鋭く危険であり,また次の加工の際割れの原因となるから有害である.かえりは刃先の摩耗鈍化とともに増加し,その間に一定の関係が認められるので,かえりの高さを測定して金型の再研削の時期を判断することもできる.

標準クリアランスよりも過大なクリアランスにすると,だれが大きくなりまた製品の曲がりが目立つようになる.クリアランスが過小の場合にはせん断過程中に生ずる上下両方向からの割れが行き違いになり工具面より突き出た部分が生じそこがバニシされて

2次せん断面になったり削りとられて削りくずが発生したりする.

(3) せん断荷重とシヤ角　板材をポンチ・ダイスでせん断する時のポンチ行程とポンチ荷重との関係を求めた一例を図3・5に示す．このせん断荷重の最大値をもとの切口面積（せん断線の長さと板厚の積）で割った値を材料の**せん断抵抗** (shearing resistance) (kg/mm^2) という．せん断抵抗の値は，一般の金属では引張強さの約80%程度と見積もってよい．双先の摩耗，クリアランス，逃げ角（図3・3のダイス穴にテーパが付けられてあるがこの角を指す），潤滑油などによって10%程度増減する．せん断荷重を減少させるために図3・6に示すように双を斜めにすることがある．これを**シヤ**または**シヤ角** (shear angle) を付けるという．各種せん断加工においてシヤ角を付けると荷重は減少するが，製品の精度特に平面度を悪くする．

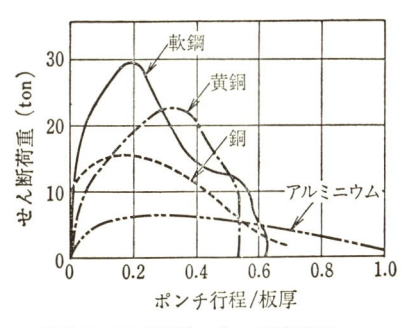

図3・5 せん断荷重―ポンチ行程線図

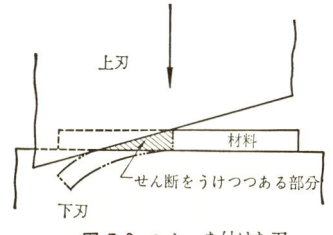

図3・6 シヤーを付けた刃

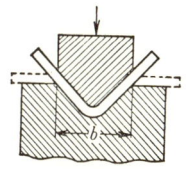

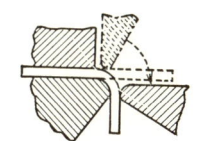

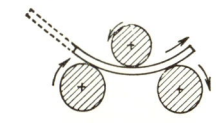

図3・7 各種の曲げ加工
(a) 突き曲げ様式
(b) 折り曲げ様式
(c) 送り曲げ様式

3・1・2 曲げ加工

(1) 曲げ加工の区分　板材を曲げる作業は，プレス成形加工のうちでも広い範囲を占めている．曲げ加工法を大別すると，図3・7に示すように，プレス機械に金型を取り付けて板材を曲げる場合によく使用される突き曲げ様式(a)，**万能折曲げ機**(universal folding machine) や**タンジェントベンダ** (tangent bender) などの原理に用いられている方式(b)，また3本または4本の円筒ロールの間に板材を送りこんで曲

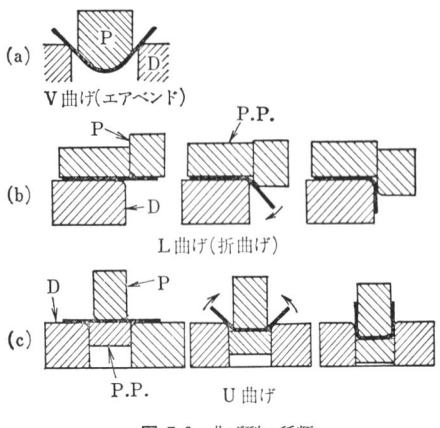

図3・8 曲げ型の種類
(P：ポンチ, D：ダイス, P.P：プレッシャパッド)

げて曲率半径の比較的大きい円筒製品を加工する様式 (c) の三つになる．

プレス金型による単純な曲げには上の (a) のほかに図 **3・8** の (a) に示すエアベンド型, (b) に示す折曲げ型などが使われ，これらのようなV形曲げのほかに (c) に示すようなU曲げもよく行なわれている．図中Pはポンチ, Dはダイス, P.P はプレッシャパッド(圧力板)であり，その目的により**ノックアウト** (knock-out) とも呼ばれる．

(2) 曲げにおけるはねかえりとそり　板材を θ° の角度をもつポンチとダイスで押して曲げ，荷重のかかっている間は仮に θ° に曲っていたとしても，荷重を除き，加工物を型から取り出したときには，普通弾性によっていくぶん ($\Delta\theta^\circ$) もとに戻り曲率半径が増大する．これを曲げにおける**はねかえり** (spring back) という．はねかえり量は板材の性質，厚さ，金型などに影響されるのはもちろんであるが曲げ荷重にも左右され，場合によっては荷重時よりも荷重除去後のほうが，曲げが進行したかに見えることもある．これらの現象は複雑であり製品の曲げ角度の精度は出しにくい．また図3・9に示すように，平板を直線に添って曲げた場合，加工後その直線が図のように湾曲することがある．これを**そりまたはそりかえり** (warping) という．

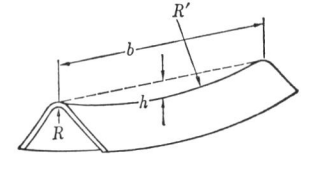

図3・9 そりかえり

以上のことから，加工法としては最も単純と思われる曲げ加工も，製品精度の点から見ればなかなかむずかしい加工法であるということができる．なおこれらの問題に対処するために突き曲げのV曲げにおけるダイス肩巾 (図3・7(a)の b) は板厚の6ないし10倍ぐらいに取るように設計する．

(3) 曲げにおける板厚減少と曲げ半径　板材は単に曲げモーメントのみで曲げてもその厚さを減少し，金型で曲げればその傾向はさらに助長される．この現象は板厚に比べ曲げ半径が小さくなるにしたがってはげしくなる．そのため曲げられた部分の板厚分布は図**3・10**のようになる．また曲げが進行してゆく過程からもわかるよう

に図 3・10 のように角度 $\theta°$ の間は $r=r_i$ で,その断面を境にして板は平面を保つということも実際にはありえない.こういうところが切削加工製品と塑性加工製品の根本的相違点であるが,通常は板厚の変化も湾曲部と平面部の境界の不明確さも無視して円弧と直線で製品図面を画くのが習慣である.しかし,製品寸法が与え

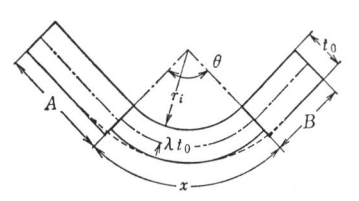

図 3・10 ブランクの長さ

られたときの平板（素板）の寸法を選ぶ際には,この曲げによる板厚減少すなわち外観上の板の伸びを考慮に入れなければならない.

(4) 曲げ加工と材料の割れ 曲げ加工によって板材が割れることがある.製品に割れを生じないで曲げることのできる最小半径（内側半径 R_{min}）を最小曲げ半径という.R_{min}/t_0 で表わすことが多い.t_0 は板材の曲げる前の厚さである.冷間圧延鋼板 (SPC)[1] やアルミニウ板などでは問題が少ないが,かたい材料は割れ破断のために曲げ加工が困難になる場合も起きる.

同じ板材でも圧延方向となす角度によって曲げ破断限度が異なるので曲げ加工用の**素板** (blank) を採取するときに一応考える必要がある.一般に圧延方向に直角方向の破断伸び限度が最小である.また,せん断された素板を曲げる場合は,かえり側を内側にして曲げたほうが破断が発生しにくい.

3・1・3 深絞り加工

(1) （深）絞り加工の区分 本来絞りという言葉は,レンズの絞りとかタオルを絞るとかいうように広がっているものをまわりから縮めることを意味している.板材の絞り加工は板材の周囲を縮めて容器状にする事を指し,円板の周囲を円周方向に縮めて円筒形容器状に加工するのがその基本である.こうすると深い容器の製品が得られるので深絞りという.1回の深絞り加工で深さや形状が不十分の時は再び絞るがこれを**再絞り** (redrawing) といい,これを何度も繰り返して直径に比べてはなはだしく深いものにすることもある.ここで述べている深絞り加工はおもにプレスに取り付けた金型による加工を指すが,円板を回転しながら周囲を絞ってゆく**へら絞り** (metal spinning) 加工法もある.

(2) 円筒深絞り 円筒状ダイスに円板状素材を載せ,円柱状ポンチで押せば素板（ブランク）はダイスの中に押しこまれ,ポンチに沿って円筒容器状になる.図 3・11 はその途中を中心線を通る面で切断して示したものである.この際円板の外周部（フランジ部）には円周方向の圧縮応力が生じ薄い板材はそれによって座屈して波状のしわが生じる.したがって図 3・12 に示すように**しわおさえ** (blank holder) H で押えてし

---

(1) JIS G 3141 冷延鋼板

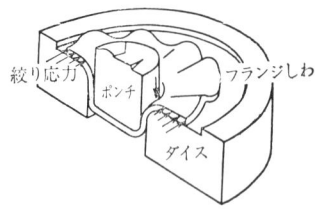

図 3・11 深絞りにおけるフランジしわ

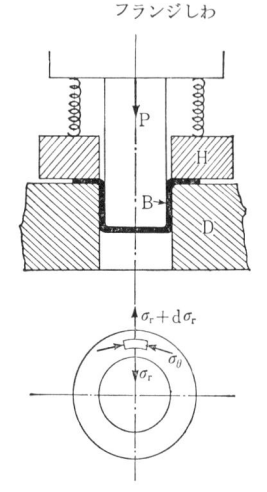

図 3・12 円筒深絞り

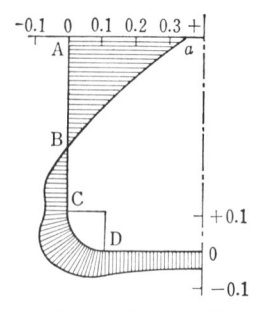

図 3・13 円筒深絞り製品の板厚変化例
ABC：円筒側壁　D0：底
（数字はひずみ量を示す．＋は板厚増加，－は減少）

わを防ぐ．この時のしわおさえ面の平均圧力は10～20kg/cm² とされている．

深絞り加工がおもに円周方向の圧縮応力による加工であることは，絞られた容器の側壁部の厚さが大部分もとの素板の厚さよりも厚くなっていることでも裏付けることができる（図 3・13 参照）．

深絞りの定義が以上のように行なわれているので，板材の深絞りの程度の大小は **深絞り比** (drawing ratio) D/d であらわす．D は円形ブランクの直径，d は加工後の円筒容器の直径である．この値が大きいほうが絞り加工がきびしいということになる．従来はその逆数 d/D で表わしこれを **絞り率** (drawing coefficient) といっていたが，加工がきびしくなるほどその値が小さくなる点が難点である．金型が決まれば，同一種の板材の絞り加工には一定の限度が生じ，それ以上に大きな直径のブランクを絞ろうとすれば絞り加工中に加工物の底が破れてしまう．この限界値を限界絞り比 (L.D.R)，または限界絞り率という．限界絞り比に影響する因子は金型の形状（ダイス入口のかどの半径やポンチ先端のかどの半径など），素板の厚さ，工具と素板の間の摩擦状態（潤滑油も含めて）などが主で，板材の種類性質の違いは限界絞り比にあまり影響しない．良好な状態で実験すれば大低の金属の限界絞り比は1.8～2.1ぐらいの間にはいる．その結果1回の絞りで得られる円筒コップ状製品の深さはほぼその直径寸法に近いものになる．

（3）再絞り加工　再絞り加工の一例を図 3・14 に示す．Pはポンチ，Dはダイ

ス，A，Bは再絞り前，後の加工物を示す．Hは加工中のしわの発生を防ぐためのしわおさえである．再絞りにおける限界絞り比 d_1/d_2 は材料，絞り回数，板厚，形状その他に左右されるが大体1.2～1.3の値になる．図 3·15 は逆再絞り加工の場合であり，図 3·14 の同方向再絞りに比べ長所，欠点を持つ．

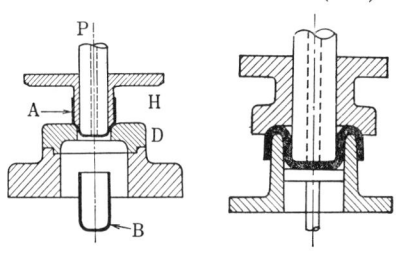

図 3·14 再絞り法　　図 3·15 逆再絞り加工

(4) 角筒および異形容器の絞り加工　四角筒容器の場合には，四すみの部分が円筒の1/4に相当しているので，この部分は円筒深絞り加工とみなし，平らな側面部は単なる曲げ加工とみなすことができよう．しかし実際に絞り加工をしてみるとこの両部分は互に影響し合って，各部に強弱のある絞り加工を受けて成形される．製品各部の丸みの半径，特に四すみの半径 r_l が極端に小さくない場合には図 3·16 の巾 b の寸法に近い深さの製品が1度の絞り加工で得られる．図 3·17 に示すような形状のものや，自動車の各部の板金部品など複雑な容器状のものも板材の絞り加工によって得られるが，各部の絞り変形量の差を調節するために，図 3·17 のBに

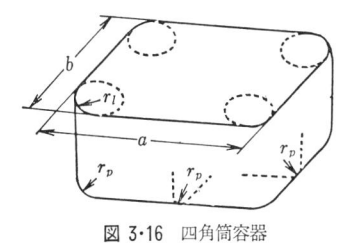

図 3·16 四角筒容器

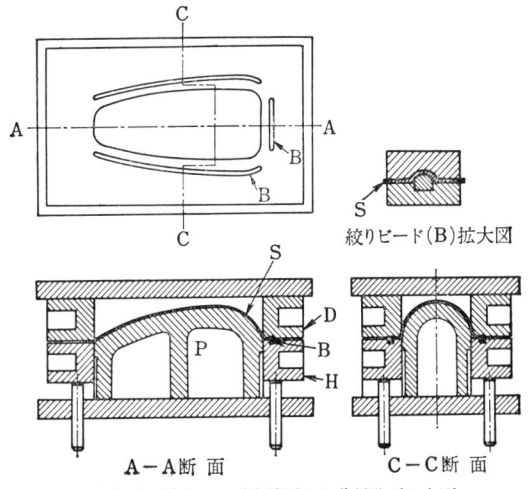

絞りビード(B)拡大図

A－A断面　　C－C断面
図 3·17 絞りビードを使用した非対称形の金型

示すような絞りビードを使用することがある．図中，Pはポンチ，Dはダイス，Hはしわ押え，Bは絞りビードでSが加工板材である．材料のダイスの中への流入状態を調節するにはこの絞りビードを使う以外に，ダイス入口のかどの半径 (die radius) を変えて行なうこともある．また異形容器の絞り加工には絞り変形と同時に次に述べる張出し変形が加わっている場合が多い．

(5) へら絞り加工　図 3·18 に略図で示してあるように旋盤の主軸台に相当する回転軸に回転体の型を取り付け，円形ブランクを当てて押し金物で押し付けささえながら，回転する．別の台上にささえられたへら棒で板を押しながら型に添わせてゆく．円板の直径が減少し容器状になるから絞り加工であり，これをへら絞り加工という．プレス金型によるよりも金型や機械が安価であるが生産速度が劣るので小量生産に適している．型を分割できるようにしておけば湯沸しのように口のすぼまったものも加工できるし，へらの反対側をバーナなどで加熱しながら大変形の加工もできる．へら絞り機を大形にし，へらの代りにローラを使ってタンクやボイラの鏡板などの大形製品の製作も可能である．

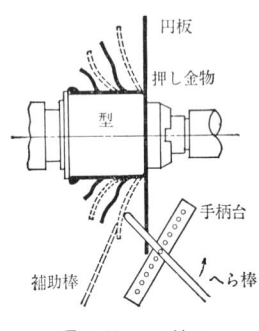

図 3·18　へら絞り

3·1·4　張出し加工

(1) 張出し加工の区分　図 3·19 は底のくぼんだ容器状のものの金型による加工状況を示すもので，この底部が成形されるときは，この部分は各方向に伸ばされて板厚が薄くなる．図 3·13 の容器の底部も同様である．このように板材が伸ばされて薄くなって容器状や突起状になることを張出しという．広い平らな板の一部分をふくらます場合も同様で変形される部分は大部分薄くなる．板材のエリクセン試験も同じ原理で，図 3·20 に示すように，広い板 M にボール（半径 r_p）を押し込み板材にきれつがはいったときの押込み深さ h (mm) をエリクセン値とする．JIS[1] では $d_2=27$，$r_d=0.75$，$2r_p=20$ で板材はダイス D としわおさえ H ではさまれていて，板材はほとんど絞り込まれず薄くなるので張出し性の試験という

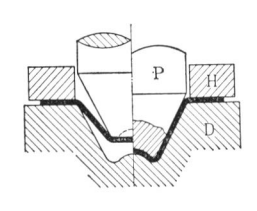

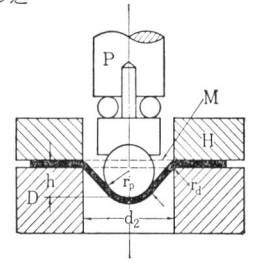

図 3·19　張出し加工　　図 3·20　エリクセン試験

(1) JIS B 7729 エリクセン試験機
　　JIS Z 2247 エリクセン試験方法

ことができる．張出し性は絞り性と異なり板の性質特に延伸性に強い相関を持ち，よく延びる材料は張出し性もよい．限界絞り値が同じ板材でもよく伸びる材料のほうが深さが深くできるのはこのためである．

板材の周囲を固定し，球形ポンチを押し込む代わりに液圧を加えてふくらます液圧バルジもあり，図3·21に示すように容器の一部や管の一部をふくらますのに液体やゴムなどの圧力を使うのも張出し加工すなわちバルジ加工である．

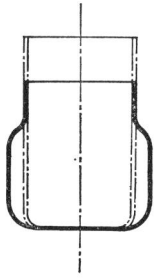

（2）深絞り加工と張出し加工の比較 張出し加工だけで円筒形の製品を加工するとき，成形しうる製品の深さは，深絞り加工による場合に得られる深さの大略数分の一程度で，したがって一般に深い容器状の製品を加工するには深絞り加工によるほうが有利である．しかし，しわの発生やはねかえり量の大きいことなどの理由から，板金プレス加工製品の精度を上げようとする場合は張出し加工のほうが良い．

図 3·21 バルジ加工

（3）複合成形 すでに述べたように通常の板金絞り加工といわれるものにも張出し変形が伴うし，張出し加工にも一部絞り変形が生ずることが多い．したがって両方の性質が共に良いものが成形性が良いわけで，深絞りと張出しの組合わさった複合成形性を調べる方法としてコニカルカップ試験[1]がある．図3·22はその略図である．JIS で $2\theta=60°$ と決めてある円錐ダイスに円板状試験片を載せ，球頭ポンチで押し込み，底部が破断したときのカップの上線部の外径をもってコニカルカップ値とする．

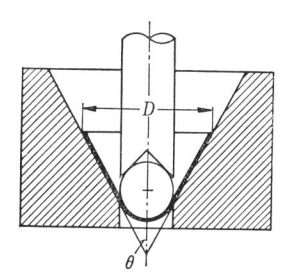

図 3·22 コニカルカップ試験

これらの試験値は板厚に大きく左右される．

3·1·5 各種成形加工

曲げと絞りと張出しは板金プレス成形加工の三つの基本である．そしてこれらは単独にまたは複合されて板金プレス成形に用いられている．しかしこれらとは原理的に少し異なったり，感覚的に違った印象を与える加工法もあるのでその二三を述べることにする．

（1）フランジング (flanging) 板材の縁を曲げてフランジを付ける加工である．直線に添って曲げる場合は単なる曲げ加工になるが，図3·23に示すように平板 CDEF を曲線 AB に添って曲げてフランジを成形しょうとすれば (a)図では EF 方向

---

(1) JIS Z 2249 コニカルカップ試験方法

図 3・23 フランジ成形

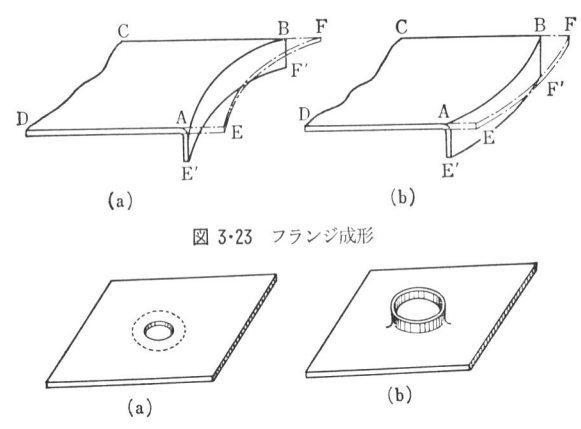

図 3・24 バーリング

に延ばされ，(b) 図では EF 方向に縮められるので，(a) の場合を伸びフランジ，(b) の場合を縮みフランジと呼ぶ．加工にあたっては伸びフランジは破れることを，縮みフランジではしわが発生することを考慮しなければならない．

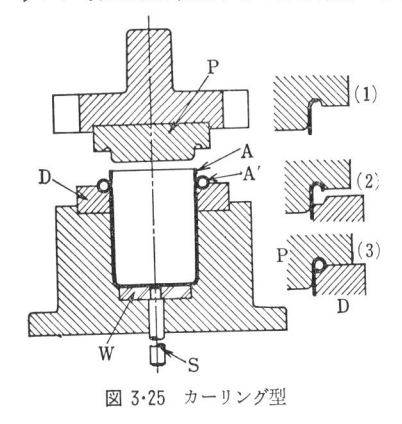

図 3・24 は板材に穴をあけ，穴のふちを立てる加工であって，伸びフランジ成形の1種であるが，**バーリング** (burring) と呼ぶことがある．

(2) カーリング (curling) 板金製品の縁の部分の板を巻きこむ加工をカーリングという．図 3・25 のように金型で1度に巻くこともあるが，前述のへら絞りと同様に回転成形で加工することもできる．図中 A は円筒容器の加工前のふちで A′ はポンチ P で巻きこまれた後のふちである．成形製品の強さを増し，体裁を良くする．

図 3・25 カーリング型

3・1・6 圧縮加工

材料を型の間にはさみ，プレスで強圧を加えて所要の形にする方法を総称して圧縮加工という．材料に加える力はおもに圧縮であるから，破断せずに大きなひずみを与えることができ，比較的複雑な形のものが工具通りに仕上げられる．その反面，工具に高い圧力と強い摩擦力が加わるので工具の設計製作がむずかしい．また減摩剤の選択が大きく影響する．

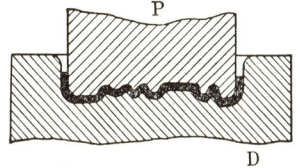

図 3・26 エンボス加工

(1) エンボス加工 (embossing)　図 3・26 のように外形に凹凸のあるような製品を上型，下型によって押して製作する方法で **型付け加工** ともいう．加工物の厚さを変えることは目的としない．

(2) スエージ加工 (swaging)　スエージ加工では材料は上下両型から圧力を受けて形も板厚も変って型の輪郭に添う．材料の一部は型のすきまから出て ばり になる．冷間，熱間の型鍛造はスエージ加工の一種と考えてよい．図 3・27 はフランジ付歯車のスエージ加工用工具である．フランジ部は ばり の働きをする．

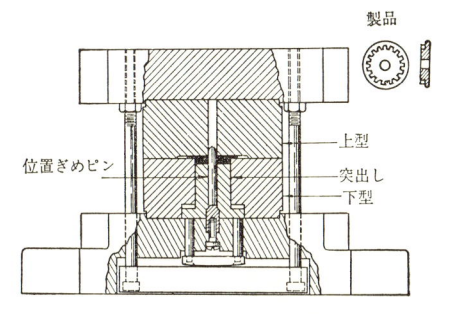

図 3・27　歯車スエージ加工用工具

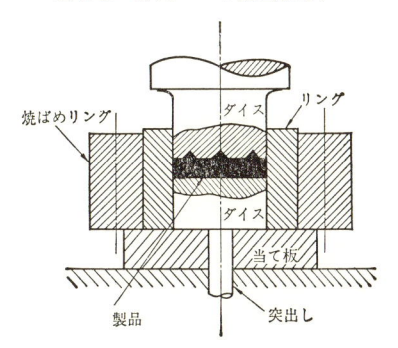

図 3・28　圧印加工

(3) 圧印加工 (coining)　上下両型の一方または両方に彫り型を付けて，その間で材料を押せば表面に彫り型の凹凸ができる．ブランクを密閉して圧力を上げて正確な形が出るようにする．貨幣，メダルなどを造るのにこの方法が採用されることはコイニングという語句でもわかる（図 3・28）．

(4) 押出加工 (extrusion)　金属押出し加工は，円筒の中に材料を入れラムで強圧し，材料をダイス穴から外方に押し出して断面一様な棒状または管状の製品を加工す

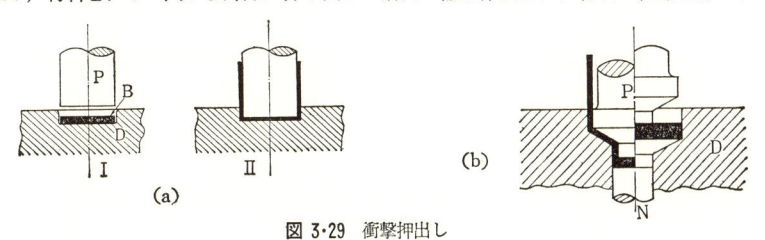

図 3・29　衝撃押出し

ることで，アルミや銅，黄銅などの各種断面の棒材，形材を造る加工法である．

板金加工における押出しは，図3・29に示すように，円板状ブランクをダイス穴の中に入れ，ポンチで押してポンチとダイスのすきまから押し出して薄い中空断面の製品にする場合が多い．この押出しは変形時間が短く1個で1/10秒くらいなので**衝撃押出し** (impact extrusion) といわれている．加工圧は特に高く，アルミニウムで60〜110 kg/mm²，鋼で100〜300kg/mm² くらいである．

（5）しごき加工 (ironing)　図3・30のようにポンチとダイスによって製品の壁面の厚さを減らし，厚さを一様にする加工を**しごき**という．1回のしごき量は鋼で板厚の10〜12%まで，焼鈍したアルミニウムで40%以下である．

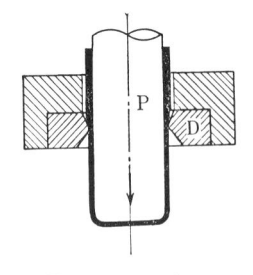

図3・30　しごき加工

3・2　板取りおよび加工工程の一例

3・2・1　板取り

プレス工場にはいってくる板材は，定尺板と称する長方形で一定の寸法（例えば1000mm×2000mm）の平板か，一定の巾で長さの長いコイル状に巻かれたコイル材（あるいはフープ材ともいう）が主である．そのいずれかの材料からプレス加工部品を製造するには，まずどのような素板すなわちブランクをどのようにして切り出してゆくかを考えなければならない．これを**板取り** (layout for blank, blanking layout) という．板取りを行なうにあたって考えなければならないことは，(a) 板の利用率を高めること，(b) ブランクの精度，(c) プレス加工全般を通しての作業能率および加工の難易，などである．

図3・31，図3・32は板取りによって利用率が違ってくることを示したもので，図3・32の(c)は少し部品設計を変更して材料の経済を図ったものである．

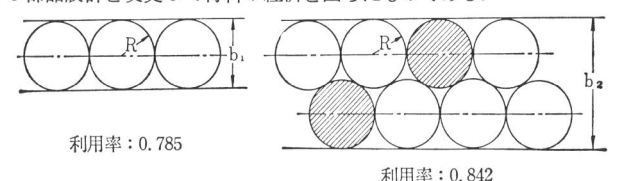

利用率：0.785

利用率：0.842

図3・31　円板打抜きの利用率

図3・33は同じ形状のブランクでも寸法精度の高い箇所があるときに，それに応じて板取りおよび加工法を変える必要のあることを示したものである．図の黒く塗ったところは切り欠き加工，点線は次の工程でせん断するところ，斜線をほどこした部分は分断

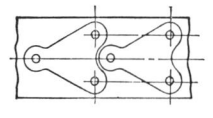

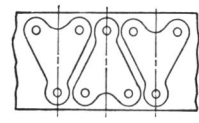

(a) 1個につき 26cm²　(b) 1個につき 22cm²　(c) 1個につき 18cm²

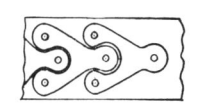

図 3・32　板取りの良否

加工を示したもので，(d) は打抜き加工で全周にわたって高い寸法精度が要求されているときに採用される[1]．(a)(b) は各部の寸法精度が最も落ちるが，材料の利用率，金型費などで有利である．また，3・1・2 の (4) で述べたように素板をあとの工程で曲げるような場合は，素板を採る方向に注意しなければならない．

あとで述べるが定尺板を使うよりコイル材を使ったほうが作業能率の点ですぐれているのでコイル材の使用が増加しているが，生産量の少ない場合，板材の平面度が高くなければならない場合などには定尺板を使う．

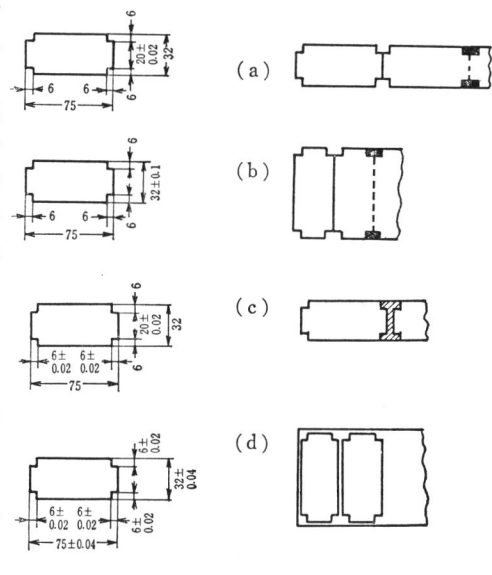

図 3・33　部品精度と工程設計

3・2・2　加工工程の一例

板金プレス加工の全般の理解を助けるために，図 3・34 に示す加工部品を例にとって，その加工法を順を追って説明しよう．図 3・35 の (a) は，素板形状であるが，側面の四すみ部分は絞られ側面の平面部は曲げられるとし，素板の面積は絞り後の表面積にほぼ等しいとして寸法を決めている．絞り加工においては板厚が増す部分と減る部分とができ，それを平均するともとの板厚は変らないものとみなしう

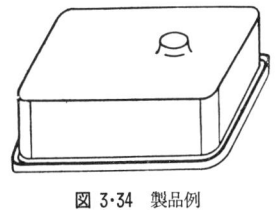

図 3・34　製品例

---

(1)　JIS B 0408　金属プレス加工品普通許容差
　　　JIS B 0410　金属板せん断加工品普通許容差

るという仮定による．(b) は絞り加工後の形状であるが，(c) に示すように形状を正確にするための再成形（リストライク）を行なう．ブランク外周は色々な原因により不規則になるから (d) で縁切りして形状寸法を整え，(e) でフランジBを立てる．(b) の絞り加工と同時に底に浅い張出し部 C′ を造るが，これは底のくぼみ，逆から見れば出張りであって，(e) 図のC部を一度に加工すると破れるからこれに2工程をかけている．すなわちこの張出し部を再絞りして (e) 図のように製品形状にする．なお素板は図のように曲線を使わず単に長方形板の4すみを斜めに落すだけでよい場合も多い．

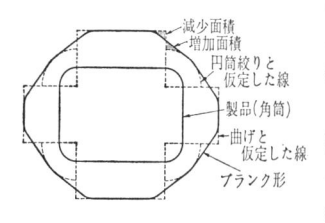

(a) ブランキング（打抜き）のブランク形状

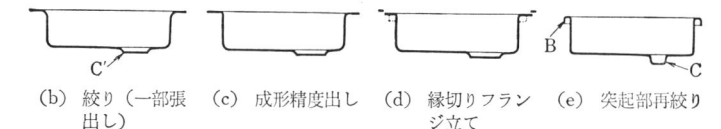

(b) 絞り（一部張出し）　(c) 成形精度出し　(d) 縁切りフランジ立て　(e) 突起部再絞り

図 3·35　板金プレス加工工程の一例

3·3　板金プレス用金型および潤滑材料

板金から造られた部品のプレス加工がうまくゆくか失敗するかはおもに金型設計の良否による．金型設計者は金属材料の塑性変形について学ぶとともに，板金プレス加工の原理を理解し，金型設計に関するデータを十分手に入れてその利用を図らなければならない．金型製作にあたっては，一般機械製作とほとんど同じと考えてよいが，金型製作のための独特の技術もあることも知っておく必要がある．最近では金型に関する JIS も整ってきて，金型の部品の一部には規格品[1]を使用することができる．なお板金プレス加工用潤滑材料にもふれたい．

3·3·1　板金プレス用金型の種類と構造

すでに 3·1 で述べたように，加工法に多くの種類がある以上，それに使用される金型にも多くの種類があることはもちろんであるが，さらにいろいろな観点から区分できるので，板金プレス用金型の種類は実に多い．しかしここでは前述の加工法による種類分けに準じて区分し，その構造を説明するにとどめ，機能的な点は後の節で述べる．

(1) せん断加工用金型（打抜き型，穴抜き型）　せん断加工用金型の一例として**打抜き型** (blanking die) を取りあげ，その中の外形抜き落し型を**図 3·36** (a) に示

---

[1] JIS B 5002 プレス型シャンクの形状〜B 5013 プレス型用ボール入りダイセット，そのほか東京都金属プレス工業会規格

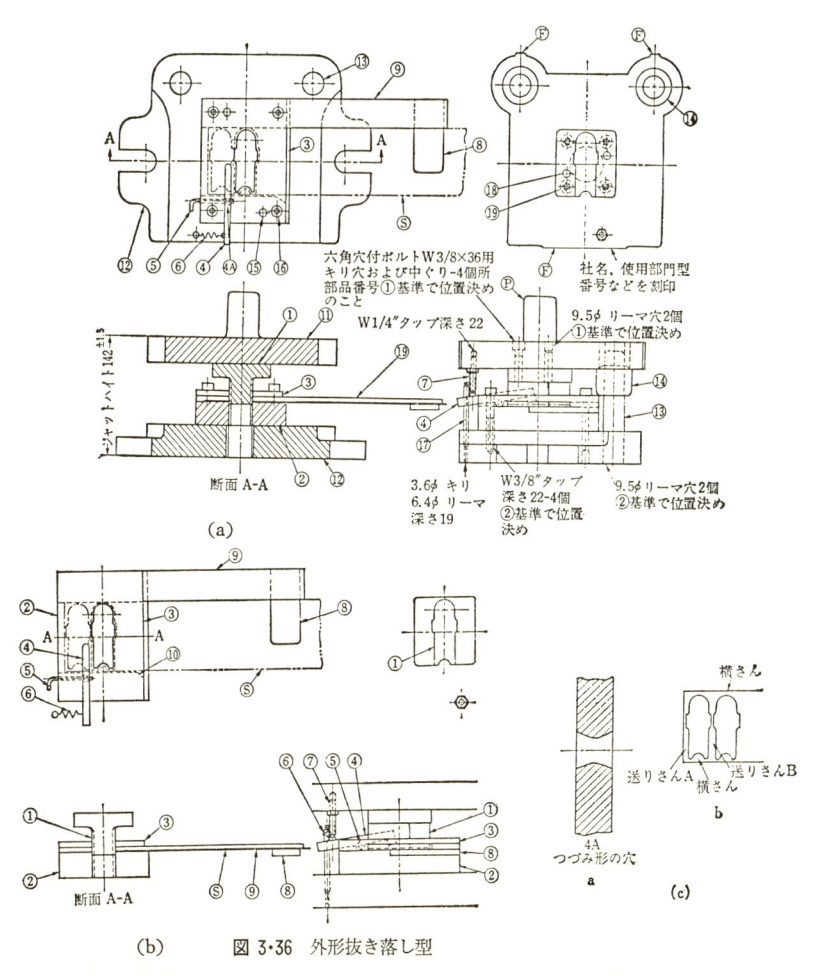

3・3 板金プレス用金型および潤滑材料 (105)

図3・36 外形抜き落し型

す.(b),(c)は説明用の図である.(b)図の平面図によって打抜かれたブランクの形がわかる.帯板⑤から,最初の1枚のブランクが抜かれた後,2番目のブランクが抜かれている状態が示されている.①はポンチ,②はダイスであってこの間で板は打抜かれる.打抜き後,帯板がポンチについて上昇するのを防ぐために板状固定ストリッパ③が取り付けてある.固定ストリッパの右端がダイスの右端より数ミリ短くしてあるのは,最初帯板をダイスの案内に入れるときにやりやすいようにしたものである.帯板をポンチの

下,ダイス穴の上の適当な位置に持って行くための自動ストップが使われている.図の④⑤⑥⑦がその1組である.指④が固定ピン⑤にはまる穴4Aは(c)図に示すようにつづみ状になっているので指④の先のかぎ形に曲った部分((a)図の右下側面図に点線で見えている)は上下に動くとともに横にも動く.ストリッパ③にはストッパがこのように動けるように切欠きが加工されてある.指④の後方はばね⑥で引張られていて,指先はダイスの上面に当たるようにし,同時に少し右の方に位置するようにしてある.ばねの他端は棒⑦につながれている.さてダイスの上面,ストリッパの下面,その間にある⑨⑩の帯板案内の両内面の計4面で構成されている案内の中に帯板をそう入し,その先がストップの指に当たってもなお押して,ストップの先がストリッパの切欠きに当たって止まるまで押す.この状態でプレスを駆動して第1回の打抜きを行なう.この行程でポンチの取り付けられているポンチホルダ⑪に固定されている四角頭のスタッド⑦の頭がストップの後方を押し下げ指先を帯板の上面よりも上に上げる.同時にスプリングにより指先は右に動き上型が上昇行程に入ればストップの指先は降りて帯板の打抜かれたためにできた幅のせまい部分すなわち「送りさん」の上にのる.図3・36の(c)図のBが送りさんである.したがって作業者が帯板を押せばストップの指先は送りさんの上を滑って今打抜かれた穴の中に入り,なおも押せば帯板の穴の端がストップの指に当たって止まる.これで次の打抜き加工のための帯板の位置が決まったことになる.作業者はただ帯板を押しておれば,帯板は一定のピッチで打抜かれてゆく.⑧は帯板のささえである.

ポンチ①は肩付きであるのでノックピン⑱,締付けボルト⑲によって直接ポンチホルダ⑪に取り付けられているが,肩部がなかったり,細いポンチであれば,いったんポンチプレートにはめこんで固定し,これをポンチホルダに固定する.ダイスは同様に⑮⑯によってダイホルダ⑫に固定されている.ポンチホルダ⑪とダイホルダ⑫はポスト⑬,ブッシュ⑭によって1組に組まれ上下にスライドできるようになっている.この1組を**ダイセット**(die-set)という.Ⓟはプレススライドに取り付けるためのシャンクであるが,Pが無く,図のダイホルダをプレスのベットまたはボルスタに取り付けるのと同様にして取り付けるものもある.プレスに関する名称は後述する.ダイセット[1]にはポストの位置や本数で色々なタイプがあるが,これを使用すれば,

(a) 型をプレスに取り付けるのが容易になり,取付け時間が短縮できる.

(b) ポンチとダイスの関係位置が一定で,クリアランスの状態が良く,型の寿命が長くなる.

ばねストリッパ:図3・37は前述の金型のストリッパを固定式からばね式に変えたものである.Aはダイス,Bはストリッパプレート,Cはポンチである.Dはばね,Eはストリッパボルトで,ストリッパプレートの圧力と動きを調節する.このタイプの型はプ

---

(1) JIS B 5006 プレス型用ダイセット

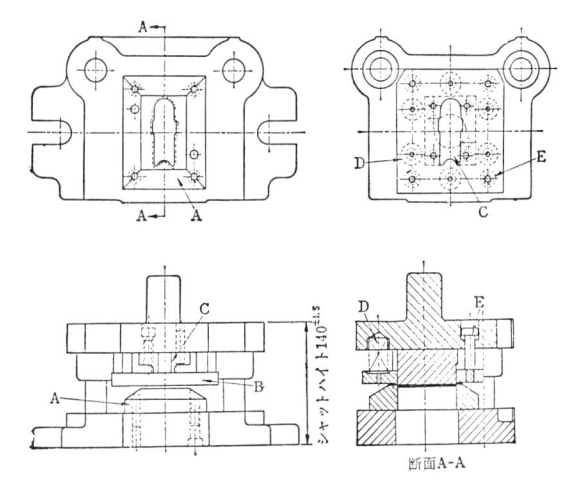

図 3·37 ばねストリッパ付外形抜き落し型

レスが上昇したときにダイス(下型)が作業者から良く見え,そのため作業上都合が良くなる場合もあり,帯板を押えながら抜く関係で一般に製品精度が向上する.ただし構造の複雑な点および金型費用が高くなる点で固定ストリッパに劣る.

割り型:打抜きポンチあるいはダイスを一体ものとして加工せず,その周囲を2個以上のセクションに分割し,各個を加工してからつなぎ合わせ1個のポンチあるいはダイスにしたものを **割り型** (sectional die) という.なぜこのようにするかというと,(a) 型を造りやすくするため,(b) 型の一部のきゃしゃな部分や突き出た部分はこわれやすいので,そのさい取換えやすくするため,(c) ダイスが厚くダイス穴が狭くて機械加工が困難なとき加工しやすくするため,(d) 型が大きいときは熱処理ひずみが出やすいので,これを少なくするため,(e) 大形の場合は材料取りが経済的になるためなどの理由による.図 3·38 は(c)の理由によって設計した割り型ダイスの略図である.

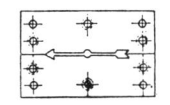

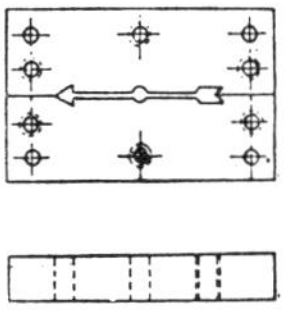

図 3·38 割り型

穴あけ型または**穴抜き型** (piercing die) もせん断加工用金型の一種であるが,原理的には打抜き型と大差はない.図 3·39 は図 3·36 図で打抜かれさらに曲げられた(このように平行2平面になるような曲げをオフセット曲げという)ブランクAに二つの丸い穴をあけるための穴抜き型である.曲げ加工後穴をあけるのは穴間距離の精度が高いからである.ピンBとゲージCはブランクの位置を決めるものである.ポンチ D, E はポンチプレートFに固定しさらにポンチホルダに取り付けられている.ダイスは,ダイ

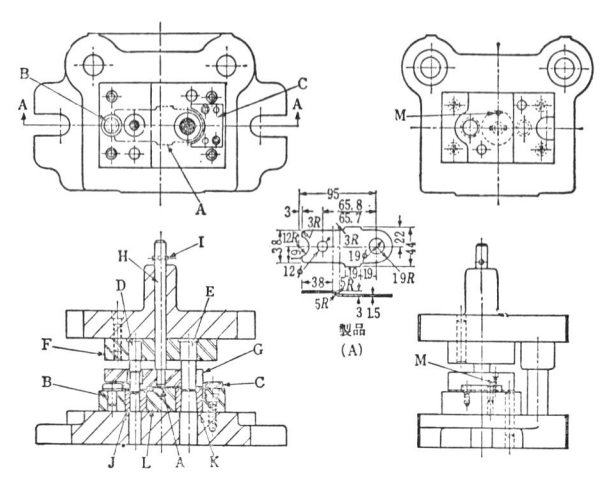

図 3·39 ポジティブノックアウト付穴あけ型

ボタンまたはダイブシュと呼ばれ焼入れ研削した円筒 J, K をダイブロック L に力ばめした構造になっている．一体ものにするよりも材料の経済，焼入れ精度，加工法などの点ですぐれている．上型が下がって穴があけられた後，上型が上昇するときブランクもポンチについて上がるが，ストロークの終り近くでノックアウト棒 H が，プレスの固定部に当たり，止まるので上型がさらに上昇する際，ストリッパプレート G がブランクをポンチから離ぐ．ピン I はノックアウト装置の落下を防ぐ．なお M は **シェダーピン** (shedder pin) でばねの力でブランクをストリッパの面から離すためのものである．

(2) 曲げ型　図3·40は最も単純なV曲げ型である．ピンAとゲージBでブランクの位置を決め，ブランクはダイスC上に置かれる．ポンチDが下降して曲げ加工が行なわれる．ダイスの口の幅すなわち肩幅，ポンチの材料に当たる面などに注意してもらいたい．

図3·41に示す曲げ型はいわゆるU曲げ型で，製品AをポンチEからはずすのに固定フックI，Jを使っている．また図のF（圧力パッド）は製品をダイスから押し出すにも利用されている．製品がポンチに着くかダイスに着くかは判断がむずかしく，いずれに付着するか，またその原因はなにかに対しては多くの因子が考えられ技術的に興味ある現象である．この金型の構造は安価であるので広く使われている．またブランクを送入するためのシュートも取り付けてあり，作業者の安全と生産の向上に有効である．シュートは側板B，底C，上板Dでできており，平らなブランクを入れ，最初のブランクが後方のストップに当たるまで何枚かを入れる．プレスの駆動によりポンチEが下降

板厚の8倍 最小5mm

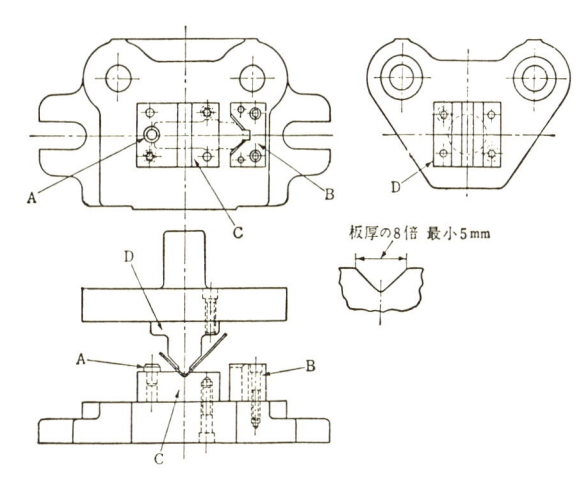

図 3・40 単純な曲げ型 (V曲げ)

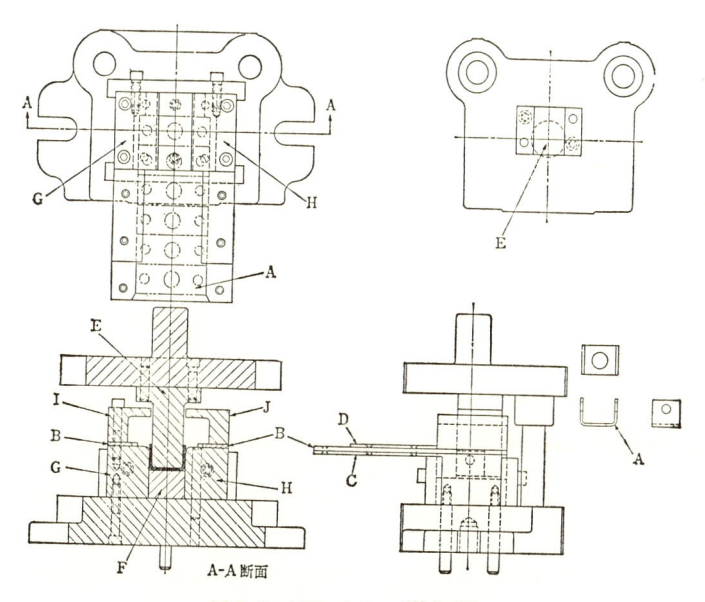

A-A 断面

図 3・41 固定ストリッパ付曲げ型

し，ダイスG，Hと同一面に昇っていたFとEの間にブランクをつかみダイスG，Hの中に押し込む．加工後ポンチが上昇すればFによって製品は押し上げられダイスの外に出るので，Fをノックアウトプレートとも呼ぶ．製品はポンチについて上がろうとすればフックIとJでポンチからはずされ，ノックアウトプレート上に載る．次のブランクをシュートから押し出せばそれによって製品は型の外に押し出される．Fには下方にノックアウト棒またはプレッシャピンが2本付いていてその下端はダイセットよりもさらに下に出ている．これを押し上げるにはなるべく強大な圧力のほうがよく，ダイクッションと呼ばれる圧縮空気および流体を使った強力なクッション装置を使うことが望ましい（図3・55参照）．それは曲げ加工の際ブランクがよく動いて精度，この図の場合は製品Aの両側の高さの均一がなかなか出ないからである．場合によってはダイクッションの代わりにばねやゴムを使うがそれでは不十分な場合もある．

　カム式曲げ型：図3・42のようにブランクの片側または両側を90°以上に曲げようとするとき，1工程で完成しようと思えばプレス金型にカムを使わなければならない．また図3・43のように1度曲げたものをさらに曲げようとする時にもカムを使う．プレス金型でいうカムは図でもわかるようにプレスのスライドの運動を水平方向または斜め方向の往復運動に変え，製品をその方向からも加工しようとする機構である．したがってこの種のカムは，曲げ加工に限らず穴抜き，外

図3・42　カム式曲げ型の製品例

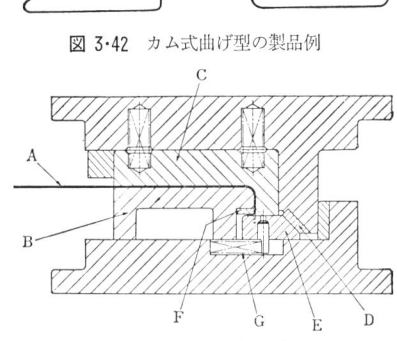

図3・43　カム式曲げ型

形抜き，切欠き，フランジ加工などにも使われる．図に示すものは，曲げ加工を受けた加工物Aの曲げられている先をさらに内側に曲げようとするもので，まずAをポンチB上に置く．上型が下降すればプレッシャパッドCがまずこれを押える．さらに進んでカムDがカムEを内側に押し，内側の型Fに沿ってフランジ曲げを行なう．上型が上昇すればカムEはばねGによってもとの位置に戻される．作業者が製品を右の方に押して型Bから製品を取りはずす．もしフランジを左右あるいは左右前後から折り曲げなければならないような製品（たとえば冷蔵庫の扉）の場合は，加工後製品を取り出すために内側の型すなわちB部に相当する部分も分割してカム式（または油圧駆動方式）にして縮めて製品を取出す．

　（3）絞り型　　円筒形，角筒形などの容器状の板金プレス製品はおもに深絞り加工で成形されるが，その金型はほぼ同様でその一例を図3・44に示す．特別の場合（板

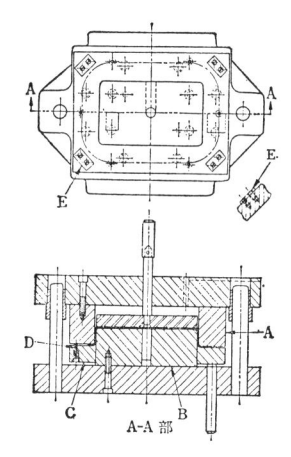

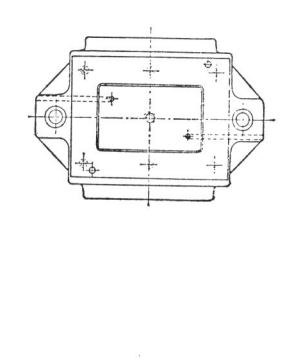

図 3・44 角筒絞り型の一例

が厚かったり,浅かったりした場合)以外の絞り用金型は,ダイス(A),ポンチ(B),しわおさえ(C)を主体とし,さらにノックアウト装置などを備えた構造になっている.図はフランジ付き長方形角筒容器の深絞り型の一例でありちょうど絞り工程を完了して上型が最下点に達した状態を示す.ポンチはプレスのベッドに固定され,ダイスはスライドに固定され,しわおさえはその圧力をプレス下方のダイクッションから取るのでこの様にポンチが下になる.Dはブランクの位置決めピンで左上の平面図で6本使われていることがわかり,この間にブランクを入れる.同じ図でダイクッションの圧力をしわおさえCに伝えるためのクッションピンは8本あることがわかる.図中の4枚の板Eはささえ板と呼ばれ角筒絞りでは製品の4すみの部分が特に強く絞られ板厚が増すのでこの部分に過分の圧力が加わって製品の割れが起りやすいのでそれを防ぐための板である.ダイクッションの代わりにゴムやばねを使うときは絞り行程の終りで特に圧力が増すからこのささえ板が必要になる.ポンチの中央に空気抜きの穴があることに注目していただきたい.

再絞り加工用金型については図3・14,図3・15を参照されたい.それぞれ同方向再絞り型と逆方向再絞り型であるが,金型したがってプレスの運動には相当の違いがある.前者ではダイス上に製品を置き(しわおさえHにかぶせる場合もある),しわおさえの下降により加工物を押え,ポンチが降りてきて再絞りを行ない加工物は下方に落ちる.後者ではダイスに加工物をかぶせ,しわおさえが降りて押えてからポンチが下がって絞りを行なうがフランジを残しておいてポンチが上昇するので製品は上方に押し上げて取り出す必要がある.両金型とも上下を逆にして作業することもあるが,これらの仕事をするためのプレスの運動は単純ではないことが理解できるであろう.

大型製品の絞り型として図3・17をもう一度見てもらいたい．金型が大形であるのでポンチ，ダイス，しわおさえとも鋳造製（おもに高級鋳鉄）であり，軽量化のために材料の一部を除き，そのかわり強度剛性を落さないためにリブを入れてある．図にはダイセットのガイドポストとそのはまりこむブシュを略してあるが，このような絞り型の場合は角柱のポストを使う場合が多く，打抜き型，穴抜き型に比べ上下型の型合わせ精度が要らないので簡単な造りやすい角柱タイプにしてもさしつかえない．

3・3・2 板金プレス加工用金型の材料

板金用金型は金属板を加工するものであり同じ製品を連続的に繰返し加工するものであるから，一般的に言えば被加工物よりは強く，かたく特に耐摩耗性の高い材料でなければならない．しかし金型には色々違った使用目的を持つ金型があり，一台の金型も多くの機能を持った部品から構成されているので，金型の各部に使用される材料の種類は非常に多いのが特徴である．また，製品の生産個数や精度による耐久性の差からくる金型材料の違いや，経済的理由による型材料の違いなどにより，金型材料の種類は多種多様である．それらを大別すると次のようになる．

（a）せん断（打抜き，穴抜き，縁切りなど）用ポンチ，ダイス　せん断用ポンチ・ダイスには大部分鋼材が使われ，価格が安い点で耐久性をあまり必要としない場合は炭素工具鋼（JISのSK）が使われ，一般に硬度はロックウェルC（H_{RC}）で58〜62に熱処理される．

中間生産量の金型用には切削用合金工具鋼に属するSKS2が使われる．耐摩性，焼入れ時の不変形性は金型材料として加工上，使用上最も好都合であるが，その目的のためにSKS3，SKS31が使われている．

耐摩不変形用合金工具鋼（ダイス鋼と呼ばれている）SKDは共通してCrを多量(4.5〜15%)含み空冷して焼入れできるので，上記の不変形性が高い長所を持っている．その上耐摩耗性もすぐれているので，金型加工後の熱処理，使用寿命の点で多量生産用金型材料として適切な材料である．高速度工具鋼SKHは特にきびしい加工条件におかれている金型部品の材料として使用されることがある．

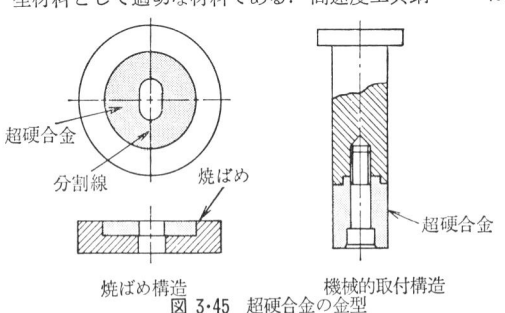

しかし最高の金型材料としては現在では超硬合金すなわちタングステンカーバイドの焼結合金をあげなければならない．ダイス鋼製金型と超硬製金型の比較の一例として，型製作費が

図 3・45　超硬合金の金型

1 : (2〜4)，総寿命が 1 : (20〜40) というデータがあり，モータ用けい素鋼板の打抜き用をはじめ多量生産用金型に対する超硬合金の進出はめざましい．図 3·45 にそのポンチ・ダイスの一例を示す．

自動車の車体のパネル（車体を組立てている一枚の板製品）のように不規則な形をしそのうえ大形の加工物の縁切りをするためのポンチ，ダイスは，その本体を鋳鋼，または鋳鉄にし，切刃になる部分に工具鋼溶接棒で肉盛りをし，火炎焼入れする場合もある．

なお生産量とポンチ・ダイス材質の関係の例を小さい電気部品に例を採ってみると，10,000 以下は SK，10,000〜500,000 は SK または SKS，500,000〜1,000,000 は SKS または SKD，1,000,000 以上は SKS，SKD，超硬合金という基準も発表されている．

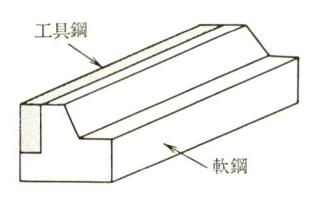

図 3·46 合成型材

コンポジットセクション：ポンチやダイスは，その刃に相当する部分に高級な材料を使い，他は普通の鋼材でよい場合が多い．そのため，米国では合成型用棒材が売出されている．その断面の一例を図 3·46 に示す．これをコンポジット型材といい，これを使って割り型を造った場合，コンポジットセクション型という．

(b) **成形用ポンチ・ダイス** 一般的にいえば，成形用金型のブランクに接する部品たとえばポンチやダイス，しわおさえなどは前述のせん断用金型材料に比べきびしくない条件のもとで使用されるが，成形時に加工材料に高圧を加えなければならずしたがって高い接触圧力を受けると同時に，ブランクの塑性変形に伴って相対すべりを生じることがあり，そのため焼付きや摩耗を起こしやすいので特に大量高速生産の場合は，高い応力に耐え，耐摩耗性が要求される．ゆえにこの場合もせん断用金型のポンチ・ダイスに使用される前述の材料が同じように使用される．そして対摩耗性と焼付き防止の点から焼入した鋼製ポンチ・ダイスの表面をクロムめっきして使用することもある．しかし薄い板材の成形ややわらかい材料の成形加工にはそれほどの高い機械的性質が要求されず，立体的に複雑な形状のポンチ・ダイスなどになるためにやむをえず鋳造，切削しやすい材料を使わなければならないことなどの理由で前記以外の材料もよく使用される．

鋳鉄は立体的な複雑な形状に加工しやすいので自動車の車体のような板金製品のプレス成形用金型のポンチ・ダイスやしわおさえなどに広く使用される．FC 25，FC 35 などの高級鋳鉄がよく使われる．同じ意味で鋳鋼も使用されるが，価格が高くなる欠点と溶接と焼入れができる長所がある．

ステンレス鋼板の成形加工は特にひどい焼付きを起こしやすいので小形製品の場合は

起硬合金やクロムめっきした鋼製ポンチ・ダイスが使われるが，普通製品では強力銅合金（アルミ青銅）が使われ製品の表面きずの防止に役立っている．異種の金属は焼付きを起こしにくいという原理による．

　（c）**加工板材に接しない部分の金型部品の材料**　板金プレス加工用金型はポンチ・ダイス，しわおさえのほかに多くの部品から構成されている．それらの部品は普通の機械器具の部品と同様その使用目的に応じて各種の材料（すでに述べた材料も含めて）を使用することは言うまでもない．低炭素鋼も使用され，特に米国では冷間圧延鋼材が長方形断面の棒材として入手でき，寸法精度，表面状態が良好なうえ，加工硬化したままの強度の比較的高い材料として多量に使用されている．ばね材やゴムなども使われる．特別小量生産用のプレス型にはまたそれに応じて，強力亜鉛合金，エポキシ樹脂，強化木材なども使用されている（簡易金型参照）．

3・3・3　板金プレス加工用金型の加工

　板金プレス加工用金型の製作加工法は一般の機械およびその部品の加工法と同様であって，鋳造，切削，研削などの加工法およびその加工機械（工作機械）が使用される．しかし金型は他の機械部品と異なり特殊な曲線や曲面を持つことが多いので，モデルを使うならいフライス加工，ならい研削加工，型彫り，彫刻加工などがそのために使われることが多い．ダイシンカー，ケラーマシンというのは金型用のならいフライスの一種である．最近ではモデル加工の代わりに NC フライス加工も使われ始めている．機械加工困難な曲線形状の穴や切削不可能な焼入れ型材や超硬合金の加工に放電加工が採用されている．精度の高い金型にはジグ中ぐり盤，ジグ研削盤がよく使われる．

3・3・4　板金プレス用潤滑材料

　板金プレス加工においては他の塑性加工と同様，工具と被加工材との間に高い接触圧力と早いすべりが生ずるから潤滑は重大である．せん断加工，成形加工とも加工材料と工具間に摩擦抵抗と摩耗を生じ，しばしば焼付きを生じて，工具をいため，製品を不良にする．成形加工の成否がこれによって左右されることもある．

　潤滑材料を使用して摩擦抵抗を減じ，発熱を減ずるとともに発生熱を除去し，上述の問題を解決するよう努めなければならない．潤滑材料には，安価，塗布および除去の容易さ，作業者に無害であることなどが求められる．鉱油またはそれに添加剤を加えたもの，脂肪油および鉱油との混合物，鉱油や鯨油などの乳化剤を水に混ぜて冷却効果を大きくしたもの，さらに金属石けん，いおう，りんなどを極圧添加剤として鉱油に加えたもの，特に圧力が高い場合はりん酸塩皮膜を付けたり，鉛白などの固体を混ぜた潤滑材料を使ったりして金型と加工材との直接の接触を極力防止する．

3・4 プレス機械

固定部分と往復部分の間に強力な圧縮力を生じ，この力で仕事をする機械をプレスという．板金プレス加工においてはこれに金型を取り付け板材を加圧加工する．したがって金型の単純さ，複雑さに応じて，プレス機械の機構も単純な場合とそうでない場合とがでてくる．また仕事の精巧さ，調節のデリケイトさによる機能の差もあってよい．ここではプレス機械の基本的な事項についてのみ述べる．

3・4・1 プレス機械の分類

プレス機械の定義に従って，プレスには固定部分（ベッド）と往復（昇降）運動部分（スライド）がなければならず，動力はおもにモーターの回転から得られるからこれをスライドの往復運動に変える駆動機構によって分類することができ，この観点から大別して，**機械プレス** (mechanical press) と **液圧プレス** (hydraulic press) に分けられる．機械プレスの駆動機構には，**クランク** (crank)，**ナックル** (knuckle joint) (またはトグル toggle)，**スクリュー** (screw) (またはフリクション-スクリュー friction-screw)，**カム** (cam) などの機構が使われているが，クランク機構の変形として **クランクレス** (または エキセントリック ギア eccentric gear) や **エキセン** (偏進式) (eccentric) なども採用されている．図 3・47 および図 3・54，さらに図 3・48 によってそれらの原則が理解できるであろう．（図 2・54 参照）

これらの機構の特徴を，主軸回転角 θ（1 回転中の時間 t に相当する）とスライドの位置 s との関係曲線で示すと図 3・49 のようになる．図から求めた ds/dt の値は，スライドの各位置におけるスライドの下降速度に相当する．実際のプレス加工においては，せん断加工やコイニングなどのように下死点（最下点）近くで仕事をするものや，絞り加工のように相当に長い範囲でなるべく一定の速度で加工したいものがあり，コイニング

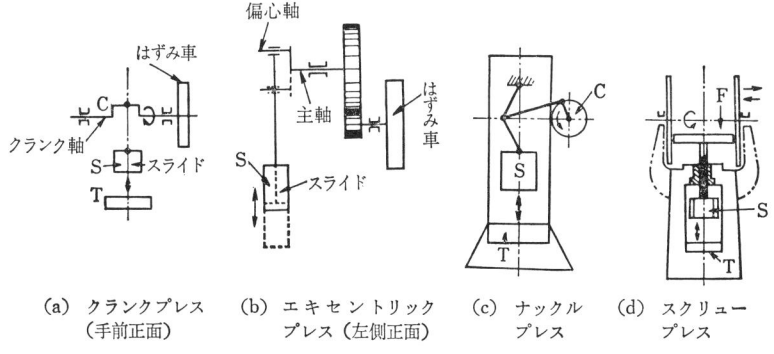

(a) クランクプレス　(b) エキセントリック　(c) ナックル　(d) スクリュー
　　（手前正面）　　　　プレス（左側正面）　　プレス　　　　プレス

図 3・47 機械プレス駆動機構の名称

(116) 第3章 板金プレス作業

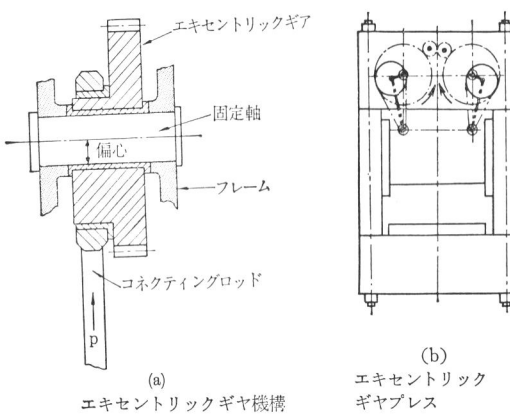

図 3·48 エキセントリックギヤプレス
(a) エキセントリックギヤ機構
(b) エキセントリックギヤプレス

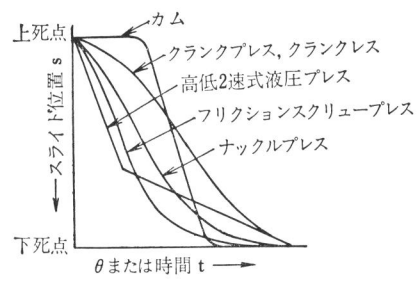

図 3·49 各種スライド駆動機構によるスライドの運動曲線

とせん断加工ではまた底に当たる当たらないの違いもあり，色々違った希望条件が出てくるので，以上のような種々の駆動機構が選ばれるわけである．絞り加工のしわおさえは，絞り加工中一定の位置に止まることが要求されるのでカム機構や特殊なリンク機構または液圧，空気圧などが使用されるわけである．

またプレスの定義の一つである強力な圧縮力を生ずるという点から，プレス本体（フレーム）がそれに耐える必要が生じてくる．同時に仕事のしやすさも考慮されなければならずその結果，次のようなタイプのフレームが実用されている．**C形フレーム**(C frame)，**ストレートサイド形フレーム** (straight side frame) が最も多く，アーチ形，2または4本柱形なども用いられている．C形が最も多く生産されていて，金型の取付け，作業のしやすさで最もすぐれているが，加圧によりスライド下面とベッド上面の平行度が悪くなる（口を開くという）のが欠点である．

第3の分類要素としてスライドの数をあげることができる．スライドの数によって**単動プレス** (single action press)，**複動プレス** (double action press) と呼ばれる．実際上は単動式プレスの数が圧倒的に多い．これは，単動プレスに図 3·55 に示すダイクッションを付けると複動プレスとほとんど同じ機能が得られ経済的にも有利であるからである．

以上のほかにも，スライドを押す点が1点，2点，4点とスライドの面積に応じて多くなっているものがあり，スライド駆動機構がプレスの頭部にあるものが普通であるが，それが下部にあるもの (under drive press) もあって，プレスの分類数を多くしている．

そのうちから実際上よく使われている代表的プレスの二三の例をあげよう．

3・4・2 クランクプレス

図 3・50 はCフレームの単動クランクプレス，俗名 **パワープレス** といわれているものの最も簡単なものの略図である．1はフレーム，2はベッド（またはテーブル），3はスライド（またはラム）でこれをクランク4で上下に駆動して仕事をする．モータ6でプーリを介してはずみ車7を回し，クラッチによってクランク軸を回し，コンネクティングロッド8から3に運動を伝える．スイッチボタンまたはペダルを離してクラッチが切れ同時にブレーキ9が働いて，4，8，3は止まる．モータ6およびフライホイール7は回転を継続している．ベッド2の上には普通ボルスタ10が取り付けてありこの上にダイホルダまたは下型を，スライド3の下面にはポンチホルダまたは上型を取り付ける．以上の装置全体は一体となってピン5を中心として傾けられるように，締付けボルト11を図示の円弧状のみぞの中で動かすことができる．プレスを傾けるのは主として加工したブランクやスクラップ（抜きかす）を重力で落しやすくするためである．このタイプのプレスはフレームにも前後に通ずる大きな穴（図中2本の縦線の間）が開いてあり，前と左右とさらに後方に自由な空間があり作業性が非常に良い．OBI (open back inclinable) プレスと呼ばれている．なお パワープレスは一般にはフライホイールからギヤとピニオンによってもう一段回転を落してクランク軸を回すタイプのほうが多く造られている．

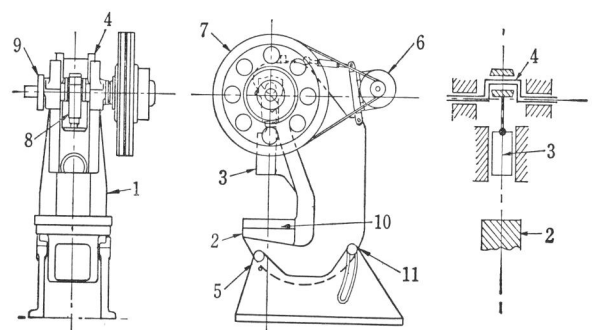

図 3・50 クランクプレス（パワープレス）

最近のプレスは全般的に鋼板溶接構造が多くなり，クランクプレスも例外ではない．またエキセンプレスの長所を採り入れ，クランク軸を左右ではなく前後方向に向け駆動機構をコンパクトに組み入れた様式が多くなっている．図 3・51(a) はその一例（公称75トン）であり，(b)に内部構造を示す．スライドバランサは圧縮空気によってスライドと上型の重量をつりあげてスライドの運動を円滑にするものであり，コネクティングスクリューはこれを回してスライドの上下の位置を調節するもので，シヤプレートは規定

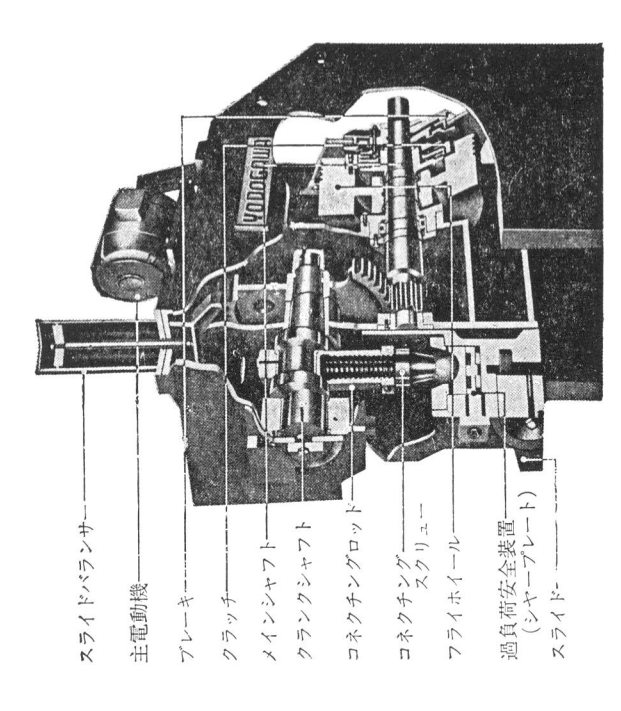

(118) 第3章 板金プレス作業

(a)

スライドバランサー
主電動機
ブレーキ
クラッチ
メインシャフト
クランクシャフト
コネクチングロッド
コネクチングスクリュー
フライホイール
過負荷安全装置（シヤーブレート）
スライド

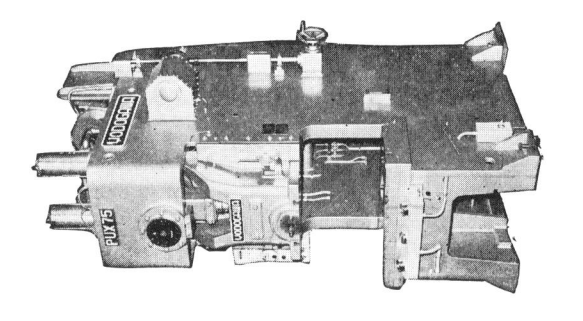

(b)

図 3・51 クロスシャフトパワープレス

以上の荷重が生じた場合はこの部分が切断されてプレスの破損を防ぐためのものである．なおクラッチはエヤ直入多板式フリクションディスク形，ブレーキは同じエア開放ばね作動フリクションディスク形で作動特性が非常に良くなっている．

大形のプレスにもクランクレスや液圧式と同様クランク機構が採用されているが，ストレートサイドフレームの鋼板構造で2点加圧式（2点でスライドを押す）が多く採用されている．スライドの水平を保つためである．図3・48(b)のプレスはその一例である．

3・4・3 トグルプレス

図3・47の(c)にその機構が示されており，図3・49によってその特性がわかるように，プレス主軸が等速度で回転していてもスライドは下死点近くでかなり長い時間ゆるやかに下降しゆっくり加工する．この特長は，スエージ加工，圧印加工，衝撃押出し加工，エンボス加工などにむいていて，これらの加工では加工物の大きさに比べ加圧トン数が大きいので，他のプレスに比べトン数の割にベッド面積が狭い．ストレートサイドプレスが多く，鍛造用プレスと似た形状になる．

ドイツのマイ博士の発明によるマイプレスはその原理を図3・52に示すように，トグルのリンクは長短になっており，長いほうに引張りが，短いほうに圧縮がかかる．またフレームにかかる力の加わる点は両方ともベッドの下にあり，パワープレスでおきるフレームの変形（開口）によってスライドの運動方向がふれるのを防止している．

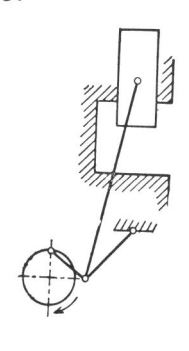

図3・52 マイプレスの駆動機構

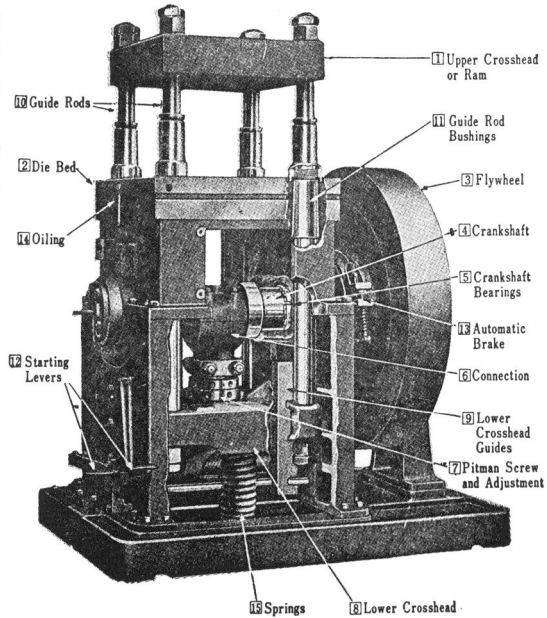

図3・53 ダイイングマシン (Henry & Wright)

3・4・4 ダイイングマシン

図 3・53 はダイイングマシン (dieing machine) と呼ばれている特殊なプレスの内部が見えるように描いた説明図である．駆動機構が全部下にあっていわゆるアンダドライブであり振動が少なく，4本柱（2本柱もある）の案内棒の下端の下部クロスヘッドをクランク機構で上下し，上端の上部クロスヘッド（他のプレスのスライドに相当する）に運動を伝える構造になっている．下部クロスヘッドのガイドと案内棒を案内するブシュとは相当離れていて上部クロスヘッドの傾きを防ぎプレスの精度が良い．そのため高速運転に適していると言われコイル材を使い自動連続加工によく使われている．

3・4・5 ドローイングプレス

ストレートサイド，アンダドライブ，クランク機構およびカム機構使用の複動プレスである．図 3・54 にその原理図を示す．普通ドローイングプレス（深絞り用プレス）と言われているが，正式には**ボトムスライドドローイングプレス** (bottom slide drawing press) である．T はその下面にしわおさえを取り付ける部分であり，製品の絞り深さによりその位置をねじで調節できるようにしてあるが，プレス稼働中は固定されて動かない．モータの回転は軸 S に伝えられるが，S にはカム R' と，エキセントリックピン Q' をもつフライホイール P が取り付けられてある．カム R' によりベッド R が上下し，これには絞り用ダイスが取り付けられている．Q' の回転はコネクティングロッドを通じてスライド Q を上下する．カム R' の形は一定期間 R が停止し，ブランクを押えており，その間にラム Q に取り付けられた絞り用ポンチが降りてきて深絞り加工を行なう．

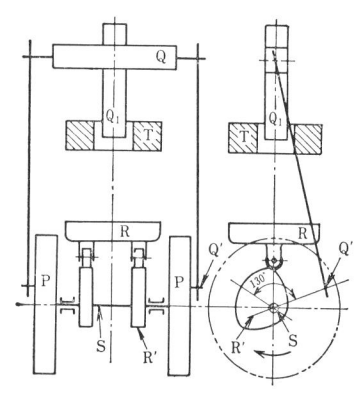

図 3・54 ボトムスライドドローイングプレス

3・4・6 液圧プレス

液圧プレスは圧力，加工速度の調節が容易で使いやすいが，単位時間ストローク数を上げることがむずかしい．おもに絞り加工や一定圧を必要とする加工に使われる．図 3・55 はポンチスライドの中にブランクホルダの機構を取り付けたものであって，下方ベッドの中にあって常に圧力をもつシリンダ・ピストンに取り付けられた<u>クッションピン</u>（図では2本だけ最高の位置に示されている）の計3部分の運動と，ベッドの固定部を使って複雑な板金加工を一工程で行なうことができる．この図中に示されているクッションはみずから上下運動はできないが相手に押されて引込み，相手が上昇すれば上にあが

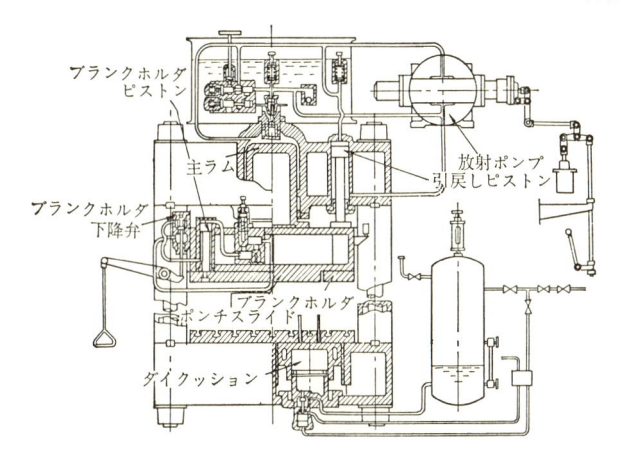

図 3·55 複動油圧プレス（ダイクッション付）

ってきて，その間一定の圧力を保つことができるのでクッションと呼ばれるわけであるが，プレスに使われる場合は**ダイクッション** (die cushion) といわれる．機械プレスにも広く使われている．

3·4·7 板せん断機とプレスブレーキ

板せん断機（直刃せん断機）(squaring shear) はスケヤシヤとも呼ばれ2枚の直線刃のうち下刃を固定し，その上に板金を載せ，上刃を機械プレスと同じ機構で押し下げて板金を切断する．図 3·56 はその一例であるが幅が広く奥行きの短いプレスの，ベッ

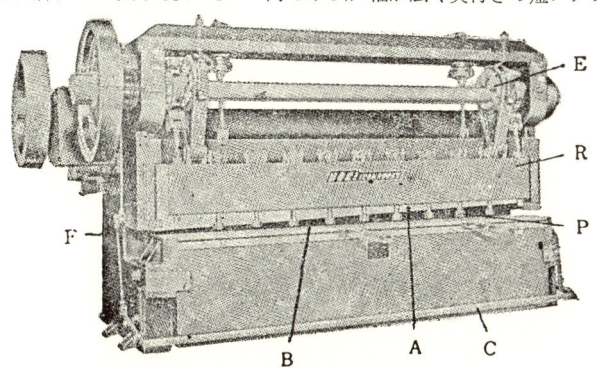

A. 上刃　B. 下刃　C. 作動用ペダル　E. エキセン機構
F. フレーム　R. ラム　P. 板押え
　　　図 3·56 シャー

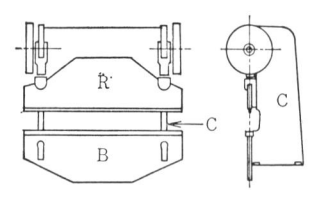

図 3·57 プレスブレーキ

ドとラムに双を取り付けたものに相当する．上双は斜めになっていていわゆるシヤ角が付いている．

プレスブレーキ (press brake) またはブレーキプレスと呼ばれるプレスも図 **3·57** の略図で示すように幅の広い，奥行きの短いプレスで，ラム R，ベッド B に細長い曲げ用ポンチ・ダイスを取り付け板材の曲げ加工に用いられる．

3·5 自動化大量生産方式と小量生産方式

板金プレス加工の第一の特長は大量生産性であり，その特性を伸ばすために色々な工夫がこらされ，進歩がとげられている．

プレス機械の高速化(たとえば 60 ton で毎分 800 ストローク数)[1]，多列同時打抜き(幾組かのポンチ・ダイスを 1 台のダイセットに取り付ける．たとえば図 3·31 のハッチングのところにポンチ・ダイスを取り付ける．)などは高速大量生産に直接つながるものである．加工材料の送入，取出しを自動化することもまた人手を減らすだけでなく大量生産に役立つ．しかしプレス加工特有の自動化大量生産方式があるのでこれを次に述べよう．

3·5·1 組合せ型，複合型

図 **3·58** は 2 組のせん断を一つの型の中に組み入れたもので，**複合型** (compound die) といわれこの場合は総抜型と呼ばれる．図は穴のある円板が 1 行程で加工されるが，このタイプの第一の特長は外形と穴形の関係位置の精度が良いことである．

図 **3·59** は板材から 1 台の金型で打抜きと絞りを同時に行なうもので，**組合せ型**

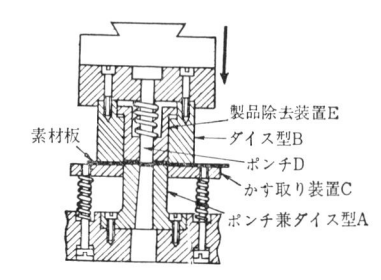

図 3·58 総 抜 型

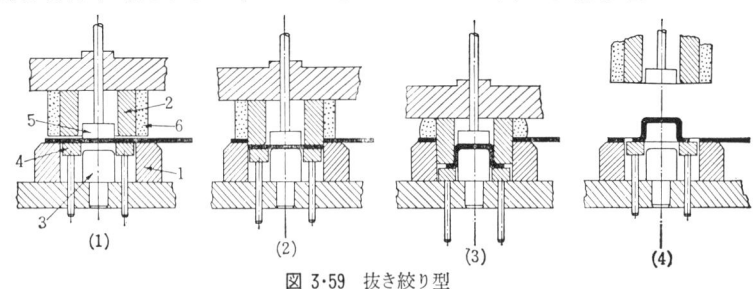

図 3·59 抜き絞り型

---

(1) Bruderer Precision High Speed Punch Press

(combination die) と呼ばれる．1は外形抜きのダイス，2は1のポンチであると同時に絞り加工のダイスになる．3は絞り用ポンチであるが，これらの工程を円滑にするために絞りの際のしわおさえ4，絞りの際のノックアウト5のほかに外形抜き用ストリッパゴム6が取り付けられている．

図 3·60 は絞り用ダイスと4段のしごき加工用ダイスを1列に並べ1本のポンチで1行程で深い容器状製品を加工する一種の組合せ型である．横形のプレスを使用し加工物の取扱いを容易にしている．ビールのアルミ缶などもこの方法で加工される．図 3·61 に1ストロークで加工された同種の深い円筒状製品例を示す．

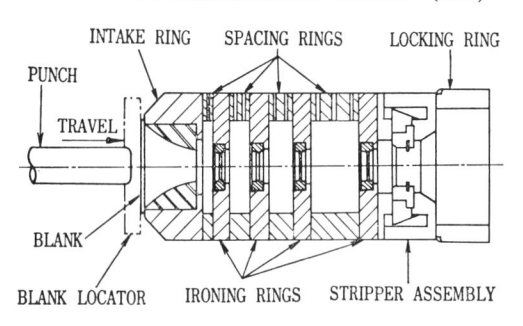

図 3·60 くし形絞り・しごき型

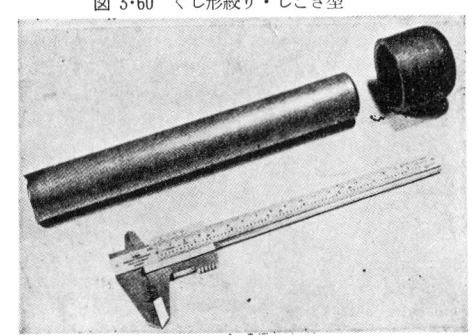

図 3·61 絞り・しごき製品

3·5·2 順送り型

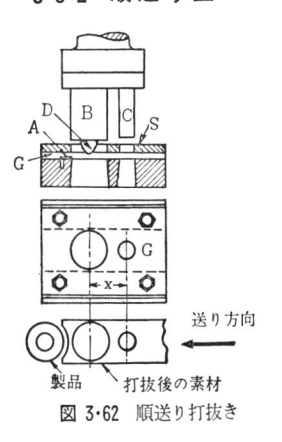

順送り型（progressive die）は数台または十数台の金型で数工程または十数工程の加工を加えようとする場合，それらの金型を一列に並べ1台のプレスに取り付け，材料を順次送ることによりプレスの1行程でそれらの加工を同時に加えるものである．つまりプレスの1行程で多くの工程を経た製品を得ることができる．図 3·62 にその最も簡単な例を示す．最初ポンチCで穴をあけ，次にポンチBで打抜く．DはポンチCであけられた穴にはまりこんで，製品の内外円の心を一致させるための材料の位置決め用案内（pilot）である．図 3·63 は順送り型によって加工されつつある板材を型から取出したもので，加工物を最後まで板材か

図 3·62 順送り打抜き

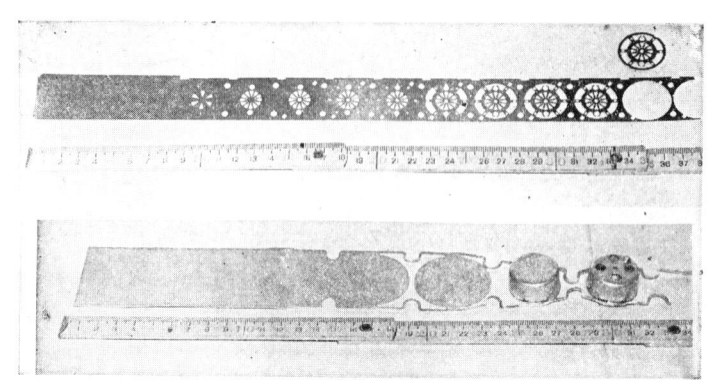

図 3・63(a) 順送り型によって加工されてゆく状態 Ⅰ
(AIDA ENGINEERING, LTD)

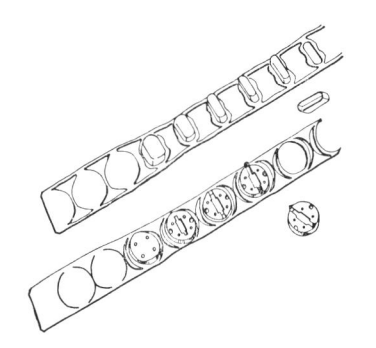

図 3・63(b) 順送り型によって加工されてゆく状態Ⅱ

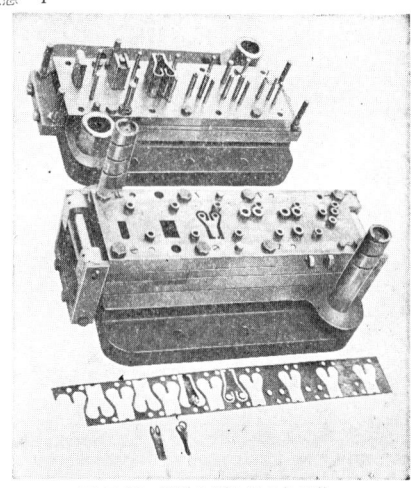

図 3・64 順送り型とその加工物
(AIDA ENGINEERING, LTD.)

ら離さず，板材を送ることによって全加工物を送るようにしてあることがわかる．図 3・64 は順送り型の実例でダイセットの上型をはずして開いて見えるようにしたもので，手前に加工中の板材および製品が見える．板材の利用率を高めるために帯板は2回この金型に通されることも推察されよう．図中の板材は2回目の加工中のものである．

3・5・3 トランスファプレスおよびトランスファプレスライン

トランスファプレスは，1台のプレスに順送り型と同様に1列に並べた金型を取り付け，各型ごとに加工物をつかんで送る送り機構いわゆるトランスファ (transfer) 機構を

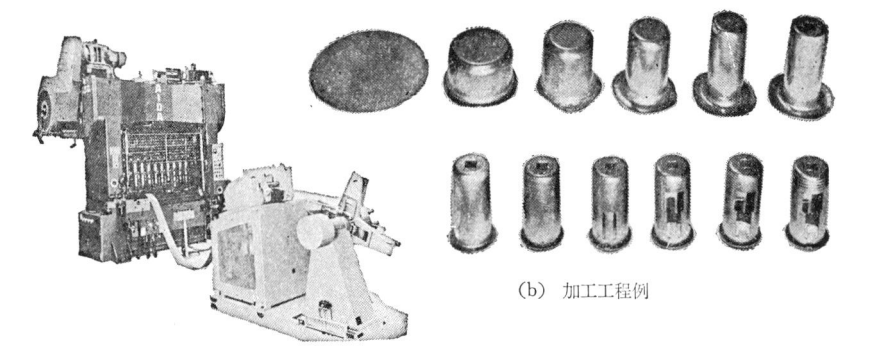

3・5 自動化大量生産方式と小量生産方式　（125）

(a) 60 ton, 35〜100 spm, 11ステージ・トランスファプレス

(b) 加工工程例

図 3・65　トランスファプレスとその製品例

図 3・66　トランスファプレスライン

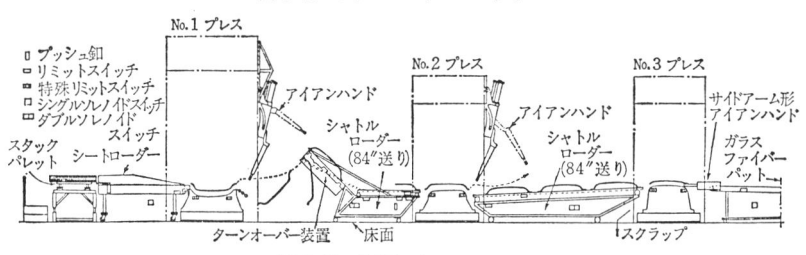

図 3・67　自動化プレスライン

備えたプレスである.図3·65に一例を示す.図の(a)は1台の打抜き型と11台の絞りおよび穴抜き加工用金型を取り付けたプレスで,トランスファ加工するものであるが,コイル材が巻もどしのアンコイラからローラレベラ(後述)を通ってロールフィーダで自動的にプレスに同調して送り込まれる様子を示している.(b)は加工中各段階(ステージ)における製品の形状を示す.

加工物が大きくなると1台のプレスには1型しか取り付けられないが,プレス間にトランスファ機構を取り付け,全自動,半自動のトランスファプレスラインを構成し大量生産を行なっている.図3·66および図3·67はその例である.なおスクラップは地下室に落ちコンベアで集められ押し固められて搬出される.

3·5·4 小量生産方式

板金プレス加工の特長が認められその製品の種類や使用範囲が広まるにつれ,生産単位個数(ロット数)の少ないものでも板金プレス製品にしたい場合が起こってくる.この傾向は,人間生活の向上に伴って各人が特色のある品物を望むようになるにつれ,ますます強まるであろう.現在板金プレス製品の小量生産数といわれるものは10～1000個くらいのものを指す.このような場合の加工法の原則は,金型代を極力下げそのためには人件費のある程度の上昇は認めようとするものである.

金型材料としては加工目的により,抜き型には軟鋼,軟鋼の浸炭や窒化したもの,ゲージ鋼板など,成形型には亜鉛合金,エポキシ樹脂,強化木材,ゴムなどが用いられる.さらに金型の構造設計もなるべく簡単なものにする.図3·68にその一例を示す.これを**簡易金型**と呼ぶ.

図3·68においてPは単体のポンチである.ダイスDにはスペーサSとストリッパGが固定されているが,Sは板材送入の案内を兼ね,GはポンチPの案内を兼ねている.板材を矢印の方向からDとGの間に入れるが,このとき内側(平面図の上下の点線で示す)のスペーサSの間に入って案内され,ダイス穴をカバーするまで入れる.ポンチPをGのポンチガイド穴に入れ,これら全体をプレスのベッドまたはボルスタ上に載せ,ラムの下面またはそこに取り付けた平板でPの上を打つ.板が抜かれてダイス穴の中に落ちると同時にポンチも続いて落ちてダイス穴中に入る.全体をプレスのベッド上で手前に引いて,ダイスからブランクとポンチを下に落して出す.この作業を続けるので,毎分10個くらいしか加工できない.

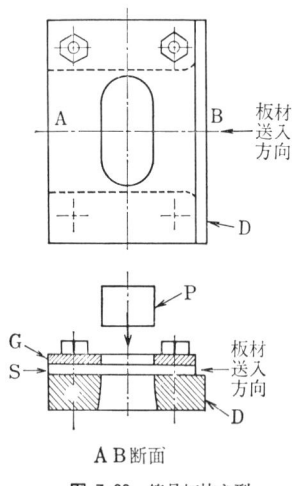

図3·68 簡易打抜き型

金型加工の費用とブランク加工時間の費用との合計が通常の金型による場合と同じ程度になるまでの生産個数までは，この方法が有利である．

3·6 プレス加工製品の精度向上[1]

本来プレス加工は他の切削や研削加工に比べ高速生産・大量生産が特長であって，精度の点で劣るのは当然と考えられてきた．しかし，プレス機械，金型の精度の向上と板金プレス加工の精度向上技術の進歩によって，現在，打抜き穴の位置精度が±0.01mm，曲げ角度で90°±0.25°，円筒絞り製品で直径が100±0.02mmというような常に高い精度のものができるようになった．精度向上のための基本的考え方および方法について簡単に述べよう．

3·6·1 ひずみ取りロール

最初板材は均質であり平らであることが望まれる．コイル材の巻きぐせやプレス加工にはいる前に受けた変形を除くには，それらの曲がりや変形以上の大きな曲げ変形を与えたのち次第に平らにしてゆく．**ひずみ取りロール**(roll straightener)または**ローラレベラ**(roller leveller)が使用される．図3·69はその原理を示す．図からわかるように，板はひずんでいるところも平らなところも最初強く曲げられ，続いて逆に曲げられ正逆の曲げを繰り返し次第に曲率を小さくされて最後に平面状になって出る．板に永久変形(塑性変形)を加えてかたさを均一化するだけでなく，正逆の曲げに対する板の性質を同じくするために繰り返し曲げるのである．曲がった板を単に真直ぐにしただけでは，板は一方には曲がりやすく反対方向には曲がりにくいものになって，その後のプレス加工の際均一な製品ができにくい．

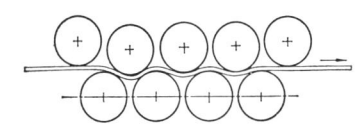

図 5·69 ひずみ取りロール

3·6·2 精密打抜き

打抜き加工で**精密打抜き法**(fine blanking)と呼ばれる方法がある．図3·70はその説明図である．Pはポンチ，Dはダイスで，クリアランスは小さい．板材を打抜くときそれぞれ反対

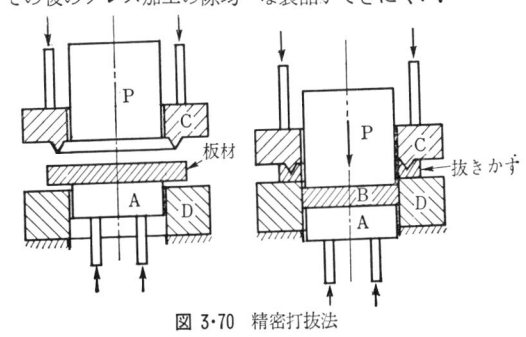

図 3·70 精密打抜法

---

(1) JIS B 0408 金属プレス加工品普通許容差
　　JIS B 0410 金属板せん断加工品普通許容差など参照

側から逆押えA，板押えCで押しながらせん断する．このように材料に高圧を加えると材料は破断しにくくなり，せん断が終るまで，切口に破断面（図3·4参照）が生じにくく全切口がせん断面状になる．板押えの全周に，図のような突起を付けるとさらに効果があがる．弾性変形の減少により製品精度も高いものが得られる．

3·6·3 成形加工の精度向上

図3·71は板をU形に曲げる場合，曲げられるかどの部分に特に高い面圧力を加え，材料に生じた曲げ応力（不均一応力）を圧縮応力（均一応力）に変じてはねかえりを少なくし，角度の精度を上げようとする曲げ型の原理を示す．板を引張りながら曲げるストレッチベンディングも曲げ応力を引張応力（均一応力）に変えて形状を出そうとするものである．

絞り加工を受けた製品はダイス入口で曲げられ曲げもどされるので円筒絞り製品でも残留応力を生じ加工後置き割れ（season cracking）と称する割れが生じたり，四角筒容器状の製品では平らな側面が波打っていわゆる べこべこ な状態（oil canning）を生ずる．また厚さも不均一になり，これらは精度不良の原因になる．円筒容器状製品の場合は深絞り後

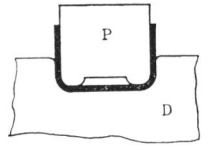

図3·71 はねかえりを少なくする型

しごきを行ない，寸法精度の向上と板厚の均一化をはかる（図3·61参照）．また角筒容器の場合は最初，最終寸法より少し浅く絞った製品を2回目でフランジ部を強く固定し，ポンチで押し 張出し加工により側壁部に一様な引張り変形を与えて，形状，寸法の精度を出す（張出し矯正という）．図3·35の(c)はこの工程で，製品は(b)より少し深くなっている．ステンレス製品などでは特に必要である．

3·7 高エネルギ加工法

金属を高エネルギで衝撃的に加工する方法が実用化されてきている．板金加工に利用されている方法としては次のようなものがある．

3·7·1 爆発成形法

図3·72に示すように，火薬の爆発エネルギを媒質（水）を通して素板に伝え，変形して型通りの製品にする．ダイス内の空気は真空ポンプで引いたほうがよい．やりようによっては打抜き，張出し加工，押出しその他多くの板金加工に応用することができる．この方法の特長欠点としては，(1)ダイスだけでよく，工具費が安い．(2)水槽だけあればよく，設備機械を必要としない．(3)はねかえりが少なくかたい材料でも正確に仕上げられる．(4)金属ポンチでは絞りにくいものでも，この方法によれば成形ができることがある．(5)塑性加工の困難な材料でも成形できることがある．(6)大形の品物が加工できる（直径3mの絞り製品の例がある）．(7)量産に不向きである．(8)火薬の

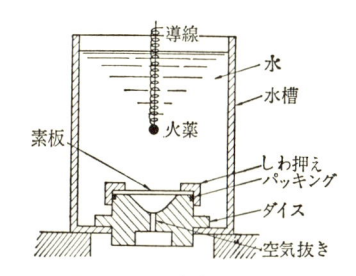

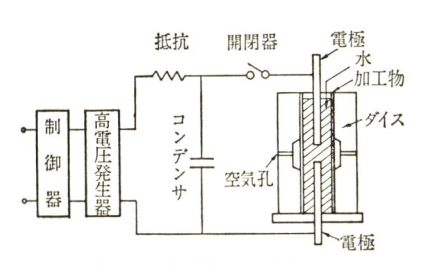

図 3·72 爆発成形法　　　図 3·73 放電成形法の基本回路図

取扱いに種々の制限をうける などである．

3·7·2 放電成形法

図 3·73 は放電成形法の回路図であるが，コンデンサに蓄えた高圧の電荷を電極間で火花放電させ，このとき発生する強い衝撃波によって加工する．図は張出し加工の例であるが，爆発成形と同様の加工にも利用できる．

3·7·3 電磁成形法

コンデンサに蓄えた高圧の電荷を短時間(数マイクロ秒)コイルに通じることによって密度の高い磁場を作り，その磁場内の材料に圧力を加えて成形するものである．図 3·74 (a) に示す円筒状コイルの場合は，中に円筒形導電体を入れると磁力線はコイルと導電体の間に集り，内向きの力が加工物にかかって内方に圧縮する．(b) 図の B はその例である．コイルの形および置き方によって A, C のような加工もできる．動く部分がなく，高エネルギ加工法中最も作業音が低く，加工個数も 1 時間 600 くらいまでできる．

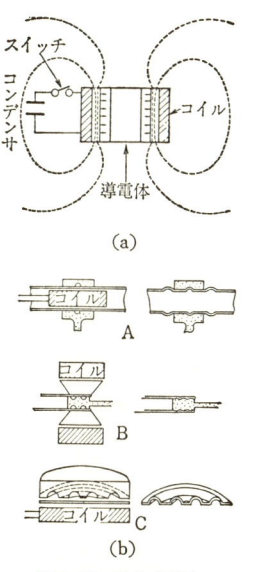

図 3·74 電磁成形法

第4章　溶接作業

構造物における各種溶接法の適切な応用は，リベット接合法に比べて形状の自由，重量の軽減，継手効率の向上，材料ならびに経費の節減，作業能率の増進，水密，気密の保持など多くの利点をもっている．このため**溶接継手**（welded joint）は造船，車両，建築，橋りょうおよび機械類などの分野で広く利用されている．現在実用されている各種溶接法を分類すれば，（ⅰ）アーク溶接のように溶かして接合する融接法，（ⅱ）鍛接のように圧接する方法 および （ⅲ）母材を溶かすことなく ろう を用いて接合する ろう接 となる．

4・1　ガス溶接（gas welding）

可燃性ガスと酸素が化合するとき発生する燃焼熱を利用し，溶接部を溶かして接合する方法である．1837年に空気と水素を使って鉛の溶接が行なわれたことに始まるが，現在では酸素-アセチレン炎を用いる方法が一般に行なわれている．**溶加材**（filler metal）および**溶剤**（flux）を用いる場合が多い．

4・1・1　ガス溶接用機材

（a）**酸素**（oxygen）　液体空気の分溜または水の電気分解により造られる．酸素の純度はなるべく高いものがよく，実用されているものは約99.5%以上のものである．35°Cで150気圧になるように**ボンベ**[1]（cylinder, bottle, bomb）に充てんし市販されている．大量に用いる場合は液体酸素が運搬に便利である．

（b）**アセチレン**（acetylene）　カーバイドに水を加えて発生させる．

$$CaC_2+2H_2O \longrightarrow C_2H_2+Ca(OH)_2+31900\ cal$$

無色，エーテルのような香気あるガスであるが，普通は不純物のため不快な臭気を発生する．圧力，温度の高い場合または不純物を多く含むものは爆発するおそれがあるので取扱いに注意を要する．アセチレン中の不純物を除くには水洗ろ過したりあるいは清浄剤を使って化学的に精製する．なお木炭またはアスベストのような多孔性物質にアセトンを吸収させ，これにアセチレンを圧入，

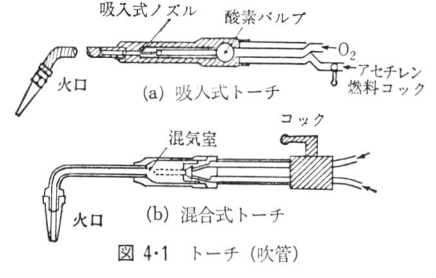

図 4・1　トーチ（吹管）
(a) 吸入式トーチ
(b) 混合式トーチ

（1）　JIS B 8241 継目なし鋼製高圧ガス容器　参照

溶解したいわゆる溶解アセチレンも市販されている．取扱いが安全かつ容易であり，現場溶接などでは広く用いられている．

（c）**溶接トーチ**（blowpipe, torch）　吹管ともいわれ，図 **4・1** に示すように高圧式（混合式）と低圧式[(1)]（吸入式）に大別される．アセチレン圧 0.07kg/cm^2 以上の場合は高圧式，以下の場合は低圧式が用いられる．なお火口の大きさは，溶接する板の厚さによって変えられるようになっている．

（d）**溶接棒ならびに溶剤**（welding rod and flux）　軟鋼用ガス溶接棒[(2)]はP, S などのきわめて少ないものを用いる．Mn, Si などは比較的多い．これはいずれも溶接部の脱酸を行なわせ，強度の高い接合部を得るためである．鋳鉄用溶接棒は 3.5% C, 3～4% Si, 1% Al を含むものがよく用いられている．またトービン青銅やニッケル合金を用いることもある．非鉄金属材料の溶接では共金または各種合金心線が用いられる．この場合も脱酸の十分行なわれた，不純物の少ない良質のものを使用しなくてはならない．

溶剤は主として溶接部の酸化物を溶解除去する目的で，ほう砂，ほう酸，けい酸ソーダなどが多く使用される．

（e）**火　炎**（flame）　トーチのアセチレンコックを開き，続いて酸素をわずかに出しながら点火する．次いで徐々に酸素を増して火炎を調整する．火口から流れ出る両ガスの比がほぼ 1：1 の場合を標準（中性）炎（neutral flame）といい，酸素がそれより過剰の場合を酸化炎（oxidizing flame），アセチレンが多い場合を炭化炎（carburizing flame）という．図 **4・2** は標準炎の構造を示したものでAは酸素とアセチレンが混合したままの部分であり，Bは次に示す第1段の反応が起こっている部分で温度は 3000～3500° C である．

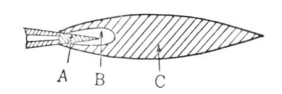

図 4・2　標準炎の構造

$$2C_2H_2 + 2O_2 \longrightarrow 4CO + 2H_2$$

部分Cでは次のような第2段の反応が起こっており，先端の温度は約 1200° C である．溶接にあたっては最高温度である部分Bの先端を有効に利用する．

$$4CO + 2H_2 + 3O_2 \longrightarrow 4CO_2 + 2H_2O$$

4・1・2　**溶接作業**（welding operation）

溶接される部分は作業前に十分清浄にし油，水分などをよく取り除いておく．図 **4・3** に示すように溶接棒ならびにトーチを保持し，これらを適宜運動させながら前進または後退して溶接する．溶着金属の添加は溶接棒の先端を溶融池に軽く触れさせ移行させて行なう．作業中に溶接棒の先端がガス炎からはみ出てはいけない．

（1）　JIS B 6801　低圧式ガス溶接器　参照
（2）　JIS Z 3201　軟鋼用ガス溶接棒　参照

図 4·3 吹管および溶接棒の保持

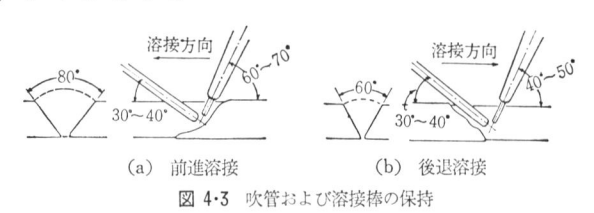

4·2 アーク溶接 (arc welding)

アーク溶接法は各種溶接法の中で最も多く利用されている．この方法によればほとんどすべての金属の溶接が可能である．母材と金属電極の間でアークを発生させ，アーク熱によって母材または母材と金属電極の一部を溶かして溶接する．

4·2·1 アーク溶接機 (arc welding machine)

アーク溶接機には **直流アーク溶接機** (D.C. arc welding machine) と **交流アーク溶接機** (A.C. arc welding machine) がある．アークを安定に維持しやすいので昔は直流機が多く用いられた．しかしながら現在では被覆溶接棒の発達により交流でもアークの安定が良くなり，交流機が安価であるので一般に交流機が多く用いられている．なお最近ではイナートガスアーク溶接や自動溶接が盛んに行なわれるようになっているが，これらの場合は極性 (polarity) の関係から，直流が多く用いられる．直流で溶接を行なう際に溶接棒を一極にした場合を **正極性** (straight polarity)，＋極にした場合を **逆極性** (reversed polarity) という．直流アーク溶接機には電動機直結の直流発電機もあるが，また三相交流を整流しているものもある．一方交流アーク溶接機の主体は一種の変圧器である．

4·2·2 溶接棒 (welding rod)

アーク溶接では特殊な継手または母材がごく薄い場合を除き，溶接部の充てん用として必ず溶接棒が用いられる．**裸棒** (bare electrode) と **被覆棒** (coated electrode) に大別されるが，そのほか心線の大きさおよび化学成分，**被覆剤** (coating material) の種類および量などによってそれぞれ特徴をもっている．昔は裸棒が用いられたが，現在ではイナートガスアーク溶接，自動溶接などのような場合を除き被覆棒がもっぱら使用される．被覆は次の目的で行なわれる．

ⅰ) アークを安定にする．
ⅱ) 中性または還元性のふんい気を造り大気中の酸素，窒素などが溶接部に侵入するのを防ぐ．
ⅲ) 溶着金属 (deposited metal)，溶接金属 (weld metal) の脱酸を行なう．
ⅳ) 溶着金属に必要な合金元素を添加する．

v) 溶融点の低い，比重の小さい，粘性の適当なスラグ (slag) を造る．
vi) 溶着金属の冷却速度をおそくする．
vii) 溶滴を微細化し，溶接効果を良くする．
viii) スラグの除去を容易する．

4・2・3 被覆金属アーク溶接

図4・4に示すように母材と被覆溶接棒の間でアークを発生させ融接する．アーク熱によって母材の一部が溶融し，この部分に棒から溶け落ちた金属が混入して溶接部を形成する．

（a）**装　置**　交流または直流溶接機，溶接棒，ホルダ（溶接棒保持具），ケーブル，防護器具（ヘルメット，眼鏡，手袋），小道具（ワイヤブラシ，チッピングハンマ，溶接台，ジグなど）を必要とする．

（b）**点　弧**　ホルダで溶接棒の一端をつかみ他端を母材に打ち付けるか　または　こすり付け，直ちに引離すことによってアークを発生させる．引離す距離は3〜5mm程度である．アークの長さは溶込みの良否に影響する．電流，電圧および溶接棒の太さは溶接物の大きさまたは材質によって適宜調整する．

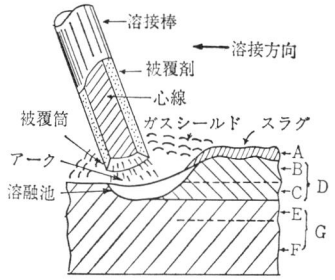

A. スラグ　B. 補強盛　C. 溶込み
D. 溶着金属　E. 熱影響部（狭義の）
F. 熱影響を受けない母材　G. 母材
図4・4　被覆金属アーク溶接

（c）**姿勢および運棒法**　溶接姿勢は**下向き** (flat position)，**立向き** (vertical position)，**上向き** (overhead position)，**水平** (horizontal position) の4種類に分かれる．溶接棒の母材に対する角度は，溶込みを十分にし，アンダカット (undercut)[1] やスラグの巻き込みを防ぐために60〜90°に保って作業する．

一方スラグの巻き込みを防ぎ，良好な溶込みを得る目的で溶接棒を適当に動かしながら作業する．図4・5(a)のように直線的に棒を動かして溶着されたものを**ストレートビード** (straight bead) といい，(b)，(c)，(d)のように運動させながら溶着されたものを**ウィービングビ**

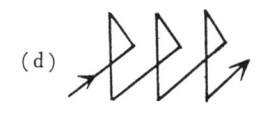

図4・5　運棒法

---
(1) アンダカット：溶接の止端 (toe of weld：母材と溶着金属の表面が交わる点) に沿って母材に彫られた細いみぞもしくはくぼみ．大電流でまた高速度で溶接した場合にできやすい．

ード (weaving bead) という．(a), (b) は下向き溶接に，(c) は水平溶接に，(d) は立向き溶接にそれぞれよく使われる．しかしこれらの運棒法は必ずしも決まったものではなく溶接棒，溶接条件などによりまた作業者によって種々の運棒法が採択される．

4・2・4 イナートガスアーク溶接 (inert gas shielded arc welding)

図4・6に示すような特殊のトーチを使い，アルゴンまたはヘリウムなどのイナートガスふんい気中で，タングステンまたは共金の金属棒と母材との間にアークを発生させる．タングステンを電極とするときは薄板の場合を除き，溶加棒を用いて溶接部を充てんする．溶接部はアーク，溶融金属ともにイナートガスで包被されるので，溶融金属の酸化，窒化が起こらない．溶剤を用いないので，それによるさび発生のおそれがないのみならず，アルミニウムの溶接では，直流の逆極性または交流で溶接を行なえばクリーニングアクション (cleaning action) があり，溶接金属はもとより，その両側にも清浄な金属面が現われる．機械的性質，気密性も良好であり上向き溶接もできる．

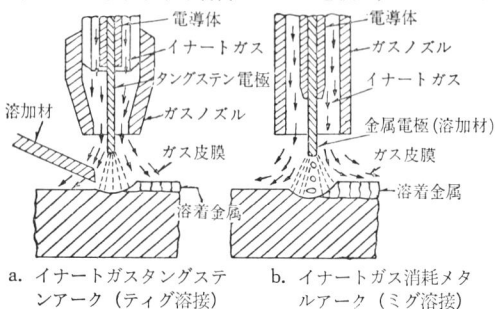

a. イナートガスタングステンアーク（ティグ溶接）　　b. イナートガス消耗メタルアーク（ミグ溶接）

図4・6　イナートガスアーク溶接の2形式

4・2・5 サブマージアーク（潜弧）溶接 (submerged arc welding)

自動金属アーク溶接であり，溶接棒およびコンポジション（特殊の溶剤）が作業中機械装置により連続的に送給される．溶接部は図4・7でみられるようにコンポジションによって遮蔽されており，アークは見えない．この溶接法の特徴は高能率であるということである．すなわち数千アンペアの電流を通すことができるので溶接速度が著しく早い．主として鉄鋼の溶接に用いられる．

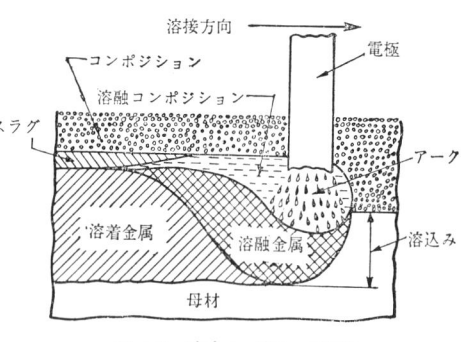

図4・7　サブマージアーク溶接

4・2・6 その他のアーク溶接法

炭素電極を用いてアークを発生させる**炭素アーク溶接法** (carbon arc welding) は

大きな熱量が得られるので,銅のように熱伝導度のよいものの溶接に用いて便利である.また水素気流中で2本のタングステン棒の間に,アークを発生させる**原子水素弧溶接法** (atomic hydrogen arc welding) では溶着金属の酸化,窒化がなく良い溶接部が得られる.高度の気密,水密を要する耐圧または真空容器の溶接に用いられる.黄銅棒,鉄棒などをボルトの代わりに母材に植え付ける方法としては**スタッド溶接** (stud welding) がある.操作が簡単で,短時間に溶接できるので能率がよい.

4・3 抵抗溶接 (resistance welding)

溶接しようとする金属相互間の接触電気抵抗と金属自体の電気抵抗を利用して,接触面およびその付近を溶融温度またはそれに近い温度まで加熱し,続いて圧接する方法である.ガス溶接,アーク溶接に比べて,抵抗溶接法は同一作業を繰返すのに適している.またこの溶接法では熱は局部に集中して発生し,溶接温度も比較的低いのでひずみが少なくかつ金属組織の変化する範囲も狭い.

4・3・1 抵抗溶接機 (resistance welding machine)

抵抗溶接機は a) 電流を流し,b) 電流を流す時間を制御し,c) 圧力を加える 三つの機構からなっている.抵抗溶接機の代表的なものである**スポット溶接機**(点溶接機) (spot welder) の結線図を図4・8に示す.加圧装置は機械式,空気加圧式,水圧式,電磁式などのものがある.電極は通常銅またはその合金で造られている.

4・3・2 スポット溶接(点溶接) (spot welding)

図4・9に示すように溶接しようとする2枚の板を電極の間にはさんで圧力を加え,続いて通電する.溶接部の温度が上昇すれば電流を遮断し,強圧を加えて溶接する.留意すべき点は a) 電流値,b) 通電時間,c) 加圧力である.図4・9でみられるように実際に金属が溶ける部分は2枚の板の接触面付近だけで,上下の板の外表面まで溶かすことはしない.外表面まで溶けると電極によるくぼみがついたり,電極金属との合金層ができたりすることがある.スポット溶接では一般に溶剤は用いない.したがって溶接に先だってあらかじめ表面を清浄にしておく必要がある.スポット溶接はリベットと全く同じ目的で使用されるがリベット締めに比べ

図4・8 スポット溶接機の基本結線図

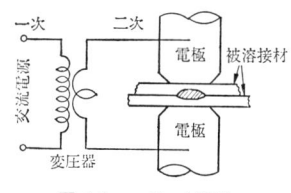

図4・9 スポット溶接

て作業能率が良く，重量が軽減でき，ゆるみが起こらないなどの特徴がある．

4・3・3 シーム溶接 (seam welding)

図4・10に示すように2個の回転円板よりなる電極によって加圧しながら，3サイクルは通電し，次の4サイクルは休止するというようなことを繰返して溶接する．1回の通電によって1点の溶接ができこれがわずかの休止時間を経て再び繰返されるので，図でみられるように連続した溶接ができる．この溶接法の一種に**バットシーム溶接** (butt seam welding) があり，いわゆる電縫管の製造に利用される．

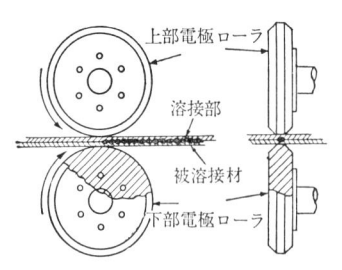

図4・10 シーム溶接

4・3・4 アプセット溶接 (upset butt welding)

図4・11に示すように丸棒，管，板などの断面どうしを突合せて通電し，突合せ部が適当な温度になったとき加圧してすえ込みを行なう．電極から突出ている距離は材料およびその大きさによって変え，接合面の温度が最高になるようにする．

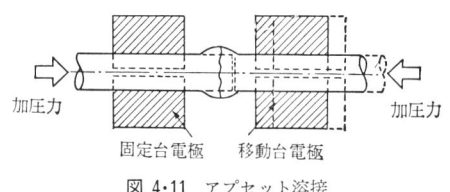

図4・11 アプセット溶接

4・3・5 フラッシュ溶接 (flush butt welding)

アプセット溶接とよく似た方法である．接合しようとする材料の両端面を軽く接触させ，通電することによって接触面を加熱する．接触面が溶融して火花となって飛散しその接触が断たれると，材料をさらに前進させ接触，火花飛散を数回繰返すことにより，溶接部の温度を均等に高め最後に圧接する．アプセット溶接に比べて a) 材料の加熱範囲が狭く，したがって熱影響部 (heat-affected zone) が少ない，b) 溶接結果に対する信頼性が高い，c) 薄肉の管や板でも溶接できる，d) 溶接速度が早いなどの利点がある．

4・3・6 プロジェクション溶接法 (projection welding)

図4・12に示すように2板の一方に突起を造っておいて，平面電極で加圧し通電する．電流は突起部に集中しその部分が高温になって溶接される．この方法の特徴は1組の電極で同時に多数の点の溶接ができることである．

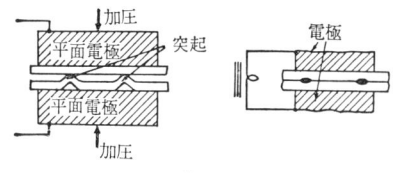

(a) 溶接前　　(b) 溶接後
図4・12 プロジェクション溶接

4・4 ろう付け法 (brazing), はんだ付け法 (soldering)

溶接しようとする金属より低い溶融点をもった金属(ろう材)を,あらかじめ溶剤を塗布した接合面に流し込み,母材を溶かすことなく接合する.接着の機構としては母材とろう材との間で固溶体を造る場合,金属間化合物が生ずる場合,単に付着する場合などが考えられる.ろう材の多くは合金であり**はんだ(軟ろう)** (soft solder),**硬ろう** (brazing filler metal),**アルミニウムろう** (aluminum solder) に大別される.錫-鉛,錫-鉛-カドミウム,鉛-カドミウム,カドミウム-亜鉛 などははんだ(軟ろう)に属し強度は小さいが,溶融点が低い(<325°C)ので作業は容易である.ブリキ板,トタン板,非鉄金属の接合に用いられる.錫-鉛 はこの種のろうの代表的なものであり溶剤としては塩化亜鉛が広く用いられている.次に真ちゅうろう,洋銀ろう,マンガンろう,銀ろう,金ろう,鉄ろうなどは硬ろうに属し溶融点は高く(>450°C)強力な接合部が得られる.鉄鋼,銅またはその合金のろう付けに用いられる.アルミニウムおよびその合金のろう付けにはアルミニウムろうが用いられる.このろうはアルミニウムと亜鉛が主成分である.

ろう付け,はんだ付け用溶剤としては樹脂,ほう砂,塩化亜鉛などが多く用いられる.溶剤の作用は複雑であるが,接合面の金属酸化物を溶解,除去するのがその主目的である.なおアルミニウムろうの溶剤としては各種の塩化物,弗化物,苛性ソーダなどを用いる.これはこの金属の酸化膜が大変強固なためである.

4・5 その他の溶接法

鍛接 (blacksmith welding, forge welding) は接合部を適当な温度に加熱し,圧力または打撃を加えて接合するものである.(2・3鍛造作業2・3・3項参照)

冷間圧接 (cold pressure welding) は接合面を特に清浄にしたのち常温で加圧して接合する方法である.熱を加えないので材質の変化が少なく,溶剤を用いないので腐食が少ない.アルミニウム,銅,亜鉛などの接合が可能である.

高周波溶接 (high frequency welding) は高周波電流で溶接部を加熱し,適当な溶剤を用いて溶接またはろう接する.操作が簡単で,作業が正確であり多量生産に向いている.バイトの付刃はこの方法で行なわれることが多い.

テルミット溶接 (thermit welding) は酸化鉄とアルミニウムによる次のような反応熱を利用して溶接部を加熱し圧接(加圧テルミット法)または融接(溶融テルミット法)するものである.

$$8Al+3Fe_3O_4=9Fe+4Al_2O_3+702500cal, \quad 2Al+Fe_2O_3=2Fe+Al_2O_3+189100cal$$

加圧テルミット法はパイプの接合などに用いられ,溶融テルミット法はレールあるいは大形鋳物の接合に利用される.

4·6 新しい溶接法

エレクトロスラグ溶接[1] (electroslag welding) は超厚板の溶接を目的として開発された一種の自動溶接法である．図 **4·13** において(1)および(1′)は溶接しようとする2枚の板であり，(2)はこれらの両側に取り付けた水冷式の銅の当板である．(3)はスラグで(4)は電極(溶接棒)でありその先端はスラグ中に沈められている．電極—スラグ—母材間に電流を通すと，スラグが非常な高温になり，母材および電極の一部が溶融して，スラグの下に(6)で示される溶着金属が得られる．電極は(7)によって自動的に送給される．これに似た方法でスラグの代わりに炭酸ガスでシールしてアークを発生させ，上進溶接を行なう方法をエレクトロガスアーク溶接 (electrogas arc welding) という．

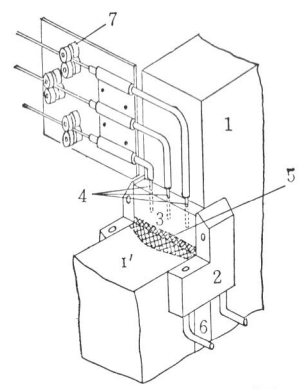

電子ビーム溶接[2] (electron beam welding) は真空中で高温に加熱したタングステンフィラメントより熱電子を放出させ，電子レンズで収れんして溶接部に照射させるものできわめて高純度の溶接部が得られる．最近電子ビームを大気中に取り出し溶接に利用する方法が研究されている．板厚についてもかなり厚いものまで可能になっている．

図 **4·13** エレクトロスラグ溶接

超音波溶接 (ultrasonic welding) は超音波による振動のエネルギを接合部に与えて接合するものである．不銹鋼，モリブデン，ジルコニウム，タンタルなどの溶接が可能でありまた非常に薄い金属箔の接合も行なうことができる．

炭酸ガスアーク溶接 (CO_2 gas shielded arc welding) はイナートガスアーク溶接とよく似た方法で，高価なイナートガスの代わりに安価な炭酸ガスを使用するものである．心線には脱酸剤として適量の Si, Mn を含んだ特殊なものが用いられる．またスラグの剥離性を良くし，ビード面をきれいにするため炭酸ガスに少量の酸素を混入して行なう CO_2-O_2 アーク溶接法もある．主として鉄鋼の溶接に利用され，気孔や非金属介在物の少ない強じんな溶着金属が得られる．

摩擦溶接 (friction welding) は接合しようとする面どうしで摩擦し，生ずる摩擦熱を利用して接合面が適当な温度になったとき圧接する方法である．

プラズマ溶接 (plasma welding) プラズマビームを溶接に利用する方法で従来のアーク溶接より一桁高いエネルギ集中があり，今後広く応用されると思われる．

---

(1)　N. N. RYKALIN：British Welding Journal, (1957), 543.
(2)　W. L. WYMAN：Welding Journal, (1958).

レーザ溶接 (lazer welding) レーザはエネルギ集中度が極めて高く，光であるから大気中でのエネルギの消散が少なく特殊な材料の溶接に利用されている．

爆発溶接（爆圧溶接）(explosive welding) 火薬の爆発による衝撃圧力を利用して行なう溶接法で成形，内張りに応用されている．

4・7 切断作業 (cutting work)

作業能率向上のため最近ではガスまたはアークによる材料の切断が広く行なわれている．操作が簡単で切断速度も早く，かつ複雑な形の切断も容易に行なえる．

4・7・1 ガス切断 (gas cutting)，〔酸素切断 (oxygen cutting)〕

図4・14に示すような**切断トーチ**（吹管）[1] (cutting blowpipe) を用い，切断線の一端をまず酸素-アセチレン炎で予熱し，適当な温度になったとき酸素を強く吹きつける．予熱された部分は酸素と反応して発熱し溶融すると同時に酸素流によって吹き飛ばされ切断される．なおここで発生する反応熱は次の切断を助ける．良好な切断を行なうための条件は，

i) 金属酸化物の溶融温度が母材の溶融点より低いこと

ii) 母材の酸素による燃焼温度がその溶融温度より低いこと

iii) 金属酸化物の流動性が良いこと

iv) 母材成分中に不燃性物が少ないことなどである．

なお切断用酸素の純度は切断作業に影響する．純度が悪いと切断速度は低下し，酸素消費量も増大するのみならず，切断面の外観も悪くなる．普通99%以上のものが使用されている．

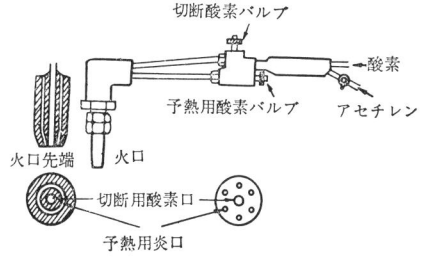

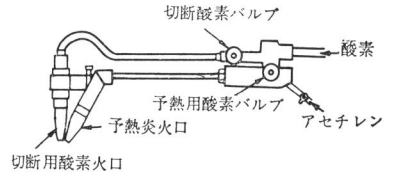

図4・14 切断トーチ
(a) 同心形トーチ
(b) 分離形トーチ

(1) 炭素鋼のガス切断 炭素鋼は前述した切断条件をいずれも満足する．したがって炭素鋼のガス切断は簡単に行なうことができる．この場合の鉄と酸素の反応は次式で示される．

$$3Fe + 2O_2 \longrightarrow Fe_3O_4 + 266910 \text{cal}$$

美しい切断面を得るためには，ジグを使うなどしてトーチを規則正しく移動させるこ

---

[1] JIS B 6802 ガス切断器 参照

とおよび酸素の供給量を適当に規制することが必要である．ガス切断面には**図4・15**でみられるような切断条痕 (cutting pattern) が現われる．図においてAより下した垂線の足をCとすれば$\overline{BC}$をドラグ (drag) の長さといいガス切断の良否を判定する一つの基準とされる．ドラグの長さは酸素量が多過ぎると短くなり少なすぎると長くなる．板厚の約1/5を標準としている．なお最近では各種の自動ガス切断器が多数考案されている．

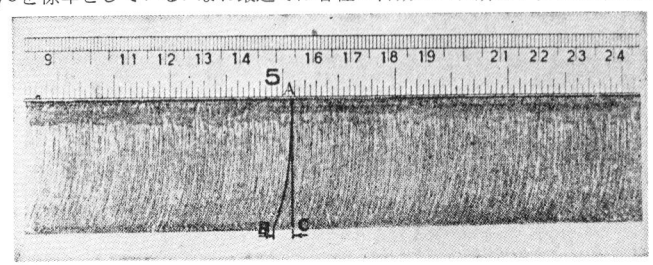

図4・15 ドラグラインおよびドラグの長さ

（2） **炭素鋼以外の金属のガス切断**　鋳鉄，ステンレス鋼，非鉄金属などでは前述した切断条件を満足しない．したがってこれらの金属のガス切断には

　ⅰ) 強烈なまた大きい予熱炎を用いる

　ⅱ) 切断酸素中にアセチレンを混入し，切断酸素の温度を高める

　ⅲ) 予熱炎をアセチレン過剰炎にし，アセチレン錐の長さを板厚と一致させ切断みぞ中で燃焼させる

　ⅳ) 軟鋼溶接棒心線を予熱炎直下のみぞ中に添加し，その燃焼熱を利用する

などの操作を行なう．しかしながら金属のガス切断は切断というよりもむしろ溶断であり，能率もまた切断面もともにあまり良くならない．このような金属の切断は次に述べるパウダ切断，アーク切断，プラズマ切断などによる場合が多い．

（3） **特殊ガス切断法**

（a） **酸素やり** (oxygen lance)　内径5〜10mm，長さ1〜2mくらいの鉄のパイプの先端を赤熱し，パイプを通して酸素を送るとパイプ自身が燃えながら高熱を発し，厚い板などに深い穴を造ることができる．

（b） **水中切断** (under water cutting)　特殊の吹管を用い圧縮空気を送って切断部付近の水を排除して作業する．

（c） **パウダ切断** (powder cutting)　純鉄粉またはこれにアルミニウム粉末を混じたものを空気といっしょに切断部に噴射し，主としてこれらの粉末の燃焼熱を利用しまた酸化物の融点を下げて切断する方法と，切断酸素中にナトリウムの炭酸塩などを混入して切断面に生成する難溶性の酸化物を融点の低いかつ流動性のよいアルカリ性スラグに変えて流し去り切断するものとがある．

4・7・2 アーク切断 (arc cutting)

母材と電極の間でアークを発生させ，溶かして切断する．各種金属の切断が可能であるが切断面の状況，精度の点では酸素切断に劣るので，酸素切断の困難な材料に対して用いられる．なお電極としてパイプを用い，管の中から酸素を噴出させ反応熱および酸素の圧力によって溶断を助ける方法（酸素アーク切断）あるいは溶接部をイナートガスで包被して酸化，窒化を防ぐ方法（イナートガスアーク切断）もある．

4・7・3 アークエアーガウジング (arc air gouging)

カーボンに銅を電気めっきした電極と母材の間で直流逆極性によりアークを発生させる．せんこう（穿溝）する部分がアーク熱によって溶融すると，ホルダの穴から噴出するエアーによって溶融金属を吹き飛ばしてせんこうする．従来の**ニューマチックチッピング** (pneumatic chipping) あるいは**ガスガウジング** (gas gouging) に比べて作業が容易でかつ迅速でありきれいなみぞが得られる．鋼において特に効果的である．なおこの方法はガスせんこうに比べて材料に与える熱量が著しく小さいので変形，変質，割れなどの発生が少ない．溶接部の裏はつり などにも広く利用される．

4・7・4 プラズマ切断 (plasma cutting)

図4・16に示すようなプラズマジェット[1] (plasma jet) を用いて切断するものである．プラズマジェットの温度は8000～20000°Kで，著しい高温であるので各種の金属およびセラミック，石材，コンクリートのような非金属材料の切断も行なうことが可能である．またこ

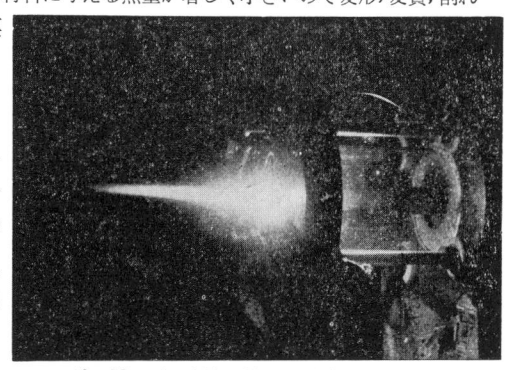

ガス N_2，ガス流量 $15 l/min$，電流 130 Amp
図 4・16 プラズマジェット

の方法では切断速度も他の方法に比べて著しく早い．(18・11プラズマジェット加工 参照)

プラズマジェットの代わりに母材を陰極に接続するとプラズマアーク (plasma arc) を生じ高速切断が可能である．ステンレス鋼，非鉄金属の切断に好適である．

4・8 溶接継手の種類およびその選択

4・8・1 溶接継手の種類

溶接継手は図4・17に示すように**突合せ継手** (butt joint)，**片面あて金継手** (single strapped joint)，**両面あて金継手** (double strapped joint)，**重ね継手** (lap joint)，

---

(1) 岡田　実：日本金属学会誌 23 (1959).

(142) 第4章 溶接作業

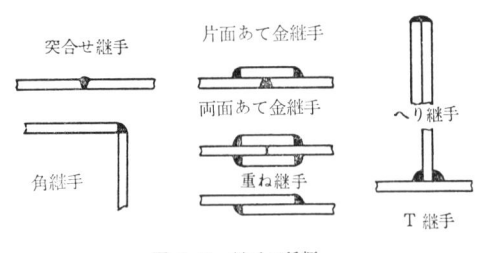

図 4·17 継手の種類

T継手 (T joint), 角(かど)継手 (corner joint), へり継手 (edge joint) に分類される. 継手部の形状から分類すると 図 4·18 に示すように 突合せ溶接 (butt weld), すみ肉溶接 (fillet weld), プラグ溶接 (plug weld) に分かれる. 突合せ溶接はのど厚 (throat) の方向が少なくとも一つの母材の面に直角またはほぼ直角な場合であり, すみ肉溶接はのど厚の方向が母材の面と約 45° をなす場合である. プラグ溶接は一方の母材に造った穴に溶着金属を充てんするものである.

すみ肉溶接では溶接線の方向と力の作用線の関係から図4·19に示すように 前面すみ肉溶接 (front (edge) fillet weld), 側面すみ肉溶接 (side fillet weld), 斜方すみ肉溶接 (oblique fillet weld) に分類される. 突合せ溶接では突合せ部の形状 (開先 (bevel)) によって図4·20に示すように, I形, V形, X形, U形および H形に分かれる. T継手や角継手では板厚や継手の条件によって, その端部の形状を図4·21に示すように 平刃 (square groove), 片刃 (single bevel groove), 両刃 (double bevel groove), 片くり刃 (single J groove), 両くり刃 (double J groove) などにする. 溶接部の表面状況からは図4·22のように とつ形 (convex), 平面形 (flat shape), へこみ形 (concave) の3種になる. なお1本の溶接線についていえば, 溶接が連続して行なわれ

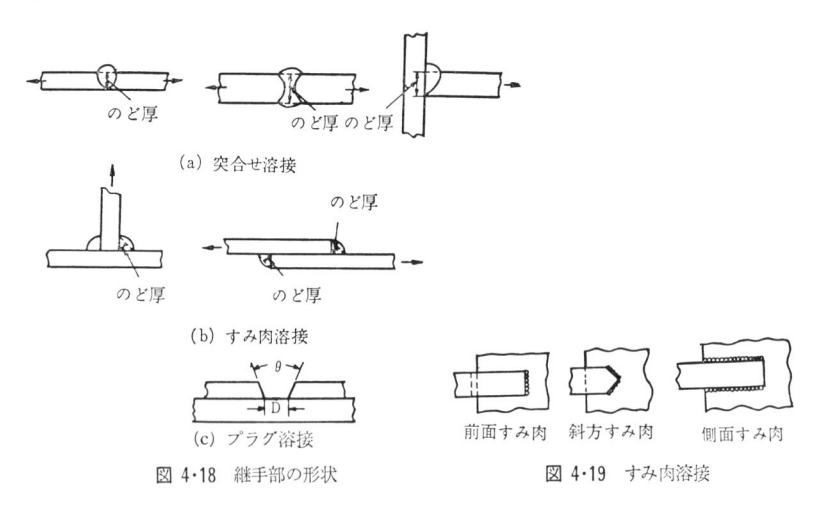

図 4·18 継手部の形状

図 4·19 すみ肉溶接

4・8 溶接継手の種類およびその選択

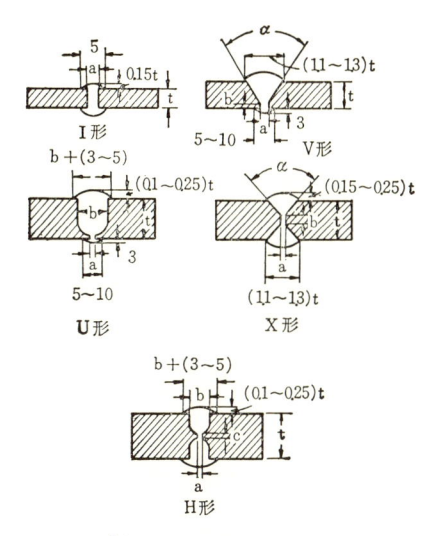

(a) 突合せ溶接の分類

板厚 t (mm)	I形 a (mm)	V形 α (°)	V形 a (mm)	V形 b (mm)	U形 a (mm)	U形 b (mm)	X形 α (°)	X形 a (mm)	X形 b (mm)	H形 a (mm)	H形 b (mm)	H形 c (mm)
2.3	0〜1											
3.2	2											
4.5	3											
6		90	2	1.5								
8		75	3	1.5								
9		60	3	2								
11		60	3	2								
12		60	4	2.5			90	2.5	2			
16					3	15	75	2.5	2			
19					3	15	60	3	3			
22					3	15	60	3.5	3			
25					3	15	60	4	4	3	15	3
28					4	18				3	15	3
32					4	18				3	15	4
36					4	18				4	18	4
40					4	18				4	18	4
45					5	22				4	18	5
50					5	22				4	18	5

(b) 突合せ溶接の標準寸法

図 4・20 突合せ溶接

(144) 第4章 溶接作業

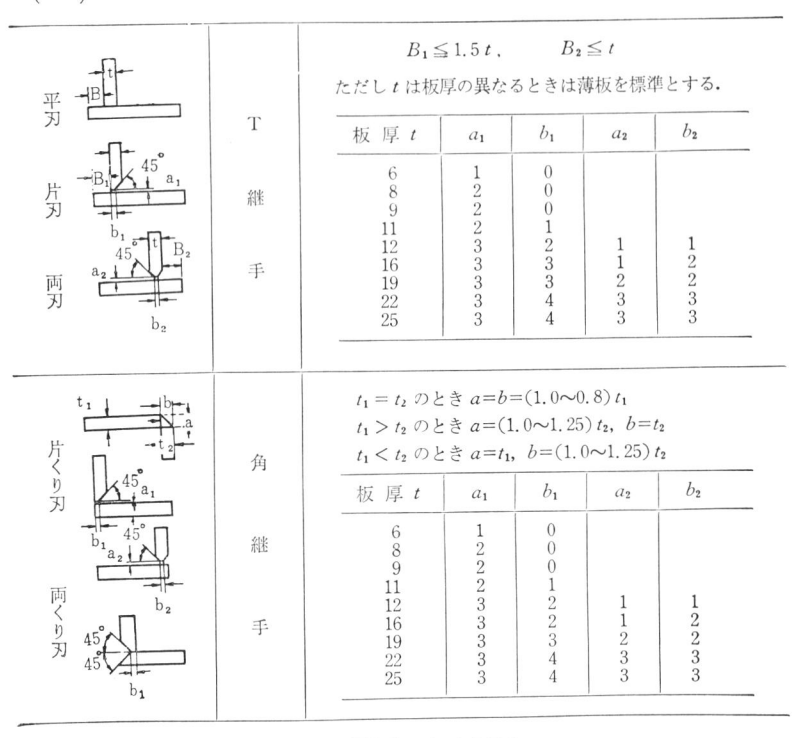

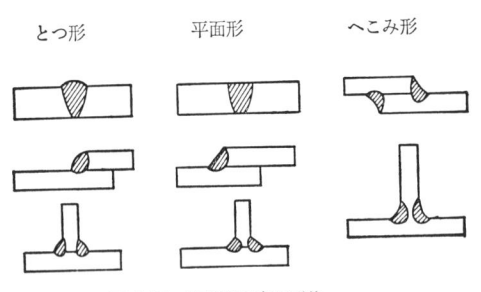

平刃	T継手	$B_1 \leq 1.5t$, $B_2 \leq t$ ただし t は板厚の異なるときは薄板を標準とする.				
片刃		板厚 t	a_1	b_1	a_2	b_2
両刃		6	1	0		
		8	2	0		
		9	2	0		
		11	2	1		
		12	3	2	1	1
		16	3	3	1	2
		19	3	3	2	2
		22	3	4	2	3
		25	3	4	3	3
片くり刃	角継手	$t_1 = t_2$ のとき $a=b=(1.0\sim0.8)t_1$ $t_1 > t_2$ のとき $a=(1.0\sim1.25)t_2$, $b=t_2$ $t_1 < t_2$ のとき $a=t_1$, $b=(1.0\sim1.25)t_2$				
両くり刃		板厚 t	a_1	b_1	a_2	b_2
		6	1	0		
		8	2	0		
		9	2	0		
		11	2	1		
		12	3	2	1	1
		16	3	2	1	2
		19	3	3	2	2
		22	3	4	2	3
		25	3	4	3	3

図 4・21 T継手 および 角継手

図 4・22 溶接部の表面形状

たか否かにより **連続溶接** (continuous weld) と **断続溶接** (intermittent weld) に分かれる．またすみ肉溶接における断続溶接では図 4·23 に示すように 各溶接線の相対位置により **並列溶接** (parallel intermittent weld, chain intermittent weld) と **千鳥溶接** (zigzag intermittent weld) に区別される．

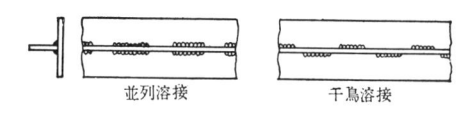

図 4·23 断続溶接（すみ肉溶接）

4·8·2 継手の選択

すぐれた溶接継手を得るためには次の諸点を考慮しなくてはならない．

ⅰ) 接合部にはなるべくモーメントがかからぬようにし，もしかかる場合は補強する．
ⅱ) 局部的な熱の集中を防ぎ材質の変化，残留応力などを少なくする．
ⅲ) 熱容量の著しく異なる部材は直接溶接しない．
ⅳ) なるべく継手を対称にする．
ⅴ) すみ肉溶接は種々の欠陥を生じやすいのでなるべく避け，形鋼などを使って突合せ溶接化する．
ⅵ) 開先は応力，ひずみを少なくするためできるだけ溶着金属量の少ない形状を選ぶ．
ⅶ) 裏はつり を行ない裏面溶接をできるだけ行なう．

4·9 残留応力と変形 (residual stress and deformation)

溶接によって材料は局部的に急熱，急冷されるので高温で起こる塑性変形，冷却に際しての収縮，場合によっては生ずる相変態などのため残留応力ならびに変形を生ずる．

溶接部の残留応力は悪い影響を及ぼす場合が多いので，なるべく少ないのが望ましい．溶接施工にあたっては収縮量の大きい継手を先に溶接し十分収縮させてから次の溶接を行なうのが原則である．また予熱を十分行なっておけば溶接部の冷却速度が緩和されるので残留応力の集中を防ぎうる場合もある．一たん生じた残留応力を緩和する方法としては，

ⅰ) 応力除去の焼なましを行なう．
ⅱ) 低温応力緩和法（溶接線の両側を約 200°C に加熱して急冷する）を適用する．
ⅲ) 機械的に変形を与える（たとえばピーニングを行なう）．などがある．

いずれも残留応力の存在する部分に塑性変形を起こさせ応力を緩和するものである．

一方溶接による変形を少なくするには外的拘束を加えて溶接したり，予想される変形と逆の変形をあらかじめ与えておいて溶接を行なう方法（逆ひずみ法）などがある．また開先を考慮するなどして与える熱量をなるべく少なくかつ均等になるようにする．

4·10 溶接部の組織

図4·24に示すように溶接部は組織上**溶接金属部** (weld metal zone), **熱影響部** (heat affected zone), **原質部** (unaffected zone) に大別される. 溶接金属部は溶融状態から急冷された鋳造組織であり, 熱影響部は溶接熱によって材質的に変化の起こっている部分である. 原質部は溶接の影響を受けない部分である. こういった溶接継手にあらわれる材質的不均一さは材料, 溶接方法などによって異なるのであるが, いずれにしてもそのまま機械的性質の変化となって現われる. 図4·25は一例として鋼板における溶接部付近の引張強さの分布を示したものである.

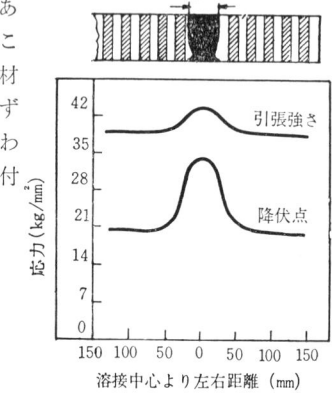

図 4·24 溶接部組織

図 4·25 溶接部付近の機械的性質の変化

4·11 各種金属の溶接法

4·11·1 鉄鋼材料

（a） 軟　鋼　軟鋼用被覆溶接棒を用いるアーク溶接が最も広く採用されており, 溶接部の信頼性も大きく作業も容易である. その他の各種溶接法もほとんど適用できる.

（b） 高炭素鋼　軟鋼とほぼ同じ溶接法が行なわれる. しかしながらこの鋼では急冷硬化が著しく, 割れを発生する場合があるので厚板では予熱および後熱を行なうべきである. 溶接棒は低水素系の共金溶接棒, 軟鋼用溶接棒あるいはオーステナイト系ステンレス鋼の溶接棒が用いられる.

（c） 鋳　鋼　圧延鋼とほぼ同様の溶接方法が採用される. 大形のものでは鋳造組織あるいは粗大組織になっているので予熱または後熱を行なうのが望ましい.

（d） 鋳　鉄　鋳鉄は炭素の含有量が多く, もろいので溶接はきわめて困難である. 軟鋼用溶接棒を用いて溶接する場合は溶接応力をなるべく少なくし, 融合部が白銑にならないよう550°Cぐらいの予熱を行ない, 溶接後は徐冷しなくてはならない. ニッケル系の溶接棒を用いて行なう場合は, 大形鋳物, 寒冷時を除き予熱は通常行なわない. ガス溶接ではすでに述べた鋳鉄用溶接棒あるいは非鉄金属の棒が用いられる.

（e）**低合金鋼**　被覆金属アーク溶接が多く採用される．最も注意しなくてならないのは溶接熱による母材の硬化である．予熱および後熱を適宜行なわねばならない．

　（f）**ステンレス鋼**　主として被覆金属アーク溶接が行なわれるが，最近はイナートガスアーク溶接も採用されている．フェライト系ステンレス鋼は空冷硬化の傾向があり，また熱影響部では炭化物の析出することもある．溶接後焼なまし処理を行なえば，よい結果が得られる．

　オーステナイト系ステンレス鋼の溶接は比較的容易であり，ガス溶接を除くすべての溶接法が適用できる．注意すべきことは熱影響部に Cr の炭化物の析出，シグマ相の生成により，じん性を害するとともに耐食性が劣化する場合があることである．これは溶接後 1050～1150°C の溶体化処理を行なえば改善される．

　（g）**高マンガン鋼**　溶接によって割れを発生する場合があるので注意を要する．アーク溶接法が適している．

　（h）**耐熱合金鋼**　オーステナイト系ステンレス鋼に準じて行なう．しかしながら Co および W を多量に含むものは溶接のとき高温割れを生ずることがあるので，このような場合は予熱を行なうことが必要である．最近ではイナートガスアーク溶接も用いられている．

4・11・2 非鉄金属材料

　代表的なものとしては銅，アルミニウム，チタンおよびそれらの合金がある．一般に熱および電気の良導体であるので溶接部が高温になりにくく，また高温では酸化したりガスを吸蔵しやすいので気泡などが発生しやすい．熱膨張係数もまた大きく，ひずみの発生が著しい．このためこれらの溶接は鉄鋼に比べて困難な場合が多い．

　（a）**銅**　銅の溶接は比較的困難である．それは前述したような非鉄金属材料に共通した困難性のほかに銅中の酸化銅が純銅に比べて溶融点がやや低く，先に溶融して割れを生じやすいこと，還元性ふんい気で溶接された場合酸化銅は還元されて容積が減少し，このため海綿状となり強度が低下することなどによるものである．現在ではガス溶接，イナートガスアーク溶接，ろう接などが行なわれる．

　（b）**銅合金**　黄銅は 20～40% の亜鉛を含んでいるが，亜鉛の沸点が 960°C であるので溶接の場合著しく気化し，生じた亜鉛および酸化亜鉛の蒸気のため溶接作業が困難であるばかりでなく，作業者が中毒症状を呈することがある．一方溶接部では脱亜鉛のため多孔質となり同時に外観が変わる．黄銅の溶接は銅に準じて行なう．

　青銅は普通 6～10% の錫を含むもので 540°C 以上で高温ぜい性を示すので溶接に際しては応力集中が起こらぬようにしなくてはならない．溶接は黄銅より容易である．

　（c）**アルミニウムおよびその合金**　高温で著しく酸化され，生ずる酸化アルミは溶融点が高く，比重も大きいので溶融金属の流動性を妨げかつ溶着金属中に残るお

それがある．イナートガスアーク溶接は酸化のおそれがないので用いて最も良い結果が得られる．

アルミニウム合金では熱処理または冷間加工によって特別に強度を高めているものがあるので，こういった材料を溶接する場合は溶接熱による材料の軟化に注意しなくてはならない．溶接はアルミニウムに準じて行なう．

（d）**チタニウム**　チタニウムは高温では酸素，窒素，炭素などときわめて反応しやすく，これらの元素が少量でも含まれるともろくなるので，現在のところイナートガスアーク溶接，電子線溶接などが適当なようである．

第5章 切削加工総論

　工作機械 (machine tool) を使用して素材を望む形状や寸法の部分品に加工することを**機械加工** (machining) といい．このうち刃物を用いて素材を削る機械加工を**切削加工** (cutting) という．このとき対象となる部分品を**工作物**（または加工物）(work) という．工作物は要求する形状・寸法ならびに表面あらさなどを満足するものでなければならない．
　なお他の生産と同じように高い能率で切削することをも切望する．

5・1 工作機械の種類

　工作機械は刃物を取り付け，工作物の切削を行なう機械である．工作機械によって製作された工作物が集って，いろいろな機械が組立てられるので，工作機械を機械の母ということもある．
　工作機械は「動力で駆動される機械で，作業中手で持ち運ぶことなく，金属・木などより削りくずを削り取るか，または塑性変形によって機械加工するものである」[1]．
　工作機械には種々な分類方法があるが，比較的広く用いられるものを次に示す．

5・1・1 生産の様式による分類

　汎(はん)用工作機械・単能工作機械・専用工作機械・万能工作機械その他に分ける．
　汎用工作機械は一般に普通の工作機械といっているもので広い用途に用いられている．したがって切削速度や送り速度を広い範囲に変えることができる設計である．付属装置を使用すれば，さらに広い範囲の機械工作をすることができる．多種少数の生産に適する．
　単能工作機械 (single purpose machine tool) は限定された工作に使うもので，工作物の形状寸法に融通性少なく，たとえばロール旋盤のようにロール以外のものは工作できない．
　専用工作機械 (special purpose machine tool) は特定の形状・寸法・材質などの工作物に適する．たとえば自動車用クランク軸旋盤のようなもので，特定の自動車のクランク軸だけに適し，他のものにはほとんど使用できない．これは少なくとも一部を自動化させて使用されている．
　万能工作機械 (universal machine tool) は汎用工作機械よりさらに用途を広げた

（1）　ISO の工作機械の定義による．ただし木に対しては木工機械，製材機械と称している別の集団もある．動力駆動のものだけで足踏みのものは，米国の業者の工作機械の定義にも含めていない．

もので，汎用のものでは動かない部分を動くようにして万能にしたものが多い．たとえばフライス盤に旋回台をつけて万能にしている．そのほか，一つの工作機械で2種または3種の用途に使用できるような特殊なものを万能工作機械ということもある．

複合工作機械 数種の工作機能を1台の工作機械に複合させ，そのままの外観で多機能の作業ができるもの，たとえば中ぐり盤でフライス盤の機能を備えているものがある．1回の取付けで他の機能の作業ができるため，取付け換えの手数が省けるだけでなく取付けの精度も高い．このようなものは万能といわず，複合という．

5·1·2 機種による分類

次に示すような機械の呼び名によるものである[1]．古くから広く用いられている分類で，日本工業規格 (JIS) の工作機械試験方法や，通産省・運輸省・厚生省などの統計にも用いられている．

　　旋盤　　ボール盤　　中ぐり盤　　フライス盤　　平削り盤　　形削り盤
　　立削り盤　　ブローチ盤　　金切りのこ盤　　研削盤　　ラップ盤
　　ホーニング盤　　超仕上盤　　バフ盤　　歯切盤　　歯車研削盤　　歯車仕上盤
　　その他　　トランスファマシン　　数値制御工作機械　　マシニングセンタ
　　放電および電解加工機など．

5·1·3 その他の分類

(1) 模写によるものと創成法によるもの　旋盤で円筒形の工作物を切削するとき，工作物は中心線を中心として真円に回転し，刃物はこれに触れつつ中心線に平行に送られる．このとき工作物および刃物が幾何学的形状に近い運動をすることによって，精度の高い工作物が得られる．このように工作機械には**母性原則**を持っているものが多く，工作物は拘束された運動によって加工されるものが多い．ならい装置を持つものは特に代表的なものである．しかし ならい装置の有無にかかわらず，このような模写に属するものが少なくない．

これに対し運動の一部に自由加工のできるものがある．たとえば超仕上盤は前加工面にと(砥)石の通る道が誘導されつつ高精度の仕上げを行なう．これは一部に自由度を持つ工作法である．

また旋盤で，ねじを削るときは，刃物刃先が工作物の回転と工具の送りの二つの運動に導かれて切削する結果，複雑なねじ曲面をつく(創)り出す．このように工作物と工具の相対運動により曲面形状を削ることを創成法という．創成法は歯切盤に特に多く用いられている．

(2) 切くずを出すものと出さないもの　前者は刃物で切削する場合で，一般

---

(1) この分類は JIS B 0105 工作機械の名称に関する用語 に用いられている．

の機械工作がこれに属する．後者は塑性変形を利用するもので，ねじや小さい歯車の転造に多く用いられている[1]．

5・2 切削加工の傾向

切削加工のおもな目標は工作物の精度を必要程度に確保しかつ経済的に加工できることである．

5・2・1 精 度 (accuracy)

精度はますます向上し，0.01mm 単位の寸法測定では満足できないことがあり，0.001mm すなわちミクロン (μ) 単位の要求が多くなっている．したがって部分品同志の相互差も皆無に近づく．また切削加工面の **表面あらさ** (roughness) も高度化し，同一工作機械を用いても美しいはだの得られる加工法が研究され，**うねり** (waviness) や，でこぼこを極度に小さくする努力が払われる．そのうえ切削による**表面の変質**もできるだけ防がねばならない．

そのほか**真円度・円筒度・真直度・真球度・平面度**ならびに**直角度**などの形状精度も，幾何学的形状に近づくようにする．かくて部分品の精度は向上し，やすりやきさげを一切使わない，いわゆる二次加工皆無の，しかも**互換性** (interchangeability) のある組立作業が行なわれる．

モデルチェンジに順応するため標準化したユニットを積木式に組み合わせ，必要程度の精度および機能の工作機械を迅速に求めるビルディングブロック方式がある．

5・2・2 剛 性 (rigidity)

工作のときは，工作機械や，**ジグ**（工作物または工具を取り付ける器具）および**工具**などは十分の剛性を持たねばならない．剛性の考察には二通りの考え方がある．その一つは切削抵抗や工作物重量に対するもので，他の一つは各部のがたやステイックスリップ (stick-slip) などである．

前者に対しては強度の大きい材料を使うか，寸法を大きく肉を厚くする．あるいはリブを設け，箱形を用いて変形を防ぐ．このとき加えた力による変位変形で剛性を表わす．後者は測定しようとする機械または器具などに規定量の移動を与え，実移動量との差または停止位置のばらつきなどで表わす．

近時，強力かつ高速の切削が一般に行なわれるので，剛性に対する注意が重視される．切削加工に対して振動の小であることを希望し，びびり振動を特にきらう．

5・2・3 切削加工時間 (cutting time)

切削加工所要時間には，工作物を切削する主要時間のほか，取付け・取りはずし・寸法測定などの付随的なものが含まれるだけでなく，作業の準備，取り片づけならびに切

---

(1) 前掲 ISO の定義 参照

くずの掃除なども含まれる．したがって各動作に無駄のないよう **作業研究** が行なわれねばならない．それだけでなく必要な動作までもどのように短縮するか，I. E. (industrial engineering) 的検討が必要である．

少なくとも切削に高速度を利用し，重切削の可能な工作機械を選定し，同時に多数の刃物を使う工夫，あるいは多数の同時加工を行なわせるなど，いろいろな考案が用いられる．また操作の簡易化や迅速化・付随作業の省略・疲労の軽減・安全装置の完備・機械防護装置などが企図される．ペンダントコントロールによる遠隔操作・スイッチボード制御・マグネットブレーキによる停止 など何れも加工時間短縮の例である．

一般に切削に要する時間については，上述のように短縮を企図するが，特に汎用工作機械以外の工作機械においては，素材から所定の工程を所要の精度で完結させる時間を問題とする目的で設計されるものが多く，特に自動機または自動制御の工作機械においては，これを主眼としている．

さらに自動化に進み，自動測定 (self-measuring)・自動取付 (automatic loading)・自動取りはずし (automatic unloading)・自動停止 (automatic stop) などを行なわせ，同時数台使用を可能ならしめるものが増加している．

それに関し，自動数値制御機 (numerically controlled machine tool) の数々が使用され，トランスファマシン (transfer machine tools)・マシニングセンタ (machining center) などが急激に増加してきている．

5・2・4 安 全 (safety)

機械の破損を防ぐために フール プルーフ (fool-proof) の採用や，自動的な操作が行なわれ，操作時間の短縮・作業の平易化などとともに機械の損傷を防止させる．これは安心感を作業者に与えることになる．これとともに作業者の災害防止も肝要で，作業中災害を受ける心配がないならば，動作の敏しょうさが加わるだけでも能率的であり，しかも災害という大きな無駄から解放される．なおこれ以外 じんあい，油，水などで作業服や作業場の汚れを防ぐためのスプラッシュガードも望ましい．

5・3 工作機械の精度

工作機械は前述したとおり母性原則を持つものであり，工作機械の精度が工作物の精度に大きく影響するため，機械の精度が重要視される．これに対し国家規格を定めている国もあり，わが国も規格[1]を定めている．しかし国家規格は最低基準を定めるものとし

---

(1) JIS B 6201 工作機械の試験方法通則
JIS B 6202 ないし 6223（各種工作機械の精度検査
あるいは各種工作機械の試験方法及び検査） 参照
JIS B 6242 ないし 6245（各種工作機械の運転検査）

て，これより幾分高級の社内規格を定めている製造業者（メーカ）や使用者（ユーザ）がある．これら工作機械の新製されたときの精度は，使用するうちに当初の精密さを失なうようになるから，定期的にまたときどき設備保全（**P. M.** preventive maintenance）の規定を設けそれにより更生させる必要がある．

5・4 工作機械の効率

（1） **切削効率**（cutting efficiency）は所要動力 1 馬力（PS）に対する単位時間当りの切くずの容積 $cm^3/PS/min$ で表わす．これによって当該工作機械の生産能力がわかる．もちろん刃物や工作物材質によって異なるものである．

例 旋盤で鋳鉄（$H_B 179$）を切削するとき超硬バイトの K20 で効率は $44.3 cm^3/PS/min$

（2） **機械的効率**（mechanical efficiency）η は工作機械の入力 N と，摩擦その他に消費されるもの N_L を除いた正味馬力 N_N との比であって，$N_N + N_L = N$ とおけば

$$\eta = \frac{N_N}{N}$$

である．

（3） **仕事量の効率** $N_N \cdot t / (N_N \cdot t + N_L \cdot T)$ や**稼働率**（%）$t/T \times 100$ を求めることもある．ここに t は正味切削時間，T は工作機械の運転総時間である．

このほか 5・2・3 項で述べた切削加工時間（始動から加工完了までの所要時間）のみをもって，工作機械の効率を問題にすることも少なくない．

5・5 切削加工上の注意

切削加工上の注意は無限にあり，適切な方法をその都度選択採用しなければならない．そのおもな注意事項を列記する．

（1） 工作機械の説明書その他によって使用者に使用法や構造を知りつくさせる．

（2） 工作物の取付けには無理のないよう，不つりあいのないようにする．かつその工作機械に適合した大きさのものを工作させる．

（3） 数量の極度に少なくないものにも一応ジグを考え，可能ならばジグを製作する．数量の多いものにはジグを考える．あるいは専用機・自動機または数値制御機など多数製作用工作機械を使用することを考究する．

（4） 刃具（tool）も短時間で正しい位置にゆるまないよう取り付けねばならない．また刃先がむやみに長く突き出たり，必要以上に長いアーバを避けるなど合理的な使い方をする．

（5） 一端だけの工作物支持は，とかく弱い取付けになるから，心押台のセンタに援助させるか，中央に ささえ を使う．たとえば旋盤や円筒研削盤に振れ止めを使うよう

な考え方である．

　なお回転数の高い場合の心押台のセンタには回転センタを使う必要がある．

（6）　刃具に対しては最適な切削速度，送りおよび切込み量をよく調べて適切な作業条件を選ぶ．

　瞬間以外は過負荷にならないように企画する，寿命の尽きる少し前に刃具の研ぎ直しをする，刃具の研削は集中研削とする，など細かい注意が肝要である．

（7）　切削中に出る切くずや所要動力に注意し，切くずの形または所要動力に変化が起こるときは，切削の条件に何等かの変化が起こったことを意味するから原因を探究する．なお切くずの処置はゆるがせにしない．

　また切削油剤には適切なものを適量使用する．

（8）　切削中の機械ならびに刃先に起こる異状振動や異常騒音は作業を中止しても調べねばならない．軸受部の温度上昇も同様である．

（9）　停電のとき自動的にスイッチの切れるものは安全であるが，さもないときは，スイッチを切る．

（10）　す(据)え付けには完全を期し，精度の狂いを避ける．

　また室温の変化によって機械精度に狂いを起こすことも，昨今のような高精度の時代には許されない．よって日光の直射を受けたり，その他の熱の影響を絶対に受けないような工夫をする．なおさらに電動機や歯車箱などが原因の熱変位に注意する必要すら起こることがある．

第6章 けがき作業

　鋳造品，鍛造品などを所要の形状，寸法に削り出すため，工作物の上に仕上面の位置や穴の位置などを示す線を引いて，切削の めやす とすることがある．この作業を けがき (marking-off) という．通常，面のあらい場合は胡粉を水などで溶かしたものを塗り，また一度仕上げた面には青竹という顔料などを塗って，その上に けがき針 (scriber) で線をけがく．

　けがき作業はおもに少量製作の際行なわれるものであって，多量生産の場合やまた特に加工精度が要求される場合などはジグの使用，工作機械の自動化などによりけがき作業を省くようにすべきである．

6・1　けがき用工具

　けがき作業は通常，図 6・1 に示すようなけがき台 (marking-off table) 上に工作物を載せて行なう．図は比較的大形の例で，れんが積の台の上に表面を平らに削った 鋳鉄製定盤 (surface plate) を載せたものである．

　けがき用定盤面に平行な面あるいは直角な面を得るため，補助の台として図 6・2 の 平行台 (parallel-block)，図 6・3 の 直角ブロック (angle block)，図 6・4 の V ブロック (V-block) などが用いられる．

　けがき線を引くのに用いる けがき針 の一例を図 6・5 に示す．針の先端は焼入れが施され，つねに鋭く研がれている．これを 定規 (rule) などに当てて工作物にけがきを行なう．台のある柱にこのけがき針を取り付けたものが図 6・6 の トースカン (scribing block) であって，けがき用定盤，直角ブロックなどの平面に平行な直線を簡便に引くのに用いられる．なおこのトースカンはけがき以外に工作機械上の工作物の振れをみるとき，ならびにけがき線に合わせて位置決めを行なうときなどにも用いられる．けがきした線上に目印を付けるのに 図 6・7 の ポンチ (punch) が打たれる．ポンチの先端は焼入が施され円すい形に鋭く研がれている．

　けがき作業を能率よくかつ正確に行なうためジグ (jig) がよく用いられる．けがき用ジグ の一例を図 6・8 に示す．(a)図が完成した工作物であるが，この上面の みぞ を削り出すためのけがきを行なうのに，(b)図のようなジグを用いる．(c)図 が けがき を行なっているところを示す．

6・2　けがき作業

　図 6・9 はけがき用定盤面に平行な水平線およびこれと直角をなす垂直線を引く方法を

(156) 第6章 けがき作業

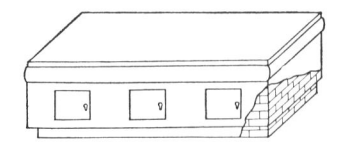

図6・1 けがき台

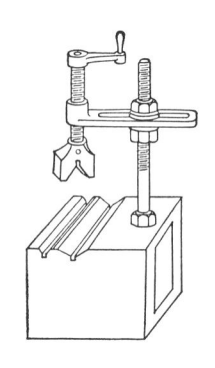

図6・2 平行台
（クランプ付）

図6・3 直角ブロック

図6・5 けがき針

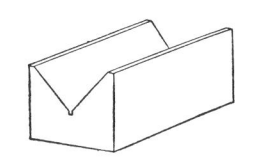

図6・4 V-ブロック

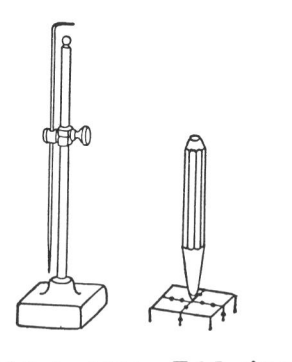

図6・6 トースカン　図6・7 ポンチ　図6・8 けがき用ジグ

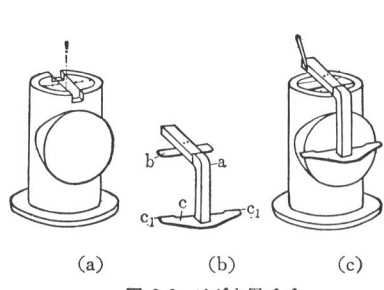

示す.この例ではまず工作物を平行台に取り付け,水平線をけがき((a)図),次いで工作物を取り付けたまま平行台を 90° 回して直交線をけがいている((b)図).このほか直角ブロック,平行台などの垂直面に沿ってトースカンをすべらせて垂直線をけがく方法もある.また **直 角 定 規**(square)をけがき用定盤上に立てて行なうこともある.

円筒形の工作物の端面の中心を求める方法を図 **6·10** に示す.次に図 **6·11** は丸い穴の中心を求めるとともに穴の寸法をけがく方法である.なおポンチマークの打ち方の例を図 **6·12** に示す.

(a)　　　　　　　　(b)

図 **6·9**　けがき作業の例(その 1)

(a)　　　　　　　　(b)

図 **6·10**　けがき作業の例(その 2)

図 **6·11**　けがき作業の例(その 3)

(a)　　　　　　　　(b)

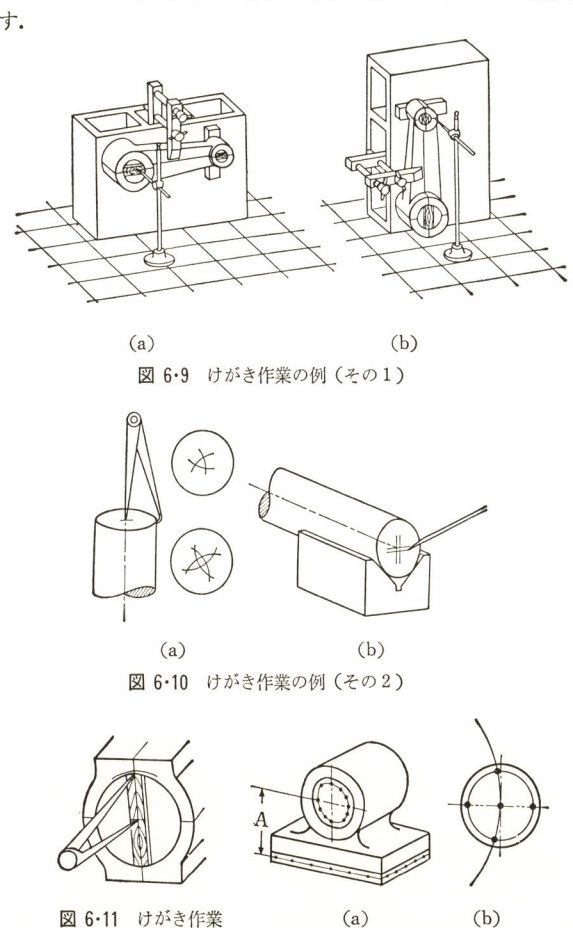

図 **6·12**　けがき作業の例(その 4)

第7章 旋盤作業

7・1 普通旋盤

普通旋盤 (engine lathe また lathe) は工作機械のうちで最も広く用いられ，工作物に回転を，刃物 (tool) に送り (feed) を与え，外丸削り (turning)，面削り (surfacing)，突切り (cutting-off)，中ぐり (boring)，ねじ切り (screw cutting) などの切削加工を行なう．

旋盤の外観と各部の名称を図 7・1 に示す．これは電動機から直接動力をとる電動機直結形 (motor driven type) 旋盤である．

なおベッド上の振り (swing) を大きくするため，ベッドに切落し (gap) を設けたものを切落し旋盤 (gap lathe) という．

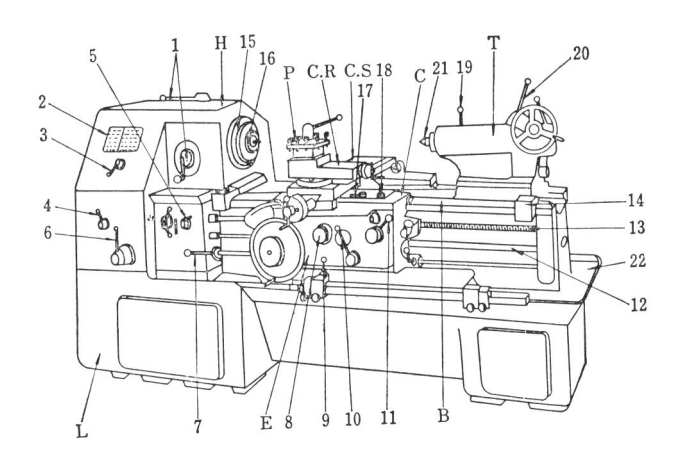

H. 主軸台 B. ベッド C.S. 横送り台 T. 心押台 L. あし C.R. 複式刃物台 C. 往復台 E. エプロン P. 刃物台 1. 主軸速度変換レバーおよびハンドル 2. ねじ切りおよび送り表 3. ねじ切りおよび送りの正逆切換レバー 4. インチねじメートルねじ切換レバー 5. ねじ切り，送り切換レバー 6. 送り変換レバー 7. 起動レバー (正転，停止，逆転) 8. 縦横自動送り切換にぎり 9. 油窓 10. 自動送り掛けはずしレバー 11. 半割ナット掛けはずしレバー 12. 送り軸 13. 親ねじ 14. ストッパ 15. 多条ねじ簡易割出し目盛 16. 主軸 17. 縦送り半減レバー 18. 往復台クランプボルト 19. 心押軸クランプレバー 20. 心押台クランプレバー 21. センタ 22. オイルパン

図 7・1 普通旋盤 (大隈鉄工所)

普通旋盤の作業としては上記のほか，内外の **テーパ削り** (taper turning または taper boring)，ならい削り装置による **ならい削り** (copying または profiling)，総形バイト (姿バイト) (forming tool) による **総形削り** (form turning) などができる．なお心押台のセンタ穴にドリル (drill) またはリーマ (reamer) を取り付けて **穴あけ** (drilling) や **リーマ通し** (reaming) を行なうこともできる．そのほか ローレット (knurling tool または roulette) による **ローレット切り** (knurling)，ローラによる **ローラ仕上げ** (roller finishing) などもできる．また便法として往復台上に研削装置 (grinding attachment) を取り付け研削作業を行なうこともある．

旋盤の大きさは，ベッド上の振り (swing over bed)，往復台上の振り (swing over carriage) および両センタ間の最大距離 (distance between centers) などで表わす．ベッド上の振りとは，主軸に取り付けた工作物をベッドに接触することなく，振り回すことのできる最大の直径をいい，往復台上の振りとは往復台に接触することなく，振り回すことのできる最大の直径をいう．また両センタ間の最大距離とは，主軸および心押軸にはめた両センタ間の距離で，センタでささえることのできる工作物の最大長さを表わしている．

7・2 旋盤の構造

工作物の一端をつかみ，これに回転運動を与える **主軸台** (headstock) が **ベット** (bed) 上に固定されている．これに相対して工作物の他端を支持する心押台 (tailstock) をベッド上に載せる．さらにベッド上をしゅう(摺)動することのできる **往復台** (carriage) があって，これにバイトを取り付ける刃物台を載せる．なおベッドはあし(脚部)でささえられて，作業に適した高さに保たれている．

7・2・1 主軸台

主軸台の一例の骨組図を図 **7・2**(a), (b) に示す．(a)の例では電動機は6段変速だが，これにバックギヤ (backgear) を使えば低速部にさらに6段を加え12段となる．すなわちこの例では電動機で 3000, 2000, 1500, 900, 600, 450 rpm が，さらに 300, 200, 150, 90, 60, 45 rpm を加える．(b)の例では電動機より動力をVベルトでベルト車Pにとり，ベルト車軸 I より中間歯車軸 II, III を経て **主軸** (main spindle) に至る間に，歯車の種々の組合わせにより適当に変速されて (12段) 所要の主軸回転数が得られる．これらの軸の軸受には幾つかのころ軸受や玉軸受が使用され，また軸の一部には歯車の掛け換えの際，すべらすことの便宜上スプライン軸が用いられている．なおこの主軸台から往復台自動送り用の送り軸を回す運動も，ねじ切り用の親ねじを回す運動も歯車列でとられる．

主軸回転数は一般に高速となり，かつ段数が多くなりつつある．その変化のさせ方と

(160) 第7章 旋盤作業

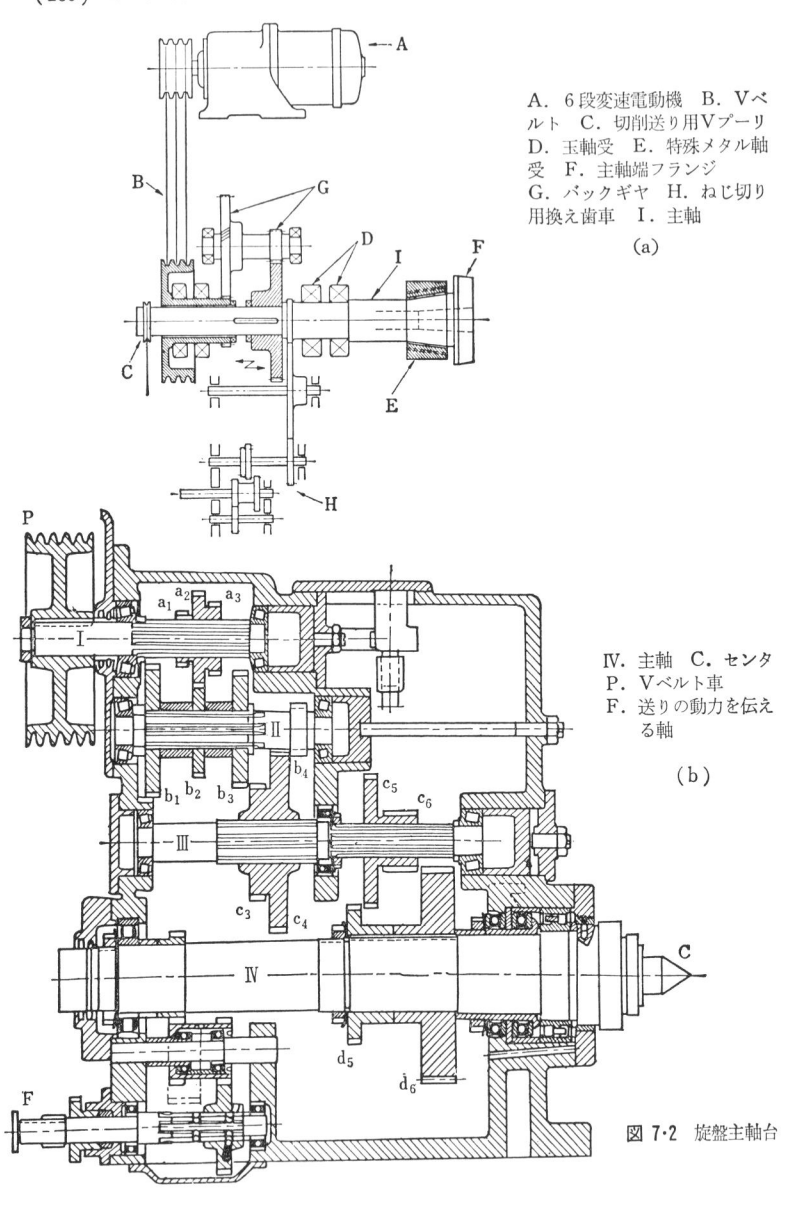

A. 6段変速電動機　B. Vベルト　C. 切削送り用Vプーリ
D. 玉軸受　E. 特殊メタル軸受　F. 主軸端フランジ
G. バックギヤ　H. ねじ切り用換え歯車　I. 主軸

(a)

Ⅳ. 主軸　C. センタ
P. Vベルト車
F. 送りの動力を伝える軸

(b)

図 7・2　旋盤主軸台

7·2 旋盤の構造

表 7·1 工作機械主軸回転数の規格における速度比と速度低下率

速度比	数　値	1.06	1.12	1.26	1.41	1.58	2.00
	$\sqrt[40]{10}$	$\sqrt[40]{10}$	$\sqrt[20]{10}$	$\sqrt[10]{10}$		$\sqrt[5]{10}$	
	$\sqrt[12]{2}$	$\sqrt[12]{2}$	$\sqrt[6]{2}$	$\sqrt[3]{2}$	$\sqrt{2}$		2
速度低下率　%		$\cong 5$	$\cong 10$	$\cong 20$	$\cong 30$	$\cong 40$	$\cong 50$

しては普通，等比級数が採用されている．主軸回転数の規格の一例を表 7·1 に示す．実際の例として，ある旋盤では速度範囲が 40〜3,200 rpm で 18 段の変速である．また最近は 5,000 rpm をこえるものもある．

以上のように歯車により変速を行なう全歯車式旋盤 (all geared lathe) のほかに，無段変速装置も使用される．

7·2·2 心押台

心押台の一例を図 7·3 に示す．心押台は工作物の長さに応じベッド上をしゅう動させてその位置を変える．これをベッド上の

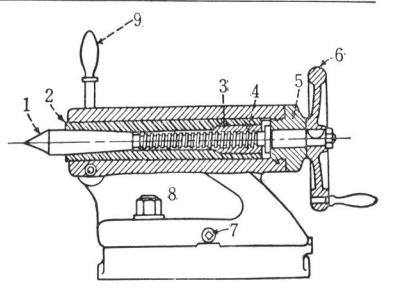

1. センタ　2. スリーブ　3. ナット
4. ねじ棒　5. ねじ棒ささえ　6. ハンドル
7. 中心合わせねじ　8. 心押台クランプねじ
9. スリーブ緊定レバー

図 7·3　心押台

1. サドル　2. ありみぞ案内面　3. 横送り台　4. 旋回台　5. 4 を固定するナット
6. 旋回台上面のありみぞ案内面　7. 複式刃物台　8. 7 を動かすハンドル　9. 刃物台
10. バイト締付けボルト　11. 刃物台締付けレバー　12. 11 のはまっているねじ　13. エプロン　14. 横手送り用ハンドル　15. 縦手送り用ハンドル　16. 親ねじ　17. 半割りナット掛けはずしレバー　18. 自動送り掛けはずしレバー

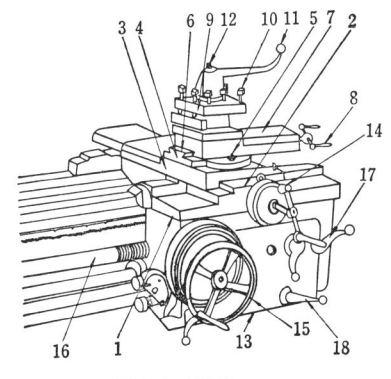

図 7·4　往復台

所定の位置に固定するには図のクランプねじによるが，大形の旋盤ではリンクやてこを利用して，小さい力で確実に締付けることができるものがある．

7·2·3 往復台

往復台は図 7·4 に示すように**サドル** (saddle) とその前にたれている**エプロン**

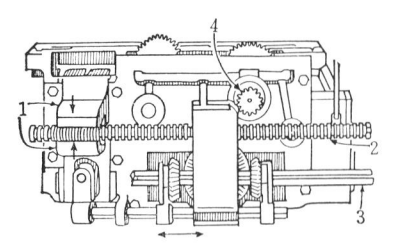

1. 親ねじ用半割りナット　2. 親ねじ
3. 送り軸　4. ラック用ピニオン
図 7・5　エプロンを裏からみた図

(apron) とからできていて，サドルの上には **横送り台** (cross side) があり，さらにその上に **複式刃物台** (compound rest) が乗っている．複式刃物台の底部は **旋回台** (swivel slide) で回すことができる．また上部はバイトを取り付ける **刃物台** (tool post) になっている．

サドルにベッドの長手方向の送り――これを **縦送り** (longitudinal feed) という――を与えるには，ベッドの前に取り付けたラックとかみ合うピニオンを回すことによって行なうが，または後述するように回転する親ねじに半割りナットをかみ合わせることによる．また刃物台の前後の送り，すなわち **横送り** (cross feed) は横送り台によって行なう．

次にエプロンの裏から見た例を**図 7・5**に示す．**半割りナット** (half nuts) をレバーの操作により **親ねじ** (lead screw または leading screw) にかみ合わせると主軸 1 回転当りに対する計算通りの縦送りが与えられ，ねじ切り作業に応用される．また **送り軸** (feed rod) を用いて，歯車の切換えにより縦および横送りを自動送りにすることもできる．

7・2・4　ベッド

ベッドは主軸台，心押台，往復台その他の付属装置を支持するだけでなく，切削のときに大きい切削抵抗を受けるので剛性を十分保持させて，たわみや振動をできるだけ少なくする必要がある．材質は一般に高級鋳鉄を用いている．すべり面だけを火炎焼入したものや，焼入を施した鋼板を張り付けて耐摩性を持たせたものもある．鋳鉄に対しては枯らし (seasoning) を入念に行なうことを原則としている．またベッド上のすべり面 (slide way) は **平削り** の後 **きさげ仕上げ** または **研削仕上げ** が施される．

7・3　旋盤用工具

7・3・1　完成バイト

バイト材料は高価であるが，あまり大きくない場合は後述の **付刃バイト** (tipped tool) としないで，バイト全体を同一材質で造る **むくバイト** (solid tool) または **完成バイト** (completion tool) が用いられる (JIS B 4151 完成バイト 参照)．完成バイトの種類には方形，長方形，板形，台形(てい形)．突切り，丸棒の 6 種があり，それぞれ 1 形ないし 6 形といっている．

7·3·2 高速度鋼付刃バイト

高速度工具鋼の**チップ**（tip）を炭素工具鋼のシャンクにろう付（brazing）したもので，たとえばJIS B 4152の規格は主として鉄鋼製品切削用の**高速度鋼付刃バイト**について規定している．この使用例を図**7·6**に示す．

7·3·3 超硬バイト

超硬合金のチップを炭素工具鋼のシャンクにろう付したもので，JIS規格[1]には**超硬バイト**およびそのチップが規定されている．

なお超硬バイトの切削試験方法についてはJIS B 4011の規格がある[2]．

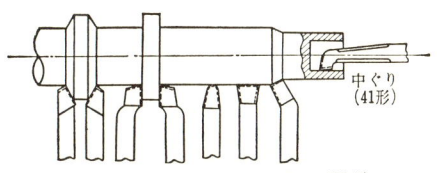

斜剣　片刃　先丸剣　平剣　曲り刃（横剣）
(12形) (13形) (11形) (21形) (14形)

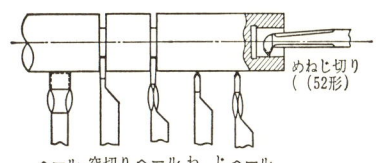

中ぐり
(41形)

めねじ切り
(52形)

ヘール　突切り　ヘールね　じヘール
(22形) (31形) 突切り 切　りねじ切り
　　　　　　　(32形)(51形)(53形)

図 7·6 高速度鋼付刃バイトの使用例
(JIS による形状の種類をかっこ内に示す)

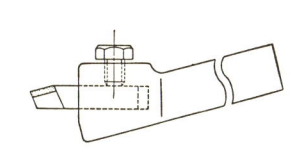

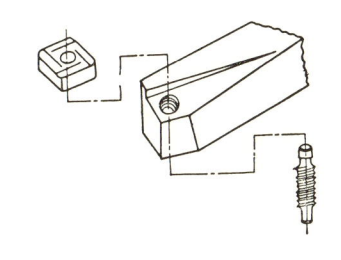

(a) 差込みバイト　　(b) スローアウェイバイト

図 7·7 差込みバイトおよびスローアウェイバイト

超硬バイトは上述のようにろう付バイトが普通であるが，最近は**クランプバイト**（clamped tool）または**差込みバイト**（insert tool, bit tool）（図**7·7**(a)）も使用される．**スローアウェイバイト**（throw away tool）（図**7·7**(b)）はクランプバイトの一種で，研削ずみの四角または三角形のチップを，その一つのエッジの切刃が摩耗する

---

(1) JIS B 4105 超硬バイト
　　JIS B 4104 超硬チップ
(2) 高速度鋼バイトについてはJIS B 4012（バイト切削試験方法）がある．

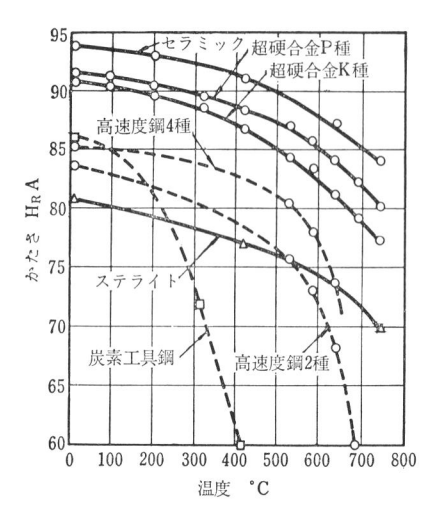

図 7·8 工具材料の高温におけるかたさ

と，取り付け直すことにより新しい切刃を使い，1個のチップを裏表8または6回に使用する．

以上は超硬合金を用いた工具 (cemented carbide tool または carbide tool) であるが，このほかステライト（鋳造合金の一種），サーメット (cermet)，セラミック (ceramic)，ダイヤモンド (diamond) などの工具材料も使用されている．

図 7·8 に各種工具材料の温度によるかたさ低下の度合いを示す．

7·3·4 バイトホルダ

材料節約と取扱いの便宜上，ごく小形のバイト (tool bit) を，**バイトホルダ** (tool holder) に締付けて使用することがある．

7·3·5 チップブレーカ

鋼などを高速で切削するとき，切くずが連続して長く削り出され，工具にからみついたり工作物の仕上面を損傷することがある．このとき**チップブレーカ** (chip breaker) という超硬合金の小片をすくい面上に固定して切くずを適当に小さく折ることが行なわれるが，一般には図 7·9 の例に示すようにすくい面に直接みぞや段を付ける簡単な方法でこの目的を達する．このチップブレーカの寸法の一例を表 7·2 に示す．

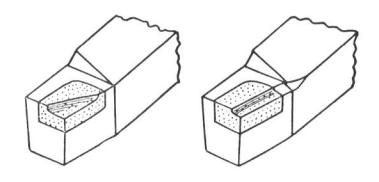

図 7·9 チップブレーカ

7·3·6 ローレット

ハンドルや締付けボルトなどの握りの部分に

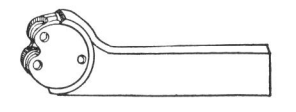

図 7·10 ローレット

ぎざぎざ（ななこめ（魚子目））を付けるには図 7·10 に示すような**ローレット**（魚子目工具またはナーリング工具）を使用する．図に示すものは，2個のローラ形のツールを一つのシャンクで保持しているもので，これを刃物台に取り付け工作物の表面に押し付けて作業する．

表 7·2 チップブレーカの寸法（mm）

切込み＼送り	0.2〜0.3	0.31〜0.43	0.46〜0.56	0.58〜0.68	0.71〜0.81
0.4〜 1.2	1.6	2	2.4	2.8	3.2
1.6〜 6.3	2.4	3.2	4	4.4	4.8
8 〜12.5	3.2	4	4.8	5.2	5.6
14 〜18	4	4.8	5.6	6	6.3

（注）ブレーカの深さはたいていの鋼材の場合約 0.5mm を推奨する．

7·4 旋盤用付属品

主として工作物の取付用工具類について述べるが，これらのほか特殊なものとして研削装置，テーパ削り装置（図 7·28 参照），ならい削り装置（図 7·29，図 15·1 参照）などがある．

7·4·1 回し板，回し金，面板，チャック

工作物を主軸および心押軸の両センタ間でささえて回すには，主軸に **回し板**（driving plate）（図 7·11(a)）を取り付け，工作物の主軸側端部に取り付けた **回し金**（ケリー）（dog）（図 7·11(b)）を併用して駆動する．

比較的短い工作物の端面の加工や，内面の加工などのようにセンタで支持できない場合は，次に述べる種々の **チャック**（chuck）を用いて工作物をつかむ．また図 7·12 の **面板**（face plate）に工作物を取り付けて工作することもある．

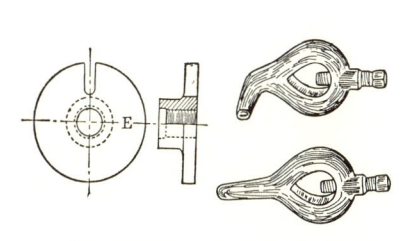

(a) 回し板　(b) 回し金

図 7·11 回し板と回し金

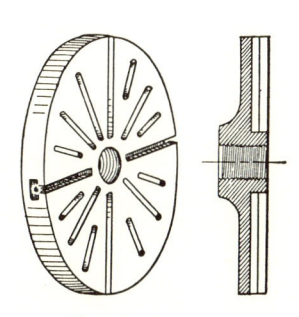

図 7·12 面板

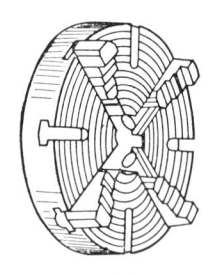

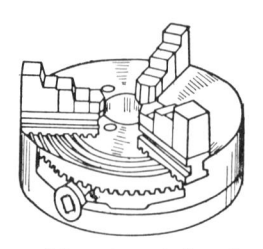

(a) 単動チャック　　(b) スクロールチャック
図 7·13　チャック

(1) **チャック**　チャックには図 7·13(a), (b) に示すように三つづめと四つづめがあり，チャックの裏に取り付けたアダプタによって主軸端に取り付ける[1]．おのおののつめを単独に動かすことのできるものを**単動チャック** (independent chuck) (JIS B 6154 四つづめ単動チャック 参照) といい，また1本のハンドルで全部のつめを同時に同じ方向に動かすことのできるものを**スクロールチャック** (scroll chuck) (JIS B 6151) という．これらのチャックのつめの締付け面は，普通は焼入を施し研削仕上げを行なってあるが，**生づめスクロールチャック** (soft jaw chuck) (JIS B 6005) と称し，つめを焼入することなく，使用する旋盤に取り付けて，常時使用すると思われる寸法につめを開いて締付け面を仕上げ，締付け精度を高くすることのできるものもある．

チャックは表 7·3 に示すように は(把)握力について検査されるほか，つかんだ工作物の振れ の検査も行なわれる．しかし最近の旋盤は高速重切削ができる構造になっているので，チャックの動つりあい (dynamic balance) にも注意を払わねばならない．

表 7·3　チャックの把握力検査規格　　(JIS B 6151)

呼び番号		3	4	5	6	7	9	10	12
試験丸棒の直径　(mm)		15	20	25	35	45	55	70	80
ねじりモーメント (kg-m)		1.5	3.5	5	9	12	16	21	24
締め付けられる丸棒の最大直径	内づめ	15	22	30	40	50	60	75	85
	外づめ	60	80	100	125	145	170	205	235

(注) スクロールチャックの把握力は，表に示す直径の試験棒をつかんだとき，表に示すねじりモーメントを試験棒に与えても，試験棒はすべらないことを要求する．

(2) **コレットチャック**　細い棒材を加工する場合，特に卓上旋盤，タレット旋盤などでは**コレットチャック** (collet chuck) が用いられる．これは図 7·14(a) に示すように中空管の一端に 3～4 個の割れ目を入れたもので，この中に工作物を入れて締付ける．それには (b) に示すようにハンドルを回し，コレットを引張るとテーパ付スリーブによって，コレットが内側に押され工作物を締付ける．

(3) **空気チャック**　スクロールチャックでも工作物の取付け，取はずしには相当

---

[1] このチャックの取付部は主軸端の形状寸法に合わさねばならない．旋盤の主軸端の形状寸法は JIS B 6109 に規定されている．

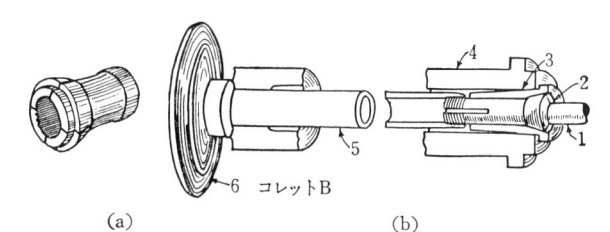

1. 棒材 2. コレット 3. テーパ付スリーブ 4. 主軸
5. 引出棒 6. コレット制御ハンドル

図 7・14 コレットチャック

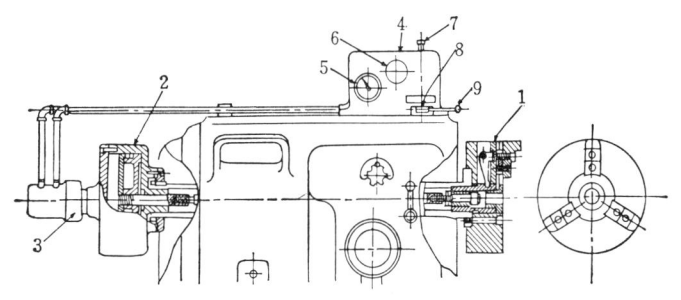

1. チャックボデー 2. 空気シリンダ 3. 空気弁 4. バルブユニット
5. 圧力計 6. 圧力調整弁 7. 潤滑油つぼ 8. 切換弁 9. 切換レバー

図 7・15 空気チャック（日立精機）

時間がかかるので，これを迅速確実にするために，圧縮空気や油圧によりつめを操作するチャックが用いられる．図 7・15 は**空気チャック** (air chuck) の例で，圧縮空気によりピストンが軸方向に動くと，てこを介してチャックのつめが動き工作物が把握される．なお，油圧を用いるチャックもある．

（4）**マグネットチャック**　電磁石または永久磁石により，工作物の取付けを行なう**マグネットチャック** (magnetic chuck) も旋盤に用いられることがある．薄物の工作物の場合に便利に利用される．

7・4・2　振れ止め

工作物の長さが外径に比し相当長いときは，**振れ止め** (rest) を用いて，切削抵抗による工作物の**たわみ**または振動を防ぐ．図 7・16(a) に示すものはベッド上に一時固定して工作物の所要の個所をささえる普通の**固定振れ止め** (steady rest) であるが，

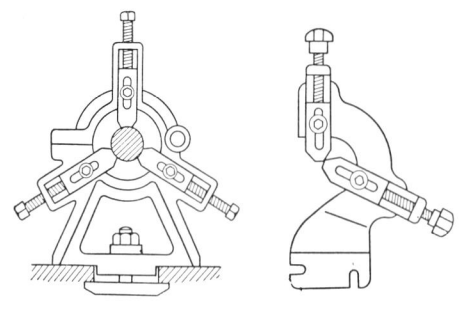

(a) 固定振れ止め　(b) 移動振れ止め
図 7·16　振れ止め

図7·16(b)は往復台上に取り付け刃物とともに動く**移動振れ止め**(送り振れ止め)(follow rest)である.

7·4·3　マンドレル

穴のある工作物の取付けには図7·17に示すような**マンドレル**(mandrel)にはめ,これを両センタでささえると便利な場合が多い.マンドレルのことをわが国ではアーバといっている.

7·4·4　センタ

主軸および心押軸に用いられる**センタ**(center)には図7·18に示すような種々の形がある.心押軸のセンタは多くは図7·3の例のように静止している構造——これを**止りセンタ**(dead center)という——であるが,工作物が高速回転の場合は図7·19の**回転センタ**(live center または revolving center)を用いる.センタが工作物について回るのでほとんど発熱の心配がない.

工作物にセンタ穴をあけるには,図7·20の**センタ穴ドリル**(center drill)(JIS B 4304)または**面取りフライス**(JIS B 4231)を用いる.この場合センタ穴の加工専

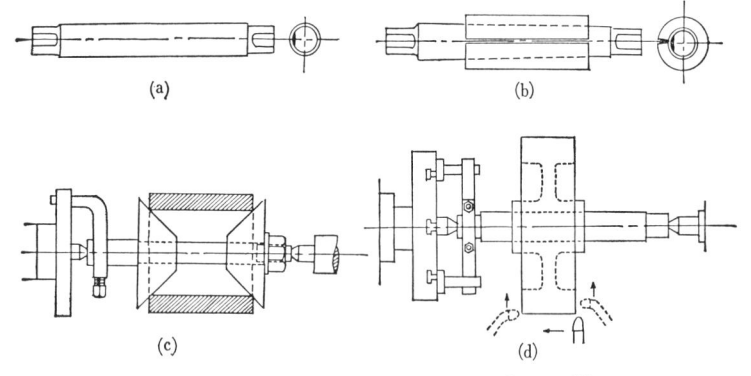

(a) むくアーバ (solid mandrel) 約1/100のこう配を付け,両端にセンタ穴を設ける.　(b) 調整アーバ (expansion mandrel)　(c) 円すいアーバ (cone mandrel)　(d) アーバの使用例

図 7·17　マンドレル

7・4 旋盤用付属品

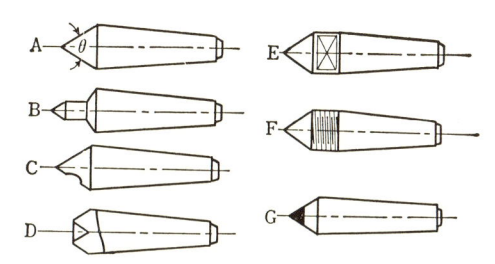

A. 一般に用いられるもの（θは60°であるが大物の場合60°より大きくすることがある）　B. 先細センタ　C. 半センタ　D. 皿センタ（またはネガチブセンタ）　E, F. 抜き出すのに便利なセンタ　G. 超硬センタ（JIS B 4112）

図 7・18　センタ

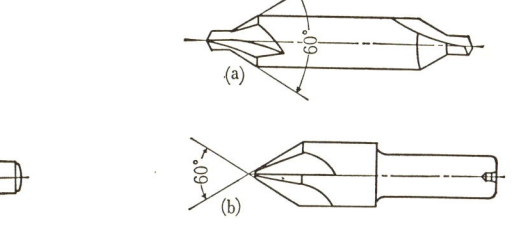

図 7・19　回転センタ

(a) センタ穴ドリル　(b) 面取りフライス
図 7・20　センタ穴ドリルおよび面取りフライス

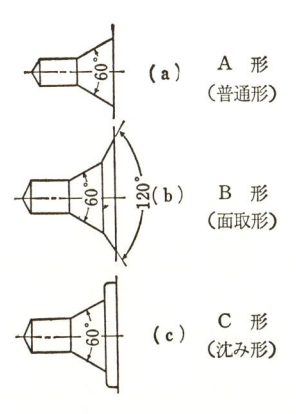

(a) A 形（普通形）
(b) B 形（面取形）
(c) C 形（沈み形）

図 7・21　センタ穴（JIS B 1011）

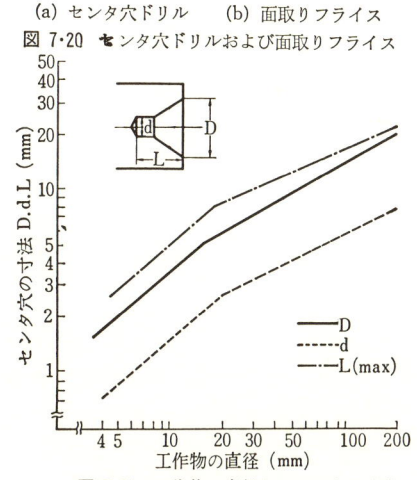

図 7・22　工作物の直径とセンタ穴の寸法（DIN 332）（センタ穴寸法の規格としてはこのほかに ISO TC 29 458 がある）

用の **心立て盤** (centering machine) によるか，普通旋盤による．しかし便法として，まず細いドリルでセンタ穴の小さいほうの穴をあけ，次に先端を 60° に研削した太いドリルでセンタ穴の 60° のところをあける方法も用いられる．

センタ穴（JIS B 1011）には図 **7·21** に示すような種々の形がある．

工作物の直径とセンタ穴の大きさとの関係を図 **7·22** に示す．

7·5　旋盤の作業

7·5·1　工作物の取付け

面板を用いて工作する例を 図 **7·23** に示す．(a) は 4 個の締め金 (clamp) A, B, C, D により工作物 W を直接面板に取り付けたものであるが，(b) は工作物 W の形状の都合上，直角ブロック (angle block) P を介して取り付けた例である．なお，**つりあいおもり** (balance weight) G を用いてつりあいを十分とってから切削しないと，仕上面あらさにむらを生じ，また寸法の精度も保ち難い．

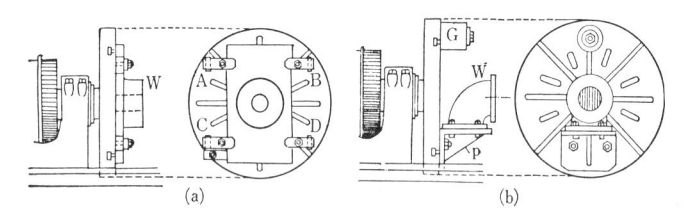

図 7·23　面板による工作物の取付け

図 **7·24** はチャックによる工作物 W の取付け例を示す．(a) は短い丸棒の材料をつかむとき，(b) はリング状の工作物の穴を仕上げるため工作物の外周をつかむもの，(c) は工作物の穴をつかんで外周を切削するものである．

以上は一般の工作物の取付け例を述べたものであるが，このほか工作物の形状，切削加工の種類によっては，種々の取付け方法がある．

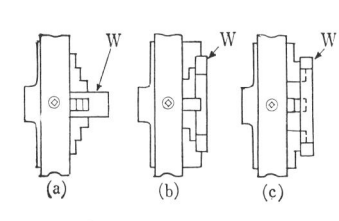

図 7·24　チャックによる工作物の取付け

7·5·2　バイトの取付け

刃物台にバイトを取り付けるとき，図 **7·25** に示すようにバイトを刃物台から出し過ぎると，切削力による **たわみ** ならびに振動のため工作精度が悪くなる．(c), (d) のように敷き金を用いるときも同様の注意が必要である．

取り付けたバイトの刃先の高さが工作物の高さと異なると，バイトの実際の角度が 図

7・26 に示すように違ってくるから注意を要する.

7・5・3 つりあい削り,多刃削り,複合削り

長い工作物の丸削りのとき,切削力による工作物の たわみ を防ぐには前述のように振れ止めを用いるが,切削力の つりあい を考え2本のバイトを用いてつりあい削り (balanced cutting) を行なう方法もある (図 7・27).

また作業時間の短縮を図る一方法として,多刃削り (multi-tool cutting) および複合削り (combined cutting) がある. (図 8・6 参照)

7・5・4 テーパ削り

テーパ面を工作する方法の数例を図 7・28 に示す.

(a) 図 テーパ削り装置 (taper attachment) の案内すべり板に沿って横送り台が動く,案内板の角度を変えることにより任意のテーパを削ることができる.

(b) 図 複式刃物台を傾けてテーパを工作するもので一般に用いられているが,あまり切削長さの長い工作物には使えない. 内径の工作にもこの方法が用いられる.

(c) 図 心押台を必要量だけ前または後に移動して,外径のテーパを工作する.

(d) 図 (c)図と同じ方法で内径を工作する.

7・5・5 ならい削り

型板 (template または templet) または模型 (model) と相似形なものを削り出すために,ならい装置付きの旋盤が最近多量生産用として盛んに使用されるようになった.

図 7・29 に示す方法は前記テーパ削り装置の案内板の代わりに型板 A を用い,これを

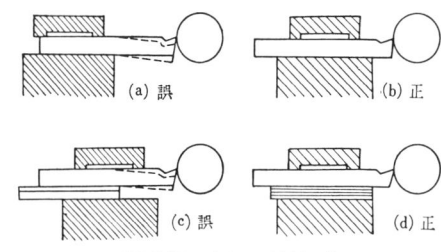

図 7・25 バイトの取付け方

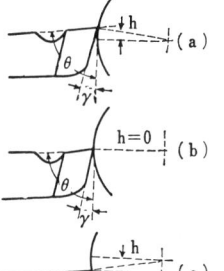

刃先が中心より高いとき;
すくい角は大きく,逃げ角は小さくなる

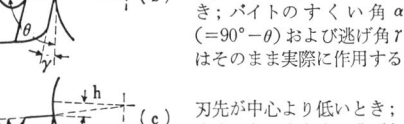

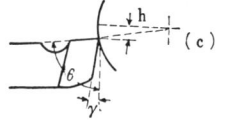

刃先が中心の高さにあるとき;バイトの すくい角 α ($=90°-\theta$) および逃げ角 γ はそのまま実際に作用する

刃先が中心より低いとき;
すくい角は小さく,逃げ角は大きくなる

図 7・26 工作物中心とバイト刃先高さの関係

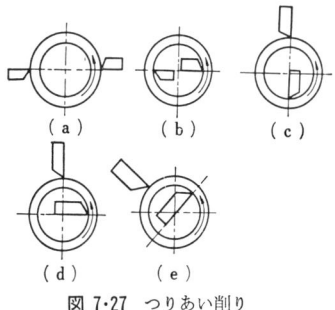

図 7・27 つりあい削り

第7章 旋盤作業

案内すべり板

(a)

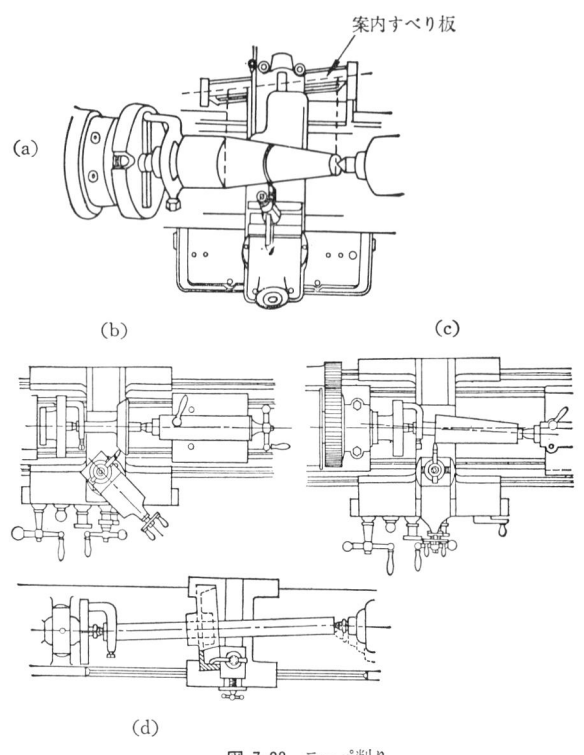

(b) (c)

(d)

図 7・28 テーパ削り

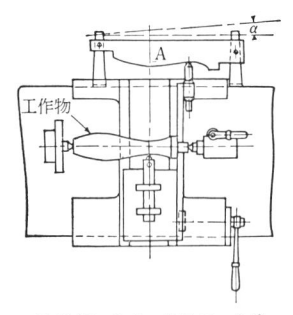

図 7・29 ならい削りの一方法

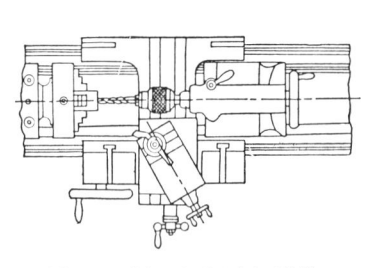

図 7・30 旋盤における穴あけ作業

ローラでならわせて横送り台を前後に移動させるものである．この方法では切削抵抗が直接ローラから型板に伝わるので，ローラをあまり小さくすることができない．したがって比較的簡単ななめらかな曲線の形状の場合に使用される．

これに対し，いわゆる ならい旋盤 として現在広く用いられている方法は，油圧サーボ機構または電気的サーボ機構によるならい方式である．(15・1・1 ならい制御工作機械 参照)

7・5・6 穴あけ，リーマ通し

心押台のセンタ穴にドリルを取り付け，穴あけを行なっている要領を 図7・30 に示す．ドリルをリーマに取換えるとリーマ通しを行なうこともできる．また深穴のときは，刃物台に長いドリルをくわえて穴あけを行なうこともある．

7・5・7 ねじ切り

(1) ねじ切りバイトによるねじ切り作業 ねじ切り作業のとき工作物に要求されるねじのピッチがわかれば，親ねじと工作物の回転数の比を計算し，所要の歯数の換え歯車 (change gear) を選べばよい．すなわち図 7・31(a) において親ねじのピッチを Pmm，工作物に切られるねじのピッチを $p$mm としまた親ねじが N 回転してねじ切りバイトが PNmm 進む間に工作物が n 回転するとすると

$$p = PN/n$$

いま換え歯車 A および B の歯数をそれぞれ a, b とする

$$N/n = a/b \quad \therefore \quad p = aP/b$$

たとえば $P = 12.7$mm, $p = 5$mm のときは

$$b/a = 12.7/5 = 127/50$$

ゆえに A に 50 枚，B に 127 枚の換え歯車を選べばよい．なお親ねじは

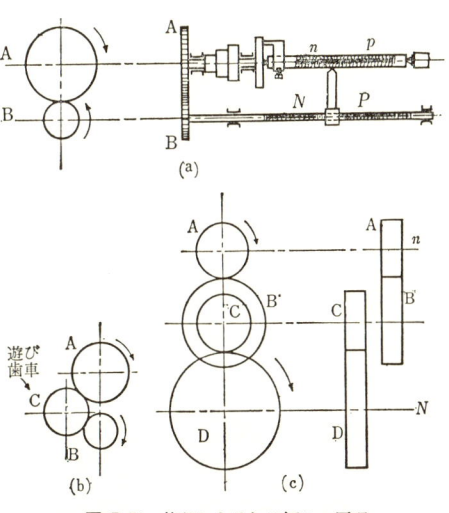

図 7・31 旋盤によるねじ切りの原理

右ねじであるから，工作物に切られたねじは (a) 図の場合左ねじとなる．したがって右ねじを切るには (b) 図に示すように遊び歯車を入れて回転方向を換える必要がある．また，A，B 2枚の換え歯車だけでは所要のピッチを切ることができないときは，(c)図のような歯車列を作ればよい．すなわち

$$N/n = (a/b) \times (c/d)$$

かつ $p = PN/n$

$$\therefore p = (a/b) \times (c/d) \times P$$

（2） ダイヘッドによるねじ切り作業 図 7·32 に示すような種々の形のダイヘッド（die head）がある．いずれも 4 個のチェーザが切線方向に取り付けられ，所要の長さだけねじを切ると自動的にまたは手動でチェーザが開かれる．

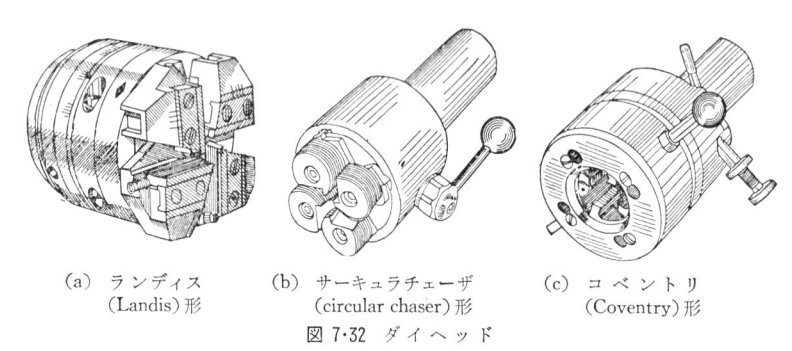

(a) ランディス
　 （Landis）形

(b) サーキュラチェーザ
　 （circular chaser）形

(c) コベントリ
　 （Coventry）形

図 7·32　ダイヘッド

（3） 旋盤によるねじの転造　刃物台にねじ転造ロールを取り付け，工作物の回転に応じた所要の送りを刃物台に与えて，おねじを転造することができる．

（4） 自動ねじ切盤　後述のクリダン自動ねじ切盤（図 7·45）などがある．

7·5·8　偏心を有する工作物の旋盤作業

図 7·33(a) 図は偏心の小さいもの，(b) 図はクランク軸のように偏心の大きいものの工作例を示す．前者の場合は図のように工作物にあけた 2 個のセンタ穴により，偏心部分 A および B を順次切削する．後者の場合は取付具 C にセンタ穴をあけ，かつ補助棒 D を使用している．

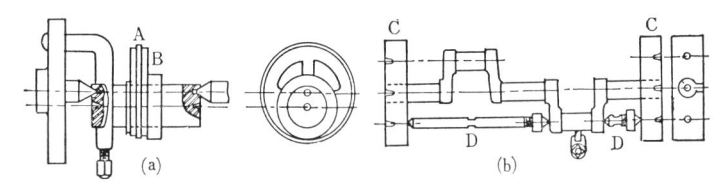

図 7·33　偏心を有するものを工作する例

7·5·9　バイト刃部標準角度および標準作業条件

バイト刃部の角度ならびに切削速度・送り・切込みなどの作業条件は，バイト寿命・切削抵抗・仕上面あらさなどと密接な関係があり，これらの点を考慮して，工作物材料およびバイト材質に応じた適当な作業条件を選択しなければならない．

バイト各部の名称を図 7·34 に示すが，その角度表示法としては，平行すくい角，垂直

表 7・4 超硬合金工具の鋼・鋳鉄に対する標準値

被削材	材料の引張強さまたはかたさ kg/mm²	0.05~0.2mm/rev					0.2~0.8mm/rev					0.8mm/rev<				
		JIS使用分類記号	α_n	α_p	γ_s	切削速度 m/min	JIS使用分類記号	α_n	α_p	γ_s	切削速度 m/min	JIS使用分類記号	α_n	α_l	γ_s	切削速度 m/min
炭素鋼	50>	P10 K10	15	0	10	150~230	P10	12	0	8	140~180	P25 P30 (K20)	12	-4	6	80~150
炭素鋼	50~70	P10	12	0	8	120~190	P10 P20	10	0	6	100~140	P25 P30	10	-6	6	50~110
炭素工具鋼および調質鋼	70~100	P10	10	0	8	80~140	P10 P20	8	-4	6	70~100	P25 P30	6	-6	6	40~80
調質鋼	100~150	P10 P20	10	0	8	50~90	P20 P25	8	-6	6	30~60	P30	6	-6	6	20~50
調質鋼	150~180	K10	0~-15	4	8	20~40	K10	0~-15	7	6	10~30					
鋳鋼	50>	P10	12	0	8	120~180	P10	10	-4	6	80~130	P25 P30 (K20)	6	-6	7	50~90
鋳鋼	50~70	P10	10	0	8	80~130	P25 M20	8	-4	6	60~90	P25 P30	6	-6	6	30~70
不銹鋼(高Cr)	60~70	P10 M10	12	0	10	70~120	M20 M30	10	-4	4	60~100	P30 M30	8	-6	7	30~70
不銹鋼(高Ni)	60~70	K10 M10	15	0	10	60~90	M20 (P25)	10	0	4	40~70	M30	6	-6	7	20~50
高マンガン鋼(12% Mn)	90~110	M10 (P20)	4	4	8	8~20	K10 K20	2	0	6	8~20					
鋳鉄	180~240 H_B	K10	6	0	8	90~130	K10 K20	4	4	6	70~110	K20	0	-4	6	60~90
鋳鉄	240~300 H_B	K05 K10	4	0	8	80~120	K10 K20 (K05)	0	0	6	60~100	K20 K10	0	-4	7	50~80
可鍛鋳鉄	220> H_B	P10 P20	10	0	8	80~110	P20 P25	6	0	4	70~90	P25 P30	6	-4	7	50~70
チルド鋳物	60~90 H_S	K05 K10	0	4	10	10~20	K10	0	7	6	5~15					

注
1) 刃先形状 α_n, α_p, γ_s は図7.34を参照のこと。
2) 切削速度はバイト寿命時間 $T=60$ 分に対する V_{60} である。鋼に対しては V_{20}; V_{40}; $V_{180}=1:0.79:0.71$，鋳鉄に対しては $1:0.67:0.57$ とる。
3) 形状不定の切削、大送りないし悪い工作機械の状態で切削する場合は強じんなバイト面ランド角 α_l を付けして刃先の安定性を高めること。

表 7・5 超硬合金工具の非鉄金属その他に対する標準値

被削材	材料の引張強さおよびかたさ kg/mm²	0.05～0.2mm/rev					0.2～0.8mm/rev					0.8mm/rev<				
		JIS使用分類記号	刃先形状			切削速度 m/min		JIS使用分類記号	刃先形状			切削速度 m/min		JIS使用分類記号	刃先形状			切削速度 m/min
			α_n	α_l	α_p	r_s			α_n	α_l	α_p	r_s			α_n	α_l	α_p	r_s	
鋼	H_B 60～80	K05 K10	20		0	10	600～800	K05 K20	15		0	10	450～600	K20	12		0	8	350～600
黄銅鋳物	H_B 50～80	K05 K10	12		0	10	650～900	K10 K20	10		0	10	550～700	K20	8		4	8	450～600
黄銅	H_B 80～120	K10	10		0	10	600～850	K10 K20	8		0	10	450～800	K20	6		4	8	300～650
青銅鋳物	H_B 60～100	K05 K10	12		0	10	300～500	K10 K20	10		0	10	200～400	K20	8		4	8	150～300
アルミ(純)	H_B 40>	K05 K10	25		0	12	3000>	K10 K20	20		0	10	2000>	K20	20		0	10	1500>
アルミ合金	H_B 60～100	K05 K10	20		0	10	300～1200	K10 K20	15		0	8	600～900	K20	15		0	8	400～700
アルミ合金(9～13%Si)	H_B 90～120	K01 K05	20		0	12	3500>	K05 K10	15		0	8	200～400	K10 K20 M10	15		0	8	150～300
マグネシウム合金	H_B 30>	K05 K10	25		0	12	3500>	K10 K20	20		0	10	3000>	K10 K25	20		0	10	2500>
チタン(純)	H_B 200>	K05 K10	10	0	0	8	90～120	K10	6	0	4	6	70～100	K10 (M10)	6	-4	7	6	50～80
木材		K10 K20	25			15	600<	K20 K30	25			15	500<	K20 K30	20			10	400<
合板木材		K10	15			12	600<	K10 K20 K30	12			12	500<	K20 K30 K40	10			12	400<
合成樹脂(フェノール樹脂)		K05 K10	15			12	350～600	K10 K20	12			10	250～500	K20	10			8	200～350
合成樹脂(熱可塑性樹脂)		K10	20			12	700～1000	K20	15			10	500～800	K20	15			10	400～600
硬質プラスチックス		K01 K05	10			10	300～600	K05 K10	10			10	200～500	K20	10			8	150～400

注 表 7・4 に同じ

すくい角，前逃げ角，横逃げ角，前切刃角，横切刃角およびノーズ半径の順に記入する．

表 7・4 および表 7・5 にバイト刃部角度ならびに作業条件の標準値を示す．表中に負のすくい角がみられるが，超硬バイトやセラミックバイトのように比較的もろい工具材質において有効である．特に断続切削のごとく刃先に強い衝撃が作用する場合にその効果は大きい．

なお 表中の JIS 使用分類記号は JIS B 4053（超硬合金の使用選択基準）によるもので，P 種・M 種・K 種のおのおのに対しそれぞれ 01・05・10……50 のように小分類されている．だいたいの目安として，P 種は鋼用，M 種は鋼・鋳鉄用，K 種は鋳鉄・非鉄・非金属用である．また小分けの数字は，一般に数字が小さくなるほど切削速度の大きいものに，逆に数字が大きくなるほどじん性を必要とするものに適用される．

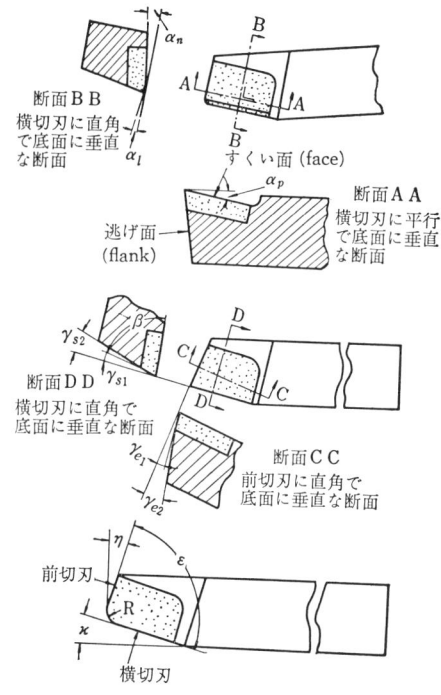

α_p. 平行すくい角　α_n. 垂直すくい角　α_l. すくい面ランド角
γ_e. 前逃げ角　γ_{e1}. 第一前逃げ角　γ_{e2}. 第二前逃げ角
γ_s. 横逃げ角　γ_{s1}. 第一横逃げ角　γ_{s2}. 第二横逃げ角
β. 刃物角　η. 前切刃角　κ. 横切刃角　ε. ノーズ角
R. ノーズ半径

図 7・34　バイト各部の名称

7・5・10　切削理論概要

切断作業を能率的に行なうためには，切削時に現われる諸現象を明確にとらえておかねばならない．

（1）**切くず生成機構**　金属をバイトで削るときに得られる切くずの形によって，切くず生成の機構を，(A) 流れ形 (flow type)・(B) せん断形 (shear type)・(C) むしり形 (tear type)・および (D) 亀裂形 (crack type) の 4 種に大別することができる（図 7・35）．被削材の種類，切削条件によって切くずの形が定まり，たとえばねばい材料では流れ形切くず，もろい材料ではせん断形切くずが得やすい．また切削速度を高くするとか，あるいはバイトすくい角を大きくすると切くずは流れ形となる．流れ形切くずは最も代表的なものであるが，条件によってはその際切刃の先端に構成刃先と呼ばれる

(178)　第7章　旋盤作業

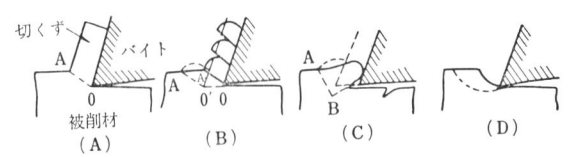

図 7·35　切くず生成機構の種類

被削材のたい積物が付くことがある．この構成刃先は周期的に成長脱落を繰り返し，仕上面あらさなどに大きな影響を持っている（図 7·36）．

　流れ形切くずは，工具刃先と被削材の自由表面をむすぶ平面（これをせん断面という）上で材料がすべり変形を行なうことによって得られると考えられるが，この考えのもとにバイトにかかる切削抵抗を分析すると次のようになる．図 7·37 に示すごとく，すくい角 α を持つバイトが切込み t_1（通常の旋盤作業では送りに相当するもので，紙面に直角の方向の幅 b が切込みになる）で切削するとき，厚さ t_2 の流れ形切くずが得られたとする．切くずはバイトすくい面に当って，すくい面方向に F，それに直角に N の力が作用し，その合力 R が切削抵抗となる．この合力は切削方向およびそれに直角方向の力 F_H，F_V に分解することができ，また同じ力を被削材内のせん断面方向（切削方向となす角 ϕ

(a)

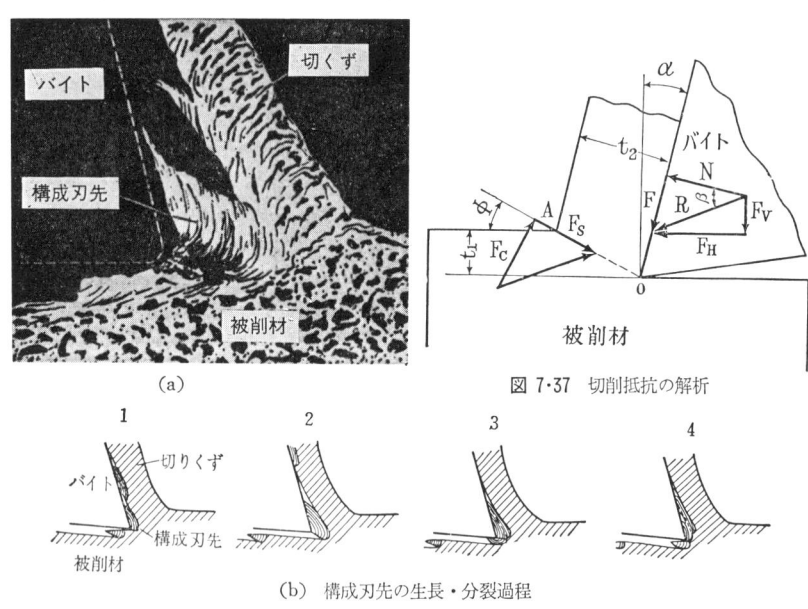

図 7·37　切削抵抗の解析

(b)　構成刃先の生長・分裂過程

図 7·36　構成刃先

をせん断角と呼ぶ）とそれに直角な方向の分力 F_S, F_C に分けることができる．これらの力の関係は次のようである．

$$F = F_H \cdot \sin\alpha + F_V \cos\alpha$$
$$N = F_H \cdot \cos\alpha - F_V \sin\alpha$$
$$F_S = F_H \cos\phi - F_V \sin\phi$$
$$F_C = F_H \sin\phi + F_V \cos\phi$$

したがってバイトすくい面上の摩擦係数 μ は

$$\mu = \frac{F}{N} = \frac{F_H \tan\alpha + F_V}{F_H - F_V \tan\alpha}$$

またせん断面上の平均せん断応力および平均垂直応力はそれぞれ次のようになる．

$$\tau_S = \frac{(F_H \cos\phi - F_V \sin\phi) \cdot \sin\phi}{t_1 \cdot b}$$

$$\sigma_S = \frac{(F_H \sin\phi + F_V \cos\phi) \cdot \sin\phi}{t_1 \cdot b}$$

切削抵抗の合力 R を τ_S で表わせば

$$R = \frac{\tau_S \cdot t_1 \cdot b}{\sin\phi \cdot \cos(\phi + \beta - \alpha)}$$

せん断角 ϕ は実験的には

$$\tan\phi = \frac{(t_1/t_2)\cos\alpha}{1 - (t_1/t_2)\sin\alpha}$$

の式によって算出できるが，この角度がいかにして定まるかは重要な問題で，これについて塑性力学の導入などによって多くの研究結果が発表されているが，いまだ定説はない．

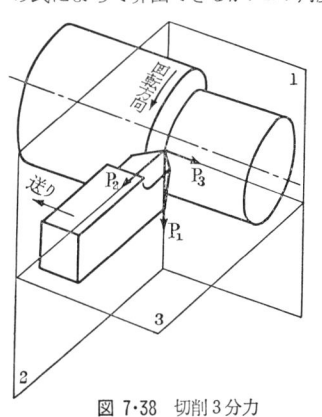

（2）切削抵抗 バイトで丸棒を削るとき，バイトに作用する切削抵抗は図 **7・38** に示すように，主分力 P_1，背分力 P_2，送り分力 P_3 に分けることができる．切削抵抗は，被削材の種類，切削条件（特に送り・切込み）などによって変化するが，表 **7・6** はその一例を示すものである．概していえば，切削抵抗は，切削速度の影響はほとんどなく，切込みにほぼ単純に比例し，また送りが大きくなるほど抵抗の増加割合が減少すると考えてよい．

図 7・38 切削 3 分力

（3）切削温度 切削による発生熱の約 75% は切くずが運び去り，残りは工作物と工具に伝わる．切削速度や送りが増せば工具と工作物に伝わる熱の割合は少なくなる．

表 7·6 比切削力表　　　　単位 kg/mm²

被削材	引張強さ (kg/mm²) またはかたさ	送り mm/rev			
		0.1	0.2	0.3	0.4
普通鋼	<50	360	260	190	136
	50〜60	400	290	210	152
	60〜70	420	300	220	156
	70〜85	440	315	230	164
	85〜100	460	330	240	172
鋳鋼	50〜70	360	260	190	136
	>70	390	285	205	150
合金鋼	70〜85	470	340	245	176
	85〜100	500	360	260	185
	100〜140	530	380	275	200
不銹鋼	60〜70	520	375	270	192
マンガン鋼		660	480	350	252
鋳鉄	H_B<200	190	136	100	72
	H_B 200〜250	290	208	150	108
合金鋳鉄	H_B 250〜400	320	230	170	120
チルド鋳鉄	H_S 65〜90	360	260	190	136
黄銅	H_B 80〜120	160	115	85	60
青銅		340	245	180	128
アルミ合金		140	100	70	52

(注) 単位切くず面積当りの切削力を比切削力という．ここで切くず面積はほぼ 送り×切込み に等しい．

温度上昇は工具の摩耗に大きくひびく．図 **7·39** は切削中切くずの流れ方向に測った接触面の温度を示す．この温度分布から，図 **7·40** に示すクレータ摩耗が切刃から少し離れた所に生ずる理由が説明できるであろう．

切削温度 θ_i には次に示すような実験式もある．

$$\theta_i = C_\theta \cdot v^n$$

C_θ は常数で切削速度 v 以外の切削条件や工具と工作物の組合わせによって定まる．n は工具と工作物の材質などによって定まる指数である．

（4） **工具摩耗**　超硬工具で鋼を削るときに現われる典形的な摩耗形態を図 **7·40** に示す．バイトの逃げ面には **フランク摩耗** (逃げ面摩耗) (flank wear)，すくい面には **クレータ摩耗** (crater)[1] を生ずるが，前者は主として被削材と逃げ面の摩擦による機械的な摩耗であり，後者はいわゆる熱摩耗あるいは拡散摩耗といわれるもので，切くずと工具すくい面の圧着・拡散が原因と考えられる．したがって工具刃先の温度の影響が大きく，また鋳鉄切削のように切くずが刃先で破砕するものでは起こりにくい．バイ

---

[1] すくい面摩耗 (face wear) のうち，くぼみの生じた摩耗

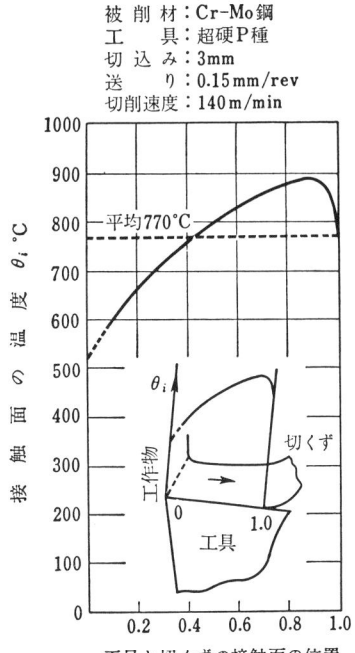

7・5 旋盤の作業 （181）

被削材：Cr-Mo鋼
工 具：超硬P種
切 込 み：3mm
送 り：0.15mm/rev
切削速度：140m/min

図 7・39 工具と切くずの接触面の温度分布

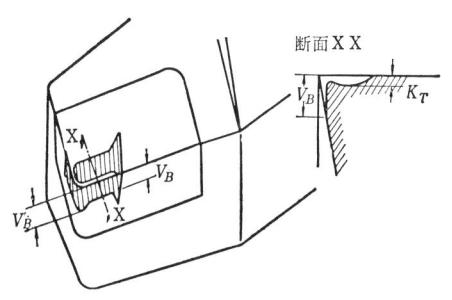

図 7・40 超硬バイトの摩耗

トの再研削を必要とするまでの実切削時間を工具寿命と呼ぶが，寿命終期の判定はフランク摩耗幅（V_B または V_B'）あるいはクレータ摩耗深さ（K_T）の値によるのが普通である．ただしその判定値は条件によって異なる．たとえば軟鋼を超硬工具で切削した場合 $K_T=0.05 \sim 0.1$mm，$V_B=0.75$mm くらいにとっている．

工具の寿命は，切削速度によって著しく影響される．たとえば図7・41左はニッケル合金鋼を2種の条件で削るときの切削速度（vm/min）と工具寿命（Tmin）との関係を示すが，これを両対数方眼紙上に移すと多くの場合同

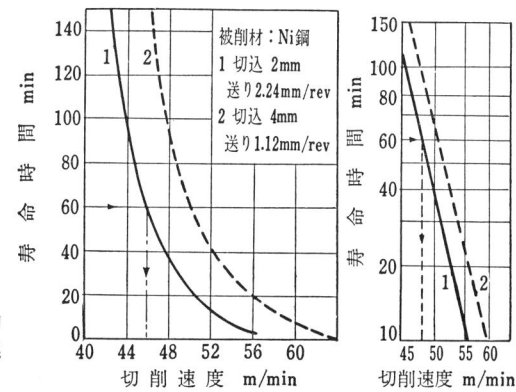

被削材：Ni鋼
1 切込 2mm
　送り 2.24mm/rev
2 切込 4mm
　送り 1.12mm/rev

図 7・41 工具寿命と切削速度の関係

図右に示すように直線的関係が得られる．このような線図を $v-T$ 線図と呼ぶが，この関係から次の実験式が得られる．

$$v \cdot T^n = C \qquad (ただし \quad n, C：常数)$$

一般に指数 n は工具材料によって変化し，大体次の値をとる．

  高速度鋼工具 0.08～0.12
  超硬工具   0.13～0.25
  セラミック工具 0.40～0.55

C は材料の被削性を示す一つの基準値となる（C の値は工具寿命が 1 min となるような切削速度を示す）．

材料の被削性を比較するいま一つの方法は，ある一定の寿命時間を与える切削速度 v_T（たとえば寿命 60 分ならば v_{60}）をもってすることがある．このとき寿命をいくらに定めるかは経済条件によってなされ，v_T を経済切削速度という．

（5）**仕上面粗さ** 仕上面に粗さを生ずるおもな原因は，バイトの刃先形状と送りによる幾何学的要因，切削機構およびバイトのびびりなどである．たとえばノーズ半径 R mm のバイトを用い，送り s mm/rev で切削するとき，送り方向の理論的粗さは，

$$R_{\max} = s^2/8R$$

で計算できる．しかし実際に得られる仕上面の粗さは一般にこれよりあらくなるが，構成刃先やびびりなどの影響が大きい．

（6）**切削油剤** バイトによる切削作業において，切削油剤の使用の効果の大きい場合が多い．すなわち切削油剤の冷却性能と潤滑性能によって，工具および被削材の冷却，切くずと工具の摩擦の減少，したがって工具寿命の増加と仕上面粗さの向上に役立つ．一般に用いられる切削剤は鉱物油をおもなものとし，動植物油も用いられるが，その性能改良のために硫化物，塩化物のようないわゆる極圧添加剤やあるいは油性向上剤が付加される．切削油剤の使用は，高速度鋼バイトでねばい合金鋼を削る場合などではきわめて有効であるが，超硬バイトによる切削作業では一般に必要としないことが多く，その使用には注意を要する．

7・6 特殊旋盤

（1）**卓上旋盤**（bench lathe） 作業台（bench）上にすえ付けて使用する小形の旋盤（図 7・42）．

（2）**ならい旋盤**（copying lathe または profiling lathe） 油圧サーボ機構によるならい装置を持ち，ならい削りを行なうことができるもの（図 15・1 参照）．

（3）**多刃旋盤**（multi-tool lathe または multicut lathe） 数多くの工具が取り付けられる特殊な刃物台を持ち，多刃削りの可能なもの．

7・6 特殊旋盤 (183)

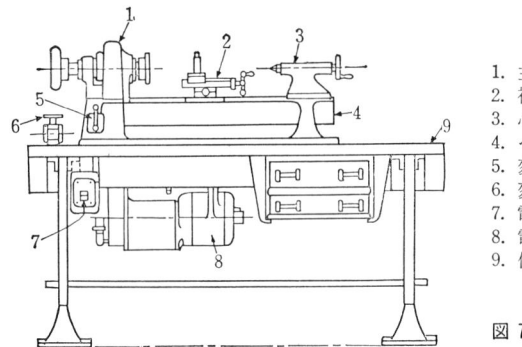

1. 主軸台
2. 複式刃物台
3. 心押台
4. ベッド
5. 変換レバー
6. 変換ノブ
7. 電動機スイッチ
8. 電動機
9. 作業台

図 7・42　卓上旋盤

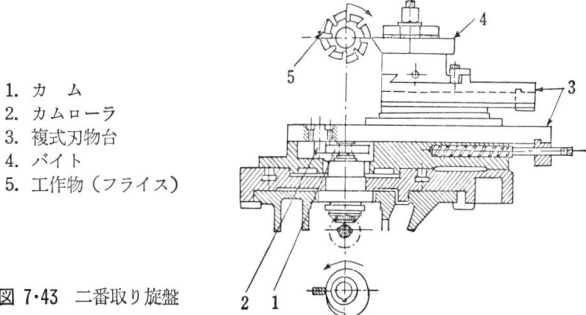

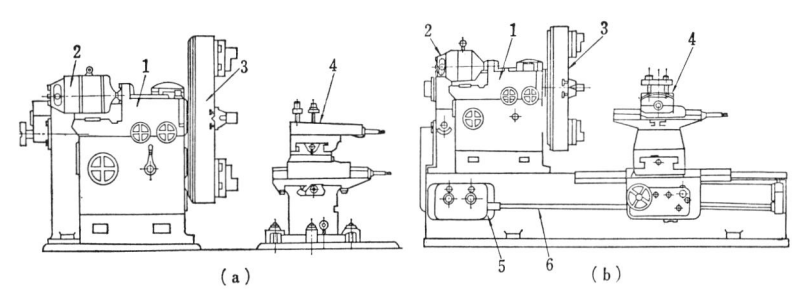

1. カ　ム
2. カムローラ
3. 複式刃物台
4. バイト
5. 工作物（フライス）

図 7・43　二番取り旋盤

1. 主軸台　2. 電動機　3. 面板　4. 刃物台　5. 送り歯車箱　6. 送り軸
図 7・44　正　面　旋　盤

第7章 旋盤作業

(a)

A) 組合せ偏心量大
工程当り切込み量大

B) 組合せ偏心量小
工程当り切込み量小

C) 漸減切込み

D) 等切込み

(b)

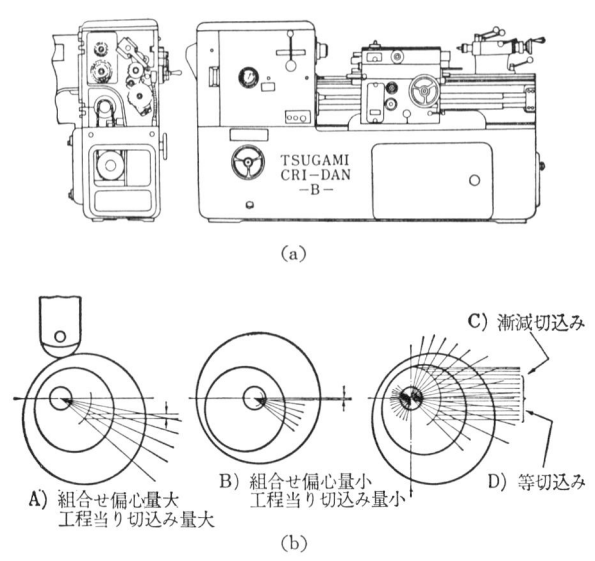

図 7・45 クリダン自動ねじ切盤（津上製作所）

　（4）**二番取り旋盤**（relieving lathe）　フライスやホブなどの逃げ面を切削するために，刃物台がカムまたはリンクにより周期的に前後運動するようになっているもの（図7・43）．

　（5）**正面旋盤**（face lathe）　比較的外径が大きく長さの短い工作物に対し主として面削りを行なうもの（図7・44）．

　（6）**カム軸旋盤**（cam shaft turning lathe）　主として内燃機関用のカム軸のカム部をマスタカムにならって切削するもの．

　（7）**ねじ切旋盤**（screw cutting lathe）　ねじ切り専用に使用されるもの．図7・45のクリダン（Cri-Dan）自動ねじ切盤もその一例である．本機では偏心盤2個とリンク仕掛によって切込みを広範囲に変え，かつ自動サイクルによって工具を操作し，おねじ，めねじ，多条ねじ，テーパねじなどを親ねじによらずにカムを使って切削する．高速切削でかつ精度もよいが切削しうる長さと直径に，ある限度がある．(a)図はその外観で，ベッド上の振り330mm，センター間の距離915mm，切削しうるねじの最大長さ64mm，径5～100mm（おねじ）である．(b)図は2個の偏心盤の組合せによって切込みの変わることを示す．

　この自動ねじ切盤ではねじのピッチは普通旋盤のように換え歯車によって定め，ねじの切削長さは往復台を円筒カムによって動かすことによりおのずから定まる．かつ自動

サイクルになる．切込みは両偏心盤の位置によって定め，これを何回の切込みによって果たすかはインデックスによって定める．そして1回の切込みごとにラチェットで送り，所定回数に達すればインデックスのピンがレバーにあたりクラッチをはずす．かつ別の偏心盤による工具の後退中に前記円筒カムで往復台を元の位置に戻す．最大切込回数は32回，ラチェット1刃の送りは0.01～0.35mmまでで被削材の材質によって変える．

第8章　タレット旋盤および自動旋盤作業

機械加工を行なう部品は，ただの一工程だけで完成するものは少なく，外丸削り，面削り，ねじ切り，穴あけあるいは突切りなど数種の作業を必要とするものが多い．しかしそのような場合に，そのたびごとに工作物の取付け換えをしたのでは手間がかかるばかりでなく，工作精度も悪くなるため，一度取り付ければそのままで所要の工程をつぎつぎと行なうことが望ましい．このために前章 普通旋盤 で述べたように角形の回転できる刃物台(これを四角刃物台または角タレット台と呼ぶ)を用いたが，このようなタレット台に工程順に工具を取り付け，ハンドルの操作により順次回転割出しを行なって，所要の工具を加工位置に持ってくるようにした構造の旋盤を **タレット旋盤** (turret lathe) という．さらに一層能率的に作業するために，このようなタレット台の回転のほかに，工作物の供給，取付け，取はずし，ならびに各作業における速度変換などの作業の全部あるいは一部を自動的に行なう旋盤があり，これを **自動旋盤** (automatic lathe または automatics) と呼ぶ．作業の一部たとえば工作物の取付け取はずしだけが手動でなされるものを **半自動旋盤** (semi-automatic lathe) と呼んで区別することもある．

8・1　タレット旋盤の種類

取り付ける工作物の形によって棒材作業用 (for bar work) とチャック作業用 (for chuck work) に分けることもできるが，タレット旋盤では多くの場合付属装置の取換えによって，どちらにも使用できるようになっている．普通はタレット台の構造により次のように分類される．

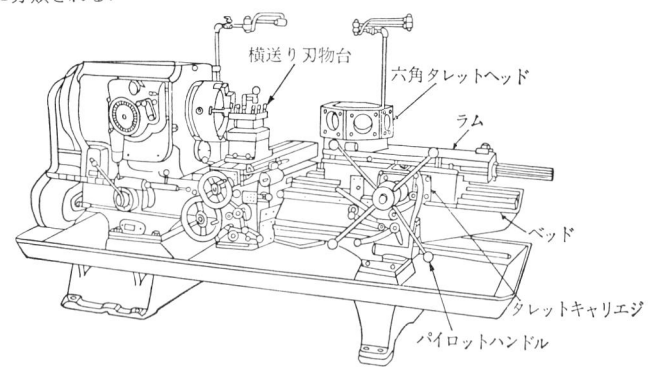

図 8・1　ラム形タレット旋盤

(1) **ラム形タレット旋盤** (ram type turret lathe) (図 8·1)　タレットキャリエジはベッド上をしゅう動し，タレットキャリエジの上をラムが往復運動する．ラムの上に垂直軸のまわりに旋回する**六角タレットヘッド**がある．工具の切削送りはラムの運動によって行なうから，あまり長い工作物は削れないが，取扱いが軽便なため小物用に適している．

(2) **サドル形タレット旋盤** (saddle type turret lathe) (図 8·2) 六角タレットヘッドが直接サドルの上に乗り，送りはサドルの移動によって行なわれる．したがって移動距離は長くなり，また全体の構造を丈夫にで

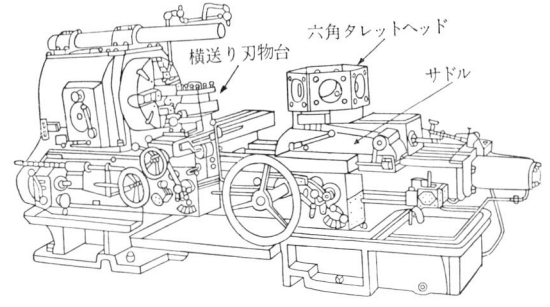

図 8·2　サドル形タレット旋盤

きるので，重切削大物用に適している．この特殊なものとして，工具の付いたタレット台全体を取りはずして交換できる**フラット形** (flat type) というものがある．

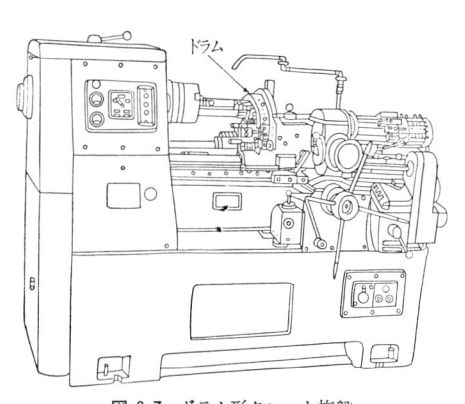

(3) **ドラム形タレット旋盤** (drum type turret lathe) (図 8·3) 上記の形式のものはいずれもタレットヘッドが垂直軸のまわりに水平面内で旋回するのに対して，ドラム形は主軸と平行な水平軸のまわりに旋回するタレットヘッド（この場合は**ドラム**と呼んでいる）がサドル上に乗っている．ドラムの回転により工具の横送りもなされる．

以上の一般的なタレット旋盤のほか，タレット旋回軸が斜め方向

図 8·3　ドラム形タレット旋盤

となっている小形のものもある．

タレット旋盤の大きさは，ベッド上の振り，往復台上の振り，主軸とタレット面の最大距離，タレット台の最大移動距離および棒材工作物の最大径などによる．番号で呼んでいることもあるが，これは製造者だけのもので統一していない．ベッド上の振りで大きさを示すことが最も無難である．ただし自動旋盤は工作物の最大径および最大長さ，

または工作物の最大寸法で示すことが多い．

8・2 タレット旋盤用工具

タレット旋盤用工具には，作業の種類に応じて多くのものがある．一例としてチャック作業用工具の二三を図 **8・4** に示す．

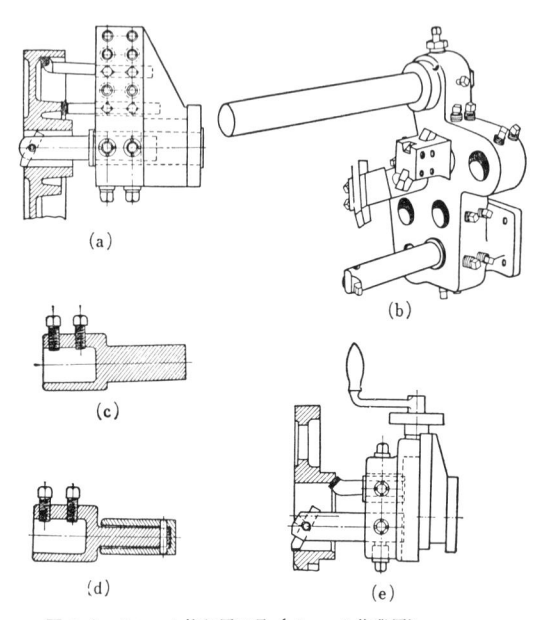

図 8・4 タレット旋盤用工具（チャック作業用）

 (a) **多刃ヘッド** (multiple cutter head) 図のように多くの工具を取り付けて，外径削り，面削り，中ぐりなどを行なう．

 (b) **多刃ターニングヘッド** (multiple turning head) 穴に種々の工具を取り付けることができる．

 (c) **ドリルまたはバイトホルダ** (drill or tool holder) ストレートシャンクドリル (10・2・1 ドリル 参照) などを取り付けるのに用いる．

 (d) **フローチングツールホルダ** (floating tool holder) リーマを使うときに用いるもので，少々の心の狂いがあってもさしつかえない．

 (e) **スライドツール** (slide tool) 図のようにバイトを取り付けその位置を調整することができる．

その他簡単なバイトホルダ,面削り用のバイトホルダ,中ぐりバイト取付軸などがある.

8・3 タレット旋盤の作業

　タレット旋盤作業を行なうに当って最も大切なことは,最初に仕事の段取りを行なうことである.すなわち1個の完成時間をできるだけ少なくするために,準備時間(機械に工具などを取り付ける時間),工作物取付け取はずし時間,機械操作時間,実切削時間が最も短くなるように計画しなければならない.たとえば準備時間を節約するために,図8・5のようにタレット類に工具の**標準セッチング**を定めておき,仕事に応じて必要なものだけ付け換えるというような方法がとられる.また実切削時間を減少するために,**多刃削り**あるいは六角タレットヘッドと横送り刃物台による**複合削り**などを考える必要がある(図8・6).

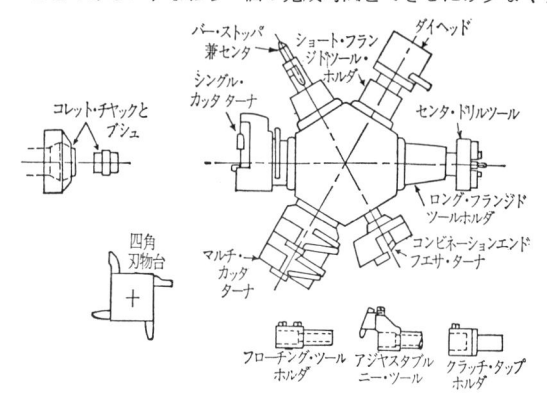

図8・5 工具標準セッチング(棒材作業用)

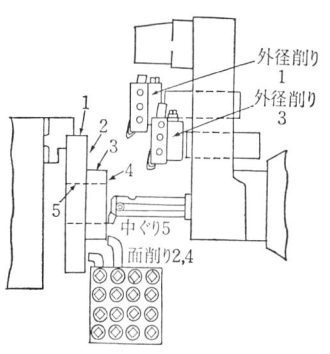

図8・6 多刃および複合削りの例

　適当な段取りを決定し,能率よく作業するためには,作業に当って十分な生産計画をたてねばならない.そのためには図面をよく検討し,生産数量,仕上精度などを考慮して,タレット旋盤の選択,材料のつかみ方などを定めるが,その中でも特にいかなるタレット工具を用い,いかなる切削条件で削るかということは最も大切である.このような目的のために**ツールセッチングダイヤグラム** (tool setting diagram) を作っておくと便利である.図8・7は歯車素材加工用のものに対する一例を示す.素材材質は Ni-Cr-Mo 鋼で,作業順序,切削条件および用いる工具類は表中に示されている.

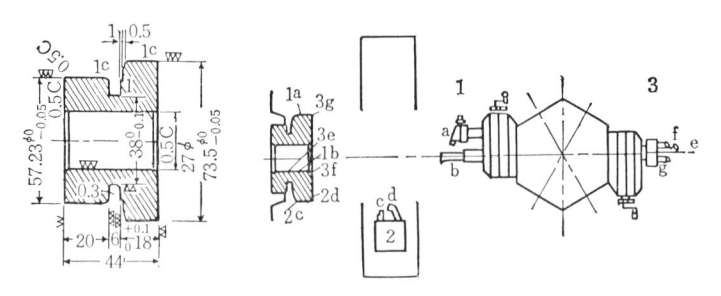

順序	作業区分		直径 mm	回転数 rpm	切削速度 m/min	送り mm	切削長さ mm	切削時間 sec	所要工具	
0	取付け (取はずし)								スクロール・チャック	
1	{	a	外径仕上	73.5	850	200	0.15	51	24	角度調節形バイトホルダ	バーチカル・スライド・ツール
		b	穴荒削り	27	〃	73.5	〃	〃		バイト・ソケット	
2	{	c	段面仕上	73.5	〃	199	0.17	38.5	16		角形タレット台
		d	面削り	73.5	〃	〃	〃				
3	{	e	内径仕上	27	1140	97	0.15	50	17.5	ホリゾンタル・カッタホルダ	バーチカル・スライド・ツール
		f	面取り	27	〃	〃					
		g	面取り	73.5	〃	264					

全切削時間………57.5sec
取付け取はずし時間……48sec
全操作時間………27sec
ツールセッチング……20min

図 8・7 ツールセッチングダイヤグラムの例

8・4 自動旋盤の種類

前述のようにタレット旋盤における工作物の取付け取はずし,タレット台の回転割出し,主軸回転速度や送りの変換などを自動的に行なわせることにより,一層能率的にしたものが自動旋盤であるが,これには多くの種類がある.

まず加工素材の形およびその取付け方法によって

　　棒材作業 (bar work)

　　センタ作業 (center work)

　　チャック作業 (chuck work)

に分類され,主軸の数(同時に加工されている工作物の数)によって

　　単軸形 (single-spindle type)

　　多軸形 (multi-spindle type)

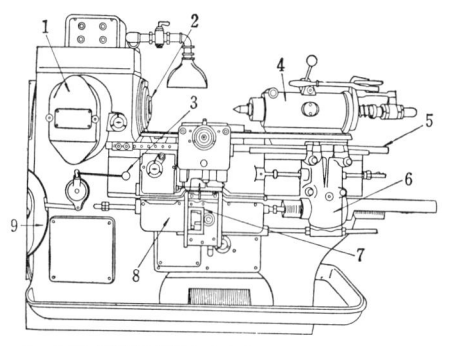

となり，なおその主軸の位置によって

　　　横　形 (horizontal type)
　　　立　形 (vertical type)

に分類することもできる．したがって多くの組合わせが得られるわけであるが，以下そのおもなものについて構造の大要およびそれによる作業について説明する．

8・5　単軸自動旋盤

（a）**チャック作業およびセンタ作業用**　図 **8・8** に示す自動旋盤について述べる．本機は主軸台，心押台，

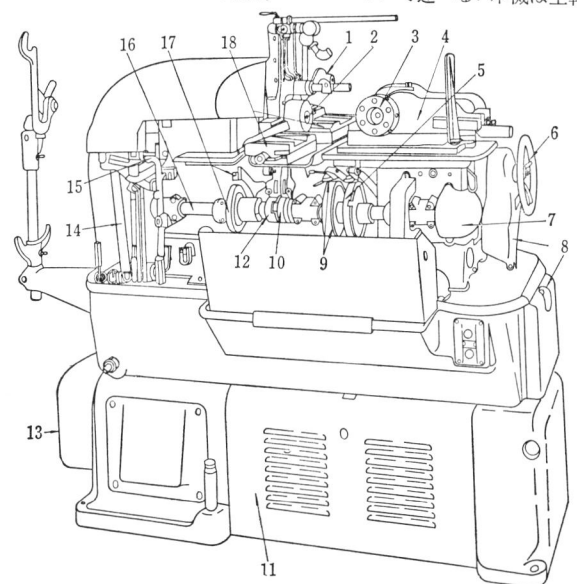

1. 主軸速度変換用換え歯車箱　2. 主軸　3. 起動レバー　4. 心押台　5. 前部スライドの送り制御カム　6. 送り装置　7. 速度および停止制御ユニット　8. 前部往復台　9. 制御ドッグカバー
図 **8・8**　単軸自動旋盤（センタ作業用）

1. 棒材停止片　2. 主軸　3. タレット　4. タレット台　5. タレット割出機構　6. 軸の回転ハンドル　7. タレット台用カム　8. 換え歯車　9. コレットおよび送り機構　10. 前部クロススライド用カム　11. 主軸速度変換歯車　12. 後部クロススライド用カム　13. 主軸速度変換歯車　14. 軸回転用ベルト　15. 軸用クラッチレバー　16. 逆転軸　17. 主軸停止逆転用ドッグ　18. クロススライド
図 **3・9**　単軸自動旋盤（棒材作業用）

縦方向に送られる前部往復台,横方向の送りおよびバイトの逃げ運動をする前部スライド,横送りされる後部スライドおよびその他送り機構などからなっている.前部スライドの工具で,外丸削り,中ぐり,総形削りなどの仕事をなし,後部スイラドの工具で,面削り,段削り,面取り作業がなされる.この種の機械でねじ切りは普通行なわれない.これらの作業のためのスライドの送りは油圧またはラックによってなされ,バイトは自動的にサイクルを描き切削する.

(b) **棒材作業用** 本機は automatic screw machine とも呼ばれ,本来ボルト類の自動加工機械であったが,現在は広く一般に用いられる.図 **8・9** はその一例で,いわゆる**ブラウンシャープ形** (Brown & Sharpe type) と称せられるものである.1本の主軸と,6個の工具穴を持ち水平軸で割出されるタレット台と,さらに主軸に直角にしゅう動する前後2個のクロススライドよりなっている.

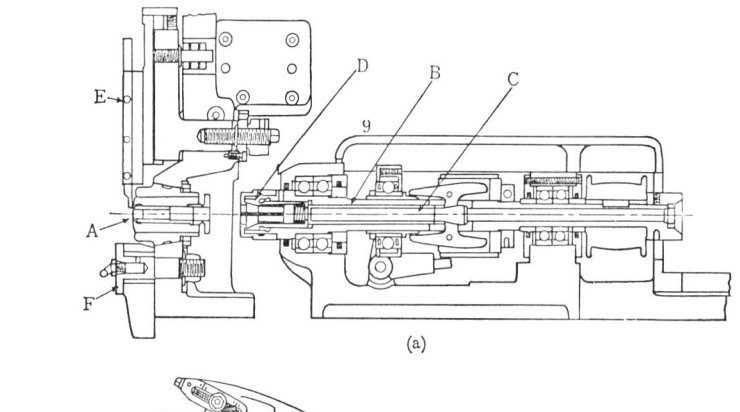

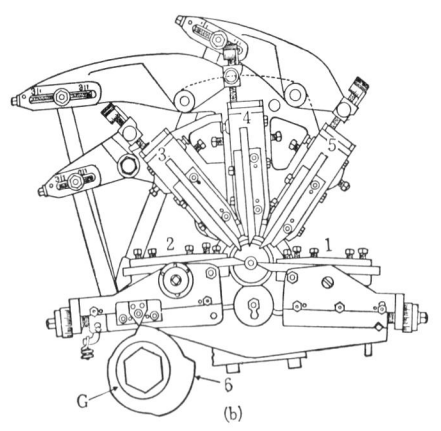

A. ガイドブシュ　B. 主軸
C. チャック開閉機構
D. コレットチャック
E. 垂直刃物台
F. 揺動刃物台　G. カム

図 8・10　スイス形単軸自動旋盤の構造

(c) **スイス形**（Swiss type） 直径に比べて細長い軸類の加工に特に適した自動旋盤である．図 8·10 にその主要部を示す．この旋盤の特長は，他の旋盤と異なり外径を削るときに，バイトは定位置にあって素材のほうが送られることである．すなわち図 8·10(a) の主軸台前方のコレットチャックに素材はつかまっているが，その先端はガイドブシュ A にささえられている．主軸台全体がすべり面上を前方に進み，したがって素材がブシュから突き出ることになる．このガイドブシュはこの種旋盤において最も重要な部分で，その精度と調整は製品精度に大きな影響を与えるが，これには静止形，回転形などの多くの種類がある．ガイドブシュのすぐ直前に刃物台があるが，同図 (b) は前面より見た図である．このようにバイトは放射状に並び，ガイドブシュに接した点で素材を削るからどんなに細い棒でもたわむことなく所定の寸法に仕上げられる．外径削りの場合はバイトは固定して素材のみ，すなわち主軸台が送られるが，段仕上げ，みぞ切り，突切りなどの場合は素材は送られないでバイトだけが前進する．このような運動は図に示されるようにすべてカムによって制御される．

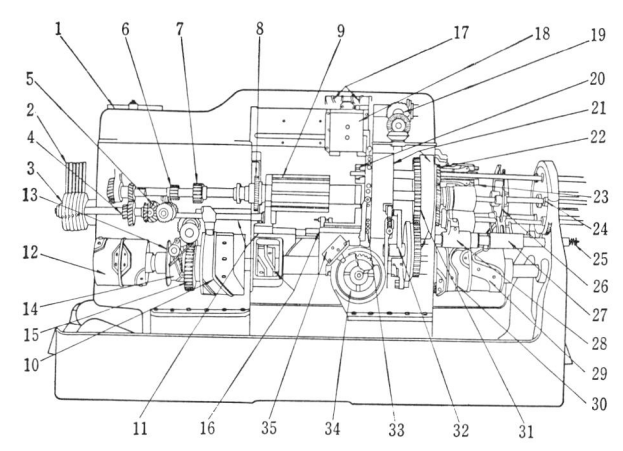

1. 電動機ベース 2. Vベルト 3. プーリ 4. 換え歯車 5. 潤滑油ポンプ駆動歯車 6. ねじ切り用スプロケット 7. 高速穴あけ用歯車 8. 遊び歯車 9. エンドツールスライド 10. エンドツールスライドカムドラム 11. エンドツールスライド案内面 12. ねじ切り・リーマ通し用カムドラム 13. ブレーキ 14. ブレーキ用カムドラム 15. ウォーム歯車 16. ストックストップ 17. 上部クロススライドカムドラム 18. 上部クロススライド 19. 中間クロススライド駆動歯車 20. コレット 21. 主軸ドラム（スピンドルキャリヤ） 22. 主軸歯車 23. フィンガ 24. 棒材受けリール 25. 棒材用送りばね 26. アライニングディスク 27. 棒材送りリール 28. チャッキングスライド 29. 棒材送りカムドラム 30. チャッキングカムドラム 31. 割出し歯車 32. レボルビングアーム 33. ポジティブストップブラケット 34. クロススライドカムドラム 35. クロススライド

図 8·11 6軸自動盤（三菱アクメ）

8・6　多軸自動旋盤

　たとえば，四工程で仕上がる加工物を前節の単軸自動旋盤で加工する場合，工作時間は少なくともそれぞれの工程に要する時間の総和となる．これに対して，もしも4本の主軸を備えた旋盤のそれぞれに品物を取り付け，一つの位置では一つの工程のみを行なうこととし，加工が終れば主軸の位置が変って次の工程の加工が行なわれ，前の位置には新しい主軸がきて第一工程が行なわれるというようにする．このようにすれば四工程のうちの最も長い時間で，工作物が1個ずつ仕上がるようになり，きわめて能率のよい生産が行なわれることになる．このような構造を持つものが多軸自動旋盤である．

　横形多軸自動旋盤の一例として，図8・11に示す**6軸横形自動旋盤**について述べる．6本の主軸は主軸ドラム（spindle carrier または spindle drum）に収まり，それぞれが動力により回転する．そして全体の主軸における切削工程が完了すれば，主軸ドラムは1/6回転して割出される．切削中はロッキングピンによりしっかり固定されているが，割出しに際してはまずピンが抜かれ，次いでゼネバ機構[1]で所要角度だけ回転する．この割出しをウォームにより行なうものもある．工具を取り付ける工具台には，機械の中央にある主工具台とクロススライド，縦方向のスライドなどがある．これらはタレット旋盤と同様に種々の工具を取り付けるようになっている．

　図8・12は本自動旋盤における作業の例である．
　（a）　できあがりの製品を示す（所要時間4.5秒）．
　（b）　第1位置　右端ねじ部外径削り，左端みぞ部総形
　　　　　　　　削り，軸細長部段付け
　　　　第2位置　軸細長部外径削り
　　　　第3位置　ダイヘッドによる台形ねじ切り
　　　　第4位置　右端面削り，軸細長部研削仕上げ
　　　　第5位置　右端四角テーパ部仕上げ，台形ねじの
　　　　　　　　前後の面取り，左端段付け
　　　　第6位置　ダイヘッドによる右端ねじ切り，左端
　　　　　　　　面削りならびに突切り

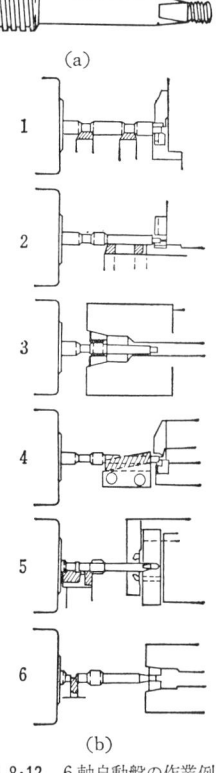

図8・12　6軸自動盤の作業例

（1）　ピン歯車を利用した間けつ歯車装置

8・7 素材自動供給装置

棒材作業自動旋盤では，素材はつぎつぎ供給されていくが，センタ作業，またはチャック作業自動旋盤を能率的に稼働するには，加工素材を自動的に供給する，いわゆる**マガジン送り** (magazine feed) を備える必要がある．もちろん素材の形状によってその設計には種々なものがあるが，丸ピンに対する一例を図 **8・13** に示す．素材はシュートの中に収まり，一つずつクロススライドの上に乗る．一工程が終るごとにクロススライドは動いて丸ピンを主軸チャックにはめるようになっている．小物の部品では一つずつシュートに入れることはできないので，ホッパに入れ，それより自動的にシュートに導くようにする．このとき素材の方向が

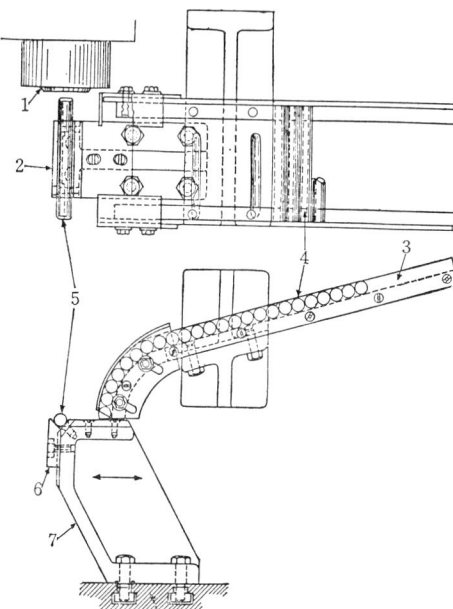

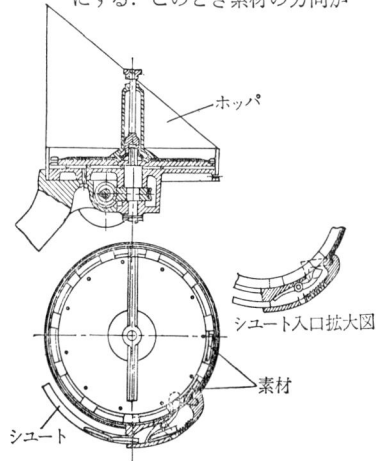

1. 主軸チャック 2. クロススライド
3. シュート 4. 工作物 5. 工作物待機位置 6. 位置きめ片 7. 工作物支持台
図 8・13 素材自動供給装置例

一定にそろうようにしなければならない．図 **8・14** はホッパを備えた自動供給装置の例で，ホッパ内に回転部分があり素材は外周に並ぶようになる．そしてある点に達するとドッグにけられてシュートに入る．しかし方向の違っているもの（図では太いほうが先になっているもの）はシュートに入らないで，ホッパ内に落とされる．

図 8・14 素材自動供給装置例→
　　　（ホッパ付）

第9章 立旋盤作業

　立旋盤作業は，長さに対して直径の大きい円筒形の工作物の内径および外径，ならびに高さの低い大形の不整形工作物の内および外を切削するとき，水平面内で回転するテーブル上に工作物を取り付け，これに刃物を当てて切削する精度の高いしかも取付け時間の短い方法である．

9・1　立旋盤 (vertical lathe または vertical boring and turning mill あるいは単に turning mill)

　テーブルの上面と直角に立てた**コラム** (column) に，コラム面上を上下にしゅう動する**横けた** (cross rail) をおき，横けた上にテーブルの上面と平行にしゅう動する**サドル**を設ける．サドルには上下に動く正面刃物棒を取り付けその下端に刃物を取り付ける刃物台を設ける．

　図 **9・1** は刃物台の右だけがタレットヘッドになっている．

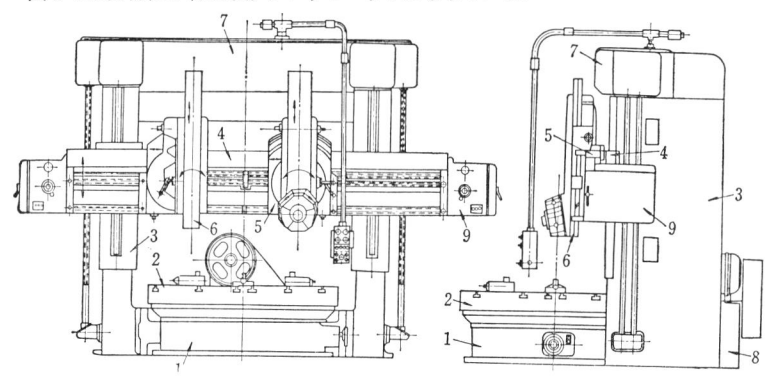

1. ベッド　2. テーブル　3. コラム　4. 横けた　5. サドル　6. 正面刃物棒（ラム）　7. トップビーム　8. テーブル駆動歯車箱　9. 送り歯車箱

図 **9・1**　立　旋　盤

　コラムは図のように2本の支柱からなっている**門形** (double column) と図 **9・2** のように1本の支柱からなっている**シングルコラム形**（または**片持形**）(single column) がある．後者は工作物をテーブルに取り付けるのに便利であるため，きわめて大形でない限り喜ばれて採用される．このものは振りも門形のものより大きくできる傾向を持っている．特に振りを大きくすることを望むとき，テーブルを少し移動させることのできるものもあるが稀である．

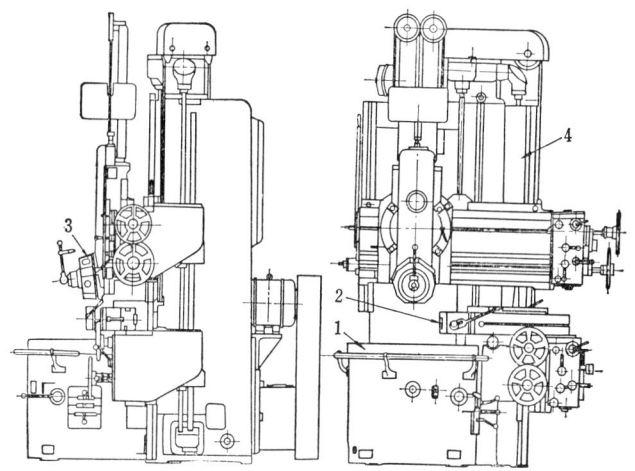

1. テーブル　2. 横刃物台　3. タレットヘッド　4. コラム
図 9・2　シングルコラム形立旋盤

　横けた上を左右にしゅう動するサドルの数はシングルコラム形のものには1個が多く門形のものには2個が多く，特に大形のものには3個のものもある．また刃物台をもつ正面刃物台[1]を垂直に上下させるほか，傾けることのできるものもある（図9・6参照）．
　門形のものの右側のコラムにまたはシングルコラムに，別の刃物台または刃物台をもつコラムを設けたものが多い．これを横刃物台という．
　機械の大きさの表わし方は　振り，テーブルの直径，テーブル上面と刃物台下端の間の最大距離，および刃物台の上下移動距離などによる．機械の呼び方にはテーブルの直径を用いるものが多い．

9・2　立旋盤の機能

　前述したように比較的高さの低い大形の工作物に適し，工作物の内外側いずれの切削にも便利なだけでなく，内外面を同時に切削することも容易である．
　工作物をテーブル上に載せることは，旋盤のように垂直面内で取り付けるものに比べてすこぶる容易であり，起重機やホイストを使うときは一層容易である．したがって取付時間は比較的短く，熟練度も幾分低くてもよい．
　切削力に対しても，工作物の重量をささえる点においても，十分の耐圧面を持つよう

---

(1)　サドル，正面刃物棒などを総称して正面刃物台という．

に設計されている．その割には機械が大きくならないので，機械の占める床面積は他の工作機械に比べ割合に小さいということができる．

機械の大きさは小さいものではテーブルの直径500mm程度から，大きいものは振り25mに及ぶものがある．

一般用のもののほか種々な装置を備えたものや特殊設計のものがある．

9・3 立旋盤に用いられる装置

立旋盤に用いられるおもな装置を以下に列記する．

（1）**定速装置**　直径の大きい平らな工作物を切削するとき，テーブルを同一の回転で切削すれば工作物の外側と中央では切削速度がはなはだしく異なってくるので，直径の変わるにしたがって自動的に回転数が変化して，切削速度を適切な一定のものにする装置である．

（2）**無段変速装置**　工作物の大きさに最も適した切削速度を求めるため，テーブルの回転を油圧切換えまたはワードレオナード式を用い無段変速のできる装置を用いたものもある．図 **9・3** にワードレオナード（Ward Leonard）速度制御法の略図を示す．

この装置のないものにおいては，テーブル回転数変換段数を多くする傾向があり，16段および24段なども今日では決して珍しくない．

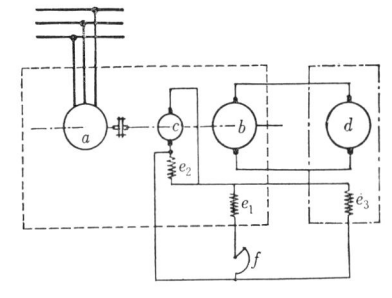

a. 三相交流モータ　b. a と直結した直流発電機　c. 励磁器　d. 他励磁直流モータ
e_1, e_2, e_3. 他励磁コイル　f. 抵抗器

図 9・3　ワードレオナード速度制御法

（3）**自動定寸装置**　正面刃物棒の下向きの動き，サドルのしゅう動，および横刃物台の移動位置などをきわめて精密に位置決めして工作物の仕上り寸法を正確にする装置を付けたものがある．

（4）**機械防護装置**　機械の構造が複雑になり，作業者が機械に不慣れのようなときには，完全な機械防護装置が望ましい．過負荷に対する各種の安全停止装置，各移動部分の移動量が過大とならないような考案，潤滑油の圧力が正常でないときは運転を行なえない工夫などが必要であり，その他のインターロックなどがフールプルーフ式に行なわれねばならない．また切削中にクランプがゆるむことのないよう，クランプが自動的に行なわれるなど，あらゆる安全設備が望ましい．

（5）**ならい装置**　普通の旋盤と同じように，近ごろならい装置（図15・1参照）をもつものがすこぶる多く，油圧式または電気式が用いられている．

（6） **プリセレクト装置**　工程順序に従って，自動的に作業が完了するプログラム制御装置を備えて各部の運転，タレットの割出しまで行なわしめるほかに，なお自動定寸をあわせたものもある．（第15章 参照）

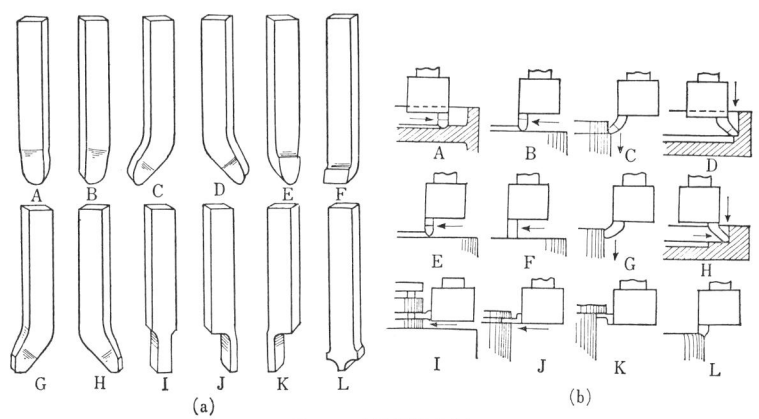

図 9・4　立旋盤用バイト

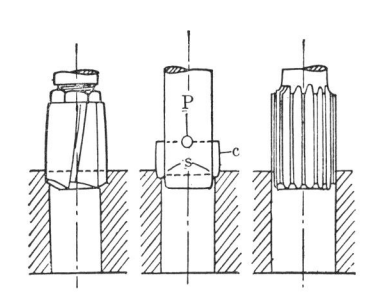

図 9・5　立旋盤にリーマ（右）一枚バイト（中央）およびエンドミル（左）を用いているもの

その他，テーパ削り装置や，ねじ加工装置などを持つものもある．

9・4　工　具

主として用いられる工具は旋盤や平削り盤に用いられるバイトと大差がない．一般に重切削が行なわれるので寸法が大きい．

図 9・4(a) にその例を示す．(b)はその使用例で符号 A, B, C……はそれぞれ (a)の該当記号のものの例である．名称については旋盤用に準ずる．

このほか，リーマ，一枚バイト，エンドミルのような工具を使うことは珍しくない（図 9・5）．また一般のフライスや特殊形状のフライスなども使用することがある．

9・5　立タレット旋盤

立旋盤において正面刃物棒の先端刃物台をタレット旋盤のタレットヘッドのようにすると立タレット旋盤（vertical turret lathe）が得られる．

多くの刃物で切削する必要のある場合に，タレットヘッドのものがすこぶる有利であることは，タレット旋盤と同じであり，門形のものでは二つの刃物棒のうち一つだけタレットヘッドにすることが多く（図9・1参照），シングルコラム（図9・2参照）のものではほとんど全部がこの式であるといっても過言でない．

9・6 立旋盤の作業

図 9・6 は立旋盤により工作物のテーパの部分を切削する例を示す．

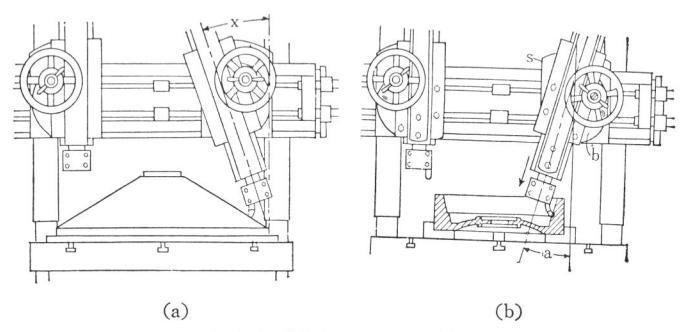

図 9・6 立旋盤によるテーパ削り

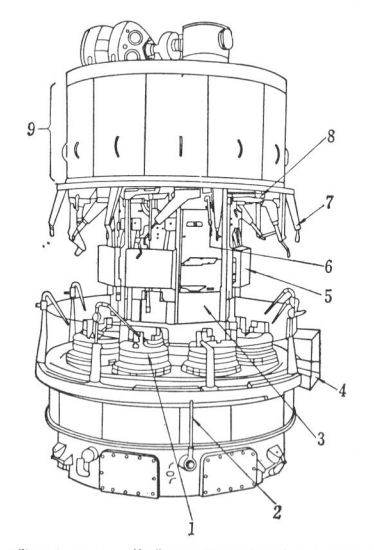

1. 主軸 2. チャック操作レバー
3. 工作物取付けステーション
4. 切くず出口 5. 工具取付台
6. 割出し制御レバー 7. クラッチ用レバー 8. タイミングダイヤル 9. 各ステーションごとの送りユニット

図 9・7 立形 8 軸自動旋盤
（Bullard 社）

図 9・7 は多軸立旋盤で，図のものは8軸である．一つのステーションで工作物の取付け，取はずしが行なわれ，7工程で工作物は仕上がる．もちろん立形の場合はチャック作業用となる．作業の要領は横形のものと同様である．（8・6 多軸自動旋盤 参照）

第10章 ボール盤作業

主軸にドリルを取り付け，回転させるとともに送りを与えて工作物に穴をあける機械がボール盤である．ボール盤を使う作業をボール盤作業と称するが，これには穴あけ以外に，沈めぐり，リーマ通し，タップ立て（ねじ立て）などの作業も含まれる．

10・1 ボール盤

10・1・1 直立ボール盤

ボール盤 (drilling machine) としては，主軸が定位置にある**直立ボール盤** (upright drilling machine) と，主軸の位置を任意に移動することのできる**ラジアルボール盤** (radial drilling machine) とが代表的なものである．図 10・1 は直立ボール盤として一般に広く用いられているもので，コラムが枝状をしているので枝形 (branch type) ともいう．これはベース (base) 上の電動機より段車を経て主軸 (main spindle) に動力をとっている．ドリルに与える送りとしては，自動送りおよび手送りの両種を用いることができる．

テーブル (table) はコラム (column) に沿うて上下するテーブルアーム (table arm) に取り付けられ，小物の工作物はテーブル上に固定して工作するが，大物のときには，テーブルを横に回して直接工作物をベースの上に載せて工作する．テーブルおよびベース上のTみぞは工作物を取り付けるためのものである．

丸テーブルは，それ自身の軸のまわりに回転することができるとともに，テーブルアームもまたコラムのまわりに回転できるので，工作物の所定の部位を主軸の真下に持ってくることができる．

最近は機械の剛性を大きくするためコラムをじょうぶにし，主軸の精度を高め高速度の強力切削を行なわせるため，主軸の伝導装

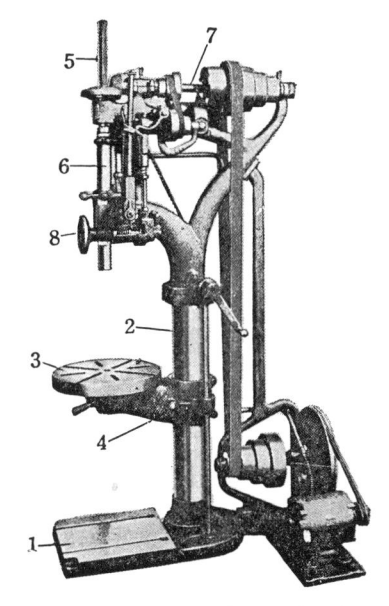

1. ベース 2. コラム 3. テーブル 4. テーブルアーム 5. 主軸 6. 主軸スリーブ 7. 水平駆動軸 8. 手送り用ハンドル

図 10・1 直立ボール盤（段車式）

(202) 第10章 ボール盤作業

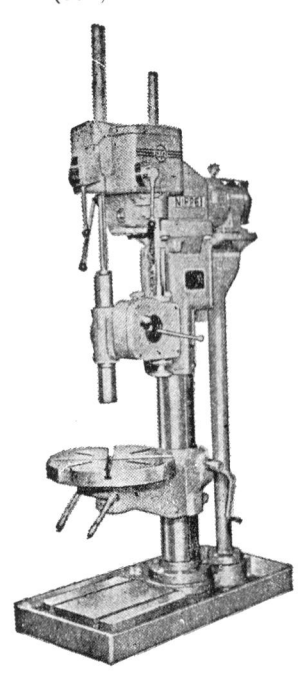

図 10·2 直立ボール盤
（全歯車式）

図 10·3 手加減ボール盤

置の部分を箱形にして主軸頭 (spindle head) としたものが多くなった．図 10·2 にこの形式のものを示す．

主軸はスリーブ内の軸受でささえられているが，大きな推力を受けるためにスラスト玉軸受を装備しているものが多い．主軸端はモールステーパの穴[1]を持ち，ここにドリルまたはドリルチャックを取り付けて工作を行なう．

一般の直立ボール盤の中で，比較的小さな穴の加工に用いるものに手加減ボール盤 (sensitive drilling machine)（図 10·3）がある．これは自動送りを欠き，ドリルに与える推力はもっぱら手加減による．図のものは，主軸速度が 485〜5280rpm の間を V ベルトの掛け変えによって5段に変速できる．

さらに小形のものとして卓上ボール盤 (bench drilling machine)（図 10·4）がある．これも手加減で加工を行なうが，主軸の回転数は一層高く 10,000rpm ぐらいのものもある．特に1mm以下の小穴をあけるのに用いられるものを高速ボール盤 (high speed drilling machine) といい，圧縮空気によって主軸に設けられた羽根車を回転させて駆動するものや，V ベルトで駆動するものがある．

この種の機械では主軸の回転数は 2〜30,000rpm に達する．（10·4 特殊なボール盤 参照）

直立ボール盤の大きさは主軸中心よりコラム前縁までの距離の2倍，すなわちスイングによって表わす．

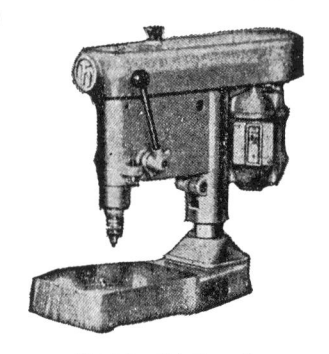

図 10·4 卓上ボール盤

（1） JIS B 4003 モールステーパ部のシャンクとソケット

10·1·2 ラジアルボール盤

工作物が大きくなると，工作物の位置を動かしてボール盤主軸の真下に穴の中心を持ってくるよりも，ボール盤主軸の位置を移動させるほうが便利である．そのために主軸の位置を，コラムのまわりの回転とアーム上の移動によって（すなわち極座標の要領によって），所定の場所に持ってくるようにしたものがラジアルボール盤である．

図 10·5 はラジアルボール盤の外観と各部の名称を示すものである．ベースの端にあるコラムから水平にアーム (arm) が出ており，このアーム上に主軸頭が乗っている．加工に当たってはアームの左端にある電動機によって，アームのコラム上の回転と上下移動，および主軸頭のアーム上の移動を行ない，主軸を定位置に持ってきてその後に加工を行なう．図のものは段取りを迅速に行なうためにアーム，コラムのクランプ，および主軸頭の早送りは油圧装置によって行なっている．

主軸頭には主軸駆動装置があって，主軸変速，正逆運転，自動送り，早送り，早戻し，手送りが簡単な操作で行ないうるようになっている．

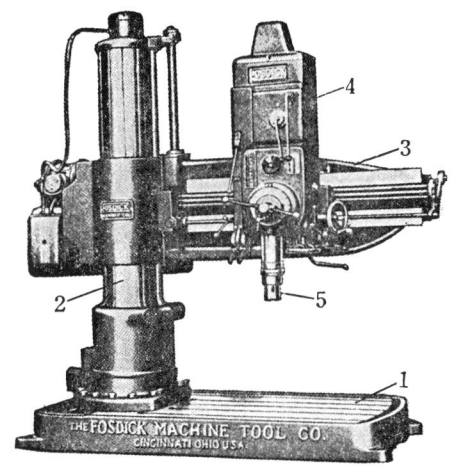

1. ベース　2. コラム　3. アーム
4. 主軸頭　5. 主軸

図 10·5　ラジアルボール盤
(Fosdick 社)

ラジアルボール盤では，主軸はコラムに対し片持ばりによってささえられているから，加工精度を高めるためにコラムやアームその他の各部は非常にじょうぶに造られている．

普通ラジアルボール盤の大きさは，主軸中心線よりコラム表面までの最大距離，穴あけすることのできる最大直径，主軸穴のモールステーパ番号などで表わされる．

10·2　ボール盤用工具

10·2·1　ドリル

ボール盤で穴あけを行なうとき用いられる工具が きり である．きり には図 10·6 のような 平ぎり もあるが，普通に使われるものは図 10·7 の ドリル（ねじれぎり twist drill）である．平ぎりは切くずの逃げが大きく製作が容易であるが，強度が弱く加工精度が悪い．そのため軟質の金属および非金属材料の穴あけに用いられるに過ぎない．

これに比べてドリルはじょうぶで加工精度も高く，すくい角も大きく切れ味がよいの

第10章 ボール盤作業

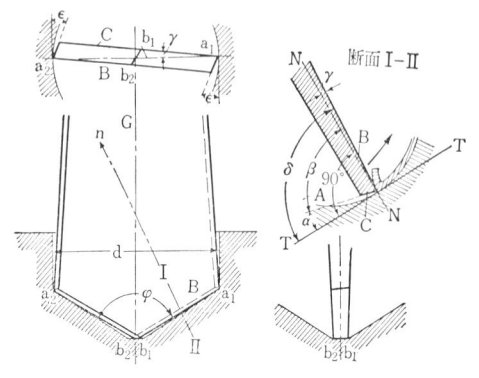

図10・6 平ぎり

図10・7 ドリル各部の名称

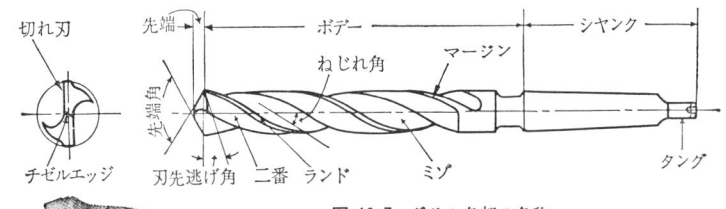

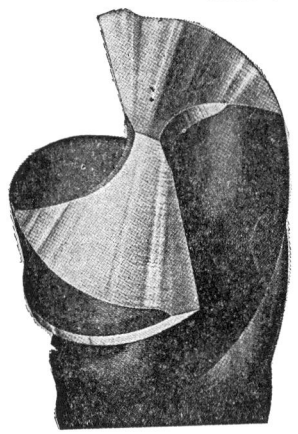

図10・8 シンニングを施したドリルの刃先

で広く一般の穴あけ作業に用いられる．図10・7に示すドリルはシャンク (shank) がモールステーパをもった モールステーパシャンクドリル (Morse taper shank drill)[1] で約12mm以上のものである．これよりも小径のドリルはストレートシャンクドリル (straight shank drill)[2] であってドリルチャックによってボール盤主軸に取り付けられる（図10・29参照）．

ドリルで切削作用を行なうのは 先端 (point) の部分で，ここの切れ刃の部分と チゼルエッジ (のみ部) (chisel edge) が刃物として作用する．先端の円すい面が工作物に当らないようにするため刃先逃げ角（図10・7参照）をつけてある．この値は工作物材料により適当に選ぶ．（表10・1参照）

チゼルエッジの部分は切れ味が悪いので，大径のドリルでは切れ味を増進させるため，またドリルをとぎ直して行くとドリルのウェブ (web 心骨) は根本になるほど太く造ってありチゼルエッジが大きくなるので，初めの切れ味と同じようにするために，図10・8のようにシンニング (thinning) を行なうことがある．

ランド (land) はでき上った穴の側面を案内として正しく進行させる作用を行なうが，この場合摩擦が

(1) JIS B 4302 モールステーパシャンクドリル（直径 2～75mm）
(2) JIS B 4301 ストレートシャンクドリル （直径 0.2～13mm）

大きいとドリルが過熱したり，動力が大きくなり過ぎたりするので，通常先端からシャンクに向ってごくわずか小さくなるようなテーパをつける．これをバックテーパ（back taper）といい，およそ100mmについて0.04〜0.1mm程度である．

み ぞ（flute）は切くずを逃がすために設けられているので，切くずが楽に上昇してくるような大きさとねじれ角とを持たねばならない．そのため みぞ のねじれ角は工作物材料の種類によって異なり，かたいものには小さな角度とし，軟質材料の穴あけには大きなねじれ角を付ける．鉄鋼用の一般のドリルでは，ねじれ角は約30°である．

表10・1 ドリルの角度

被切削材料	先端角	刃先逃げ角	ねじれ角
軟 鋳 鉄	90〜100	12〜15	20〜25
鋳 鉄	90〜100	12	20〜25
硬 鋳 鉄	118〜135	7〜12	20〜25
快 削 鋼	118	9〜15	20〜25
合 金 鋼	125〜145	7〜9	20〜25
合 金 鋼（硬）	145	7	20〜25
不 銹 鋼	125	12	25
マ ン ガ ン 鋼	136〜150	7〜10	25
アルミニウムとその合金	90〜130	12〜18	17〜45
マグネシウムとその合金	80〜118	12〜18	10〜45
錫	80〜136	12〜20	10〜45
モ ネ ル メ タ ル	118〜145	9〜20	20〜35
青 銅（軟）	118	12〜15	15〜30
銅・黄銅	100〜118	10〜15	25〜40
プ ラ ス チ ッ ク ス	60〜118	12〜15	10〜20

ドリルの先端角は小さいときは工作物への食込みが楽になるが，切れ刃が長くなるために所要動力が増すことと，切れ刃のすくい角が減少して寿命が短くなる欠点がある．そのために先端のとがったドリルは軟質材料の穴あけに用いられ，通常，鉄鋼材料には120°付近の値が採用される．JISでは118°を標準としている．表10・1に各種の材料に対して適当なねじれ角，先端角および刃先逃げ角の値を示す．また図10・9にこれら各種材料用の特殊ドリルの形状を示す．

ドリルの材料としては，炭素，特殊，高速度の各工具鋼が用いられるが，一

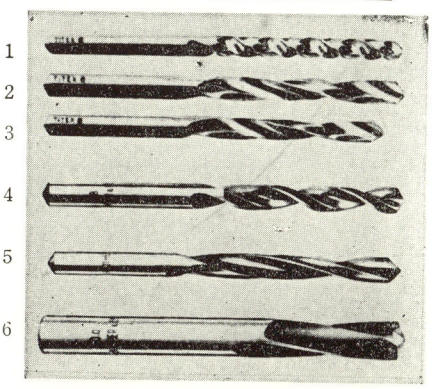

1. 銅, 軽合金用　2. 黄銅, エレクトロン用
3. ベークライト用　4. 電気銅用　5. 大理石用　6. マンガン鋼, オーステナイト鋼用

図10・9　特殊材料用ドリル

図 10・10　超硬ドリル

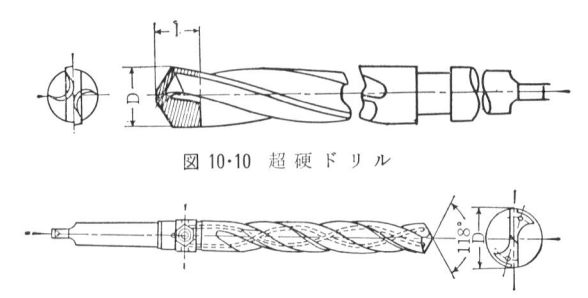

図 10・11　油穴のある鍛造ドリル

層耐摩耗性を高め，高速度でかたい材料に穴あけするために **超硬ドリル**[1]が造られている．超硬ドリルは図 10・10 に示すように切刃部に超硬チップをろう付したものである．また近時鍛造ドリルまたは熱間転造ドリルの技術が発達して市販のものもほとんどこの様式で造られている．図 10・11 に示すような油穴をもったドリルは鍛造ドリルとして容易に製造できる．これは深穴ドリルの一種でこの穴を通して切削剤を噴出させる．
銃砲身のような深い穴をあけるためには深穴ドリル（deep hole drill）が用いられる．これには種々の形式があるが図 10・12 に示す一枚刃の **半月きり**（ポンプぎり，鉄砲きり gun drill）が一般に使用される．

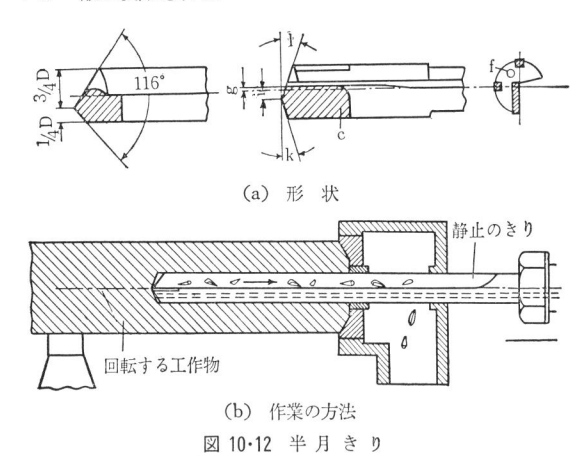

(a) 形 状

(b) 作業の方法

図 10・12　半月きり

また図 10・13 に示すものは BTA 深穴きりと称するもので外周より油を噴出させて，中央の穴から切くずを流出させる．在来の深穴ドリルに比べて著しく高速で切削できる

（1）　JIS B 4110　超硬モールステーパシャンクドリル

特徴をもっている．

　工作物に貫通した大きな穴をあけるときには穴の外周だけを削り取ると動力が少なくてすみ，はなはだ経済的である．このような作業をトレパニング (trepanning) といい，それに用いられるきりが**トレパンきり**（心残しきり，中空きり trepanning drill）である（図**10・14**, 図**10・15**）．

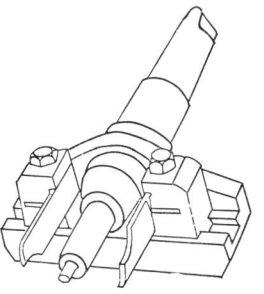

図 10・13　BTA 深穴きり

図 10・14　板用トレパンきり

図 10・15　BTA トレパンきり

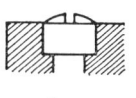

　小ねじ，ボルトなどの取付部に座を造るような仕事に用いるきりが**沈めきり** (counterbore drill, countersink drill) である．図 **10・16** に示すように先端は切刃をもたず穴に対して同心に座ぐり作業を行なわせるための案内となっている．

(a) 深座ぐり (counter boring)
(b) 座ぐり (spot facing)
(c) 皿座ぐり (counter sinking)

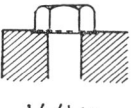

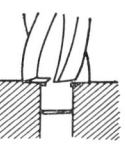

図 10・16　沈めきり

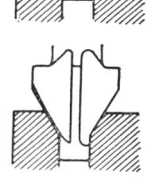

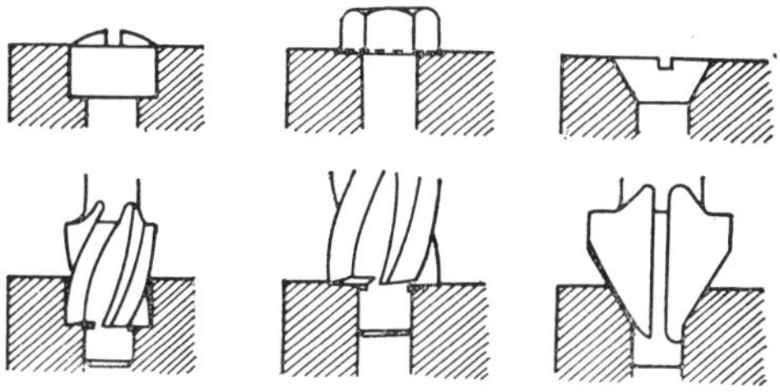

10・2・2　リーマ

　きりであけた穴は送りに相当するでこぼこがあって仕上面もあらく，真直度，真円度もまた悪い．穴の仕上げを行なう工具が**リーマ** (reamer) である．リーマは次のように分類することができる．

作業方式によって　｛手回し作業用リーマ (hand-working reamer)
　　　　　　　　　　機械作業用リーマ (machine-working reamer)

構造によって　　　｛むくリーマ (solid reamer)
　　　　　　　　　　シェルリーマ (shell reamer)

｛アジャスタブルリーマ (adjustable reamer)
　エキスパンションリーマ (expansion reamer)

またシャンクの形が真直ぐか，テーパを有するかによっても分類できる．そのほかテーパ穴の仕上げにはテーパリーマ，テーパピンリーマなどがあり，切れ刃のねじれた，ねじれ刃リーマ（はすば刃リーマ spiral fluted reamer），構造物のリベット穴加工用にはブリッジリーマ，パイプ切断面のまくれとりにはまくれ取りリーマなどがある．図 **10·17** に **むくリーマ** の形状を示す．刃は図のように真直なものと小角度のねじれをもたせたものとがある．キーみぞ，油みぞなどのある穴の仕上げは，ねじれ刃リーマを用いなくてはならない．

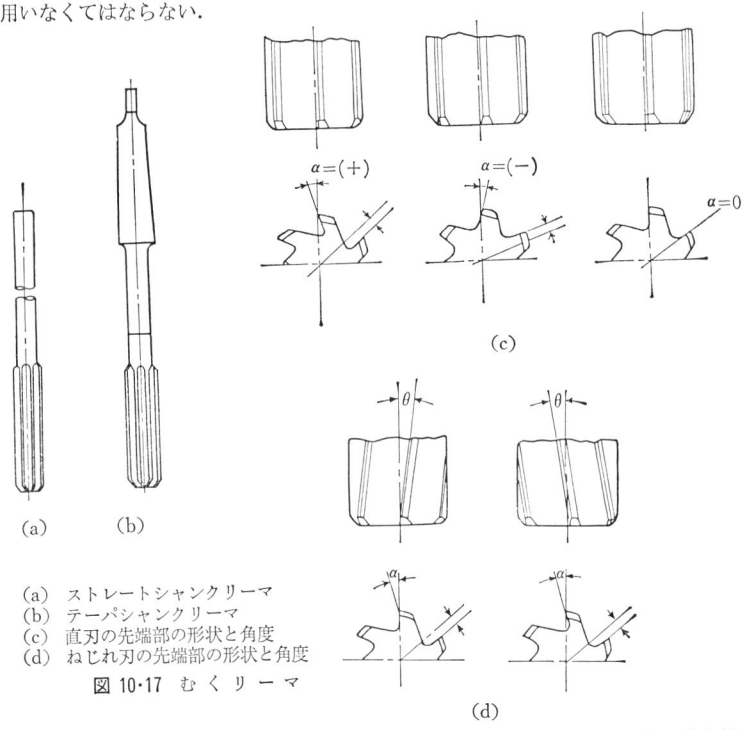

(a) ストレートシャンクリーマ
(b) テーパシャンクリーマ
(c) 直刃の先端部の形状と角度
(d) ねじれ刃の先端部の形状と角度
図 10·17　むくリーマ

刃先の形状は図 **10·18**(a)(b)に示す．**機械作業用リーマ**[1] にも，ときには食付部の長い **手回し作業用リーマ**[2] 状のものが使われることがあり，これを **ジョバースリー**

---

(1) JIS B 4402 ストレートシャンクチャッキングリーマ
　　JIS B 4403 テーパシャンクチャッキングリーマ，JIS B 4413 マシンリーマ，ジョバースリーマなど
(2) JIS B 4405 ハンドリーマ，ハンドテーパピンリーマ，モールステーパリーマなど

マ (jobber's reamer)[1]と称する．また断面形状は図 **10·19** に示すようになっていて通常 $0\sim(-5°)$ のすくい角をもっている．切れ刃の数はリーマの直径によって異なるが 6〜〜12枚（直径 3〜52mm）程度である．この切れ刃を円周上に等間隔に配置すると振動を起こして，仕上面にびびりを生ずるので図 **10·20** のように不等角分割をするのが普通である．

図 10·18 リーマの刃先形状
(a) 手回し作業用リーマ　(b) 機械作業用リーマ

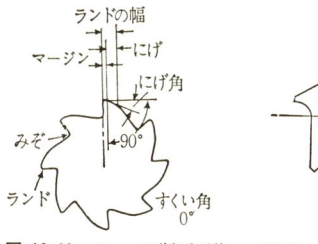

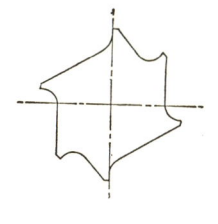

図 10·19 リーマの断面形状　図 10·20 不等角リーマ

テーパ穴の仕上げには**テーパリーマ** (taper reamer)[2] を用いる（図 **10·21**）．

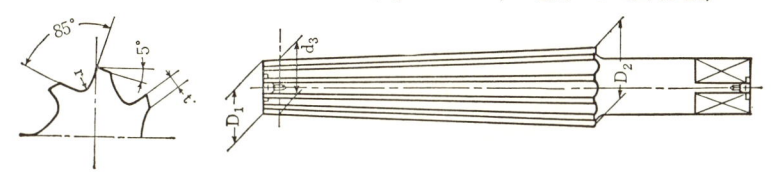

図 10·21 モールステーパリーマ

テーパピン穴を仕上げるには図 **10·22** の**テーパピンリーマ**[3] を，また図 **10·23** に示す**ブリッジリーマ** (bridge reamer)[4] は構造材を組立てるとき二枚の板のリベッ

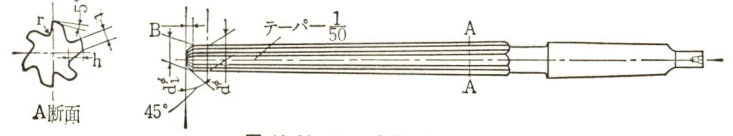

図 10·22 テーパピンリーマ

図 10·23 ブリッジリーマ

---

(1) JIS B 4404 ジョバースリーマ
(2) JIS B 4401 モールステーパリーマ
(3) JIS B 4410 機械用テーパピンリーマ（テーパシャンクテーパピンリーマ），JIS B 4411 ハンドテーパピンリーマ
(4) JIS B 4409 テーパシャンクブリッジリーマ

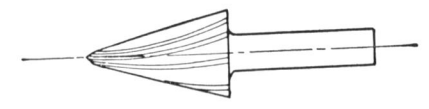

図 10·24 まくれ取りリーマ

ト穴合わせに用いるものである．次に図 **10·24** はパイプを切断したときにできる穴の端のまくれを取る **まくれ取りリーマ** である．リーマの寿命を長くするために超硬チップをろう付した **超硬リーマ** もある．

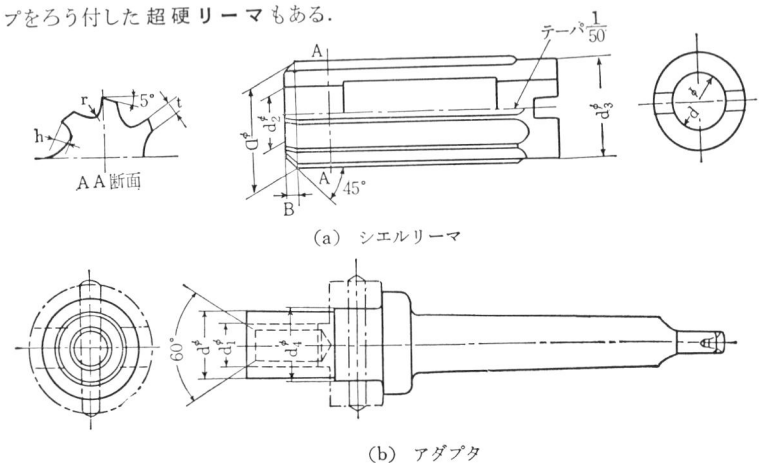

(a) シエルリーマ

(b) アダプタ

図 10·25 シェルリーマ

切れ刃の部分を別に造ってアダプタに入れるようにし，寸法が違うときにはその部分だけ取換えるようにしたものが図 **10·25** に示す **シェルリーマ**[1] である．また直径をある範囲に調節できる **アジャスタブルリーマ**[2]（図 **10·26**(a)）がある．これは主として修理品などについて少量の生産を行なうときに用いられる．これと同じ目的に用いられるものに **エキスパンションリーマ**（図 **10·26**(b)）があるが，これはアジャス

表 10·2 リーマの標準作業条件

			工　具　鋼		高　速　度　鋼	
			切削速度 m/min	送り mm/rev	切削速度 m/min	送り mm/rev
鋳鉄	抗張力	12〜18kg/mm²	4〜5	0.5〜3	6	0.5〜3
〃	〃	18〜30kg/mm²	3〜4	0.5〜3	5〜6	0.5〜3
鋼	抗張力	50kg/mm²以下	4〜5	0.3〜0.75	5〜6	0.3〜0.75
〃	〃	50〜75kg/mm²	3〜4	0.3〜0.75	5〜6	0.3〜0.75

（1） JIS B 4406 シェルリーマ
（2） JIS B 4412 アジャスタブルリーマ

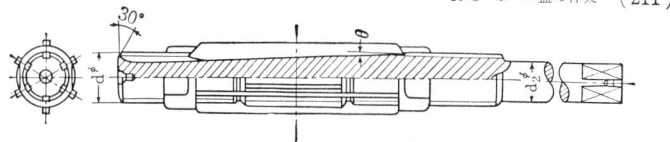

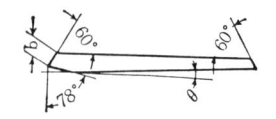

(a) アジャスタブルリーマ

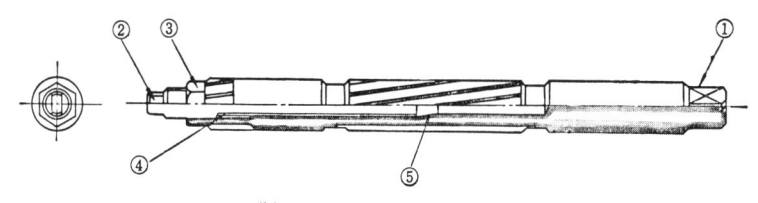

(b) エキスパンションリーマ
(②の調整ねじを締めこめば⑤のテーパはめあい部によりリーマが膨脹する)
図 10·26 アジャスタブルリーマとエキスパンションリーマ

タブルリーマの刃が一体になったようなものである．リーマ仕上げの標準作業条件を表 10·2 に示す．

10·2·3 タップ

ボール盤によってねじを切るときには**機械タップ**を用いる．タップについては第 20 章で述べるので本章では省略する．(20·4·3 ねじ切用工具 参照)

10·3 ボール盤の作業

ボール盤の主軸にドリルを取り付けるとき，テーパシャンクドリルのときは直接これを主軸のテーパ穴に押し込むか，または図 **10·27** のような**ソケット**[1] (socket) に入れてはめ込む．ドリルやソケットを抜き取るには図 **10·28** の**ドリフト** (drift) を主軸またはソケットの穴に打ち込んで，そのくさび作用によってタングを強圧して抜く．ストレートシャンクドリルは**ドリルチャック**により取り付けられる．ドリルチャック (drill

---

(1) ボール盤の主軸にドリルを差込む穴のモールステーパ番号は機械の大きさにより一定であるので，それに合致しないドリルを使用したいときにはソケットを用いる．ソケットは外側のテーパ番号と穴のテーパ番号を違えた組合わせで造られているので目的に合うものを選んで用いる．

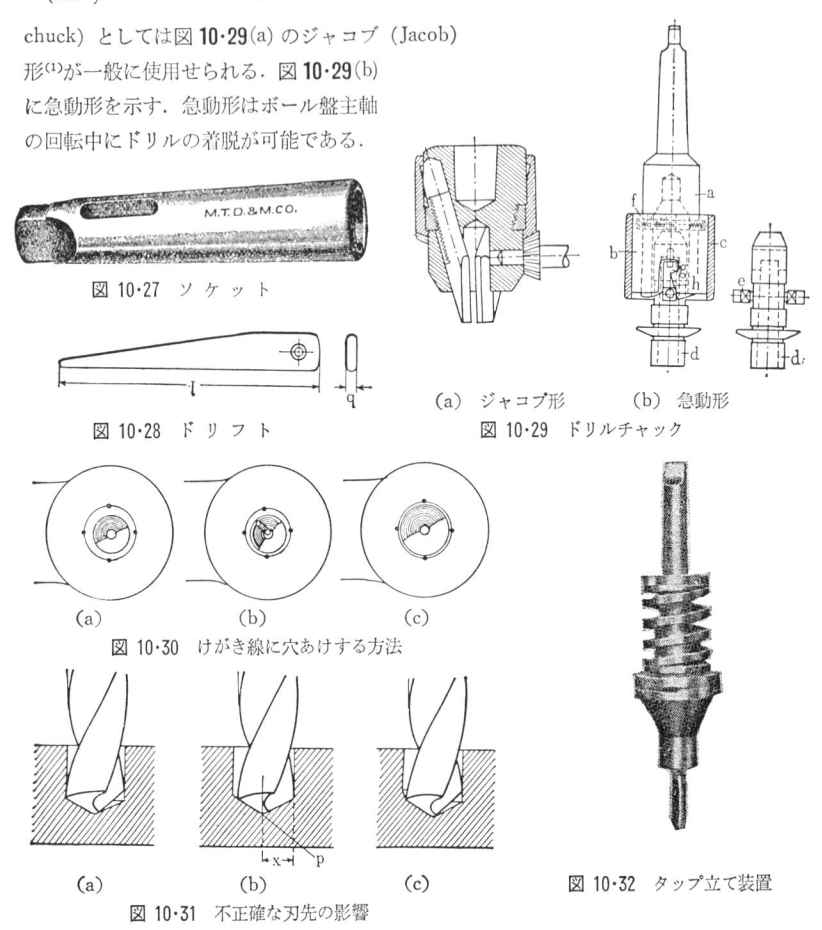

chuck) としては図 **10·29**(a) のジャコブ（Jacob）形[1]が一般に使用せられる．図 **10·29**(b) に急動形を示す．急動形はボール盤主軸の回転中にドリルの着脱が可能である．

図 10·27　ソケット

図 10·28　ドリフト

(a)　ジャコブ形　　(b)　急動形

図 10·29　ドリルチャック

(a)　(b)　(c)

図 10·30　けがき線に穴あけする方法

(a)　(b)　(c)

図 10·31　不正確な刃先の影響

図 10·32　タップ立て装置

けがき線上にドリルの中心を合わせて正しく穴あけをするには図 **10·30** のようにする．まず (a) のようにドリルの先端で小さい皿を削って，けがき線との間の偏心を調べる．次いで偏心があれば (b) のようにポンチまたはタガネでドリルの中心が正しい位置に来るように調節する．ここで再び同心に穴あけできたか否かを調べてこの操作を繰り返し，(c) のように同心になってからはじめて本式にドリルに送りを与えて穴あけを行なう．

　ドリルで正しい穴を真直にあけるためには，ドリルの左右の切り刃が同じ寸法形状に

（1）　JIS B 6001 工作機械用ドリルチャック

なっていなくてはならない．もしドリルの形状が不良であると図 **10・31** のようになる．(a)は左右の切れ刃の角度が異なるときで，一方の刃だけが加工を行なうので早く寿命点に達するし，振動や穴が曲がるなどの欠陥を発生する．(b)は左右の切れ刃の長さが異なる時で，でき上った穴はドリルの直径より大きくなる．一般には両種の場合が混合して生じ(c)のようになる．このようなおそれをなくすためには，できればドリルの手研ぎを行なわずドリル研削盤（第16章 図 **16・35** 参照）によって研ぎ直しを行なうのが望ましい．

表 10・3　標準作業条件

被切削材料	周速度 m/min
軟　　鋳　　鉄	30～ 45
鋳　　　　　鉄	25～ 30
硬　　鋳　　鉄	15～ 25
快　　削　　鋼	18～ 35
合　　金　　鋼	15～ 25
合　　金　　鋼(硬)	12～ 18
不　　錆　　鋼	12～ 20
マ　ン　ガ　ン　鋼	5～ 8
アルミニウムとその合金	60～ 90
マグネシウムとその合金	60～120
錫	90～120
モ　ネ　ル　メ　タ　ル	12～ 25
青　　　　　銅(軟)	30～ 90
銅　・　黄　　銅	30～ 90
プ　ラ　ス　チ　ッ　ク　ス	30～ 90

ドリルの直径	送り mm/rev
3 mm 以 下	0.025～0.08
3 ～ 6 mm	0.08 ～0.13
6 ～ 12mm	0.13 ～0.20
12 ～ 25mm	0.20 ～0.40
25mm 以 上	0.40 ～0.62

送りは材料に関係なく，ドリルの直径の大小によって適当に選ぶべきである．

タップを使ってめねじを切削するためには専用の機械としてタップ立て盤（ねじ立て盤）（tapping machine）があるがボール盤を使って作業するときには図 **10・32** のようなタップ立て（ねじ立て）装置（tapping attachment）がある．タップを立てる前にあける穴（ねじ下穴）の直径はめねじの内径に等しいのが理想的であるが，これではタップ立てに大きな力がいるので，タップ立てを容易にするためにねじ山の高さが規定寸法の75%になるように，やや大き目のドリルを使って穴あけするのが普通である．

又銅系，アルミニウム材の大量タップ立て作業には **みぞなしタップ**（fluteless tap）を用いたほうがねじが美しく，ねじ立て速度は切削タップの1.5～3倍でタップの切れ刃の寿命が伸びるのでこの種のタップが広く用いられている．さらに最近では油みぞ付き転造タップも造られ鉄にも利用され刃先の溶着が少ないといわれている．図 **10・33** にその例を示す．みぞなしタップでは断面を三角のおにぎり状としてねじ立て効果を高め，また先端部を細くしながらねじ山を持たせて食いつきを良くしている．

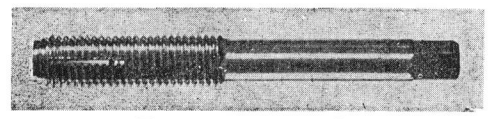

図 10・33　みぞなしタップ

ドリルによる穴あけの標準作業条件を 表 **10・3** に示す．切削剤を注加することはドリ

ルの切れ刃の切れ味を増進させるとともに，ランドと穴面との摩擦を防ぎ，切くずの流出を促し，ドリルと工作物との過熱を防止するのに役立つ．

10・4　特殊なボール盤

直径1mm以下0.1mmまでの小さな穴をあけるには，ドリルを10,000rpm以上の高速で回転させる必要があるので特殊なボール盤が使用される．図**10・34**はディーゼル機関のノズル穴を加工する**高速ボール盤**である．図に見るように主軸の駆動はVベルトを用い振動をなくし，スリップのないようにしているが，このほかに圧縮空気を羽根車に吹き付けて，その主軸を高速回転させるものもある．

穴あけ，リーマ通し，タップ立てなどのボール盤作業を各工程を追って能率的に行なうためには図**10・35**に示すような**組ボール盤** (gang drilling machine) が使用される．これは数台の直立ボール盤を共通のテーブル上に並べたもので，一個の工作物に対して各工程を順次にすべらせて行なうものである．

図 10・34　高速ボール盤　　　　図 10・35　組ボール盤

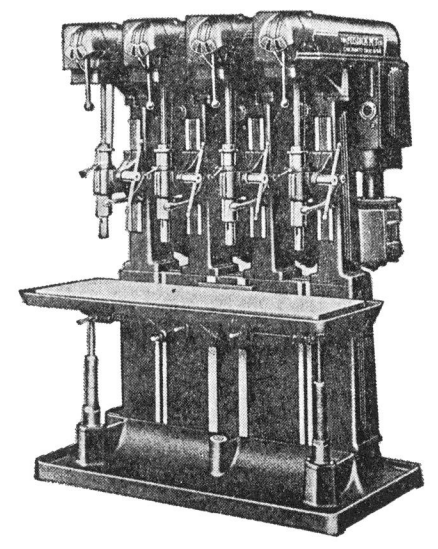

同一の工作物に多数の穴を同時にあけるためには**多軸ボール盤** (multiple spindle drilling machine) がある．図**10・36**は立形多軸ボール盤を示す．図のものでは主軸から自在継手によって動力を伝えているので工作物に応じて任意の位置にドリルを持ってきて固定することができる．その他歯車によって駆動する様式のものもある．

ボール盤の主軸端にタレットヘッドを取り付け，穴あけ・沈め・リーマ通し・タップ立

10・4 特殊なボール盤　(215)

図 10・36　多軸ボール盤

図 10・37　タレットヘッドボール盤

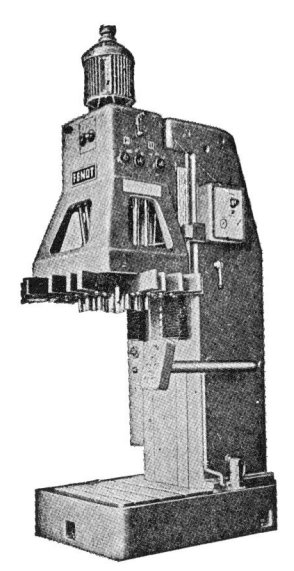

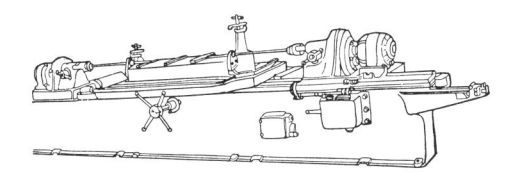

図 10・38　深穴ボール盤

て・心立てなど種々の作業を順次タレットヘッドの割出しによって，能率のよいボール盤作業を行なうものが，図 **10・37** の **タレットヘッドボール盤** (turret drilling machine) である．図の例はテーブルの位置決め，主軸送りのサイクル，タレットヘッドの割出しなどを数値制御方式を採用し，自動化したものである．

　深穴をあけるには図 **10・38** のような横形の **深穴ボール盤** (deep hole drilling machine) が用いられる．このボール盤では工作物を回転させ，ドリルに送り運動を与えて穴をあける．切削剤を高圧で深穴ドリルの先端から噴出させて切くずを排出させる．

第11章 中ぐり盤作業

鋳造あるいはドリルなどであけられた穴をくりひろげ，寸法精度を高め，仕上面をなめらかにする作業を **中ぐり**（boring）という．旋盤によっても行なえるが，工作物が大きいときや，これを回転させるのに不便なときは工作物を定置してバイトに回転を与えて中ぐりを行なう．このために用いる工作機械が中ぐり盤である．中ぐり盤には主軸が水平でおもに重作業に用いる横中ぐり盤，精密な中ぐりを行なう精密中ぐり盤および特殊用途に用いる特殊中ぐり盤などの種類がある．

11·1 横中ぐり盤

横中ぐり盤（horizontal boring machine）にはテーブルを備えてその上に工作物を取り付け移動するところの **テーブル形**（table type）と，定盤上に工作物を定置して主軸頭をささえるコラムが移動するところの **床上形**（floor type）の2種類がある．

図11·1はテーブル形横中ぐり盤とその各部の名称を示す．ベッドの一端にあるコラムに沿うて主軸頭が上下し，この主軸頭に主軸が設けられている．主軸には中ぐり棒を

1. ベッド（bed） 2. コラム（column） 3. 主軸頭（spindle head）
4. 主軸（spindle） 5. 中ぐり棒ささえ（outer support）
6. サドル（saddle） 7. テーブル（table）

図 11·1 中ぐり盤（日立製作所）

はめ，これにバイトを取り付ける．工作穴が長いときは中ぐり棒はベッドの他端にある中ぐり棒ささえによってささえられる．ベッド上のすべり面には互に直角に動くサドルとテーブルがあり，このテーブルの上に工作物を取り付ける．中ぐり作業を行なうときはテーブルに送りを与え，あるいは主軸を軸方向にくり出す．

　中ぐり盤における最近の傾向としては複合化，精密化，自動化があげられる．すなわち中ぐり盤においては単に中ぐり作業だけでなく，フライス削り，面削り，穴あけなどその他多くの機械仕上げを行なうことによりいわゆる複合工作機械の性格を持つようになり，また一方ではテーブルの移動量やコラム上の主軸頭の移動を読取顕微鏡でミクロン単位の精度をもって読取ることにより次第にジグ中ぐり盤（11・5参照）に近づきつつある．またテーブルの位置決めや各種の動作を穴あきテープなどを用いて自動化しその生産性の向上を図っているものも多い．

図 11・2　床上形中ぐり盤（池貝鉄工所）

　床上形横中ぐり盤はテーブル形よりも大物の工作物を取扱うに適したもので，図 **11・2** に示すようにコラム全体がベッド上をしゅう動し，工作物は別の定盤上に定置して作業を行なう．

　一般に中ぐり盤の大きさは，テーブルの寸法あるいは主軸の直径で表わす．

11・2　横中ぐり盤用工具

　横中ぐり盤で中ぐりを行なうには，**中ぐり棒**（boring bar）を主軸に装着しそれに中ぐりバイトを取り付ける．中ぐりバイトは旋盤バイトとほとんど同じものであるが，穴の内面にあたらぬように逃げ角を十分大きくとる必要がある．

　図 **11・3** に中ぐり棒を示す．(a) は一般に使われるもので，一方を主軸のテーパ穴にはめ，他方を中ぐり棒ささえでささえ，数個のバイトを取り付ける事ができる．(b) は主軸に近いところにある短い穴を加工するのに用いるもので一端だけでささえて使用する．このような形のものを特に**中ぐりスナウト**（boring snout）という．中ぐり棒の材質としては焼鈍したマンガンクロム鋼などの合金鋼が普通であるが，重作業の場合には

熱処理鋼が用いられることもある.

中ぐり棒の直径に比して余り大きくない穴を加工するときには,バイトを中ぐり棒の穴にさしこんでねじでロックする.この際穴の直径を所定の寸法に仕上げるには,バイトの刃先を正確に位置決めしなければならない.このため図 11·4(a) に示すようにバイトの後部を調整ねじで押して寸法を定めたり,あるいは (b) のように調整カラーの回転によりバイトの出し入れを行なう構造のものも用いられる.

仕上げるべき穴が中ぐり棒直径に比べてずっと大きいときは**中ぐりヘッド** (boring head) を中ぐり棒に装着し,このヘッドにバイトを取り付ける.その一例を 図 11·5 に示す.中ぐりヘッドにはこのような簡単なもののほかにバイトの半径方向の位置が精密に調整されるもの,あるいは連続的にバイトが半径方向に送られて面削りを行なうようになったもの (図 11·6) などがある.

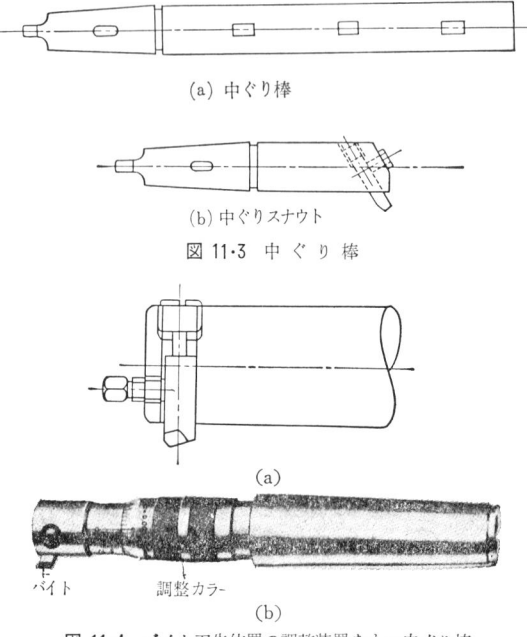

(a) 中ぐり棒

(b) 中ぐりスナウト

図 11·3 中ぐり棒

バイト　調整カラー

図 11·4 バイト刃先位置の調整装置をもつ中ぐり棒

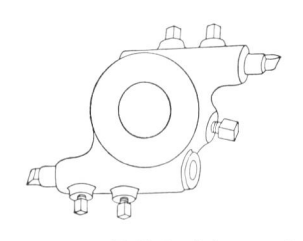

図 11·5 中ぐりヘッド

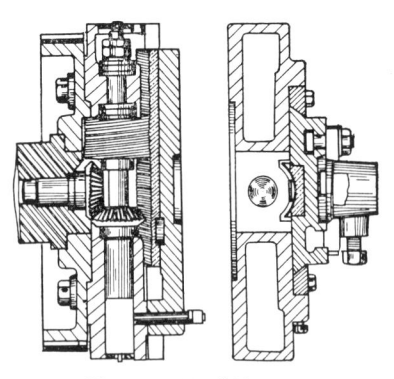

図 11·6 面削り装置

11・3 横中ぐり盤作業

中ぐり作業の実施に当って重要なことは、バイト刃先の位置を中ぐり棒中心から所定の寸法にもってくることと、中ぐり棒になるべくたわみのないように確実な支持をすることである.

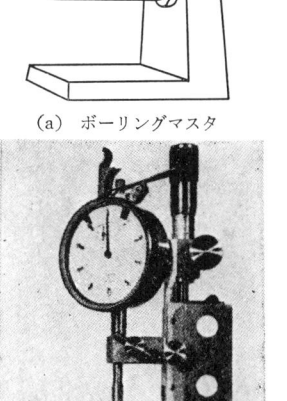

（a） ボーリングマスタ

（b） 取付ゲージ
図 11・7　バイト取付ゲージ

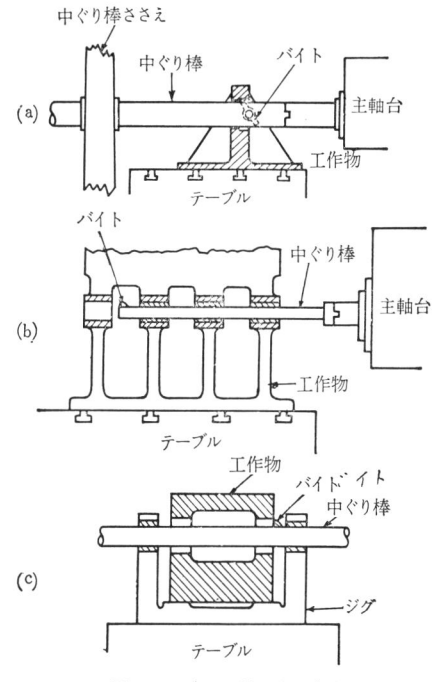

図 11・8　中ぐり棒の支持方法

前者のためには、あらかじめ所定の寸法よりやや小さい直径の中ぐりを行ないその穴の直径を測定し、前出図 11・4 に示す調整ねじで所要寸法との差だけバイトをくり出してその位置で固定するのが普通である．しかしこのような作業を能率よく行なうための工夫として図 11・7 に示すところのボーリングマスタ（boring master）とバイト取付けゲージ（tool setting gauge）の用いられることがある．ボーリングマスタは円筒部を中ぐり棒と同じ直径にし、その一部に工作穴と同径の突起を造っている．これにバイト取付けゲージを載せてダイヤルゲージの読みをとり、次いで中ぐり棒に載せて同じ読みになるようにバイト刃先を調整する．

中ぐり棒の支持については，前述のスナウトのように短い中ぐり棒では主軸に固定するだけでよい．しかし普通の中ぐり棒では穴の精度を向上するためには適当な支持が必要である．そのためには図 **11·8**(a) のように他端を中ぐり棒ささえでささえ，あるいは (b) のように加工穴にブシュをはめて支持したり，あるいはまた (c) のように中ぐりジグでささえることも行なわれる．

11·4 精密中ぐり盤とその作業

精密中ぐり盤 (fine boring machine) は超硬バイトあるいはダイヤモンドバイトなどを用いて穴の精度と仕上面あらさの向上を目的として高速・微細送りの中ぐり作業を行なうことを目的とする工作機械である．

精密中ぐり盤としては主軸が水平（横形）のものと垂直（立形）のものとがあるが，一般に立形のものは大物部品の加工に用いられる．横形精密中ぐり盤には工作物取付台がしゅう動テーブルの上に載っている場合と回転主軸頭がしゅう動テーブルの上に載っている場合とがあるが，いずれにしても主軸頭はその回転数が著しく高く，しかも振動が少なく剛性の高いことが要求される．それで主軸頭の構造としては，主軸とその軸受を一体に組みこんだところの大

図 11·9 横形精密中ぐり盤（富士精機）

径の円筒状とし，（これをクイル (quill) と呼ぶ）これを機械のフレームに固定し，あるいはしゅう動台上に取り付ける構造とすることが多い．このようなクイル形式は後述の生産用工作機械を構成するユニットにしばしば利用される．

図 **11·9** は横形精密中ぐり盤の一例で，工作物はテーブルの上にジグを用いて取り付けられる．テーブルの運動は油圧機構によって行なわれ，また自動サイクル作業を行なえるようになっている．さらに生産的なものとして主軸頭を2個以上ならべた多軸精密中ぐり盤がある．図 **11·10** は4軸精密中ぐり盤の一例で，図のものは 2500～5000 rpm の主軸回転数を持っている．

立形精密中ぐり盤の例を図 **11·11** に示す．この機械は互に直角に動く2段のテーブルを備えて，その上に取り付けた工作物の所定の個所に中ぐりを行なえるようになってい

図 11·10　4軸横形精密中ぐり盤（豊田工機）

るので，後出のジグ中ぐり盤に近い性能形状を持っている．このほかに大形の立形精密中ぐり盤としてはテーブルを持たず，ベースの上に直接工作物を置いて加工するものがある．特に発動機シリンダの中ぐりに使用せられる多軸立形精密中ぐり盤にはこの形式のものが多い．

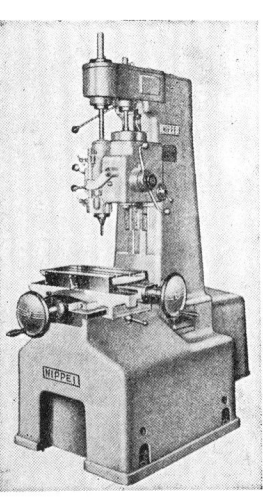

図 11·11　立形精密中ぐり盤（日平産業）

精密中ぐり用工具　非鉄ならびに非金属材料の精密中ぐりにダイヤモンドバイトが用いられることが多い．特にカーボンやプラスチックスのように切れ刃を摩耗させる

表 11·1　精密中ぐり標準作業条件

切削速度 m/min	送り mm/rev	切込み mm	ノーズ半径 mm		すくい角 （度）	
			穴径大	穴径小	平行すくい角	垂直すくい角
（アルミニウム）						
1800～2400	0.025～0.125	0.125～0.375	0.40	1.60	0～15	5～15
（銅合金）　I 快削黄銅類，II ネーバル黄銅類，III 普通黄銅類						
I 240～1200 II 150～ 600 III 150～ 300	0.025～0.125	0.05～0.375	0.38～0.75	0.75～1.50	I 　0 II 0～5 III 5～10	5 5～10 15～20
（鋳鉄）						
100～200	0.075～0.150	0.125～0.375	0.38～0.75	0.75～1.50	0	0
（鋼）　I 高炭素鋼・合金鋼，II 断続切削 じん性鋼，III 低炭素鋼・快削鋼						
I 70～300 II 85～360 III 100～450	0.075～0.180	0.125～0.375	ほぼ切込みに等しくする 一般に 0.25mm くらいである		I 　0～ −6 II −5～−35 III −3～−10	−3～ 8 15～35 0～15

性質の強い材料に対して有効である．しかし非常に衝撃に弱いので，たとえばアルミニウム鋳物における酸化アルミニウムのように被削材にハードスポットがあるとそのために寿命が短くなるから注意を要する．超硬バイトは一般の材料に対して精密中ぐり用として最も広く用いられる．その際いわゆる工具設計はきわめて重要で最も良い結果の得られるように選ぶべきである．たとえばその標準的な一例を図 **11·12** に示す．

表 **11·1** に精密中ぐりの標準作業条件を示す．

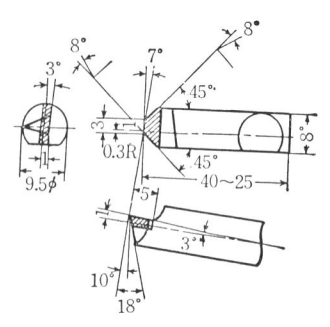

図 11·12 中ぐり用超硬バイト

11·5 ジグ中ぐり盤

中ぐり作業で工作物の穴と穴の中心距離を正確に工作することの必要な場合が多い．特にジグ（第22章 参照）の製作ではこの種の作業が最も困難で，かつ重要な問題となる．このような作業を能率的に高精度に行なう工作機械を **ジグ中ぐり盤** (jig boring machine) という．

ジグ中ぐり盤は主軸に対するテーブルの位置を縦横二方向の直角座標により 1μ 程度の単位で精密に測定して，工作物の所定の位置に精度の高い穴をあけ，また中ぐりしたりするもので，ジグの製作その他それに類する高級な穴の加工に使用されている．工作機械としては最も高級なもので，その設計に当っては動的ならびに静的剛性度に対して十分な考慮が払われ，またその保守にも細心の注意を必要とする．すなわち一般には恒温室中に設置し，振動やひずみの起こらないように十分じょうぶな基礎の上に据え付け，潤滑などにも特別な配慮を行ない，慎重な加工

図 11·13 門形ジグ中ぐり盤 (Genevoise (SIP) 社)

作業を行なってはじめて所定の精度が得られる．

図 11·13 は最も一般的な門形ジグ中ぐり盤の例を示す．これでは主軸頭は門形の2本のコラムに沿うて上下する横けたの上に取り付けられ，テーブルはベッドの上を前後に移動することができるようになっている．工作物の位置決めはテーブルの前後運動と主軸頭の横けた上の左右運動とによって行なわれ，それらの運動距離は標準尺と読取顕微鏡によって光学的に 1μ の単位まで正確に読み取ることができる．

図 11·14 はシングルコラム形のジグ中ぐり盤で，これにおいては主軸は一定位置にあり，工作物はベッド上で前後左右にしゅう動するテーブル上に取り付けられる．この機械も標準尺を内蔵し，光学的座標読取装置によってテーブルの正確な位置決めを行なう．ジグ中ぐり盤の座標読取装置としては，このような光学的方法のほかに，送りねじとマイクロメータドラムによるもの，基準ゲージとダイヤルゲージによるものなどがある．前者は送りねじの回転角をマイクロメータドラムによって詳しく読み取るのであるが，送りねじのピ

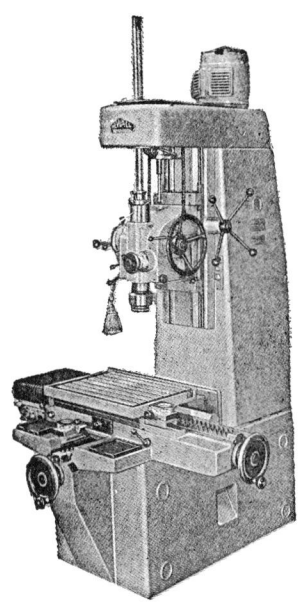

図 11·14　シングルコラム形ジグ中ぐり盤（Newall 社）

図 11·15　数値制御式ジグ中ぐり盤（数値制御中ぐりフライス盤）（日立精機）

ッチ誤差の補正装置を設けてその精度を高くしている．後者はブロックゲージのような正確な端度器を組み合わせて所要寸法に近い寸法をつくり，これをテーブルの一端とベッドの基準位置との間にはさみ，その端数の寸法はダイヤルゲージによって与えるものである．

このようなジグ中ぐり盤の位置決め作業は多大の時間と労力を要し，また十分な熟練度を必要とするので，この作業を数値制御方式によって自動化したものがある．図 11・15 は数値制御式ジグ中ぐり盤の一例で，座標の位置をあらかじめ穴あきテープの上に記録しておき，これをテープ読取機にかけて，これからの指令によってテーブルを正確に規定位置に動かしてクランプするようになっている．なお各穴における作業条件も同時に指示して作業を全自動化することもできる．

以上は主軸が垂直のものであるが，横中ぐり盤と同様な構造を持っていてテーブル

図 11・16 横形ジグ中ぐり盤（Dixi 社）

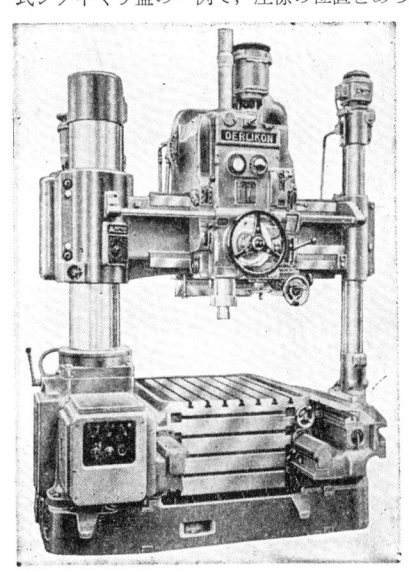

図 11・17 ラジアルボール盤を兼ねたジグ中ぐり盤 （Oerlikon 社）

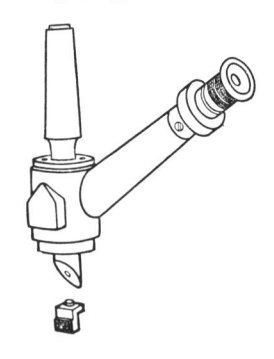

図 11・18 位置決め顕微鏡

11・5 ジグ中ぐり盤　（225）

のベッドに直角方向の動きと，主軸頭の垂直方向の位置とを正確に読み取り，工作物の垂直面に精密中ぐりを行なうものがある．図 **11・16** はその一例を示す．なお図 **11・17** のようなラジアルボール盤形のジグ中ぐり盤も用いられる．

ジグ中ぐり盤で作業するときには種々の付属品を使用する．図 **11・18** は位置決め顕微鏡で，これを主軸端に取り付け，視野の中央の

図 11・19　位置決めダイヤルゲージ

図 11・20　バイトホルダ

十字線に工作物の端面あるいはけがき線などの基準となるものを持ってきて，それから必要な距離だけ工作物を移動し穴加工を行なうのに用いる．このとき顕微鏡で工作物の端面の線を正確に見るのは困難であるので，図の下部にある直角の定規を端面にあてて，その直上に刻んである目盛線に視野の中心を合わせると主軸中心が正確に端面の線と一致する．また穴の中心に主軸を持ってくるためには図 **11・19** に示す位置決めダイヤルゲージを用いる．針の先端を穴の内面にあてて一回転したときダイヤルゲージの指針が動かないようになれば主軸中心線と穴の中心線は正確に一致したことになる．この装置はまた工作物の端面をテーブルの運動方向と一致させるのにも使用できる．穴の直径を正確にするには図 **11・20** に示すようなバイ

図 11・21　割出し用円テーブル

トホルダを用い，中ぐりバイトの刃先の位置を精密に調節する．また割出し仕事をするには図 **11・21** に示す割出し用円テーブルが用いられる．

第12章 平削り盤,形削り盤および立削り盤作業

12・1 平削り盤作業

12・1・1 平削り盤 (planer)

平削り盤は,テーブルの往復直線運動とそれに直角方向の工具(バイト)の送りによって,比較的大形の工作物の平面を削成するのに用いる工作機械である.

平削り盤としては,コラムが**門形** (double housing type) と**片持形** (open side type) が代表的なものである.図 **12・1** は門形平削り盤を示す.この平削り盤では図のようにベッドの上面の案内に沿ってしゅう動するテーブルをはさんでコラム (column) が直立し,それらはトップビームで連結されている.コラム前面にはその面に沿って上下する横けた (cross rail) があり,その上を通常2個(小形の機械では1個)の正面刃物台

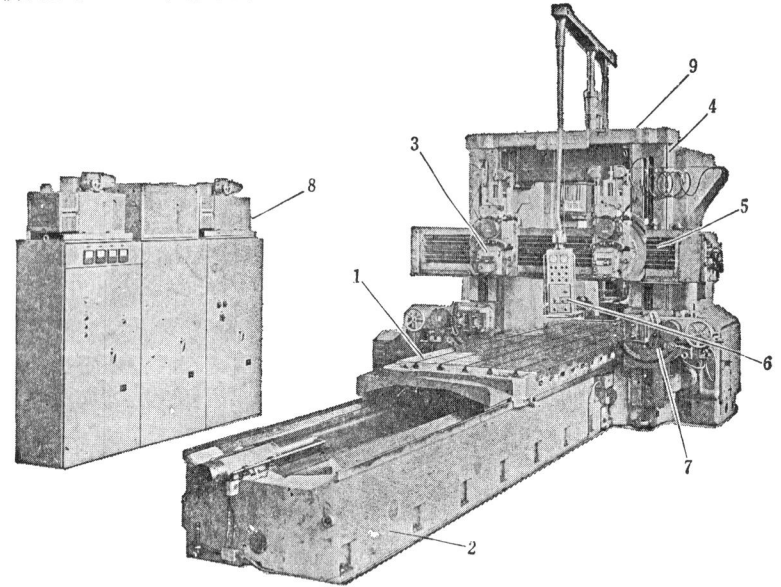

1. テーブル 2. ベッド 3. 正面刃物台 4. コラム 5. 横けた
6. ペンダント 7. 横刃物台 8. 制御箱 9. トップビーム

図 12・1 平削り盤(新潟鉄工所)

(rail head) が左右に動く,ときには横刃物台 (side head) が取り付けられることもある.

テーブルの往復運動は,その裏面にラックを取り付け,これをピニオンで駆動することによる場合が多いが,そのほかウォームとラックを用いるものや油圧駆動によるものなどがある.図 **12・2** は油圧駆動機構を用いたものの例を示す.

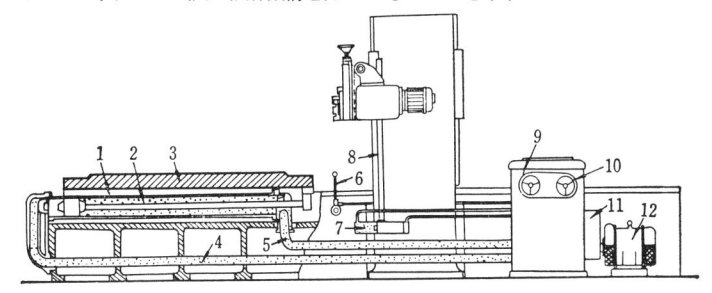

1. 主シリンダ　2. ピストンロッド　3. テーブル　4. 切削工程用油パイプ
5. 戻り行程用油パイプ　6. レバー　7. 送り用シリンダ　8. 送り棒
9. 油ポンプ　10. インジケータ　11. Vベルト駆動　12. 主電動機

図 **12・2** 平削り盤の油圧機構

テーブルの運動方向の切換えは,ベルト駆動平削り盤では正逆回転する一組のベルト車を用い,電動機直結式のものは,正逆切換用電磁クラッチを用いる.また大形の場合はワードレオナード制御方式を採用する.ストローク長さの調節はすべての場合テーブル側面に取付けられたドッグによって行なう.最近電気的無接触切換装置を採用しているものもある.

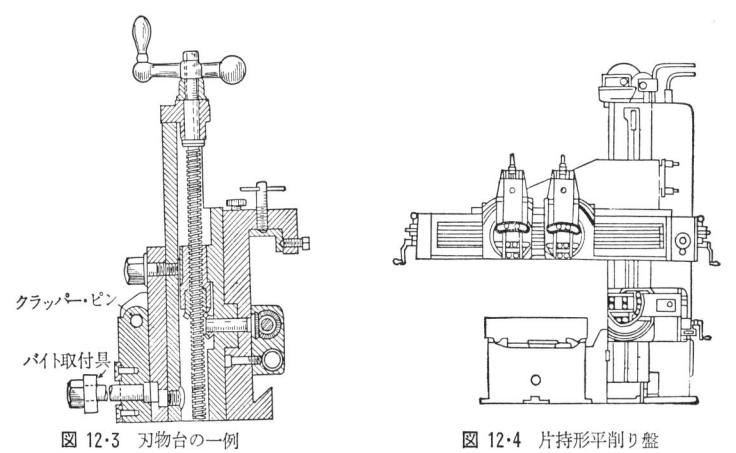

図 **12・3** 刃物台の一例　　図 **12・4** 片持形平削り盤

刃物台の一般構造を 図 12・3 に示す．テーブルの戻り行程で，バイト逃げ面が工作物にこすりつけられるのを防ぐために，刃物取付部はクラッパピンを中心として上げられる構造となっている．また左右に所要角度回転させて逃がす様式のものもある．なお平削り盤における切削能率を向上するために，テーブルの往復ともに切削が可能となるような刃物台も考案されている．

刃物台の横送りは，必ずテーブルの行程の終端でなされねばならない．

図 12・4 に片持形平削り盤（open side planer）を示す．片持形は幅の広い工作物の加工に便利であるが，精度を維持するにはコラム，腕などを十分にがんじょうにしなければならない．

平削り盤の大きさは一般に，テーブルの大きさ，切削することのできる最大幅および最大高さで表わされる．

12・1・2 平削り盤用工具

平削り盤に用いられる工具は，旋盤用バイトとほとんど異なるところはない．ただ一般に逃げ角を小さくがんじょうにしている．図 12・5 は代表的な数例を示す．従来は平削り盤における切削速度は低く，高速度鋼バイトがもっぱら使用されたが，最近は超硬バイトを使用して 60m/min 程度の高速切削も可能となっている．図 12・6 は T みぞを削るための むくバイト である．

鋳鉄製工作機械案内面の荒削り後の仕上削り，あるいは銅合金またはアルミニウムの仕上削りには，図 12・7 に示すようなバイトを用いると良い仕上面が得られる．刃先がシャンクに対しオフセット（先端の部分が後方にずれて曲っている）している．この際の切削条件は，切削速度 15〜30m/min（ただし高速度鋼バ

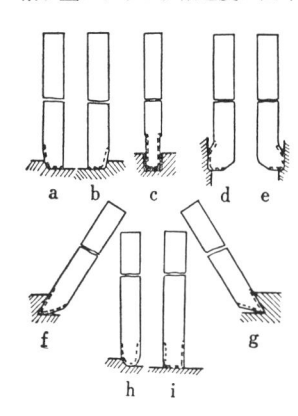

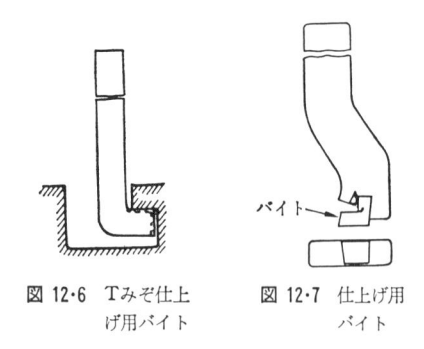

a．右勝手荒削りバイト
b．左勝手荒削りバイト
c．みぞ削りバイト
d．右勝手横削りバイト
e．左勝手横削りバイト
f．右勝手ありみぞ用バイト
g．左勝手ありみぞ用バイト
h．荒削りバイト
i．仕上バイト
図 12・5 平削り盤用バイト

図 12・6 Tみぞ仕上げ用バイト

図 12・7 仕上げ用バイト

イトの場合), 送り 5～10mm, 切込み 0.5～0.08mm が普通である.

12・1・3 平削り盤作業

(1) 工作物の取付け 平削り盤における工作物のテーブルへの取付けは作業能率を向上するためにはきわめて重要である. 図 **12・8** は取付用の種々の道具例を示す（第22章の取付具参照）. それらによる取付例を 図 **12・9** に示す. このような取付けにおいて注意すべきことは, 取付けの力のために工作物が変形しないようにすることで, 工作精度を維持するためにも重要な事項である. 図において (a) のように工作物をテーブルに押えるとき, 締付けボルトはなるべく工作物に近寄せる.

(b) はクランプが斜めになる場合にボルトが曲がらないようにする工夫を示す.

(c) は種々の高さの工作物に広範囲に使うことのできる段付きブロック, (d) は薄板の取付法である. この場合くさび状の鉄片の傾斜は 8～12° が適当である.

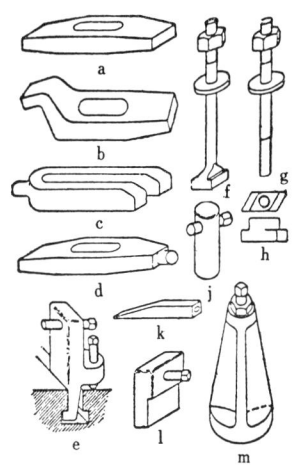

図 12・8 工作物取付用道具

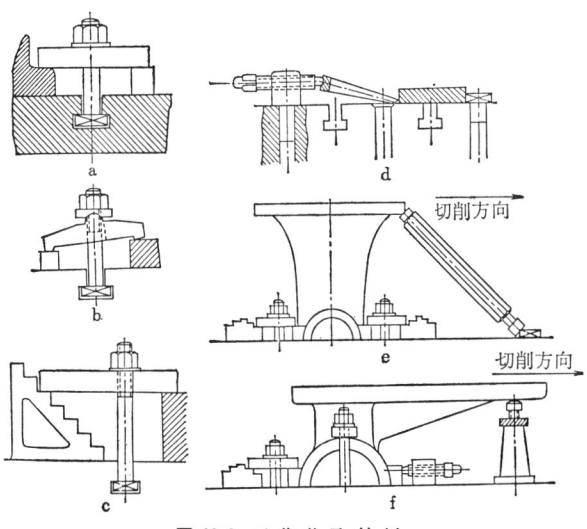

図 12・9 工作物取付例

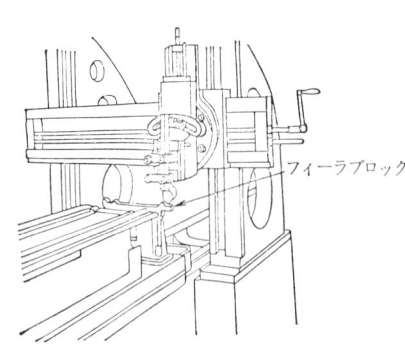

図 12·10 平削り盤における工具位置決めゲージ

薄板の両面を仕上げるときは交互に表裏数回切削すると加工ひずみや変形が後に残ることが少なくなる．電磁チャックも切削荷重があまり大きくないときはこの目的に使うことができる．(e), (f) はいずれも底面の小さい工作物を取り付ける方法で，ボルトあるいはジャッキを用いている．

工作物取付用テーブルが二つあって，一つで工作物取付中に他は作業できるようにして能率的に考えたものもある (duplex table と呼ぶ)．また工作物の取付けに専用のジグを使用することにより取付時間の短縮を図ることも行なわれている．

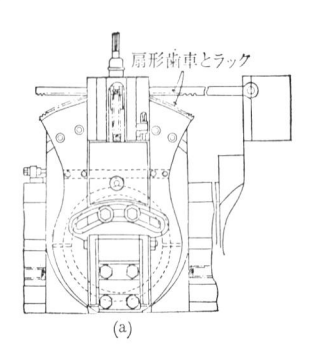

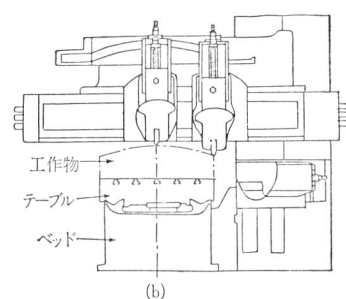

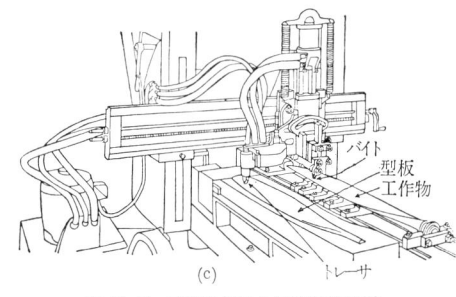

図 12·11 平削り盤による特殊作業例

(2) けがきおよび工具位置決めゲージ　平削り盤作業では多くの場合，工作物は けがき をしてからテーブルに取り付けられる．けがき仕事を省略するためにバイト位置決めゲージ (tool setting gage または feeler block) が使用されることがある．図 12·10 はその一例である．

(3) 作業条件　工作物の寸法，その取付けの安定性などにより，作業条件は多少

表 12・1 平削り盤標準作業条件

切削条件 工作物材料	バイトの別	高速度鋼バイト				超硬バイト			
	切込 (mm)	3.2	6.4	13	25	1.6	4.8	9.5	19
	送り (mm)	0.8	1.6	2.4	3.2	0.8	0.8	1.6	1.6
鋳　鉄　(軟)	切削速度 (m/min)	29	23	18	15	92	73	59	50
〃　　〃　(中)		21	17	14	11	73	59	49	40
〃　　〃　(硬)		14	11	8	—	50	40	32	—
鋼 (快 削 鋼)		27	21	17	12	107	82	64	47
〃 (一般の鋼)		21	17	12	9	92	69	53	40
〃 (切削性の悪い鋼)		12	9	8	—	66	49	38	—
青　　　　　銅		46	46	38	—	*	*	*	*
アルミニウム		61	61	46	—	*	*	*	*

＊印はテーブルの最高速度を用いる．

考慮しなければならぬが，その標準の値を表 **12・1** に示す．

(4) **特殊作業** 図 **12・11** は平面削成以外の特殊形状の仕上げの数例を示す．(a)は円筒内面の仕上げ装置を示す．円筒半径の異なる工作物に対してはそのたびごとに中央のねじを調節して合わせる．(b)は任意の形状の柱体を削る装置で，上部のカムみぞによって制御される．(c)はならい削りで，型板と油圧装置により所要形状を削出する作業を示す．

12・2　形削り盤作業

12・2・1　形削り盤 (shaper)

形削り盤は平削り盤と同様に，主として平面を削る場合に用いられるが，平削り盤とは異なり工具のほうが直線往復運動をして切削し，テーブルに取り付けられた工作物はそれに直角の送り運動をすることにより，比較的小形の工作物の仕上げに有効手軽に使用される．

図 **12・12** は代表的な形削り盤の一例を示す．刃物台は往復するラム (ram) の前端に設けられ，ラムの前進行程に

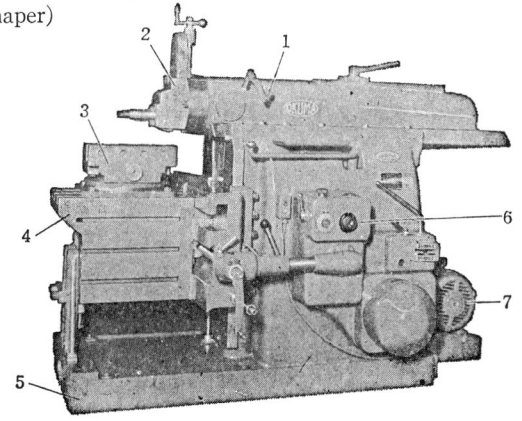

1. ラム　2. 刃物台　3. 万力　4. テーブル　5. ベース
6. テーブル送り装置　7. 主電動機

図 12・12　形削り盤 (大隈鉄工所)

第12章 平削り盤，形削り盤および立削り盤作業

おいて切削を行なう．ラムの往復運動はクランク機構によることが多い．図 **12·13** はその機構の一例で，クランクピンEの回転により細窓リンクGが揺動し，その上端についているラムが往復運動を行なう．ラムのストローク長さの調節はハンドルPを回転してピンの位置を変えることにより行なわれる．またラムの往復位置の調節はハンドルMを回してラムに対するJの位置を変えることにより行なわれる．このような機構においてはラムの後退速度は前進速度より早く，いわゆる早戻り運動（quick return motion）が行なわれバイトの戻り時間を短縮することとなり，形削り盤の切削能率を向上する．ラムの運動に油圧駆動が用いられることも多いが，図 **12·14** はその例を示す．

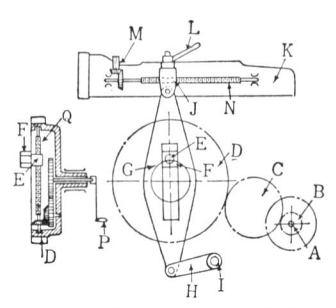

図 12·13 クランク式形削り盤のラム駆動機構

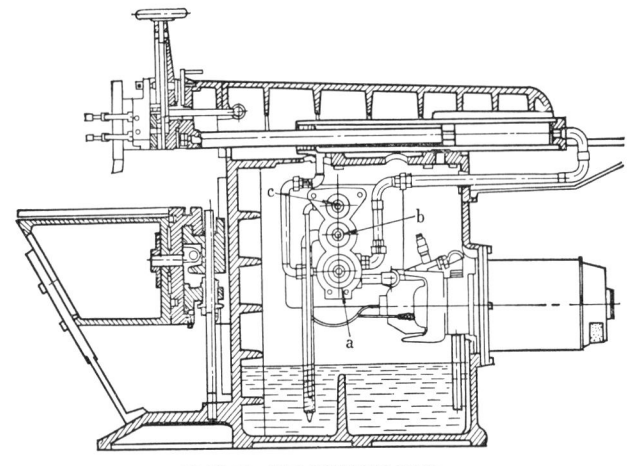

図 12·14 油圧式形削り盤の構造

テーブルの横方向の送りは行程の終端ごとになされねばならない．図 **12·15** はこの送り機構を示す．図においてストローク歯車Dに偏心みぞAがあり，これにリンクBがはまっていて，これにより揺動棒Eを動かす．この動きはラチェットつめNに伝わり，つめ車を一方向にのみ回転させ，結局テーブルを間けつ的に送る（つめ車は方向性を持ち反対に向けるとすべって送らぬことになる）．送り量はGの位置を変えることにより調節される．

12·2 形削り盤作業　(233)

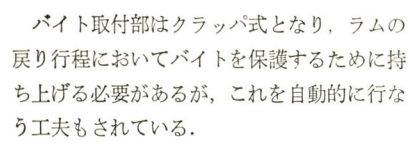

バイト取付部はクラッパ式となり，ラムの戻り行程においてバイトを保護するために持ち上げる必要があるが，これを自動的に行なう工夫もされている．

形削り盤の大きさは，ラムの行程をもって表わす．なおこれにテーブルの大きさおよび

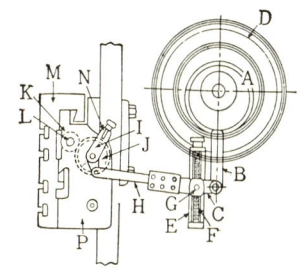

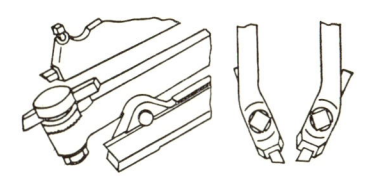

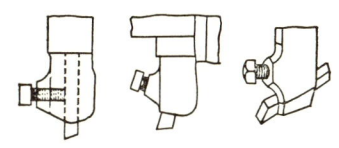

図 12·15　テーブルの送り機構

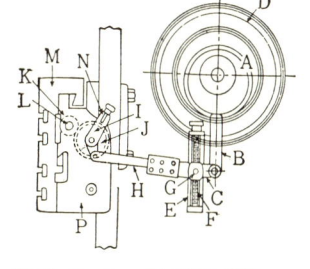

図 12·16　形削り盤用バイトホルダ

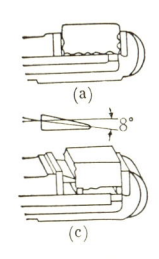

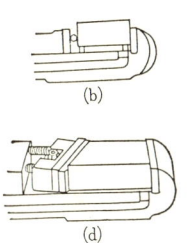

(a) 黒皮鋳鉄を取り付けるとき，サンドペーパをはさむ　(b) 上下両面を平行に仕上げるとき，やわらかい金属ピンを用いる　(c) 二面を直角に仕上げるとき，くさびを用いる　(d) テーパーのついた工作物のとき，特殊な万力を用いる

図 12·17　工作物の万力への取付け

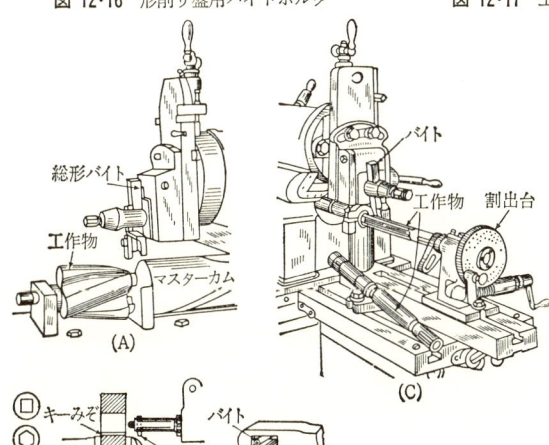

(A) 総形バイトとマスタカムを用いてねじれた工作物を削る　(B) 形削り盤による穴の加工　(C) 割出台を用いてスプライン軸の加工

図 12·18　特殊形削り作業例

テーブルの移動距離を付け加えることもある．

　ラムの後退時に切削をする形式の形削り盤もあり，これを **引切り形削り盤** (draw cut shaper) という．また以前にはテーブルが固定してラムの方が横に送られる形式のものがあり，それを **英式形削り盤** (traverse head shaper) というが，現在ほとんど採用されていない．

12・2・2　形削り盤作業

　図 **12・16** に形削り盤に用いられるバイトホルダを示す．工作物をテーブルへ取り付けるには，万力が多くの場合用いられるが締付けの時に工作物が浮き上ったり，ひずんだりしないようにしなければならない．図 **12・17** は取付例を示す．図 **12・18** は複雑な形状の工作物を形削りしている例を示す．

12・3　立削り盤作業

　立削り盤 (slotter または vertical shaper) は形削り盤と同様にバイトの往復直線運動によって切削するのであるが，形削り盤とは異なりラムは垂直に上下する．この際ラムの重さをつりあわすためのおもりを取り付けてあり（図 12・20(a)(b) 形式），またはばねを用いることがある．工作物は水平面内で縦横に動くサドルの上にのる円テーブルに取り付けられるのが普通である．

　図 **12・19** は立削り盤の一例を示す．ラムはコラムの前面にある案内に沿って上下するが，その運動機構としてクランク機構，ラックとピニオンあるいは油圧駆動が用いられる．クランク機構を用いるものの例を図 **12・20** に示す．ラックとピニオンによるもの

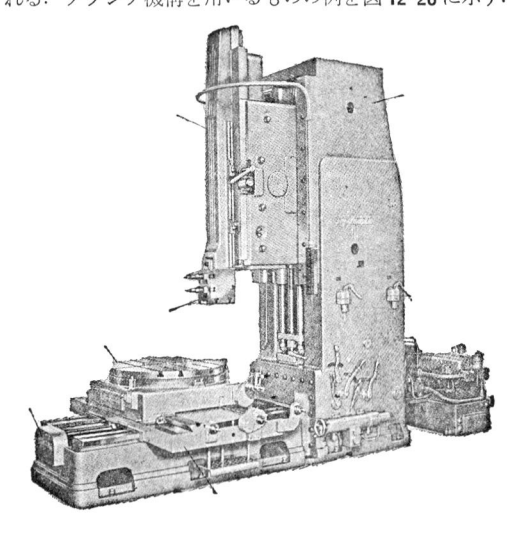

1. コラム　2. ラム
3. 刃物台　4. 円テーブル
5. ベース　6. サドル

図 12・19　立削り盤
（Pratt & Whitney 社）

はストロークの比較的長い立削り盤に採用される.

ラムの運動は一般に垂直方向であるが,工作物の取付面に対して斜めに削れるようにラムを傾ける事ができる立削り盤もある.一般に立削り盤は加工機としては構造上非能率であり現在あまり造られず,この種の加工は立形形削り盤で代行するか,キーみぞなどはそれを専門に削る**キーみぞ切り機**(key seater)を用いるか,または同種多量加工の場合はブローチ盤を用いる.

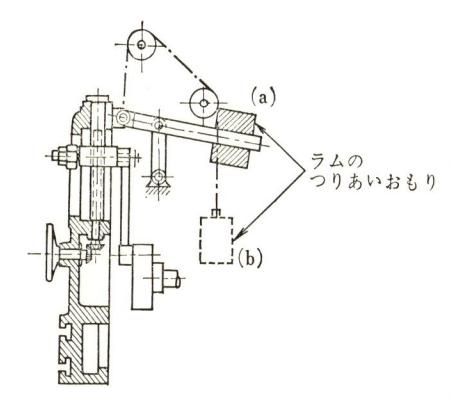

図 12·20 ラム駆動機構

立削り盤の大きさは,ラムの行程,テーブルの大きさ,テーブルの移動距離(左右×前後)および円テーブルの直径をもって表わす.

第13章　ブローチ盤作業

ブローチ削りとは，**ブローチ** (broach) という多数の切刃を一直線上に並べた工具を工作物の穴に通し，あるいはその表面に押し当てて引張り，所要の形状を工作物に与える作業で，多量生産のとき，きわめて高能率で，しかも精度の高い工作をすることのできる作業である．

13・1　ブローチの分類

ブローチは種々の観点から次のように分類される．

（1）　操作方法により　{ **押込ブローチ** (push broach)
引抜ブローチ (pull broach)

前者は押して作業するブローチで，座屈現象を避けるためあまり細長く造れない．したがって削りしろの大きいときは不適当で，引張り力を加えて作業する後者のほうが広く用いられる．しかし焼入歯車のボス穴修正のような，わずかな寸法決めなどには用いられることがある．

（2）　加工部位により　{ **内面ブローチ** (internal broach)
表面ブローチ (external または surface broach)

内面ブローチとは，穴のキーみぞ仕上げ，各種の形状の穴仕上げ，あるいはスプライン穴仕上げなど，工作物内面を所要の形に仕上げるもので，これに対し，工作物の外表面に所要の形状を与えるブローチを表面（または外面）ブローチという．

（3）　構造により，**一体形** (solid type)，**植刃形** (inserted type) があり，また二つ以上の面を同時に仕上げるために，2個以上のブローチを結合させて1個のブローチのように組合わせた **組立形** (combined type) などがある．

（4）　目的により，キーみぞ用，丸穴用，スプライン穴用および所期表面仕上用など多くの用途に応じた種類に分ける．

13・2　ブローチの要素

図 13・1 は，最も一般的なブローチの一例として引抜丸穴ブローチを示す．

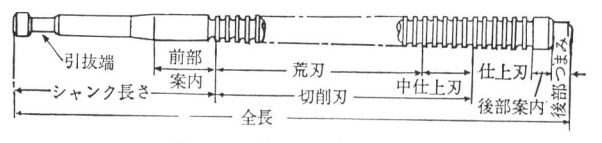

図 13・1　ブローチ各部の名称

左端はシャンクでありブローチ盤の引抜ヘッドに結合される部位である．それに次いでの前部案内はブローチの前加工の穴にはまって，ブローチと工作物の相対位置を正しくするのに役立つ．その次の部分に多くの刃が並ぶが，もちろん右端に進むほど太くなっている．刃部は切削刃と仕上刃よりなり，前者はさらに図のように荒刃と中仕上刃に分けることもできる．直径の増加率は荒刃が最大で，削りしろのほとんどはこの部分で切削され，仕上刃では全部を同一直径にしてこの部分で最終的な寸法と美しい仕上面を加工物に与えるようになっている．場合によってはさらにこの後部にバニシ刃を付けて加工面をバニシ仕上げすることもある．

ブローチの各刃の部分の名称を図 **13・2** に示す．ブローチの多くの刃の一つ一つは形削り作業用の仕上刃と同一の切削作用をなし，直径増加量の半分がブローチ刃の切込みすなわち送りに相当するわけである．しかし切削中切くずは切くずだめに保持されるので，図に示す切くずだめの部分は仕上面に重要な影響を及ぼす因子となる．

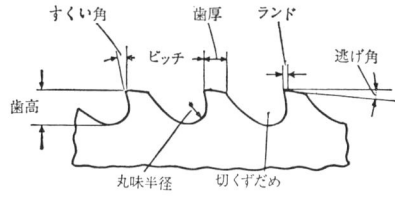

図 13・2 ブローチ刃部の名称

13・2・1 ピッチと刃数

ピッチはブローチの刃の形と強さ，および切くずだめの大きさを決定する重要な要素である．一般に次のような経験式がピッチ決定に用いられている．

$$\text{ピッチ} \quad p = (1.5 \sim 2.0) \times \sqrt{L} \, (\text{mm})$$

ここに L：工作物の切削部の長さ(mm)

切削長さが 10mm 以下の場合で切削刃数が 1 枚とならざるをえない場合には後部ささえなどを十分完全にしないと仕上面がびびるおそれがある．また同時切削刃数が多すぎるときもびびりやすいので，これを避けるために不等ピッチ刃とすることがある．

13・2・2 刃先の形状と角度

ブローチ刃のすくい角の標準を表 **13・1** に示し，ランドの逃げ角の標準値を表 **13・2** に示す．逃げ角はできるだけ小さいほうが，再研削による直径の減少を少なくしてブロー

表 13・1 各種被削材に対する標準すくい角

材 質	すくい角 (度)
鋳　　　　　　鉄	6～8
軟　　　　　　鋼	15～20
硬　　　　　　鋼	8～12
ア ル ミ ニ ウ ム	10
黄　銅　（じん質）	5～15
（ぜい質）	−5～5

表 13・2 標準逃げ角

使 用 状 態		逃げ角 (度)
内面ブローチ	鋼　用　荒　刃	1
	鋼　用　仕　上　刃	0.5
	ア ル ミ 用 各 刃	0.5
	青　銅　用　各　刃	0
キーみぞおよび外面ブローチ	鋼および鋳物用荒刃	2.5
	アルミおよび青銅用荒刃	0.5

チの寿命を長くすることができて有利である．また被削性の悪い材料を工作する場合以外は側面逃げ角は付けない．

13・2・3 案内部

ブローチの案内部は前後端に設けられる．前部案内は工作物の下穴にはめ合わされるが，これは過負荷に対する安全装置ともなる．この案内部が通らない工作物の下穴ではブローチの第1刃に過大の切削荷重がかかることになる．

このはめあいの程度は普通 H7g6 とする．後部案内は最後の仕上刃が工作物を通り抜けるときのささえとして重要で，これが小さすぎると加工中にブローチが首を振り，仕上精度は悪くなりブローチの寿命も短くなる．

13・2・4 切込量

ブローチの一刃ごとの切込量は適切に選ばれていなければ良い仕上面は得られない．中仕上刃は荒刃の切込みの 1/2 程度とし，仕上刃はその第1刃のみわずかの切込みを与え，以下は等径とする場合が多い．表 13・3 に切込量の一例を示す．

表 13・3 切込量標準値 (La Pointe 社)

種 別		鋼 (mm)	鋳鉄 (mm)
丸ブローチ	<19mmφ	0.013〜0.025	0.025〜0.050
	>19mmφ	0.025〜0.063	0.050〜0.127
スプラインブローチ	<25mmφ	0.038〜0.076	0.076〜0.152
	>25mmφ	0.076〜0.127	0.152〜0.254

13・2・5 バニシ刃

バニシ刃は別のバニシブローチとして用いられることもあり，普通のブローチの仕上刃のあとに設けられることもある．バニシ刃の形は，球形状が一般であるが，両円すい形（そろばん玉形）のものもある．

13・2・6 引抜端部

ブローチ盤の引抜ヘッドとの結合方法によって図 13・3 のように種々の形に造られる．(a) は最も一般的な形でコッタをさし込むようになっている．(b) はピンみぞ形である．(c) はねじ形でキーみぞブローチに使用される．(d), (e) は円周みぞ形，(f) は角形ブローチに用いられる U 字座金形，(g) はせまいキーみぞブローチ，あるいは外面ブローチなどに用いられる平キー形，(h) は押込ブローチに広く用いられるものである．

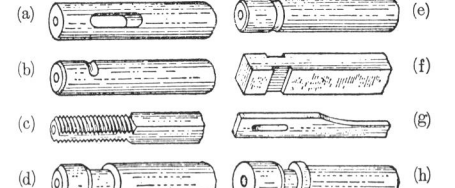

図 13・3 引抜端部の形状

13・2・7 ブローチの材料

ブローチ材料としては，高速度工具鋼（第2種または第3種）が最も広く用いられる．このほか最近は超硬合金ブローチも次第に実用化しつつある．なお寿命を延ばすために種々の表面処理，たとえば窒化処理あるいは2硫化モリブデン皮膜処理などが施される．

13・3　ブローチ盤 (broaching machine)

ブローチ盤としては**内面ブローチ盤**と**外面**（または表面）**ブローチ盤**の別がある．またブローチの切削方向により横形と立形に分類される．

横形ブローチ盤は最も古く発達したもので，床面積を広く占めるがストロークの長さに制限を受けないこと，操作点検の容易なことなどのため現在も広く用いられる．

立形ブローチ盤はこれに対して床面積が少なく，多くの場合操作が自動化され高生産用機械としての特徴を持っている．立形は駆動方式により引上げ式，引下げ式，万能式および押込式に分類される．

13・3・1　横形内面ブローチ盤

図 13・4 に外観を示す．ブローチの前部案内を工作物に手で通して後，引抜ヘッドにブローチを接続させるのが普通であるが，この操作を自動または半自動的に行なわせるものも多い．ラムの往復運動は古くからねじとナットによる構造のものが多かったが，

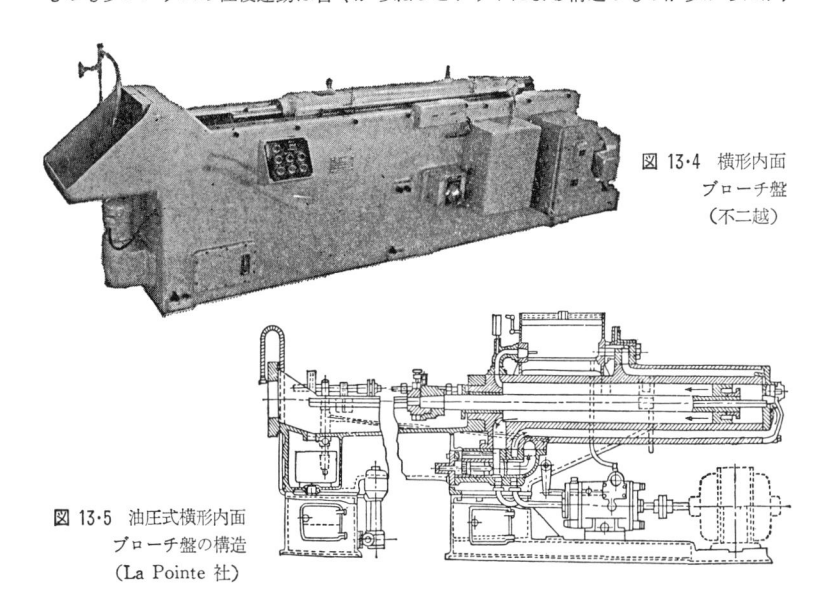

図 13・4　横形内面ブローチ盤（不二越）

図 13・5　油圧式横形内面ブローチ盤の構造（La Pointe 社）

第13章 ブローチ盤作業

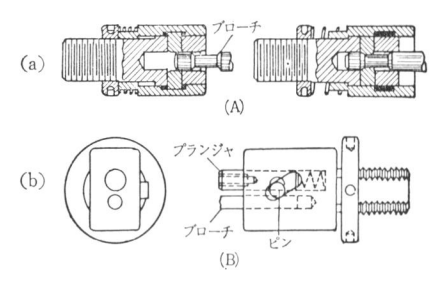

図 13·6 ブローチ結合部設計例

近来は油圧式の採用が盛んになってきている．図 13·5 に示すものは吐出方向が逆にできるエノールポンプを用い，その制御棒の運動をラムの運動と連結することにより所要のストロークで自動的に往復運動ができるようになっている．削り速度は一般に 4～10 m/min，戻り速度は 25 m/min 程度である．

ブローチ作業を能率的に行なうためには，ブローチとブローチ盤引抜ヘッドとの結合ができるだけ迅速にできるよう種々の工夫がなされる必要があるが，その例を図13·6に示す．(a) は四ツづめ式で，左が取はずし時，右が装着時である．(b) は丸ピン式で，上部のばねで左に押されているプランジャを右に押せば，丸ピンは上にあがりブローチははずれる．

図 13·7 立形内面ブローチ盤（不二越）

図 13·8 立形表面ブローチ盤（不二越）

13・3・2 立形内面ブローチ盤

図 13・7 に引下げ式内面ブローチ盤(油圧駆動)の一例を示す.図に示すものはラムが1個であるが,生産能率を上げるために数本のラムを備えたものもある.

13・3・3 表面ブローチ盤

図 13・8 に立形表面ブローチ盤の一例を示す.工作物をテーブル上の取付具に固定すると,テーブルは前進してブローチされる位置に至り,ブローチが切削を行なう.切削が完了すると,ブローチとテーブルはそれぞれ最初の位置に戻るという自動サイクルを行なうようになっている.このほか2個のラムを有して交互にサイクルを行なわせて能率を向上させる様式のものもある.

また工作物またはブローチをエンドレスチェーンで送り,連続的に加工を行なうもの,あるいは回転テーブル1回転の間に加工を完了するものなどがある.図 13・9 は工作物連続送り様式のものを示す.図においてブローチは上部ふた(蓋)の中に固定されている.

図 13・9　連続式表面ブローチ盤(Footburt 社)

13・4　ブローチ作業

13・4・1　作業の準備

ブローチされる工作物は前加工による残留応力を十分除去しておかなければならない.次に内面ブローチの場合は下穴の寸法を正確にしておくことが大切である.作業にかかる前にブローチ盤の性能を十分検査し,ブローチを取り付け引抜ヘッドとの結合状態を調べ,また加工の場合ブローチに無理な力がかからないように吟味しておく.第1番目の加工だけは特に低速度に行ない,取付けその他が正しいかどうかを確かめることも必要である.このような準備が終って後はじめて生産工程に移る.なお行程の途中でブローチを止めたり動かしたりするとブローチは折損しやすいから絶対に避けねばならない.

13・4・2　キーみぞブローチ

この作業は内面ブローチの一種であって切削抵抗だけで所定の位置に保持できるから,取付具は単に工作物をブローチ盤の面板にあてて引抜穴を引抜方向に平行させるだけでよい.図 13・10 にその例を示す.この場合,案内駒は工作物よりも必ず長いことが必要で,ブローチの高さ(H)の 1〜1.7 倍以上出ていなければならない.テーパ穴に沿った

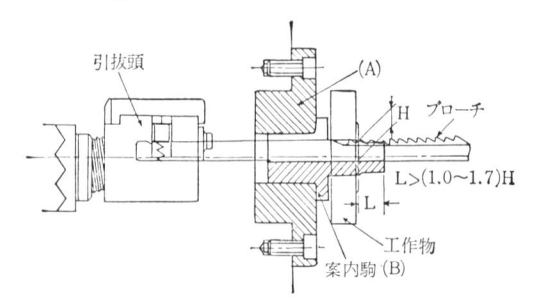

図 13·10 キーみぞブローチ用取付具

キーみぞも取付面を傾けた駒を用いて簡単に加工できる．

13·4·3 スプライン穴ブローチ

スプライン穴を加工する必要のある部品ではそのハブ部を利用して，図 **13·11** に示すような簡単な取付ブシュを用いてブローチ加工される．この場合短い工作物は切削抵抗で押え付けるだけで十分であるが，長い物ではブシュに締付ける必要がある．また鋳鍛造品をそのまま加工するときは図 **13·12** に示すように調心可能な取付具を用いて心を合わせる．

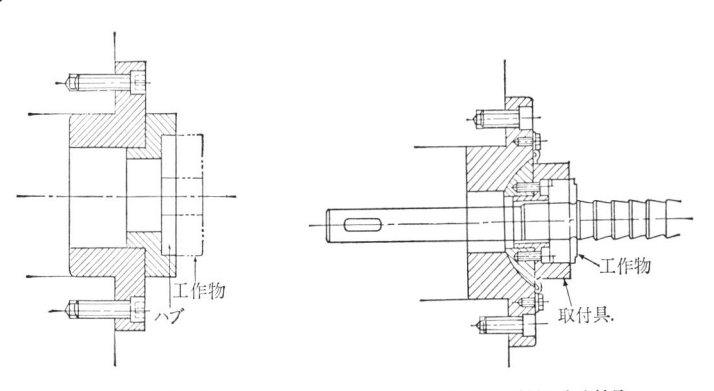

図 13·11 スプライン穴用取付具　　　　図 13·12 可調心式取付具

13·4·4 ねじれ穴ブローチ

ねじれ穴を加工するときは，ブローチの切削行程中，ブローチまたは工作物が一定比で回転するようにする．図 **13·13**(a)は工作物回転用取付具，同図(b) は引抜ヘッドに取り付けるブローチ回転装置である．ねじれ角が 15° ぐらいまでは切削分力で自然に回転するが，それ以上のねじれ角ならば積極的に回転させねばならない．

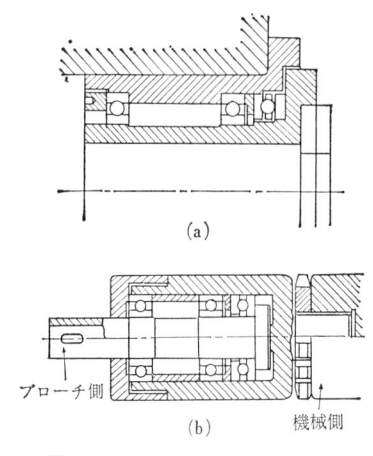

図 13・13 ねじれ穴加工用取付具 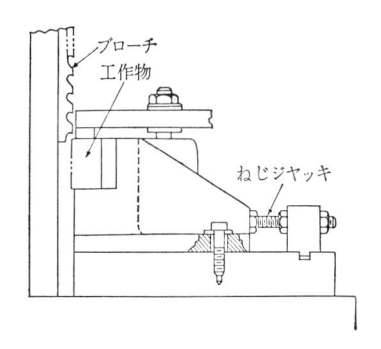　　図 13・14 表面ブローチ用取付具の一例

13・4・5 表面ブローチ

表面ブローチでは取付具は非常に重要である．とくに横形ブローチ盤で行なうときは，取付具は工作物を固定すると同時に，ブローチの案内もしなければならない．専用の表面ブローチ盤では，ブローチしゅう動案内は別個に設けてあるから，取付具は正しい位置に工作物を保持するだけでよい．図 13・14 は立形表面ブローチ盤用工作物取付具の一例で，ブローチを再研削した場合の寸法変化を考慮して，工作物の位置をジャッキにより調整できるようにしている．一般に表面ブローチ盤用工作物取付具は特にがんじょうにしなければ振動を起こしたり仕上面が精密に加工できないので，特別の注意が必要である．

また近時，自動車工場ではたとえばエンジンケースの上，両側面のボス座仕上を能率的に行なう方式として，ブローチ刃を内面に配列したトンネルの中へ取付具に載せた工作物を通して一挙に仕上げる専用表面ブローチ盤が用いられている．

13・4・6 切削剤

鋳鉄や非鉄金属のブローチ加工には切削剤はほとんど用いないが，一般には切削剤が重要な役目を果たす．切削剤としては水溶性油および鉱物油が用いられる．水溶性油は冷却性が良く軽い仕上切削に適し，鉱物油（または油性の高い植物油）は重切削用として用いられる．切削油の使用はブローチ寿命を延ばし仕上面あらさを良くする．使用にあたっては，十分の油量を低圧で供給するのがよい．

第14章　フライス盤作業

フライス盤作業は多数の切刃をもった**フライス**（または**ミリングカッタ**）(milling cutter)という回転工具によって，工作物を所要の形状に削る作業である．平面の切削に用いられることが多いが，曲面にも応用せられる．**フライス盤** (milling machine)の大きさは番号で表わし，最小0番より最大8番ぐらいというように定められているが，これは概念的な表現法である．正しくは，テーブルの大きさ，テーブルの移動量（左右×前後×上下），および主軸中心線よりテーブル面までの最大距離，または主軸端よりテーブル面までの最大距離で表わす．

14·1　フライス盤

14·1·1　フライス盤の種類

フライス盤を分類すると次のようになる．

```
                    ┌ ひ ざ 形  ┌ 横フライス盤    ┌ 平　形 (plain type)
                    │ (knee type)│ (horizontal    │ 万能形 (universal type)
                    │           │ milling machine)
                    │           └ 立フライス盤 (vertical milling machine)
フ ラ イ ス 盤     │ 生産フライス盤 (production milling machine)
(milling machine)  ┤ プラノミラー (plano-miller)
                    │ 型彫り盤 (profiling machine, die sinker)
                    │ ねじフライス盤 (thread milling machine)
                    └ 金切りのこ盤 (sawing machine)
```

14·1·2　フライス盤（ひざ形）

主軸が水平なフライス盤を**横フライス盤**という．図**14·1**に平形横フライス盤とその各部の名称を示す．主軸にフライスを，テーブル上に工作物を取り付けて，主軸の回転とテーブルの送り運動によって切削が行なわれる．テーブルの下にはサドルとニーがあり，それによって工作物の位置決めを行なう．テーブルは送りねじによって自動送りせられるが，むだ時間を減少させるために，早送りもできる．主軸にはアーバを取り付け，これにフライスを装着するが，アーバをささえるために，オーバアームとアーバささえがある．さらにがんじょうにするためには，アーバささえとニーの間に，オーバアームブレースを入れてたわみを少なくすることもある．図のものはオーバアームが角形であるが，1本または2本の丸棒としたものもある．

14・1 フライス盤　(245)

1. コラム (column)　2. ニー (knee)　3. テーブル (table)　4. サドル (saddle)　5. オーバアーム (overarm)　6. アーバささえ (arbor support)　7. 主軸 (spindle)　8. ベース (base)
図 14・1　平形横フライス盤
(Cincinnati Milling Machine 社)

図 14・2　立フライス盤
(Cincinnati Milling Machine 社)

平形横フライス盤はサドル上に直接テーブルが乗っているが，万能形横フライス盤ではサドル上に旋回台がありその上にテーブルが設けられている．これでテーブルを水平面内で傾けることができるため，割出台と組み合わせでドリルみぞその他の複雑な作業を行なうことができる．

主軸が鉛直のフライス盤を**立フライス盤**という．図14・2にその外観を示す．図のものは主軸を傾けることができないが，水平軸のまわりに傾けうる構造のものもある．またラム形といい，主軸をコラム上で前後に移動するラムの先端に設けてサドルを省略し，サドルの運動をラムによって行なわせて加工範囲を広げるようにしたものもある．

最近のフライス盤の傾向としては，多数のフライスを着けて，高速度の強力切削を行なわせることの必要上から，所要動力の増大と，機械剛性の向上があげられる．たとえば3番フライス盤では，現在10〜30 PS，4〜8 t ぐらいになっている．そのほかベースとコラムを一体鋳造にして剛性を高め，また生産性を増すためにはプリセレクト装置その他の能率的操縦装置を設けるなどの工夫がなされている．また横フライス盤では，下向き削り（14・3参照）を実施できるようにするため，テーブル送りねじにバックラッシ除去装置を設けるのが普通である．

14・1・3 生産フライス盤

ひざ形フライス盤の欠点は，上下するニーの上にサドルとテーブルが乗るために，テーブルの剛性が不足がちとなり，特にテーブルがサドル上で片側に大きく突き出るときには，その重量によって たわみ を生じることである．この欠点を避けるために図 **14・3** のように，テーブルをベッドの上に載せ（ベッド形ともいう），上下方向の位置決めには，コラムに沿うて主軸頭を動かすようにしたものが **生産フライス盤** である．その他各部の構造がじょうぶで強力な切削に堪え，生産性を高めることを目的としている．テーブルの運動は送りねじによるものと，油圧駆動のものとがある．油圧式のものは送り速度の調節が自由自在に行なえることと工具に無理な力がかからないなどの利点をもっている．いずれも切削送り，早送り，早戻りの運動を自動的に切換えて作業能率を高める装置をもっている．

図 14・3 生産フライス盤
(Kearney & Trecker 社)

生産フライス盤には，一層能率を高めるために，主軸頭を数個持つ多頭生産フライス盤がある．

14・1・4 プラノミラー

平削り盤の刃物台の代わりにフライスヘッドを設け，バイトの代わりに正面フライスを取り付けて大きな平面の能率的な切削を行なうものが，**プラノミラー** である．図 **14・4** にその外観を示す．コラム及び横けたにフライスヘッドを取り付け，これに大形の超硬

図 14・4 プラノミラー（Wewac 社）

正面フライスを取り付けて，多くの面を同時に削る．この方法によるとテーブルの一行程によって面削りの全作業を終り，しかも精度，仕上面あらさともに平削りよりもすぐれた加工ができるので，近時は平削り盤に代わろうとしている．

14・2　フライス盤用工具

14・2・1　フライス

多数の刃をもつ回転工具で，フライス作業に使われるものがフライス (milling cutter) である．フライスには作業の種類に応じて非常に多くの種類がある．

図 **14・5** に平面の切削に用いられる **平フライス** (plain milling cutter) (JIS B 4205) を示す．平フライスは幅が長くなると，切刃に大きな衝撃が加わるので，図のように **ねじれ刃** とする．この場合，切くずが長く続くので切刃に **みぞ** を設けて，切くずを短くすることがある．これを **チップブレーカ** (chip breaker) という．

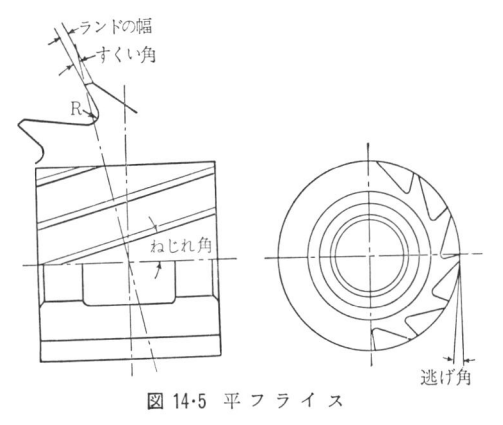

みぞや側面を削るには，図 **14・6** のような **側フライス** (side milling cutter) を用いる．図は普通刃 (JIS B 4206) と称せられるものである．側フライスは円筒面および両側面に切刃をもっている．円周および両側面の

図 14・5　平フライス

図 14・6　側フライス 　　図 14・7　側フライス（千鳥刃） 　　図 14・8　側フライス（インタロッキング）

刃が一度に切削するときには衝撃を生じ，振動の原因となるので，図 **14·7** のような **千鳥刃** (staggered tooth) (JIS B 4206) としたり，図 **14·8** のような **インタロッキング**（組合せ）(interlocking) としたりすることがある．これは間にはさむ間隔リングを取換えることによって，フライスの幅を調節できる．

これらのフライスで，直径に対して刃のピッチの大きいものを荒刃といい，小さいものを普通刃という．荒刃は一刃当りの切込みが大きいために，大きな切くずを出し，生産能率が高いので荒削り作業に使用せられる．

キーみぞやそれに類するみぞの切削には図 **14·9** のような **みぞフライス** (key-seat cutter, slotting milling cutter) (JIS B 4204) が使われる．みぞフライスの中には **半月キーみぞフライス** (JIS B 4230) がある．

工作物を切断したり，幅のせまいみぞを切削したりするには，図 **14·10** に示す **メタルソー** (metal slitting saw) (JIS B 4219) がある．これは刃のピッチを細かくして1枚の刃に加わる力を少なくし，その折損を防いでいる．

図 14·9	図 14·10	図 14·11	図 14·12
みぞフライス	メタルソー	等角フライス	形フライス

角度をもったみぞ，たとえばリーマ，フライス，つめ車などのみぞの切削には **角度フライス** (angular cutter, angle milling cutter) が用いられる．これには一方にだけ角度をもったみぞの切削に使われる **片角フライス** (JIS B 4221) や，**等角フライス** (JIS B 4223)（図 **14·11**），**不等角フライス** (JIS B 4222)，および内径にねじを切った **ねじ付き片角フライス** (JIS B 4224) などがある．

曲面の輪郭をもつ面の切削には **形フライス**（総形フライス）(formed cutter) が使われる．図 **14·12** に形フライスを示す．これでは図 **14·13** のように二番取旋盤によって二番をとってあるので，すくい面を研削するときに輪郭形状の変わるおそれがない，このようなフライスを **二番取りフライス** という．形フライスには歯車を切削する **イン**

ボリュートフライス (JIS B 4232), 内丸フライス (JIS B 4226), 外丸フライス (JIS B 4227), 工作物の片側の面取りをする片面取りフライス (JIS B 4228), 片面取フライスを背中合わせに重ねた両面取りフライス (JIS B 4229) がある.

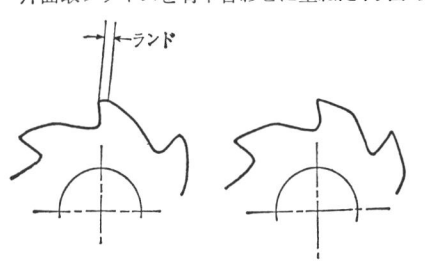

(a) 一般のフライス　(b) 二番取りフライス
図 14·13　フライスの刃の形状

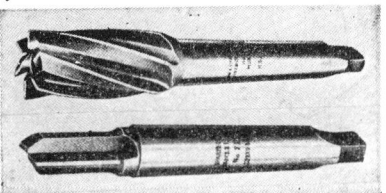

図 14·14　エンドミル

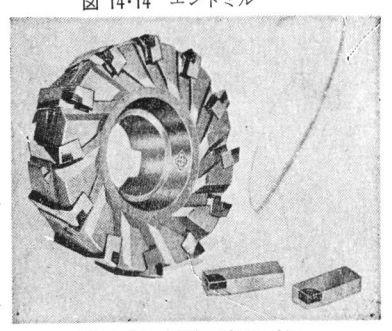

立フライス盤に取り付けて, みぞや穴を切削するフライスが図 14·14 のエンドミル (end milling cutter, end mill) (JIS B 4208～12) である. これにはテーパシャンクのものとストレートシャンクのものがあり, また直刃のものとねじれ刃のものとがある. エンドミルでシャンクと刃の部分が一体のものに対して, これを組立て形として, 一本のシャンクに直径や形の違った種々の刃を取り付ける事のできるようにしたものがシェルエンドミル (shell end milling cutter) (JIS B 4214) で, これを取り付けるものがシェルエンドミル用アーバ (JIS B 4216) である.

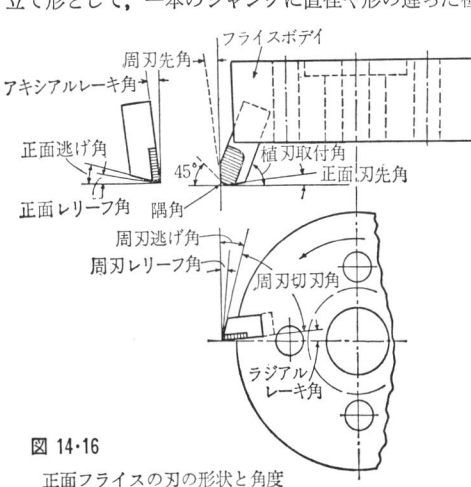

図 14·15　超硬正面フライス

図 14·16　正面フライスの刃の形状と角度

またエンドミルには特殊の目的に使用するものがある. これには形フライスに属するものに, 小ねじの座を切削するものとして平小ねじ沈めフライス (JIS B 4233), さら小ねじ沈めフライス (JIS B 4235) などがあり, 型彫り盤の工具として型彫り用丸頭エンドミ

ルおよび型彫り用**テーパエンドミル**があり，またセンタ穴加工用の**面取りフライス** (JIS B 4231)，Tみぞ加工用の**Tみぞフライス** (JIS B 4217) などがある．

平フライス，側フライス，**正面フライス** (JIS B 4215) などの大きい寸法のものには全部に高級な工具材料を使うのは不経済なため，工具鋼の台に超硬などの工具をさし込んで使う．これを**植え刃フライス** (inserted teeth milling cutter) という．図 **14·15**に超硬正面フライスの外観を，図**14·16**にその刃の形状と角度を示す．超硬合金を 付け刃 や植え刃にしたものを**超硬フライス** (超硬平フライス JIS B 4106，超硬側フライス JIS B 4107，超硬モールステーパシャンクエンドミル JIS B 4108，超硬メタルソー JIS B 4109) という．

ねじの切削に使われるものには **1 山ねじフライス**(図**14·17**) と多山ねじフライス (図**14·18**) があり，前者はバイトのようにねじの全長にわたって送って切削するのに対して，後者は工作物の1回転余りで ねじ の全長を切削する能率的なものである．

図 14·17 単山ねじフライス　　図 14·18 多山ねじフライス

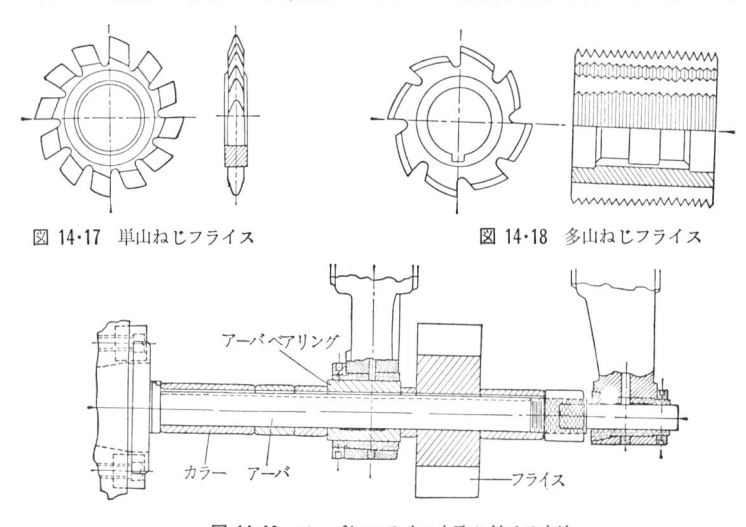

図 14·19 アーバにフライスを取り付ける方法

14·2·2 工具取付用付属品

フライスを主軸に取り付けるには種々の形状のアーバが用いられる．図**14·19**に**アーバ**によって，フライスを横フライス盤に取り付けた例を示す．一方はテーパで主軸穴にはめ込み，他方はアーバささえでささえられる．テーパにはモールステーパと，それよりテーパの大きいアメリカ標準テーパとがある．フライスは適当な厚さの間隔リングを使ってアーバに取り付ける．

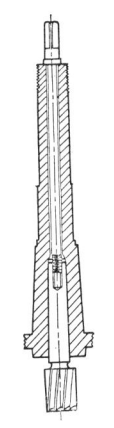

アーバやエンドミルを主軸に取り付けるとき，図 **14・20** のように引付け棒を用いることが多い．エンドミルや小形のアーバを取り付けるには，**アダプタ** (adapter) や **コレット** (collet) が用いられる．そのほか，シェルエンドミル用アーバやアーバアダプタなどが使用せられる．

14・3 フライス盤の作業

フライス盤で加工をするときに，まず心掛けねばならないことは，フライスの取付けである．フライスはできるだけがんじょうに，しかも正確に取り付けねばならない．そのためにはフライスの内径とアーバがよく適合することが必要である．間隔リングとして厚さの正確なものを用いなくてはならない．またフライスはできるだけ主軸に近い位置に取り付けてたわみを少なくし，やむをえず遠くに付けるときには，中間にもアーバささえを入れたり，ブレースを用いたりして，アーバのたるみによる精度低下や振動

図 14・20 引付け棒を用いてエンドミルを取り付ける方法

の起らないようにする．工作物はテーブル上の万力（工作機械用万力，machine vice）に取り付けることもあるが，ジグに取り付けたり直接図 **14・21** のようにして，テーブル上のTみぞに取付ボルトによって強固に取り付ける．

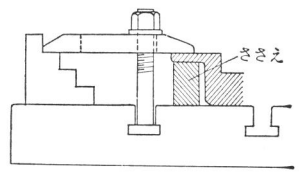

図 14・21 Tみぞを用いて工作物を取り付ける例

フライス盤で歯車，フライス，つめ車の切削のような割出仕事を行なうときには図 **14・22** に示す割出台 (dividing head, index head) を使用する．割出台はウォーム歯車によってハンドルの1回転を通常 1/40 に縮小して軸に伝えている．ハンドルには図に見られるような円周を多数に等分した穴をもつ割出板 (index plate) が付いているので，この穴を利用して種々の割出しを行なう．また割出台はテーブルの送りねじと歯車によって結合

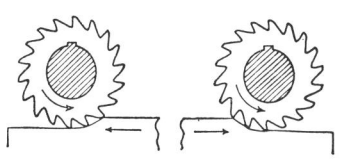

図 14・22 割出台

(a) 上向き削り　(b) 下向き削り
図 14・23 フライスの回転と送り方向の関係

させて駆動できるので，ねじれみぞの切削をすることもできる．

フライスの回転方向とテーブルの送り方向との関係によって，図 **14・23** のような **上向き削り** (up-milling) と **下向き削り** (down-milling) の別がある．古くから行なわれてきた通常の切削は上向き削りである．この両者の機構上の最大の差異は，上向き削りは図に示すように，切くずのうすい部分から削り始めるために，フライスが食い付きのときに上すべりをして摩耗が大きく，また仕上精度も悪いのであるが，下向き削りでは厚いほうから食い込むので，このような欠点が除かれることである．下向き削りはこのほかにも長所があり，それらを取りまとめると次のようになる．

(1) 上向き削りでは，切削力が上を向く傾向にあるので工作物の取付けがゆるみやすいが，下向き削りではそのおそれがなく，取付けが強固で振動の発生が少ない．

(2) 上向き削りでは，刃が工作物の上をすべるので，刃の摩耗が多く寿命が短いが，下向き削りではそのおそれが少なくフライスの寿命が長い．

(3) 上向き削りでは，切くずが切削部の前に堆積して，工作物の温度を高めるので，工具の寿命を短くし仕上精度を悪くするが，下向き削りではその欠点がない．

(4) 下向き削りでは送りの方向に分力が働くので，切削動力が少なくてすむ．

このように下向き削りは有利であるが，機械にガタのあるとき，特に送りねじにバックラッシのあるときには，工作物に大きく食い込んでフライスを破損させるので，そのためにはガタが少なく丈夫な機械であって，しかもバックラッシの除去をよく行なった

表 14・1　フライス作業における一刃当り送り量の標準値　　　　(mm)

工作物	かたさ (ブリネル)	引張強さ kg/mm²	平フライス	面削り平フライス	側フライス	エンドミル	形フライス (二番取り)	メタルソー mm/min	正フライス 高速度鋼	面フライス 超硬合金
鋳鉄 (軟)	170	18	0.2	0.25	0.07	0.05	0.04	40〜60	0.3	0.2
鋳鉄 (硬)	220	23	0.1	0.15	0.05	0.02	0.02	20〜30	0.2	0.15
炭素鋼 (軟)	140	50	0.2	0.25	0.07	0.05	0.04	40〜60	0.3	0.1
炭素鋼 (中)	170	60	0.15	0.2	0.06	0.05	0.04	40〜60	0.3	0.1
炭素鋼 (硬)	220	75	0.1	0.15	0.06	0.03	0.03	35〜50	0.2	0.08
ニッケルクロム鋼	220	75	0.1	0.15	0.06	0.03	0.03	35〜50	0.2	0.08
ニッケルクロムモリブデン鋼	290	100	0.08	0.1	0.05	0.02	0.02	25〜35	0.15	0.06
鋳鋼	—	52	0.15	0.2	0.06	0.04	0.03	35〜50	0.2	0.08
黄銅	70	15	0.2	0.25	0.07	0.05	0.04	200〜300	0.3	0.12
青銅	—	28	0.15	0.2	0.06	0.04	0.03	80〜150	0.2	0.1
銅	—	—	0.2	0.25	0.1	0.05	0.05	100〜200	0.3	0.12
アルミニウム	35	14	0.15	0.2	0.07	0.05	0.04	200〜300	0.2	0.1
硬化アルミニウム合金	120	42	0.05	0.08	0.05	0.02	0.02	100〜200	0.1	0.06
鋳造アルミニウム合金	80	25	0.1	0.15	0.06	0.03	0.03	200〜300	0.15	0.07
マグネシウム合金	65	33	0.1	0.15	0.07	0.04	0.03	150〜250	0.1	0.06
プラスチックス	—	—	0.15	0.02	0.1	0.05	0.04	100〜150	0.2	0.1

14・3 フライス盤の作業

機械を必要とする．最近のフライス盤では大抵のものが，送りねじのバックラッシ除去装置を備えて下向き削りを可能にしている．

フライスによる切削は図 14・24 のようにして行なわれ，①の刃が削ってできた AB に対して②の刃は AC のトロコイド曲線を画いて運動するので，切くずとして ABC の部分が②の刃によって削りとられる．このときの BC が**一刃当りの送り**である．その標準値を示せば表 14・1 のようになる．

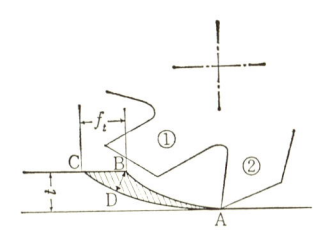

図 14・24 フライスの切削の状態

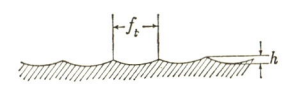

図 14・25 ツースマーク

フライスによって削られた仕上面には一刃当たりの送りをピッチとする図 14・25 のようなでこぼこが残る．これを**ツースマーク** (toothmark) といい，そのあらさ h は次式で与えられる．

$$h = \frac{f_t^2}{8\left(R \pm \dfrac{f_t T}{\pi}\right)} \quad \begin{array}{l}(+) \ \text{上向き削り} \\ (-) \ \text{下向き削り}\end{array}$$

ここに R：フライスの半径　　f_t：一刃当りの送り
　　　　T：フライスの刃数

この式でもわかるように，フライスの直径が大きいほど仕上面はなめらかとなり，上向き削りのほうが下向き削りよりも理論的なあらさは小さくなる．

一般にはこのような一刃当りの送りによるあらさよりも，フライスの各刃の不そろいやその偏心によるあらさのほうが大きい．このようなフライスの一回転によって生じる仕上面のでこぼこを**レボリューションマーク** (revolution mark) という．

フライス削りのときの切削速度は，機械の能力やその剛性によって大いに左右されるものである．フライスの各刃は切削を行なう期間はごくわずかで，他の大部の時間は空転するので，その間に冷却せられるためバイトに比べて寿命が長く，高速の切削に耐えるものである．しかしフライスは研ぎ直しが困難なために，一般にはバイトよりも切削速度を低くして寿命の延伸を図っている．表 14・2 にフライス削りの標準切削速度を示す．

また表 14・3 にフライスの標準刃数を，表 14・4 に標準の角度を示す．

フライス作業の能率を高めるためには工作物の取付け取はずしの時間を節約することが重要である．そのためにはジグを使って工作物を簡単な操作で確実に取り付ける事も行なわれるが，図 14・26 のように 2 個の工作物をテーブル上に並べて取り付け，一方の切削中に他方を取付け換えすることも行なわれる．この場合切削をしないときには早送りを行なわせてむだ時間を節約する．これを一層徹底的に行なうものが図 14・27 の自動送

第14章 フライス盤作業

表 14·2 フライスの標準切削速度　　　　　　　　　　(m/min)

工作物	ブリネルかたさ	引張強さ kg/mm²	平フライス	面削り平フライス	側フライス	エンドミル	形フライス(二番取り)	メタルソー	正面フライス 高速鋼	正面フライス 超硬合金
鋳　鉄　(軟)	170	18	14～20	16～22	14～20	16～25	14～20	30～45	17～25	60～100
鋳　鉄　(硬)	220	23	10～16	12～17	10～16	10～16	10～15	15～25	12～18	30～50
炭素鋼　(軟)	140	50	16～24	18～28	16～24	18～28	16～24	40～55	20～30	120～200
炭素鋼　(中)	170	60	16～24	18～28	16～24	18～28	16～24	40～55	18～28	100～160
炭素鋼　(硬)	220	75	15～20	17～23	15～20	17～25	15～20	30～45	16～24	80～120
ニッケルクロム鋼	220	75	12～18	14～20	12～18	14～22	12～18	30～45	15～22	60～100
ニッケルクロムモリブデン鋼	290	100	11～18	14～20	11～18	14～20	11～18	20～30	14～22	40～70
鋳　　　鋼	—	52	12～18	14～20	12～18	14～22	12～18	30～45	15～22	60～100
黄　　　銅	70	15	30～50	40～60	30～50	40～60	30～50	100～200	50～70	150～200
青　　　銅	—	28	25～40	40～50	30～40	30～40	25～40	80～150	40～60	100～150
銅			30～50	40～50	30～50	30～50	25～40	100～200	40～60	100～200
アルミニウム	35	14	250～300	300～400	300～400	300～400	300～400	200～400	400～500	800～1000
硬化アルミニウム合金	120	42	150～200	200～250	150～200	200～250	150～200	200～400	200～300	300～400
鋳造アルミニウム合金	80	25	140～180	200～250	140～180	200～250	140～180	200～400	300～400	600～800
マグネシウム合金	65	33	300～400	400～500	300～400	400～500	300～400	300～500	400～500	800～1000
プラスチックス	—	—	30～50	40～60	30～50	30～50	30～50	100～200	60～80	80～120

(注) 切削速度の下限は荒削り，上限は仕上削りの場合を示す

表 14·3 高速度鋼フライスの標準刃数

	フライスの直径　mm	10	20	30	40	50	60	75	90	110	130	150	200	250	300
普通材	深穴フライス	2	2	3											
	エンドミル	4	6	6	6										
	平フライス				6	6	6	6	8	8	10	10			
	面削り平フライス				8	8	8	10							
	角フライス				10	12	14	16	18	20	22	24			
	側フライス(すぐ刃)					8	8	10	12	12	14	16	18		
	側フライス(千鳥刃)					10	10	12	14	14	16	18	20		
	形フライス(二番取り)				8	10	10	10	12	14	16	18			
	正面フライス					8	8	9	9	9	10	10	12		
	Tみぞフライス	6	8	10	12	12									
	ねじフライス(すぐ刃)	5	8	12	14	16	18	20							
	ねじフライス(ねじれ刃)			10	12	14	16	18							
	メタルソー					34	40	44	50	52	56	64	80	88	
	植え刃面フライス								8	10	10	12	14	16	
強じん材	深穴フライス	2	3	4											
	エンドミル	6	8	8	10										
	平フライス				10	10	10	12	12	14	16	16			
	面削り平フライス				10	12	14	16	18	20	22	24			
	角フライス				10	12	14	16	18	20	22	24			
	側フライス(すぐ刃)					12	12	14	16	18	20	22	26		

ん材	側フライス(千鳥刃)					16	16	18	20	22	24	26	30
	形フライス(二番取り)				10	12	12	14	16	18	20		
	正面フライス					8	8	9	9	9	10	10	12
	Tみぞフライス	8	10	12	14	14							
	ねじフライス(すぐ刃)	6	10	14	16	18	20	22					
	ねじフライス(ねじれ刃)			12	14	16	18	20					
	メタルソー					44	54	58	64	74	84	104	124	136
	植え刃面フライス							10	12	14	16	18	20
軽合金	深穴フライス	2	2	2									
	エンドミル	3	3	4	5								
	平フライス				4	4	5	5	6	6	8	8	
	面削り平フライス				4	4	5	5	6	6	8	8	
	角フライス				6	6	6	6	8	8	10	10	
	側フライス(すぐ刃)				3	4	4	5	6	6	8	8	
	側フライス(千鳥刃)				4	5	6	6	8	8	8	10	
	形フライス(二番取り)			4	6	6	6	8	10	10			
	正面フライス				8	8	9	9	9	10	10	12	
	Tみぞフライス	6	8	10	10	12							
	ねじフライス(すぐ刃)	3	3	4	6	6	6	8					
	ねじフライス(ねじれ刃)			4	5	6	6	8					
	メタルソー					18	22	24	26	30	36	42	48	52
	植え刃面フライス							3	4	5	6	6	8

表14・4 フライスの標準角度 (度)

	高速度鋼フライス										超硬正面フライス		
	平フライス		面削り平フライス		側フライス(千鳥刃)		エンドミル		正面フライス		半径方向		軸方向
	逃げ角	すくい角	逃げ角	すくい角	逃げ角	すくい角	逃げ角	すくい角	逃げ角	すくい角	すくい角	逃げ角	すくい角
鋳　　　　鉄（軟）	6	12	6	12	6	12	7	12	6	15	12	5	0
鋳　　　　鉄（硬）	4	8	3	6	3	6	4	8	3	5	8	3	− 5
可　鍛　鋳　鉄	5	12	5	12	5	12	6	12	5	12	10	4	＋ 5
鋳　　　　　鋼	5	12	5	10	5	10	6	10	5	10	10	4	＋ 5
鋼　60kg/mm²	7	15	7	15	7	15	8	15	7	15	15	6	＋10
鋼　90kg/mm²	6	12	6	12	6	12	7	10	6	10	10	4	＋ 5
鋼　110kg/mm²	5	8	5	8	5	7	6	6	5	6	6	3	＋ 5
黄　　　　　銅	6	15	6	12	6	15	6	12	6	15	12	4	＋12
銅	6	20	6	15	6	20	6	12	6	20	15	6	＋20
青　　　　　銅	5	12	5	12	6	12	6	10	5	10	10	3	− 5
アルミニウム	8	25	8	25	8	25	10	25	8	25	25	8	＋30
エレクトロン	8	25	8	25	8	25	10	25	8	30	25	8	＋30
プラスチックス	8	15	8	20	8	15	8	15	8	15	25	8	＋30
プラスチックス（積層材）	8	25	8	25	8	20	10	20	8	20	25	8	＋30
ファイバ	8	25	8	25	8	25	10	20	8	25	25	8	＋30

りサイクルである．①で工作物Aを取り付け，①—②は早送りでドッグD_2が働いて切削送りとなり，②—③でAを削る間にBの取付けを行なう．③ではドッグD_3によってテーブル送りが逆転し③—④で早送りを行ない，ドッグD_4で切削送りとなり，④—⑤でBを削る間にAを取換える．D_5でテーブルが逆転し⑤—⑥で早送りとなり，このサイクルを繰り返す．

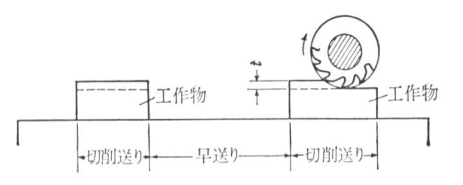

図 14・26　2個の工作物をテーブルに取り付けて切削する方法

また能率を高めるためには2個またはそれ以上のフライスを同じアーバに取り付けて同時に作業することが非常に多い．これを**組フライス**（gang cutter）といい，その

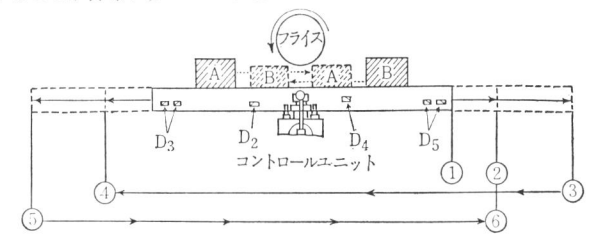

図 14・27　フライス盤における自動送りサイクル

作業状況を図 **14・28** に示す．組フライスにするときには直刃のものでは刃をそろえないようにして，各刃が同時に食い込むのを防ぐ必要があり，ねじれ刃のときは推力が互いに打ち消すようにねじれの方向を組み合わせなくてはならない．

エンドミルで中ぐりをするには，丸テープ

図 14・28　組フライスによる作業

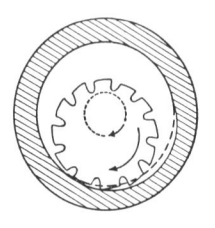

図 14・29　フライスによる中ぐりの方法

ルを使って図 **14·29** のようにして切削する．これを**プラネタリ（遊星）削り**（planetary milling）といい，これで めねじ を切ることをプラネタリねじ切り (planetary thread milling) という．

横フライス盤の主軸から動力をとって種々の加工を行なわせる装置がある．それには立フライス装置 (vertical milling attachment)，万能フライス装置，ラック削り装置，立削り装置（立削り盤の働きをする），かさ歯車切削装置などがある．

14·4 特殊なフライス盤

小さい工作物を削るため**卓上フライス盤** (bench milling machine) がある．

図 **14·30** は**立形丸テーブルフライス盤**で多数の工作物をテーブル上に取り付けて順次加工と取付け換えとを行なう能率的な機械である．2軸で荒および仕上の正面フライスを取り付けて作業を行なう．

図 **14·31** は，主軸頭を傾けることのできる立フライス盤である．工作物の傾いた面を削るのに便利である．

フライス盤の一種に種々の形状の凹面を削るものがある．図 **14·32** は文字を彫るための**彫刻機** (engraving machine) で，母型をパンタグラフによって 1～1/50 に縮小して工作物に彫り付ける．種々の金型を彫る機械が**型彫り盤** (die sinking machine, die sinker) である．これは母型を用いてならい削りを行なうものである．電気的にならい削りをするものや，空気，油圧によるものがある．図 **14·33** に油圧式の型彫り盤を

図 14·30　2軸立形丸テーブルフライス盤（Newton 社）

図 14·31　主軸を傾けうる立フライス盤（Deckel 社）

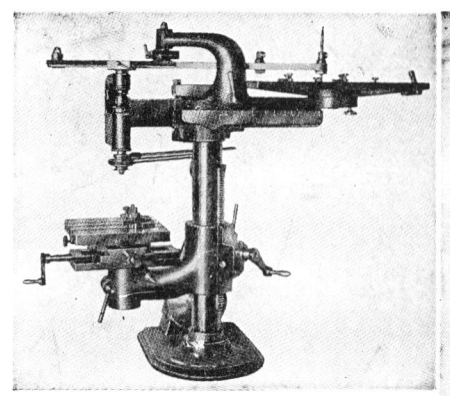

図 14・32 彫刻機

示す．また最近では三次元の方向を数値制御して母型なしで型彫りをする機械もある．図14・34に穴あきテープ式の数値制御フライス盤を示す．

図 14・33 型彫り盤（Cincinnati Milling Machine 社）

図 14・34 数値制御フライス盤（日立精機）

ねじをフライス削りするものには単山ねじフライス（図14・17）を用いる図14・35の単山ねじフライス盤と，多山ねじフライス（図14・18）による図14・36の多山ねじ

図 14・35　単山ねじフライス盤

フライス盤がある．前者は比較的長いおねじを精密削りするのに対して後者は短いおねじとめねじを多量生産するものである．

図 14・36　多山ねじフライス盤

14・5　金切りのこ盤

のこ（saw）によって材料を切断する機械が**金切りのこ盤**（sawing machine）であるが，これには次の種類があげられる．
（1）　金切り弓のこ盤
（2）　金切り帯のこ盤
（3）　金切り丸のこ盤
（4）　摩擦のこ盤（高速切断機）

図 **14・37** に弓のこ盤（hack sawing machine）を示す．作業能率が悪いので小物の切断に用いられる．図 **14・38** は丸のこ盤（circular sawing machine）である．これは

第14章 フライス盤作業

図 14・37 金切り弓のこ盤

図 14・39 金切り帯のこ盤

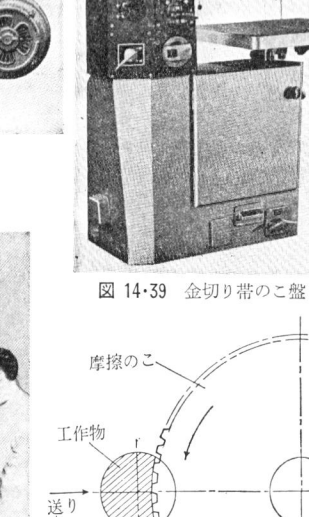

図 14・38 金切り丸のこ盤

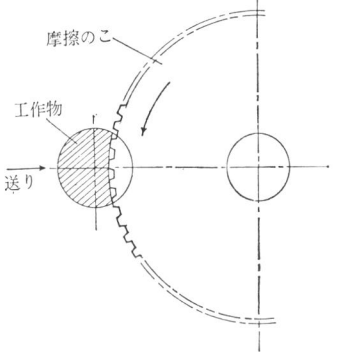

図 14・40 摩擦のこによる切断

作業能率が高いため大形材料の切断に用いられる．工作物の送りは油圧によっているが，油圧にすると材料の厚い所では自動的に送り速度が低くなるため，のこを損じるおそれがない．図 14・39 は帯のこ盤 (band sawing machine) で厚さのうすい，幅のせまい帯のこで曲線びきをすることができる．ゲージや抜型などの製作に便利である．高速度で回転する円盤を図 14・40 のようにして工作物に押し付けるときは摩擦熱によって工作物を溶解切断することができる．この機械が**摩擦のこ盤** (friction sawing machine) である．切削に比べて仕上面は悪いが作業能率は高い．

表 **14·5** に丸のこ盤,表 **14·6** に帯のこ盤の標準作業条件を示す.

表 14·5 丸のこ盤 標準作業条件

丸のこ種類 被切削材料	むく丸のこ		植え刃丸のこ	
	切削速度 m/min	送り mm/min	切削速度 m/min	送り mm/min
低 炭 素 鋼	18〜 28	75〜150	12	60〜250
工具鋼,合金鋼	12〜 18	15〜 60		
鋳 鉄	18〜 22	130	12	130
黄 銅	150〜250	2000	150	2000
銅	180〜220	1500	230	1500
アルミニウム	250〜300	2300	350	2300

表 14·6 帯のこ盤 標準作業条件参照

厚さ 被切削材料	切 削 速 度 m/min		
	1〜6mm	6〜25mm	25mm 以上
炭 素 鋼	70〜 90	50〜 70	40〜 50
工具鋼,合金鋼	30〜 60	25〜 45	15〜 40
不 銹 鋼	25〜 30	15〜 25	15〜 25
鋳 鉄	45〜 60	30〜 45	25〜 30
鋳 鋼	45〜 70	30〜 50	15〜 30
可 鍛 鋳 鉄	50〜 60	45〜 50	40〜 45
銅	220〜350	150〜250	60〜180
黄 銅	120〜300	75〜140	45〜100
青 銅	90〜300	60〜130	45〜 90
りん青銅	90〜150	60〜 90	40〜 60
アルミニウム	450	350〜450	250〜350
アルミニウム鋳物	350〜450	250〜350	90〜250
ジュラルミン	450	300〜450	250〜300
硬 質 ゴ ム	60〜 90	45〜 60	40〜 45
ス レ ー ト	60〜 90	45〜 60	30〜 45
ベークライト	350〜450	250〜350	120〜250

第15章　工作機械の動向

　切削加工を経済的に行なうためには，直接時間（切くずを出して実際に削っている時間）および間接時間（機械の段取り，工作物，工具の取付け取はずしに要する時間など）をできるだけ減少し，かつ作業員の熟練度ができるだけ必要としないことが望ましい．直接時間の減少は工作機械の高速化・強力化によって実現されるが，後者の要求に対しては，工作機械の自動化，専用化，単能化，複合化が行なわれ，一般機械工場における生産コストの低下が図られている．

15・1　自動制御工作機械

　工作機械の制御としては，あらかじめ定められた形状寸法の切削を行なうこと，あらかじめ決められた位置に穴をあけること，あるいはあらかじめ決められた時期に主軸回転の起動停止またはその回転数の選択などいわゆるプログラム制御が多い．その方法としては機械的，油圧的あるいは電気的など種々の手段が用いられ，既に第8章に述べた自動盤もカムを用いた機械的自動制御工作機械に属する．現在実用されている**自動制御工作機械**を大別すれば，サーボ機構を用いた**ならい制御方式**と，**数値制御方式**になる．以下その代表的なものについて述べる．

15・1・1　ならい制御工作機械

　モデルにそって接触子（スタイラス）を移動し，接触子の動きと同じ運動をバイトに与えることにより，素材からモデルと同形状の品物を削り出す方式のもので，種々の機構のものがあるが，図15・1に示すものはパイロット弁を用いた油圧方式の代表的な一例である．このならい装置は往復台に取り付けられ，一定の送り速度で縦方向に移動する．図の位置では圧油はそのままポンプに戻っているが，スタイラスが左に動いて型板の肩にあたるとスタイラスは後退しそれに直結しているピストンバルブも動いて，圧油は刃物側の操作シリンダのピストン後方に入る．このピストンは往復台に固定されているために，シリンダが後退し，したがって

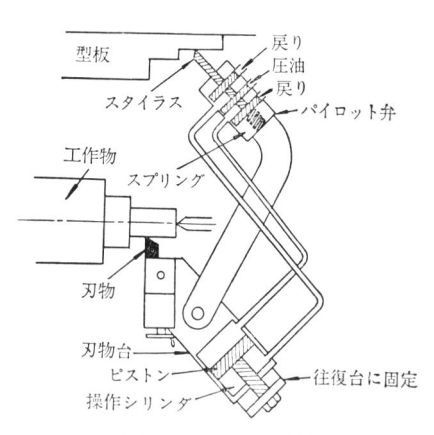

図 15・1　ならい削りの一方法
　　　　　（パイロット弁方式）

刃物が後退する．刃物台とパイロット弁は図のように連結されているので，刃物の後退量がスタイラスのそれと同じだけになったとき刃物の後退は止まる．かくして型板の形状と同一の動きが刃物に与えられる．なおこのとき操作シリンダ断面積とパイロットシリンダ断面積の比だけ，力が増幅されたことになっている．ならい装置としては，このほか電気的サーボ機構あるいは電気油圧併用サーボ機構など多くの種類がある．

　以上は型板またはモデルの形状に応じて出る入力信号の大きさに比例した速度で刃物台が運動する形式のもので，いわゆる比例制御方式と呼ばれるものであるが，これに対して刃物台の速度が0または最大値のいずれかとなって断続的な動作を繰り返して型板に追従するところのオンオフ制御方式のならい制御工作機械がある．たとえばケラーマシンはその代表的なもので，特殊なトレーサの動きに応じて電気接点を開閉し，工具台に送りを与える動力伝達の中間にある電磁クラッチを作動させて，刃物台の送りを断続的に制御する機構を持っている．

15・1・2　数値制御工作機械 (N.C.工作機械)

　上記のならい制御式工作機械では，モデルあるいは型板の準備が必要であるが，これに対して製作図の寸法を符号化された数値としてテープやカードにパンチしておき，これを入力記号として工作機械を全く自動的に運転しようとするものが**数値制御工作機械** (numerically controlled machine tool) である．数値制御工作機械は，位置決め式 (point-to-point system) と輪郭式 (continuous-path または contouring system) とに大別することができる．前者はボール盤などにみられるものでテーブルおよび工具台の運動量をテープ入力に従って与えるものである．この機構としては種々のものがあるが，たとえば二進法でテープに打ちこんだ数字をリーダで読みとり，その数字に相当するパルスをパルスモータに与えて，これにより所要量だけテーブルを動かすということがなされる．なおこの際位置決めだけでなく，機械の発進停止，各穴における主軸回転数・送りの選択なども

図 15・2　マシニング センタ
（日立精機）

符号化してテープに入れることによって，これらの作業も全部自動的に行なわれるのが普通である．これに対し輪郭式というのは二つのスライドのそれぞれの総合的な相対移動速度を適当に制御することによって，工具が所定の輪郭にそって動くもので，この相対移動をテープによって指示する方式である．フライス盤などに応用される．

この数値制御工作機械をさらに複合化して，単に一つの作業にとどまらず，たとえば穴あけ作業のほかに中ぐり，フライス削り，ねじ立てなど多くの作業を順次実施しうるようにし，かつ工具の選択の順序，それぞれの工具における作業条件もテープにより指示をし，さらに高級なものでは工具の自動交換装置を付けて，これによって作業の能率化を図るものがある．このような形式のものをマシニング センタと呼び，図 15·2 はその一例である．

15·2 専用工作機械

特定の部品の形状寸法に合致した工作のみを行なう工作機械 または工作機械群を **専用工作機械** (unipurpose machine tool) と呼ぶ．多くの場合 **パワーユニット** (power unit) と称する単位工作機械を適当に組立てる形式をとるが[1]，その構成様式により **ステーショナリ マシン** (stationary machine)，**インデキシング マシン** (indexing machine)，**トランスファ マシン** (transfer machine) などができる．

15·2·1 パワーユニット

専用工作機械を構成する単位の自動工作機械をパワーユニットと呼ぶ．パワーユニッ

図 15·3 パワーユニットの例（日立精機）

(1) このような形式は，いわゆるビルディングブロック形式の一種であるが，たとえば汎用旋盤で，主軸台・心押台などを同じ設計とし，ベッドの長さのみを変えて心間距離を伸ばす場合もこの形式に属する．その他自動組立機など種々の機械にこの設計方法は適用される．

トは主軸とそれに回転を与える原動機（電動機）と変速機構を持つのが普通であるが，最近ではユニットに汎用性を持たせるために変速機構を別にするものも多くなっている．ユニットに加工目的に応じて適当な工具を取り付けることにより，穴あけ，中ぐり，ねじ立て，フライス削り，面削りなど多くの種類のユニットが作られる．図 15·3 はその一例で，主軸回転用と送り用とにそれぞれ電動機を備えている．主軸前方に目的に応じたヘッドを取り付けることにより各種の作業がなされる．

15·2·2 ステーショナリ マシン

上記パワーユニットとそれを組立てるベッドとより成り，加工すべき品物を一つの位置に固定し多方向より同時に工具をあてて自動的に加工を完了する形式のものである．ユニットの数やその配置法により図 15·4 に示すような多くの種類がある．図 15·5 はこの実例で，多軸穴あけユニットを 3 個組立て，自動車用リヤーアクセルケーシングを加工するためのものである．

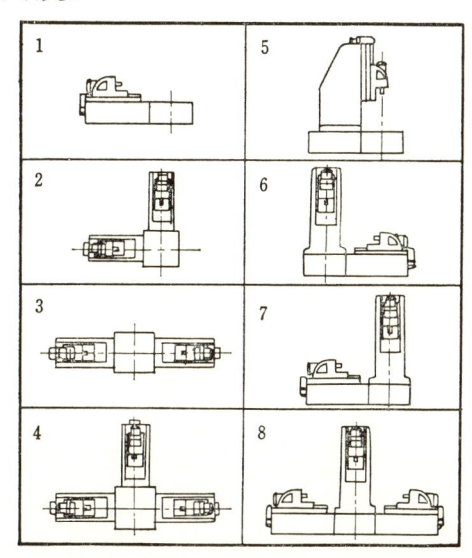

図 15·4　ステーショナリ マシン（配置例）

15·2·3 インデキシング マシン

一つの品物が多くの加工を必要とする場合，上記の ステーショナリ マシン では不足のため品物の位置を変えてこれを繰り返す必要が起こる．このとき品物の固定される位置をステーション(station)と呼ぶが一定中心のまわりにステーションを設けて割出しを行ないながら回転させ，次々と加工を進めて行く方式のものを インデキシング マシン

第15章 工作機械の動向

図 15·5　ステーショナリ マシン（三菱広島精機）

という．図 **15·6** はこの一例で，ステーションの数は 6，使用しているユニットは総数 9 個である．

図 15·6　インデキシング マシン（三菱広島精機）

15・2・4 トランスファマシン

上記ステーションが一直線上に配列され，取付テーブルに固定された品物が各ステーションへ順次自動的に搬送され，心出し締付けが行なわれて連続加工される形式のものをトランスファマシンと呼ぶ．図 **15・7** はその一例でモータのブラケット専用加工用のもので，6個のステーション，8個のユニットより成り，その工程表を表 **15・1** に示す．

表 15・1　トランスファマシン工程表の一例

ステーション	ユニット	加工作業		加工作業	ユニット	ステーション
1 L		取付け 取はずし		取付け 取はずし		1 R
2 L	穴あけ ユニット	ドリル穴2個 ドリル穴2個		取付面荒削り 外径荒削り 端面荒削り 穴荒削り 45°面取り	中ぐり ユニット	2 R
3 L	中ぐり ユニット	いんろう荒削り 取付面荒削り 端面荒削り 端面仕上削り いんろう荒削り 端面荒削り 45°面取り			ワーク セッタ*	3 R
4 L	精密中ぐり ユニット	いんろう 仕上削り		取付面仕上削り 外径仕上削り	中ぐり ユニット	4 R
5 L	ねじ立て ユニット	ねじ立て2個		ドリル穴4個 ドリル穴3個	穴あけ ユニット	5 R
6 L	面削り ユニット	取付面仕上削り いんろう 仕上削り 端面仕上削り			ワーク セッタ	6 R

*　ワークセッタとは，加工品が切削力のためにひずんだり，逃げたりするおそれのある場合に，補助的に加工品を押える装置をいう．

15・2・5 シャフト用トランスファマシン

一般のトランスファマシンでは，品物がステーションに固定されユニットの回転工具により穴あけ，中ぐりなどが行なわれるが，軸加工の場合はそれ自体がそれぞれ完全

(268) 第15章 工作機械の動向

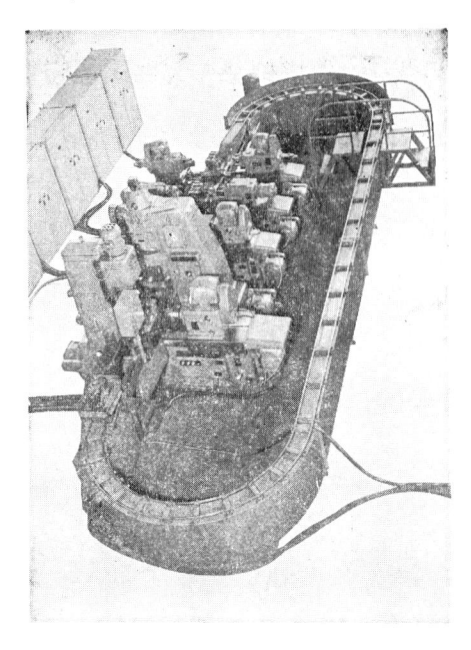

図 15·7 トランスファ マシン（モータエンドブラケット加工用）（日立製作所）

図 15·8 シャフト用トランスファ マシン（日立製作所）

な全自動単能工作機械を直列または並列に配置し，その間を自動取付け取はずし装置，コンベア，シュートおよび半加工品の貯蔵装置（バンクと呼ぶ）などにより連結した形式となる．これをシャフト用トランスファマシンまたは単にシャフトマシンと呼ぶ．図 15·8 にその一例を示す．

15·3　単能工作機械

　機械部品の多量生産にあたって　はん(汎)用工作機械を使用するときは,その操作性も劣るし,不用の機能も多い．このためにその部品加工に必要な機能のみを持つ工作機械,すなわち**単能工作機械**を用いることが有利となる．しかしいわゆる簡易形とは異なり多くの場合機械的，電気的に自動化されたものが多い．単能工作機械の構成は一般に，本体・主軸・スライド・作動動力（油圧ユニット）および電気的制御装置より成り，簡単なプログラムをもったサイクルで加工ができるものである．そして加工物によって各種の仕様が決定され，基本となる部分は広範囲に応用ができ，かつその操作が容易でなければならない．

　図 15·9 は単能工作機械の一例で，チャック作業専用の自動旋盤を示す．汎用性を与えるために，各刃物台は融通性のあるユニット式油圧駆動形を採用し，任意の組合わせ方，あるいは配置をとることができる．また各刃物台の動作順序，動き方，主軸速度，送り速度などを簡単な操作によって自由なプログラムに組むことができる．主刃物台は

図 15·3　単能工作機械

2サイクル繰返し可能のならい削り刃物台となり，他の刃物台は穴あけ作業，中ぐり作業，あるいはみぞ切り，端面荒削り作業のために使用するものである．

15・4　複合工作機械

既に11・1に述べたように，大きな工作物に各種の作業を施す必要のある場合，その作業ごとに工作機械を取替えるときは取付け，取はずしに多大の労力を要し，かつ工作精度の低下は免れがたい．それで1台の工作機械に取り付けたままで多くの作業を行なえるようにすることにより作業能率の増進ならびに工作精度の向上が図られる．このような目的を持つ工作機械を **複合工作機械** と呼ぶ．

図 15・10　複合工作機械（三菱イノセンチ）

従来の床上形横中ぐり盤では，大形部品の中ぐり作業をおもな目的とした機能を備えていたが，最近はフライス工具を用いての平面削りに対しても十分の能力を持ち，いわゆる横中ぐりフライス盤と呼ばれることも既に複合化の段階であるが，さらに一層複合化をすすめて加工範囲の増大，切削能率の増進，電気油圧操作機構の採用による操作性の向上，各種アタッチメントの整備などによって完全に当初からその目的に応じて設計された複合工作機械が現われている．

図 **15・10** はフライス中ぐり複合工作機械の一例を示す．

第16章　研削盤作業

　砥石車 (grinding wheel) を高速回転させ，これに工作物を押し当てて切削を行なわせる加工法が**研削** (grinding) である．これを用いる機械を**研削盤** (grinding machine または grinder) という．

　研削は従来機械部品の仕上加工，特に焼入硬化材の精密加工に応用せられてきた．しかし最近では，研削盤として大形で強力なものが製作せられ，研削砥石の性能もまた著しく向上したため，素材に直接に強力な研削を行なって精密部品とする方法，すなわち刃物による加工を省略する方法も行なわれるようになった．

16·1　円筒研削

16·1·1　円筒研削盤

　円筒の外径を研削する方法が**円筒研削** (cylindrical grinding) で，これに使われる機械が**円筒研削盤** (cylindrical grinder) である．円筒研削の方法としては次の種類があげられる．

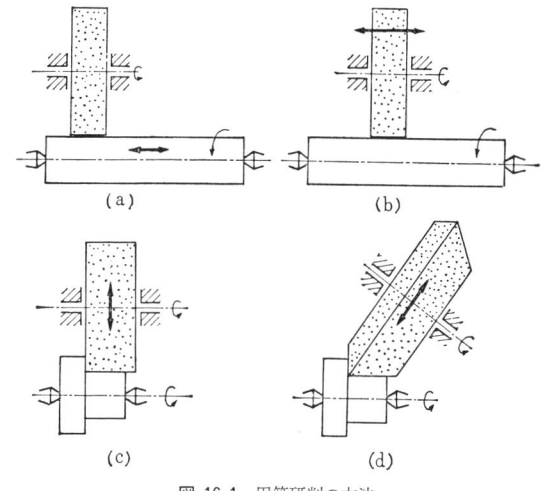

図 16·1　円筒研削の方法

円筒研削 (cylindrical grinding)
- 送り研削 (traverse grinding)
  - 工作物に送りを与えるもの（図 **16·1**(a)）
  - 砥石車に送りを与えるもの（図 **16·1**(b)）
- プランジ研削 (plunge grinding)
  - 砥石車を工作物に対して直角に切込むもの（図 **16·1**(c)）
  - 砥石車を工作物に対して傾けて切込むもの（図 **16·1**(d)）

　送り研削は在来から一般に行なわれてきた方法で，通常は (a) 図のようにテーブルを左右動させて研削する．大物用の研削盤では (b) 図のように砥石車台を左右動させる．

　送り研削では作業能率が低いので，幅広の砥石車によって，切込み運動だけによる**プランジ研削**（切込み研削）の方法が発達した．送り研削に比べて加工精度はやや劣るが，生産能率が著しく高く，機械の構造もまた簡単な利点を持つ．プランジ研削はまた輪郭をもった砥石によって，複雑な輪郭研削（総形研削）を行なうのに便利である．(d)

(272)　第16章　研削盤作業

図16・2　円筒研削盤（大隈）

図のように砥石車を傾けて切込めば，工作物にある段の肩をも同時研削することができる．

図 **16・2** に円筒研削盤を示す．工作物はテーブル上の主軸と心押軸の両センターでささえられて，主軸台の電動機によって回転させられる．砥石車台には砥石車駆動装置が設けられ，砥石車軸の一端に砥石車が取り付けられる．砥石車を切込ませるには砥石車台を送りねじによって送って行なう．テーブルの左右動は油圧駆動によってなされ，その操縦装置がベッドの前面に設けられている．

円筒研削盤には，このほかにプランジ研削を専門に行なうものや，自動サイクルを行なうもの，工作物自動装荷装置を備える全自動機，多くの砥石を持って同時に工作物の数個所を研削する**多砥石研削盤**(multi-wheel grinder)，テーブルと砥石車台を水平面内で傾けることのできる**万能研削盤**(universal grinder) などがある．

円筒研削盤の砥石車軸としては，精度が高く，剛性が大きく，振動の少ないことが要求されるが，その目的のために軸受としては特殊設計のすべり軸受が用いられる．図**16・3**はその軸受断面の一例で，圧力注油によって円周上4個所の軸受間げきに給油するようになったものである．工作物を両センタのまわりに精度高く回転させるには，両センタとも止りセンタとするほうがよい．

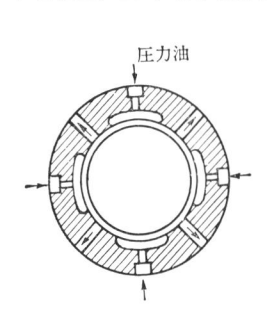

図 16・3　砥石車軸軸受
　　　（豊田-Gendron）

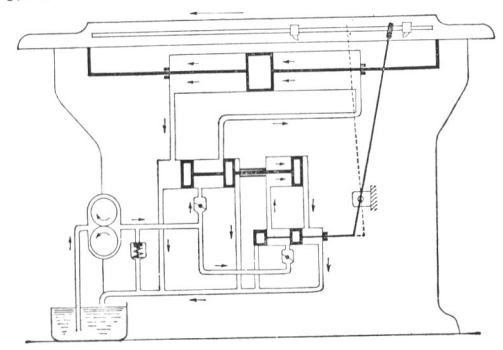

図 16・4　テーブル駆動用油圧装置

テーブルの往復運動は，これを円滑にするためと，無段変速をするために，油圧駆動が採用されることが多い．図 16・4 はその一例で，テーブルの左右運動切換えと変速は管路切換弁と加減弁とによって容易に行なわせることができる．

油圧駆動では油温の上昇によって研削盤の精度低下を招くおそれがあるので，近時は送りねじ駆動を採用する機械も出現している．

16・1・2 円筒研削盤の付属装置

円筒研削盤では加工精度を高め，厳密な寸法範囲のものを多量生産する目的のために**自動定寸装置**を備えたものが多い．そのうち最も簡単なものとしては，砥石車台の送り込み停止位置を一定にするための自動停止装置があるが，これでは砥石の切り残し量や損耗量の影響によって高精度の工作はできない．そこで工作物の外径を直接に測定して自動停止を行なう自動定寸装置を備えたものが多くなった．

自動定寸装置としては，工作物に直接接触してその寸法を精密測定する測定ヘッドと，切込み運動の停止，砥石車と工作物の停止などの諸操作を行なわせる電気回路とから成っている．**図 16・5** は**ホークゲージ** (hoke gauge) と呼ばれるもので，研削作業中工作物に接触している接触片の微小の動きを機械的に拡大指示するとともに，それによってリレーを働かせて所定寸法で自動定寸を行なわせる．自動定寸装置としては，このほかに電気マイクロメータや空気マイクロメータを応用したものなどがある．

近時は作業を能率化するとともに自動サイクル化することが盛んになってきた．円筒研削の自動サイクル化は自動定寸と結び付くものであるが，砥石の目直し，切込量，テーブル速度，工作物回転数をあらかじめ定められた値になるように制御し，荒研削，仕上研削，**スパークアウト研削**（切込みを停止して火花が出なくなるまで研削を続ける作業）および作業停止を行なわせるものである．また一定の部品を能率的に自動加工するために，工作物の**自動装荷装置** (automatic loading attachment) を備えた全自動

図 16・5　ホークゲージ　　　　　　　　図 16・6　研削剤浄化装置

円筒研削盤も実用せられている.

直径に比べて長さの長い工作物を研削するには, **振れ止め** (steady rest) が用いられる. 砥石車を**目直し** (dressing) したり**形直し** (truing) したりするには一般には**ダイヤモンド ドレッサ** (diamond dresser) が使用せられる (砥石修正装置). プランジ研削のときの輪郭研削には**クラッシロール** (crushing roll) による形直しがよく行なわれ, 工作物と同じ輪郭をもつロールを両センタ間に取り付け, 砥石車を低速回転させてこれに押し当てて形直しする (クラッシ装置).

研削剤中に切くずや砥粒の粉が混入すると仕上面を悪くするので図 16·6 のような研削剤ろ過装置を設けている. 図のものは電磁石によるものである.

16·1·3 円筒研削盤の作業

円筒研削作業としてはセンタ仕事が主として行なわれ, チャック仕事は比較的少ない. 精度を高めるために, センタ穴を正しく加工することが肝要である. 特に焼入れた後のスケールは十分に取り除くべきで, できればセンタ穴の研削またはラップ仕上げを行なうのがよい. またすぐれた作業をするには, 砥石の選択, 研削剤の種類と注加量およびそのろ過, 適切な工作条件, 砥石の平衡, 目直しなどの諸条件に慎重な考慮を払う必要がある.

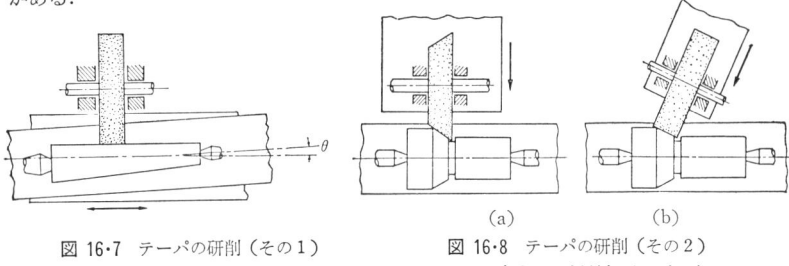

図 16·7 テーパの研削 (その1)   図 16·8 テーパの研削 (その2)
　　　(送り研削によるもの)　　　　　　(プランジ研削によるもの)

テーパを研削するには図 **16·7** のようにテーブルを傾けるのが普通であるが, 短いテーパでは図 **16·8**(a)(b) のようにして, プランジ研削すれば能率的である.

送り研削のとき工作物に切込みを与えるには, その一端または両端に砥石車がきたときに行ない, しかも図 **16·9**(b) のように, 砥石車の一部が工作物上に残っているときに

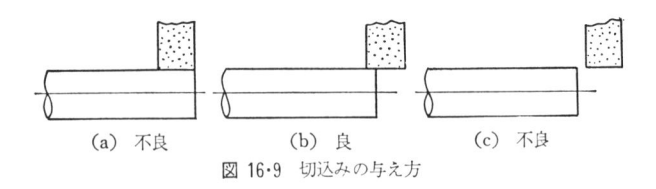

(a) 不良　　　(b) 良　　　(c) 不良
図 16·9 切込みの与え方

行なうべきである．(a)図のときは砥石車が十分に所要量だけ切り込みえずに逃げるので端の太いものとなり，(c)図のときは，再び研削を始めて後に砥石車が逃げるので，端の細い円筒となる．工作物に与えるその1回転当りの送りは研削砥石の幅によって違えるべきで，荒研削では砥石車幅の2/3～4/5程度，仕上研削では1/2～2/3程度とする．

16・2 内面研削

16・2・1 内面研削盤

穴の内径を研削する方法が **内面研削** (internal grinding) で，これに用いる機械が **内面研削盤** (internal grinder) である．内面研削の方法としては次の種類があげられる．

（1） 工作物，砥石車のいずれもが回転するもの（図 16・10(a)）

（2） 工作物は回転せず砥石車が遊星運動を行なうもの（図 16・10(b)）

(1)の方法は一般のものであるが，

図 16・10 内面研削の方法

(2) は定置された比較的大形の工作物に対して行なう方法で水平軸が普通であるが，垂直軸のものとして **ジグ研削盤** (jig grinder) がある．

図 16・11 に内面研削盤を示す．ベッドの左端に固定された主軸台には，主軸およびその駆動装置が設けられ，工作物は主軸端のチャックに取り付けられる．ベッドの右にはテーブルが乗り，テーブル上の砥石車台には内面研削ヘッドがあってその砥石車軸に研削砥石が取り付けられる．内面研削ヘッドを

図 16・11 内面研削盤 (Jung)

送りねじにより前後方向に送って切込みを与え，テーブルを油圧で往復運動させて送りを行なわせ，内径研削を行なう．

内面研削用砥石車を取り付けてこれに高速回転を与える装置が **内面研削ヘッド** (internal grinding head) である．内面研削盤の砥石車台として用いられるほか，円筒研削盤あるいは旋盤に取り付けて内面研削を行なうのに用いられる．内面研削ヘッドは高速回転を行なうとともに精度の高いことが要求せられるので特殊設計の高級な軸受が用い

第16章 研削盤作業

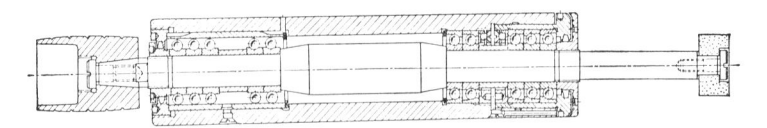

図 16・12 ころがり軸受による内面研削ヘッド

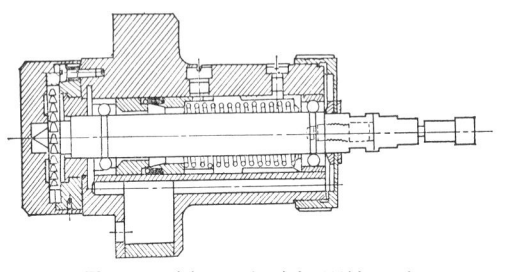

図 16・13 空気タービン式内面研削ヘッド

内面研削ヘッドとしては，プーリで駆動するもの，空気タービンによるものおよび高周波電動機を直結するものなどがある．図 16・12はプーリで駆動するものであるが，30,000～65,000 rpmの高速回転を行なわせるために5個ずつの2群の玉軸受によってささえられている．軸の推力はすべて砥石車の側の軸受で受けるようになっており，軸の熱膨脹によってはプーリの側に軸が自由に伸びるので，熱による精度低下が防がれる．また砥石車側の玉軸受は予荷重法によって精度を保つようになっている．図 16・13は最高 140,000 rpmまでの回転を行なわせる空気タービン式のヘッドである．圧縮空気で駆動するときは，振動の少ない高速回転を高精度で行なわせうることと，速度変換を無段で自由に行なわせうることの利点を持つ．また最近は2kcまでの高周波発生装置によって砥石車軸に直結された高周波電動機を駆動し 100,000 rpmまでの回転をするものも実用せられている．

内面研削盤には種々の自動定寸装置が実用せられている．図 16・14は

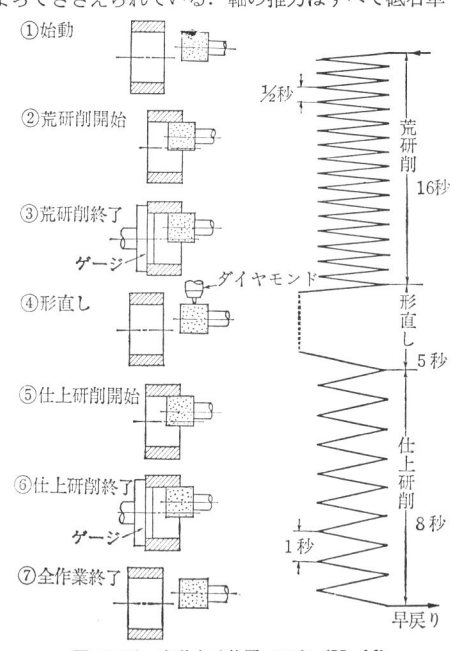

① 始動
② 荒研削開始
③ 荒研削終了　ゲージ
④ 形直し　ダイヤモンド
⑤ 仕上研削開始
⑥ 仕上研削終了　ゲージ
⑦ 全作業終了

½秒
荒研削 16秒
形直し 5秒
仕上研削 8秒
1秒
早戻り

図 16・14 自動定寸装置の工程 (Heald)

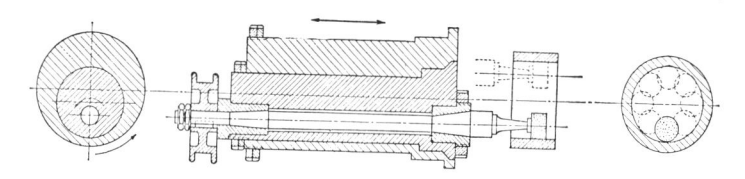

図 16·15 遊星運動機構

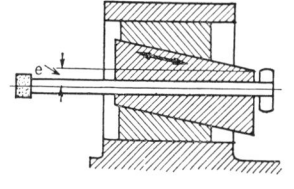

図 16·16 傾斜穴による砥石車の遊星運動機構

プラグゲージを用いて高精度の自動定寸を行なわせるものの加工工程を示す．

工作物が大形のとき，あるいはこれをチャックに取り付けて回転させがたいもの，たとえば肉厚が不均等で回転にあたって不平衡の力が働くようなものでは，工作物を固定し，砥石車に遊星運動 (planetary motion) を行なわせて内面研削をするのが有利である．これらの機械では遊星運動は図 **16·15** に示すように2重の偏心軸を用いるか，図 **16·16** のように傾斜穴を利用している．これらの遊星運動式のものでは外径研削も行なうことができる．

16·2·2 内面研削盤の作業

工作物を取り付けるには，三つづめまたは四つづめチャック，あるいは，コレットチャックが使われる．これらのチャックとしては特に高精度なものが必要である．工作物をつかむとき，肉厚の薄いものでは締付け力が過大になると穴がひずむので，この点に留意することが必要である．

多量生産にはジグを用いる．またジグによると内外径を同心に加工するのに便利である．一般の場合内外径を同心に研削するには，まず内径研削を行ないこの穴にアーバを通して，内径を規準として外径研削をするのがよい．

内面研削においては砥石車の大きさ，ひいては砥石車軸の直径は工作穴の寸法によって制約せられるので，穴が小さいときは砥石に無理な力が加わらないようにする必要があり，切込みや研削しろもそれに応じて小さくする．

内面研削作業で穴の両端のだれることがよくあるが，これは作業中に砥石車を穴から出してしまうために起こることが多い．それゆえ砥石車の送り行程の両端で砥石の幅の1/4〜1/2程度突出させるようにし，必要以上は抜き出さないようにすれば防止できる．

16·3 平面研削

16·3·1 平面研削盤

研削によって平面をつくり出す方法を **平面研削** (surface grinding) といい，これに

使用する機械を**平面研削盤** (surface grinder) と称する．平面研削盤のうち主要なものの研削方式を示すと次のようになる．

図 16·17 平面研削の方法

平面研削盤 ｛
　平形砥石車を用いるもの ｛
　　砥石車の円筒面で研削するもの ｛ テーブル往復形（図 **16·17**(a)）
　　　　　　　　　　　　　　　　テーブル回転形（図 **16·17**(b)）
　　砥石車の側面で研削するもの ｛ 1枚の砥石車を用いるもの（ディスク研削盤）（図 **16·17**(c)）
　　　　　　　　　　　　　　　　2枚の砥石車を用いるもの（Gardner 形（図 **16·17**(d)）
　カップ形（またはセグメント）砥石車を用いるもの ｛ テーブル往復形 ｛ 水 平 軸（図 **16·17**(e)）
　　　　　　　　　　　　　　　　　　　　　　　　　　　　　　　　垂 直 軸（図 **16·17**(f)）
　　　　　　　　　　　　　　　　　　　　　　　　テーブル回転形（垂直軸）（Blanchard 形）（図 **16·17**(g)）

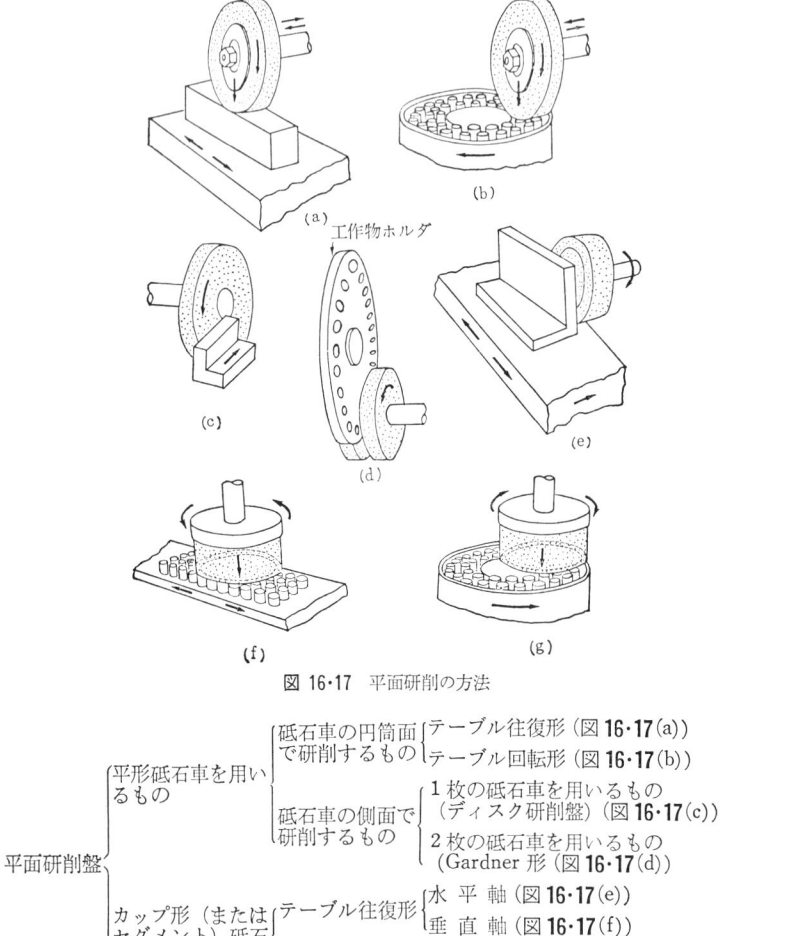

図 **16·18** に前図 (a) の形式の機械を示す．図は比較的小形の高精度のものであるが，大形高能率のものもある．工作物はテーブル上の電磁チャックに取り付けられ，テーブルは横方向に往復運動を行なう．切込みは砥石車軸を手動によって下げて与えられ，送

りはテーブルを手動または自動によって前後方向に送って与えられる．テーブルの往復運動は油圧機構によって行なわれる．

図 16·19 は (b) の形式の機械である．これではラムの先端に砥石車が取り付けられ，垂直軸の回転テーブル上の工作物を研削する．テーブルを上げて切込みを，ラムを往復運動させて送り運動を行なわせる．この機械はラムの突出

図 16·18 平面研削盤（Jung）

による精度低下と，テーブルの中心と外周とでの工作物速度の変化が欠点となって加工精度を低めているが，作業能率が高いので一般の平面研削作業に広く使用せられる．

図 16·17(c) の形式の ディスク 研削盤は平形砥石車の側面を使うために，砥石の切れ味は悪いが仕上面はなめらかである．手持式の機械が多く，砥石車の代わりに円盤に研磨布紙をはり付けて使うこともある．（図 17·36 参照）．

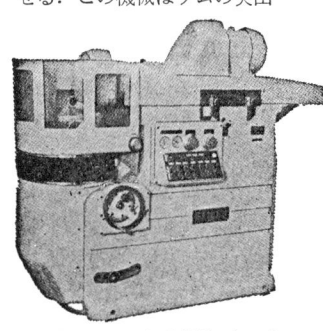

図 16·19 平面研削盤（三正）

砥石車を2枚用いる (d) の形式の機械を 図 16·20 に示す．これでは回転する2枚の砥石車の間を，回転ホルダに入れられた工作物が通過して研削が行なわれる．工作物は自動装荷せられ作業は全自動であるとともに，加工精度も高く多数の工作物を一定の厳密な寸法公差内に入れることができる．

カップ形またはセグメント砥石車を用いるものは平形砥石車による機械よりも大形で生産的なものが多い．これにはテーブル往復形と回転形とがある．図 16·21 にテーブル回転形のものを示す．これは Blanchard 社のものが有名であるので，その名をとって Blanchard 式と呼ぶことがある．これは往復運動がないため，往復の終端で衝撃を受けて精度の下がるおそれがない．この形式のものには2軸で荒と仕上研削を行なわせる能率的な機械もある．

工作物の取付けには 図 16·22 のような **電磁チャック** (magnetic chuck) (JIS B 6156) が用いられる．図のように多数の電磁石を並べてその間を非磁性体で囲んだもの

(280) 第16章 研削盤作業

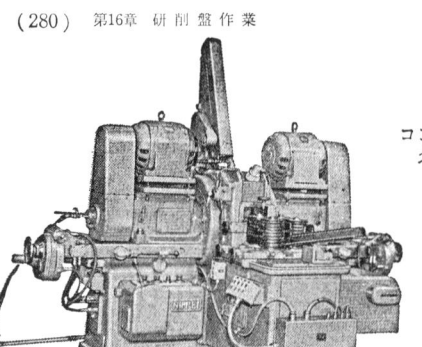

図 16·20 平面研削盤 (日平)

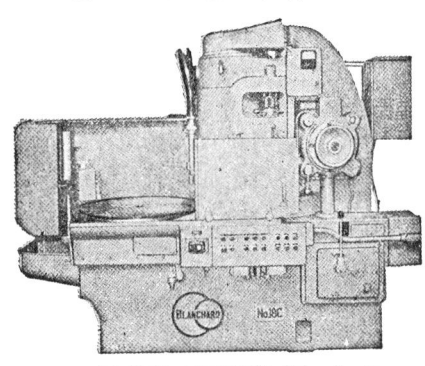

図 16·21 平面研削盤 (Blanchard)

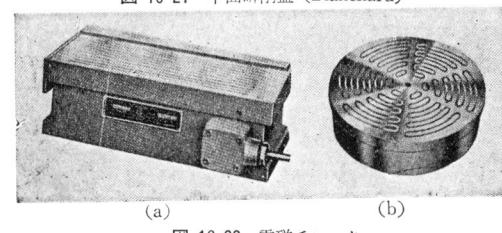

図 16·22 電磁チャック

図 16·23 永久磁石チャックの構造

図 16·24 脱磁機

である．直流で励磁せられ，工作物の取りはずしにはスイッチによって磁性を逆にしてはずしやすくする．またこれと同じようなものに永久磁石チャックがある．これでは図 16·23 のようにして磁極を移動させて工作物の取りはずしを行なう．電磁チャックに取り付けられた工作物は残留磁気によって幾分の磁性を帯びるので，図 16·24 のような脱磁機 (demagnetizer) によって脱磁するのがよい．これはコイル中に工作物を置き，コイルに交流電流を流し，工作物中の磁極を変換して脱磁するものである．

16·3·2 平面研削盤の作業

平面研削では円筒研削に比べて，砥石と工作物との接触面積が大きいため，目つまりを起こしやすいので，結合度の低い，組織のあらい砥石を用いる必要がある．特に平形

砥石車の側面やカップ形砥石車を使用するものでは，なお一層やわらかくて組織のあらい砥石を使わねばならない．このため大形のものではセグメント砥石を使うことが多いが，これでは小形の均質のセグメントが得られ，切くずによる目つまりが少ないので研削能率が高い利点がある．

カップ形砥石の端面で研削を行なうときに，砥石の軸をテーブルに直角にせず，図 16·25 のようにごくわずか傾けることが行なわれる．この方法では，仕上面の研削目の形は図 16·26(a) のようになり，一方向にばかり研削目ができ，仕上面はごくわずか中低となってくる．そのため精密な平面をつくるにはテーブルと砥石車軸を直交させ図 16·26(b) のように交差した研削目を出すようにする．

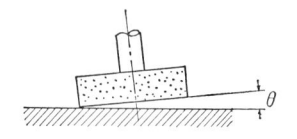

図 16·25 カップ形砥石による平面研削

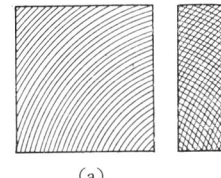

図 16·26 仕上面に残る研削目

平面研削のときは砥石と工作物の接触面積が大きく，それだけ発熱や目つまりのおそれが多いので，なるべく研削剤を用いて作業するようにしなくてはならない．特に精密な研削作業ではこのことが重要である．

最近大動力の平面研削盤によって鋳鍛造品に直接強力な平面研削を行ない，正面フライス加工よりも加工コストを下げる方法が実用化され始めている．この方法を **砥粒切削** (abrasive machining) と呼ぶ．

16·4 心なし研削

16·4·1 心なし研削方式とその利点

心なし研削 (centerless grinding) は円筒面の研削作業において，図 16·27 に示すように，**研削砥石車** (grinding wheel) G，**調整車** (regulating wheel) R および **支持刃** (blade) B の三つで工作物の位置決めをして研削する作業である．研削砥石は普通の研削作業におけると全く同じ程度で回転し，調整車の回転数は工作物の大きさに応じて適当に変える．また工作物の送り力は調整車の軸を砥石車軸に対してわずかに傾けることによって与えられる．支持刃は図のごとく調整車側

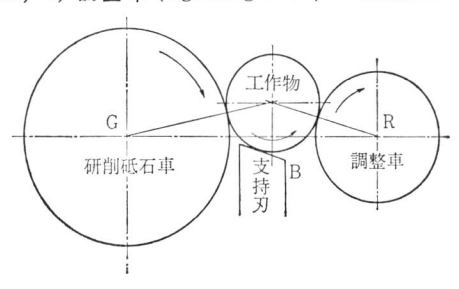

図 16·27 心なし研削の概要

に傾斜しており，工作物を支持するとともに，工作物と調整車の間に回転に必要な摩擦力を起こさせ，真円を作る作用を助けている.

心なし研削には大きく分けて次の3種がある.
（1） 心なし円筒研削 (centerless cylindrical grinding)
（2） 心なし内面研削 (centerless internal grinding)
（3） 心なしねじ研削 (centerless thread grinding)

最も一般に用いられているのは心なし円筒研削であり，工作物を送り込む方法により図 16·28 のように
（1） 通し送り法 (through-feed method)
（2） 送り込み法 (in-feed method)
（3） 端送り法 (end-feed method)
の3種がある.

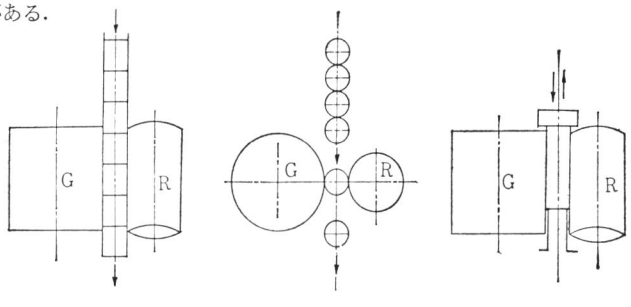

(a) 通し送り法　　(b) 送り込み法　　(c) 端送り法
図 16·28　工作物の送り込み方法

心なし研削法の利点を列記すれば，
（ i ） 通し送り法および送り込み法では工作物を連続的に研削することができるから，取付け，取りはずし時間が短く量産に適する.
（ ii ） 取付誤差が少なく，研削しろを小さくできるとともに，細長い物に対しても強力な支持ができるから寸法精度が向上する.
（iii） 調整を完全に行なえば未熟練者でも自動的に作業ができる.
（iv） 取付けが困難な形をした工作物の加工ができる.

しかし最初の調整にかなりの手数を要するから，主として同一寸法のものを多量に造る場合に用いられる.

16·4·2　心なし研削盤

図 16·29 は最も一般的な心なし円筒研削盤の例である.
この種の研削盤にはその構造に二つの形式がある．一つは砥石車がベッドに固定され

て工作物の大小に応じて支持刃および調整車が移動する形式であり，いま一つは支持刃の位置が固定され砥石車と調整車が移動可能なものである．図 16·29 は前者の例である．長い工作物を研削する場合は後者のほうが有利である．**図 16·30** は心なし内面研削法の機構を示す．工作物は調整車，ささえロール (supporting roll) および加圧ロール (pressure roll) の間にはさまれ，調整車より動力を受ける．

16·4·3　心なし研削盤の作業

（1）　工作物の中心高さおよび支持刃　図 16·31 は心なし研削において工作物に作用する力の関係を示すものである．ここで工作物の中心高さ h および支持刃の傾斜角 φ の値が問題になる．支持刃の上面を水平にし，加工物の中心を砥石車の中心線上におくと，図 16·32 のように工作物の一部に突出部があればその反対側が多く研削されることになる．これを避けるために通常工作物の中心は両車の中心線より高い位置にお

図 16·29　心なし研削盤（日進）

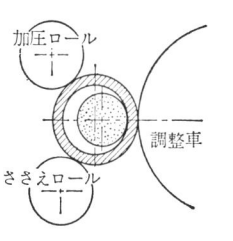

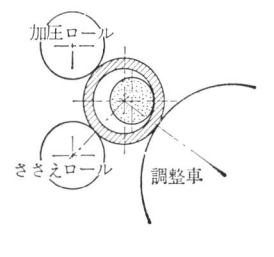

(a) on-center 法　　(b) high-center 法

図 16·30　心なし内面研削法の機構

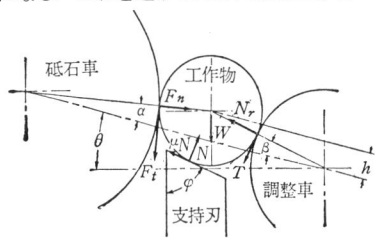

図 16·31　心なし研削における力のつりあい

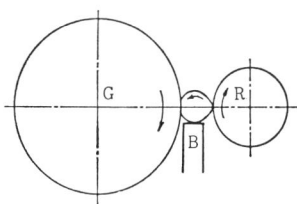

図 16·32　心なし研削における中心高さの影響

く．その高さ h は工作物直径の $1/2 \sim 1/3$ 程度とする．しかし多くても $15\,\text{mm}$ を越えない．h を大きくすると早く真円に研削することができるが，高すぎると工作物が押し上げられておどる傾向がある．特別の場合として細長い工作物（直径 $6\,\text{mm}$ 以下）を加工する場合には工作物の安定をよくするために工作物の中心を逆に下へおくようにする．

支持刃の角度 φ の値は工作物の直径が $10\,\text{mm}$ 以下の場合 $50°\sim60°$ とし，$10\,\text{mm}$ 以上では $60°\sim70°$ とする．工作物の直径が大きいほど，また砥石の幅が大きいほど，支持刃は水平に近くする．支持刃の方向は砥石の中心線と完全に平行にしなければならず，その材質は工作物のかたさに応じて適当に選ばれる．普通やわらかい材料では鋳鉄，鋼類では高速度鋼，焼入鋼では超硬合金を用いる．支持刃の厚みは工作物直径より多少小さくするが，最大で $15\,\text{mm}$ 程度である．またその長さは砥石幅より多少長くする．

（2）工作物の周速度および送り　工作物の周速度 V_w は調整車の周速とほぼ等しいが，研削力により加速され 2% 程度早くなる．工作物の送りは調整車軸を砥石車軸に対して傾けることにより与えられるが，その傾き角を δ とすれば，送り速度 V_f は

$$V_f = \pi D_R n_R \sin\delta$$

n_R：調整車の回転数，D_R：調整車の直径

となる．普通 δ としては $3°$ 以下にとる．V_f を大きくすれば加工物の真直度がよくなり，小さくすれば真円度がよくなる．普通 $V_f = 15 \sim 60\,\text{m/min}$ にとられる．

（3）案内板　通し送り法で作業する場合工作物を研削位置まで送り込み，また研削の終ったものを送り出す役目をする案内板が入口および出口に設置される．図 **16·33** に示すように案内板の取付精度により工作物の寸法精度が影響される．

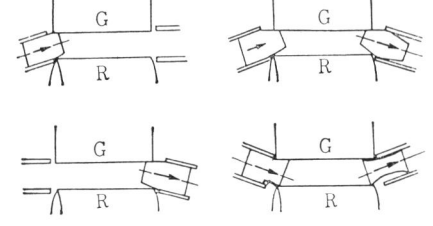

図 16·33 案内板の傾斜の影響

なお，心なし研削では砥石幅を大きく取ることが望まれるが，その場合砥石の均質性，破壊強度および支持方法について特別の配慮が必要である．

16·5 工具研削

16·5·1 工具研削

工具研削（tool grinding）は他の一般の研削作業に比べて次の点に特色がある．
（1）被削材が工具材料であるため，かたさがきわめて高い．
（2）工具材料のかたさを下げないために研削温度を低くしなければならない．
（3）工具の切刃に かけ を生じることは禁物であるから，その仕上面あらさを非常

になめらかにしなければならない．
　（4）　砥石と被削材の接触状態が一般の研削作業と異なる．
　（5）　研削すべき部分の幾何学的形状が複雑である．
　これらの特色はいずれも研削作業を困難にする方向に作用する．したがって工具研削においては所定の幾何学的形状を出しうる機構をもった精度の高い研削盤を選ぶとともに，砥石および作業条件の選定に十分注意しなければならない．

16・5・2　各種の工具研削盤とその作業
（1）　バイト研削盤とその作業
バイト研削盤 (tool grinder) としては一般には電動機軸に直接砥石を取り付けた両頭バイト研削盤を用いる．この形式のものでは刃物の角度が正確でなく，研削速度が低いから砥石の損耗が多く，仕上面もあらくなる．最近のように超硬合金工具が多く使用されるようになると，ダイヤモンド砥石をもち，刃物角度を正確にするために角度調節のできる台をもち，かつ研削油剤を多量にかけながら研削できる超硬工具専用の研削盤を用いる．図 **16・34** はこの種の研削盤である．

　工具鋼および高速度鋼バイトの手作業研削では A 砥粒砥石で粒度 #30～#60 のものが用いられ，超硬合金工具の場合は荒仕上用として GC 砥石で粒度 #80～#120 のもの

図 16・34　超硬工具専用研削盤

と，仕上用としてダイヤモンド砥石で粒度 #220 程度のものを用いる．また刃先の小さな曲率を作る場合，あるいは切削作業中の切刃修正にはダイヤモンドステックによりハンドラップを行なう．なおいずれの研削盤による場合でも，バイトを砥石面に対して左右に振動させながら研削し，接触面積が大きくなりすぎないように

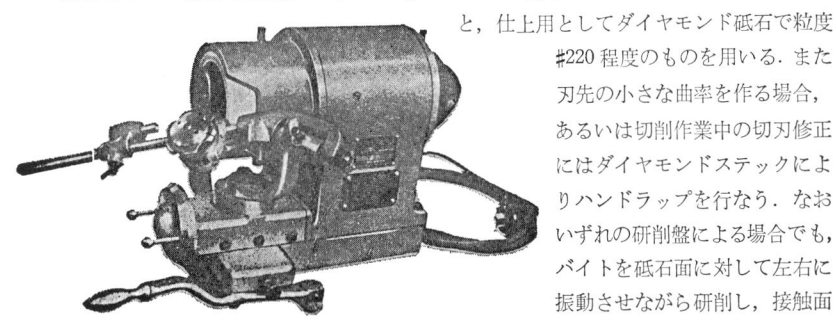

図 16・35　ドリル研削盤

図 16·37　万能工具研削盤（Landis）

その角度を調整し，押し付け力を大きくしすぎないことに注意しなければならない．

図 16·36　平形工具研削盤

（2）**ドリル研削盤とその作業**　ドリルの研削は簡単にはバイト研削盤を用い手加減で作業することが多い．この方法ではドリル先端部の形状がくずれ，切刃の二番取りが不正確になり，左右の切刃の長さが不同になることもあり，ドリルの切味が悪いとともに穴の精度も悪くなる．

このような欠点を避けるために図 **16·35** のような専用の **ドリル研削盤**(drill grinder) も造られている．またバイト研削盤に適当なドリル研削装置を付けることも考えられる．

（3）**カッタ研削盤とその作業**　各種のフライス，ホブ，リーマ，タップなどの工具の研削はバイトおよびドリルの場合のように手作業で行なうことはできない．普通は砥石車台および工作物台が任意の角度および位置をとりうる万能工具研削盤を用いて作業する．これにはその使用目的に応じて多種類の付属装置が付けられている．

図 **16·36** は工作物回転用の電動機をもたない **平形工具研削盤** (plain cutter and tool grinder) であり，図 **16·37** は **万能工具研削盤** (universal cutter and tool grinder) の一例である．これらの研削盤に用いられる砥石は平形および皿形のものである．図 **16·38** は平形砥石車によるフライスカッタの逃げ面研削の状態を示す．平形砥石によ

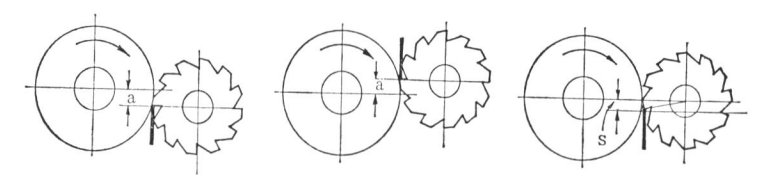

図 16·38　フライスカッタ逃げ面の研削（平形砥石によるもの）

16・6 砥石車 (287)

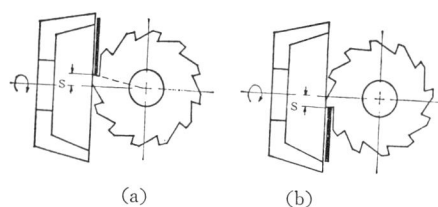

(a) (b)
図 16・39 フライスカッタ逃げ面の研削
（カップ形砥石によるもの）

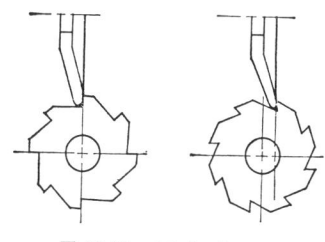

図 16・40 フライスカッタ
すくい面の研削

図 16・41 フェースカッタ（正面フライス）研削盤（日立）

り逃げ面を研削すると所要の逃げ角をとるために刃先の強度が低くなる傾向がある．これを避けるためにカップ形砥石を使用するほうがよい．図 16・39 はカップ形砥石による逃げ面の研削方法を示す．図 16・40 はフライスカッタすくい面の研削方法を示す．フライスカッタ研削専用の研削盤も数多く造られている．図 16・41 はその一例である．
　以上のほかに帯のこ研削盤，丸のこ研削盤，ブローチ研削盤などの特殊なものがある．

16・6 砥石車

16・6・1 砥石車

　研削作業に用いられる砥石車は切刃となる砥粒と，これを所定の位置に保持するための結合剤と，研削により生じた切くずおよび砥石くずを収容する気孔の三つの部分からできている．これらを平面的に示せば図 16・42 のようになる．

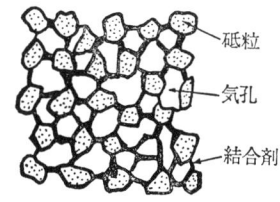

図 16・42 砥石車の構成
砥粒
気孔
結合剤

砥粒は砥石表面上に数多く存在しており，これが回転して工作物を研削している状態はちょうどフライス削りの切込量を非常に小さくし，切刃を多くした状態に相当する．しかしこの切刃は他の切削工具に比して非常にかたさの高いものであるから，普通の切削工具で削ることができないものでも容易に所定の寸法に仕上げることができる．
　研削加工の特徴の一つは切削速度が非常に高い事であり（2000m/min～6000m/min），

この速度は主として砥石の回転により与えられる．したがって，上記の3部分よりなる比較的もろい砥石車を安全に高速回転させるために，色々の配慮がなされている．

16・6・2 砥石構成要素

上述の三つの部分から構成されている砥石をその用途に応じて次に述べる5要素を選択して造られる．

(1) 砥粒 (abrasives)　砥粒は砥石車の切刃であるから，その化学的成分，かたさ，じん(靭)性，形状，結晶組織が直接研削能率，仕上効果に影響する．研削砥石に用いる砥粒は現在ほとんど人造研削材であり，天然産のものとしてはダイヤモンドのみである．人造研削材としてはわが国では表16・1に示す9種類が規定されている．(JIS R6111参照)

表16・1 人造研削材の種類

材 質		砥粒	人造研削材の種類
酸化アルミナ	白色溶融アルミナ質	WA	4A
	かっ色溶融アルミナ質	A	2A
	単一結晶アルミナ質	MA	
	焼結アルミナ質	STA	1A～4A
	ローズ色アルミナ質	RA	
	AとWAを混合したもの	A/WA	2A・4A
炭化けい素	緑色炭化けい素質	GC	4C
	黒色炭化けい素質	C	2C
	CとGCを混合したもの	C/GC	2C・4C

(a) A砥粒　酸化アルミナ Al_2O_3 を主成分とするもので，純度の高い4A(WA)は白色であり，酸化チタニウム，酸化鉄などを含む2A(A)は暗褐色である．純度の高いものほどかたさが大でじん性が乏しいから，かたい材料の研削に適する．一般にA砥粒は鋼類の研削に用いられる．

(b) C砥粒　炭化けい素 SiC を主成分とするもので，純度の高い4C(GC)は緑色半透明の結晶であり，2C(C)は銀灰色の結晶である．かたさはA砥粒より高いがじん性に乏しく，一般に鋳鉄類の研削に用いられる．

(2) 粒度 (grain size)　砥粒の大きさを表わす値を粒度と呼ぶ．その大きさはふるい分けに使用するふるいの番号で示されている．数値の小さいものほど粒径は大きい．表16・2は研削砥石に用いられている粒度を示す．#280以上の細粒ではふるいで分けることは困難であるから，水ひ(水簸)または風ひ(風簸)で分けている．砥石は通常1種類の粒度で造られるが，使用目的によっては数種の粒度のものを混用する場合もある．同一粒度のものでもその大きさは完全に同一とはならず，図16・43に示すように相当広い範囲に分布しているものである．

表16・2 砥粒の粒度 (JIS R 6210, JIS R 6212)

粒度 (番)
8, 10, 12, 14, 16, 20, 24, 30, 36, 46, 54, 60, 70, 80, 90, 100, 120, 150, 180, 220, 240, 280, 320, 360, 400, 500, 600, 700, 800, 1000, 1200, 1500, 2000, 2500, 3000

備考　1.　8番が最もあらく，3000番が最も細かい．
　　　2.　2種類以上の粒度を混合使用する場合は，主体の粒度で呼び，これを混合粒度という．

(3) 結合剤 (bond)　結合剤

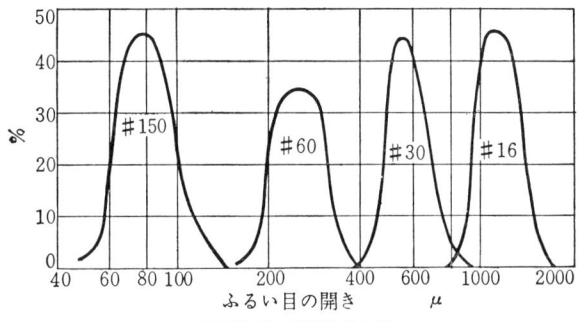

図 16·43 粒度分布曲線

の種類, 強度によって結合剤が砥粒を支持する特性が異なる. 砥石の結合剤として用いられているものには次の種類がある.

(a) ビトリファイド結合剤
(vitrified bond) 粘土, 長石などの窯業原料を用いるもので, その配合により強度を広範囲に変えることができ, また焼成による粘土の容積変化から気孔部分の容積を調整できる. 現在造られている研削砥石の半数以上がこの種の結合剤を用いている. その物理的性質の一例を示せば表 16·3 のようになる.

表 16·3 ビトリファイド結合剤の物理的性質

比重	真比重	$2.3 \sim 2.5$
	かさ(嵩)比重	$2.2 \sim 2.4$
強さ	引　張	$240 \sim 320 kg/cm^2$
	圧　縮	$4000 \sim 4500 kg/cm^2$
モース硬度		7
弾性係数		$7500 \sim 8000 kg/cm^2$
衝撃値		$1.8 \sim 2.1 cm \cdot kg/cm^2$
熱膨張係数		$2.5 \sim 4.5 \times 10^{-6}$
熱伝導率		$1.9 \sim 2.5 \times 10^{-3} cal/cm \cdot sec \cdot ℃$
比　熱		$0.20 \sim 0.25 kcal/kg \cdot ℃$

(b) シリケート結合剤 (silicate bond) けい酸ソーダより成る結合剤で焼成温度が低く, 短時間に焼き上げることができるので大形砥石の製造に用いられる.

(c) シェラック結合剤 (shellac bond) シリケート結合剤と同様の製法であるが, 強じんで弾性に富んでいる.

(d) レジノイド結合剤 (resinoid bond) シェラック結合剤と同様に結合力が強く, 弾性に富んでおり, 酸, アルカリ, 油脂に対して安定であり, 研削熱により軟化することがないので, シェラックおよびラバーよりすぐれており, その生産量は近年非常に多くなった.

(e) ラバー結合剤 (rubber bond) 主として生ゴムを用い, これにいおうを加え, 砥粒を入れてカレンダロールで所定の厚さに造り, 加熱して硫化する. 主として切断用砥石の結合剤に用いられる.

(4) 結合度 (grade) 結合度とは砥粒を支持している結合剤の特性を表わす尺度

表 16・4 結合度 (JIS R 6210, JIS R 6212)

結 合 度												
A,	B,	C,	D,	E,	F,	G,	H,	I,	J,	K,	L,	M
N,	O,	P,	Q,	R,	S,	T,	U,	V,	W,	X,	Y,	Z

備考 Aは最もやわらかく，Zは最もかたい．

であり，砥石の研削性能と最も密接な関係をもつものである．砥粒が砥石表面から容易に脱落するような砥石を結合度の低い砥石（やわらかい砥石）と呼び，その逆を結合度の高い砥石（かたい砥石）と呼ぶ．これを表現するのに表 16・4 に示すようにアルファベット記号を用いる．

表 16・5 結合度試験法

間接法	音響試験法 引張試験法
直接法	ボール押込法 ローラ押込法 せん断破砕法 砂吹付法 ねじ回し法 機械ビット法
研削法	研削法 臨界圧力法 ドレッシング法

結合度を測定するには，JIS では大越式結合度試験機による測定を採用している（JIS R 6210 参照）．これは一定の形状をした二またビットを一定圧力で砥石面に押し付け，機械により 180° 回転させたときのビットの食込深さをもって結合度を表わすことにしている．図 16・44 はその外観写真を示す．このほか微粒の砥石に対してはロックウェル H スケールが用いられる．表 16・5 はいままで提案された砥石結合度試験法を一括して表示したものである．いずれの方法によっても砥粒と結合剤と気孔の混在する砥石において，結合剤のみの砥粒支持力を測定することは相当困難である．

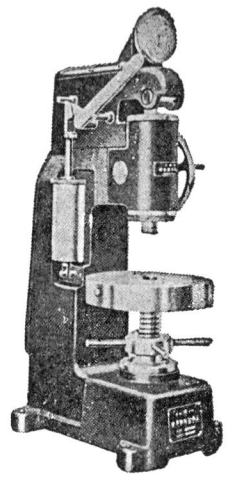

図 16・44 大越式結合度試験機

(5) 組 織 (structure) 砥石の組織とは砥石中に含まれる砥粒，気孔，結合剤の容積割合を示すもので，JIS では砥石の組織を，表 16・6 に示すように砥粒率が 50% 以上の砥石を密，42～50% を中，42% 未満を粗としている．砥粒率 G は次の式で求められる．

$$G = \frac{W_g - w_g}{W'_g - w_g} \cdot \frac{\rho_s - \rho_b}{\rho_g - \rho_b}$$

ここに，

W_g：空気中での砥石重量

W'_g：気孔内に完全に水を含んだ状態における砥石重量

表 16・6 組織 (JIS R 6210, JIS R 6212)

組織	と粒率率 (%)	許容差 (%)	組織	と粒率率 (%)	許容差 (%)
0	62		8	46	
1	60		9	44	
2	58		10	42	
3	56	±1.5	11	40	±1.5
4	54		12	38	
5	52		13	36	
6	50		14	34	
7	48				

w_g：水中における砥石重量
ρ_s：砥石の真比重，ρ_g：砥粒の比重，ρ_b：結合剤の比重
図 16·45 は砥粒率，気孔率，結合剤率の実測結果の一例である．

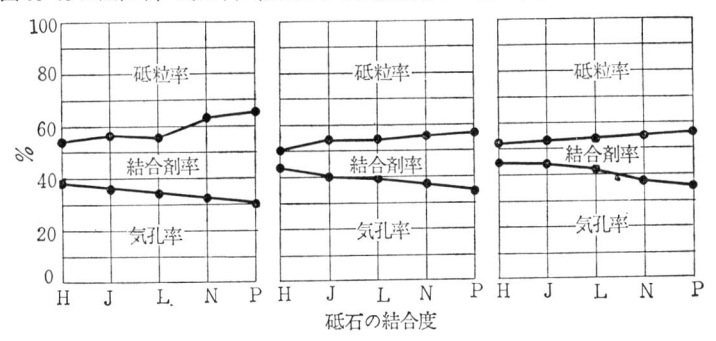

図 16·45 砥石の組織

1号	205×16×19.05	A	36	K	7	V	2000
形状	外径 厚さ 穴径	砥粒	粒度	結合度	組織	結合剤	最高使用周速度 m/min

図 16·46 砥石の表示法 (JIR R 6210, JIS R 6212)

これらの5要素を含んで一つの砥石を表示するには図 16·46 に例示する方法がとられている．

16·6·3 砥石車の形状

研削砥石の形状は研削盤の種類，使用目的に応じてきわめて多種類のものが使用されてきたが，これを規格統一することは製造者，使用者ともに便利であるから，図 16·47 に示すような13種の標準形状が規定されている．また砥石の研削面の形状には図 16·48 に示すものがその標準とされてい

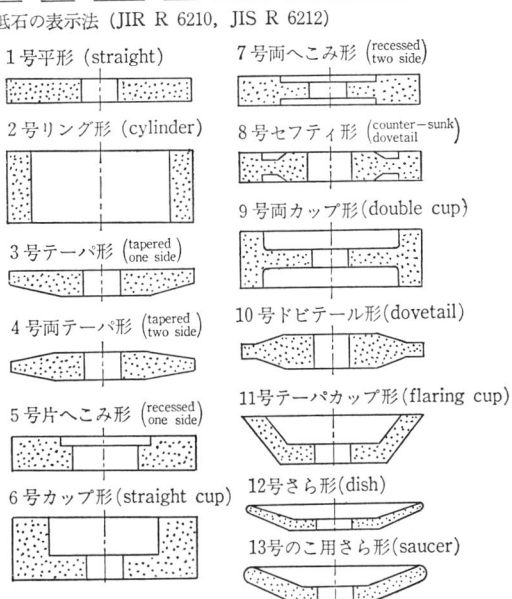

1号平形 (straight)
2号リング形 (cylinder)
3号テーパ形 (tapered one side)
4号両テーパ形 (tapered two side)
5号片へこみ形 (recessed one side)
6号カップ形 (straight cup)
7号両へこみ形 (recessed two side)
8号セフティ形 (counter-sunk dovetail)
9号両カップ形 (double cup)
10号ドビテール形 (dovetail)
11号テーパカップ形 (flaring cup)
12号さら形 (dish)
13号のこ用さら形 (saucer)

図 16·47 砥石の標準形状
(以上のほかに，20～26号の逃付形および27～28号のオフセット形がある)

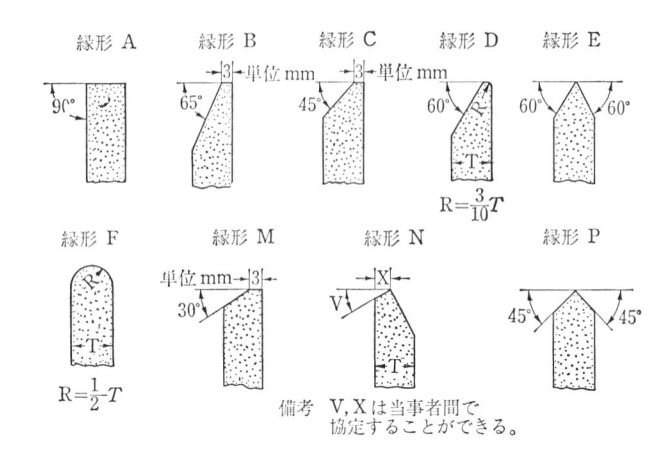

縁形 A　縁形 B　縁形 C　縁形 D　縁形 E

縁形 F　縁形 M　縁形 N　縁形 P

備考　V, X は当事者間で協定することができる。

図 16・48　砥石の標準縁形（JIS R 6211）

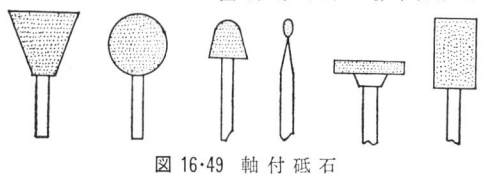

図 16・49　軸付砥石

る．(JIS R 6211 参照)
このほかにパルプ製造に用いられる非常に大きな砥石にセグメント砥石 (segment grinding wheel) があり，また型彫りなどに用いられる小形の軸付砥石もある．図 16・49 は軸付砥石の一例を示す．

16・6・4　研削砥石の選択

研削砥石を選択する基本的な考え方としては，選択された砥石が，(1) 要求される加工精度を出しうること，(2) 生産能率の高いこと，(3) 砥石の損耗が少ないこと，の三つの条件を満たさなければならない．このような条件を満たす砥石は，一般的に砥石製造業者から出される選択表のみでは得られない．そのような選択表による選定を第 1 次として，各作業の特殊性を考慮して，研削機構的解析を基本として，最適砥石を見出さなければならない．

砥石の選択にあたって考えなければならない項目を列記すれば次のとおりである．

(1)　工作物としての条件：材質，かたさ，形状，所要加工精度，あらさ，前加工の方法とその結果，熱処理　など
(2)　研削条件：研削の様式，砥石速度，工作物速度，砥石直径，工作物直径，切込量，送り速度，研削量

(3) ドレッシング条件：ドレッシング工具の種類と形状寸法，切込量，送り速度，ドレッシング量

(4) 機械と作業の状態：研削盤の剛性，主軸の特性，振動の有無，研削油剤の種類，注油法，注油量

これらを考慮することにより，目的とする砥石の砥粒，粒度，結合剤，結合度，組織，形状が決められる．

研削砥石の第1次的選択の基準としては，金属材料に関しては，全国的実情調査結果を基に，大約的方法により，一定条件のもとに作成された「一般金属材料に対する選択標準」(JIS B 4051) がある．

16・7 特殊研削盤

16・7・1 ロール研削盤とその作業

鋼材の圧延，製紙，印刷などに使用されるロールの研削を行なうのが**ロール研削盤** (roll grinder) である．原理的には円筒研削盤となんら異なるところはないが，工作物が比較的大きく，普通は真円筒に仕上げないで熱影響を考慮して中高 (crown) または中低 (concave) に仕上げなければならない．これを**チャンファリング** (chamfering) と呼んでいる．ロール研削盤ではこのチャンファリングの機構をもっているところに特徴がある．ロール研削盤には工作物を載せたテーブルが長手方向に移動するテーブルトラバース式（図**16・50**）と工作物を定位置で回転し砥石車台が移動するホィールトラバース式（図**16・51**）の2種がある．前者は円筒研削盤と全く同じ機構であり小物ロールの研削に用いられ，後者は大形ロールの場合に用いられる．

ロールの研削においてはその形状および仕上面あらさが問題となる．また小物の場合は両センタで支持されるが，

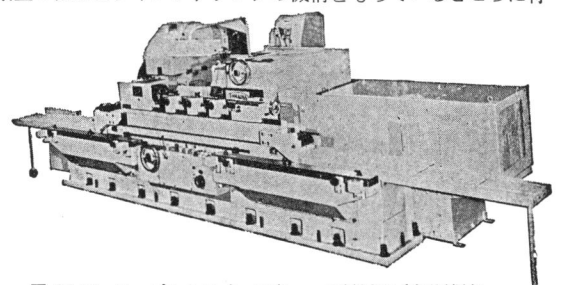

図 16・50 テーブルトラバース式ロール研削盤（東芝機械）

図 16・51 ホィールトラバース式ロール研削盤（東芝機械）

大形の重量が大きい場合はロールネック部分を振れ止めでささえる．いずれの場合でも支持部の潤滑には十分な注意が必要である．ロール研削では使用砥石の損耗が問題であり，特に大形ロールの研削においては損耗のはげしい砥石では加工中に切込量が変化することになり寸法精度を出すために工夫を要する．

16・7・2 クランク軸研削盤とその作業

クランク軸の主軸受部分の研削は普通の円筒研削と同様にして行なうことができるが，クランクピンの部分の研削には特殊な装置が必要である．クランク軸の研削作業を量産的に行なうために作られた研削盤が **クランク軸研削盤** (crankshaft grinder) である．普通は作業を能率的に行なうために研削部分の数に応じて砥石の個数を多くしたものが用いられる．また送りを与えず段付部分も同時に総形研削を行ない自動定寸装置をもっているものが多い．図 16・52 はその研削状態を示す．

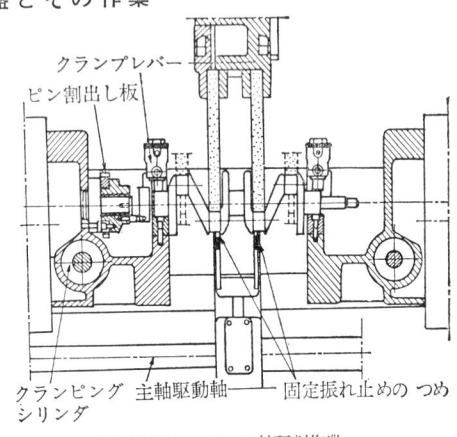

図 16・52 クランク軸研削作業

16・7・3 カム軸研削盤とその作業

カム軸の研削には円筒研削盤にカム研削用のアタッチメントを取り付けて行なうこともあるが，一般には専用の **カム軸研削盤** (cam-shaft grinder) を用いる．いずれの場合でも工作物とマスタカムとが揺動台の上にあって一しょに回転し，一定位置に置かれたマスタロールとマスタカムとの接触による揺動運動で所定の形状に加工するものである．

図 16・53 はその研削要領を示す．カム軸研削においてはマスタカムとロールの寸法はモデルカムと標準寸法砥石を基にして

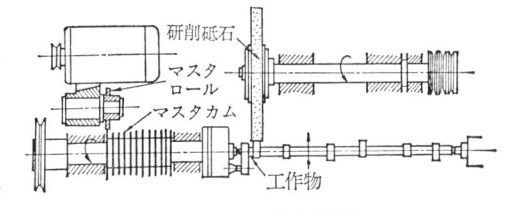

図 16・53 カム軸研削作業

決められるから，砥石寸法が変化すれば製品に誤差を生じる．したがって砥石の大きさはその許容誤差範囲内にとらなければならない．この点から砥石直径を大きくできる凸面カムでは有利であるが，凹面カムでは砥石直径が小さくなり，砥石の損耗に注意しなければならない．

カム軸の研削ではマスタカムと工作物の回転を完全に一致させ，かつその回転むらがないように注意しなければならない．また機械各部の振動防止，しゅう動面の平行度，マスタロールおよびカムの摩耗，および きず の防止などはカムの精度確保のために是非必要である．上記のならい方式のほかに，数値制御カム軸研削盤も造られている．

工作物の回転速度は荒研削では 4～5m/min，仕上研削では 2～3m/min が普通である．

16・7・4 スプライン軸研削盤とその作業

スプライン軸の研削作業は図 **16・54** に示す ように 一定の形に成形された砥石を回転しながらスプライン軸の軸線方向に移動して行なう．したがって特殊な砥石成形装置 (砥石修正装置) とみぞ数に応じた割出し装置をもった 専用の**スプライン軸研削盤** (spline-shaft grinder) が用いられる．また**歯車研削盤** (gear grinder) (19・4・4 歯車の研削仕上げ 参照) でスプライン軸研削ができるようになったものもある．

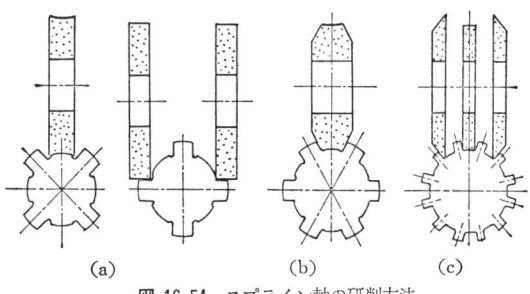

図 16・54 スプライン軸の研削方法

スプライン穴のみぞ部の研削には**スプライン穴研削盤** (spline-hole grinder) が用いられる．これは原理的にはスプライン軸の研削と同様であるが工作物穴に入る大きさの砥石を用いなければならず，その穴の長さは一般に相当長いので特殊な構造になる．

16・7・5 ねじ研削盤とその作業

ねじ研削盤 (thread grinder) は精度を要するねじ，ねじゲージ，タップ，ホブなどに用いられる．前加工としてねじ山の造られているものを研削する場合と，焼入れた丸棒から直接研削によりねじ山を削り出す場合とがある．

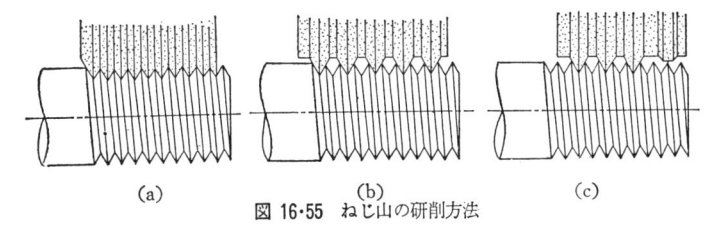

図 16・55 ねじ山の研削方法

ねじ山の研削方法には1山砥石による研削と多山砥石による研削とがある．1山砥石の場合はバイトによるねじの切削と同様の原理によるもので，研削砥石車軸はねじ山のねじれ角に合わせて傾斜させる．この方法は高精度の仕上げを必要とする場合に用いられる．多山砥石の場合は大別して図 **16·55** に示す3種の方法がある．(a)は最も一般的に用いられるもので砥石幅を加工すべき長さより大きくし，工作物の一回転半で全部の研削を終了する．能率的な生産に用いられる．(b)は加工すべきねじの1山おきに砥石を当て工作物の2回転半で研削を終了する．この方法によれば研削剤の研削点への流入が(a)に比してよく，切くずの排除が容易であるから，工作物の回転を上げることができる．特に細目ねじの研削に適する．(c)は砥石の第1の山で荒研削を行ない第2の山で中仕上げ第3の山で最終仕上げを行ない，その後水平部分で外径の仕上げを行なうもので，本質的には1山砥石の場合に近い．

ねじ研削における砥石の成形は直接製品の精度に影響する．普通はダイヤモンドにより1山ずつ成形されているが，クラッシドレッシング法により工作物と同一のピッチをもったクラッシロールを砥石面に押し付けて砥石幅全体を一度に成形する場合もある．ねじ研削を心なし方式で行なっているものもある．この場合工作物の送りにはその形に応じて通し送り法と送り込み法のいずれかが用いられる．一般にねじの研削作業はきわめて熟練を要するものであり，各研削盤製造会社でその作業を自動化するためにいろいろ工夫がなされている．

16·7·6　輪郭研削盤とその作業

種々の複雑な形状をしたものを研削するのに**輪郭研削盤**(profile grinding machine)が用いられる．これには次の2種類がある．

(1)　総形砥石を用いるもの．
(2)　縁のとがった平形砥石を用いるもの．

前者は砥石車軸が水平でテーブルが往復運動を行なう形式の平面研削盤と同じであり，砥石車に所定の輪郭をつけるにはクラッシロールを使用する．最近耐熱合金などの量産的加工にはこの方法が多く用いられる．

後者は砥石が加工物を研削している部分を拡大して投影し，作業者はこれを見ながら所定の形状にしたがって砥石を前後して研削を行なう．図 **16·56** はその例である．

図 16·56　輪郭研削盤 (Cincinnati)

16・7・7 その他の研削盤

(a) **可搬式グラインダ**(portable grinder) 鋳鍛造品の現場的な加工に使用されるもので[1]，その利用範囲はきわめて広いが精度を要する作業には使用できない．

(b) **軌道面研削盤**(race grinder) ころがり軸受の内外輪の軌道面を研削するもので，以前は軌道面の曲率中心を中心にして，工作物を揺動させながら研削していたが，最近では心なし研削法で，プランジ研削されるものが多い．

図 16・57 すべり面研削盤

(c) **すべり面研削盤**(slide-way grinder) 工作機械などのすべり面のきさげ仕上げに代わって研削仕上げが行なわれるようになり，この種の機械の必要性が増してきた．図 **16・57** はその一例である．

---

(1) 第20章 図20・10参照

第17章 砥粒加工作業

　機械製作において素材加工としての鋳鍛造作業,仕上加工としての切削および研削加工があり,これらの加工法が普通一般的なものとして広く採用されている.しかし工作物としてさらに寸法精度の高いもの,あるいはさらに仕上面のなめらかなものが要求されるときには,既述の加工法を実施するだけでは満足な成果が得難い.

　そこで,これらの目的のために,精密加工作業として種々の方法が実施せられている.この作業は通常,切削または研削加工を前加工として,その後に行なわれるものであり,仕上量の小さいことと,仕上面あらさの小さいことが共通の特徴となっている.

　また既述の切削および研削加工法は,一定の切込みまたは送りのもとに,強制的にそれに匹敵する量だけの切くずを出すもので,いわば強制切削とでもいうべきものであった.しかし精密加工作業は,仕上量が非常に小さいために,工具を工作物に一定の圧力で押し付け,この圧力に見合うだけの仕上量を切くずとして取り去るという方法,いわば加圧切削とでも称せられるものである.

　精密加工法としては,次に述べるような種々の加工原理によるものがある.

精密加工作業
- (1) 砥石による切削加工を行なうもの
　　　ホーニング仕上げ,超仕上げ など
- (2) 砥粒による切削加工を行なうもの
　　　ラップ仕上げ,研摩布紙仕上げ,バフ仕上げ,バレル仕上げ,吹付加工,ショットピーニング,液体ホーニング,超音波加工 など
- (3) 工作物表面の塑性加工を行なうもの
　　　バニシ仕上げ,ローラ仕上げ など
- (4) その他
　　　電解研摩,化学研摩,放電加工 など

　上記の精密加工作業のうち,本章では (1) および (2) の砥粒加工作業に属するものを主としてとりあげ,(3)および(4)に関するものは特殊加工作業として次章で述べることにする.

　これらの精密加工作業は,加工精度の向上または仕上面平滑化が目的であるが,必ずしもそれだけとは限らず,特殊材料や特殊形状のものの一般的加工法として,あるいは機械部品の耐摩性や疲れ強さを増大させるために用いられることもある.

　近時,機械部品の精密化と耐久性の増大のために,精密加工作業の応用範囲が広まるにつれて,これら精密加工作業は著しい進歩を遂げたばかりでなく,新原理に基づく新しい特殊加工法も創始せられている.

17・1 ホーニング仕上げ

17・1・1 ホーニング仕上げ

油砥石を用いて刃物をとぐような作業を総括して**ホーニング仕上げ** (honing) と呼ぶ．現在機械工場で用いられているホーニング仕上げは，発動機の気筒内面仕上げで見られるように，「数個の微粒砥石を用い，これを一定の圧力で加工面に押し付け，工作物との間に回転と往復運動を与え，多量の工作液を注ぎながら仕上げる作業」であり，精密中ぐりされた面を非常に能率よく高精度の仕上面とする作業で代表される．

従来，ホーニング仕上作業はみがき作業と考えられ，仕上面あらさの良否に重点がおかれていたが，最近はホーニング仕上作業でも相当大きな切削量を受け持たせる傾向があり，次の点に重点がおかれる．

（1） 前加工の真円度，真直度，平行度などの局部的狂いを修正し，正しい幾何学的形状の仕上面を作る．
（2） 小さな公差範囲で指定寸法に近づける．すなわち**寸法仕上げ** (sizing) を行なう．
（3） 多段加工法により，切削能率を上げるとともに最終仕上面あらさをよくする．
（4） 仕上げられた金属表面の性質をよくする．

このような目的に適合できるホーニング仕上作業を行なうには，
（i） 強力な切削を行なうに十分な能力をもっているホーニング盤を用いる．
（ii） ホーニング仕上工具を合理化し，性能のすぐれた砥石を使用する．
（iii） 適切な作業条件を選定する．

などの点に留意しなければならない．

17・1・2 ホーニング仕上作業およびホーニング盤

ホーニング仕上作業を行なう機械を**ホーニング盤** (honing machine) と呼ぶ．ホーニング仕上げは円筒内面仕上げが主体であるが，まれに円筒外面，平面の仕上げに用いることもあり，特殊な場合として，歯車歯面のホーニング仕上機械もある．ホーニング盤は立形 (vertical honing machine) が多く，小物の加工および長穴の加工では横形 (horizontal honing machine) もある．多量生産用として多軸ホーニング盤 (multiple spindle honing machine) がある．いずれの場合においても相当長い砥石を用いて，大きい面積で接触しながら加工するので，砥石が工作物表面に一様に接触することができるように，ホーン（ホーニングヘッド）(horning head) か工作物かのいずれか一方を**浮動** (floating) の状態で使用する．立形の場合は図 **17・1** に示すように，工作物が固定されホーンが浮動とされることが多い．

砥石 (stick) はホーンに放射状に取り付けられ，液圧，ばね圧などによって円筒面に押

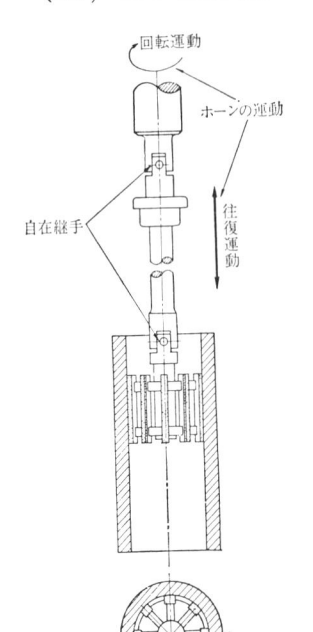

図 17・1 円筒内面ホーニング仕上作業

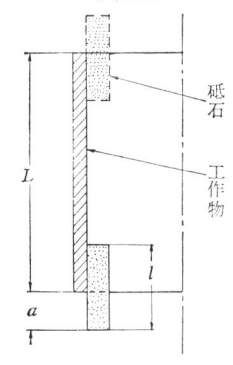

図 17・2 砥石のオーバトラベル

図 17・3 単軸ホーニング盤 (Micromatic)

し付けられる．普通 4〜8 本用いられるが，非常に大きな穴の場合には 10〜20 本になることもある．砥石の往行程と復行程で加工方向は互に交差し，加工面を網目状の加工すじ目でおおうことになる．この運動により砥石面の切刃である砥粒には二つの方向から切削抵抗が作用するので，砥粒切刃の自生作用が促進され，加工能率を上げることができる．

往復運動の行程 (stroke) の選定では図 17・2 に示すように，オーバトラベル (over travel) を与えることが必要である．オーバトラベルの量 a は工作物表面の真直度に大きな影響をもつ．普通，l：砥石長さ，L：工作物長さ，とすれば，$a = (1/4 \sim 1/3) l$，$l \leq 1/2 L$，$a \leq (1/8 \sim 1/6) L$ とする．めくら穴を加工する場合には穴の底ではオーバトラベルをとることができないから，砥石が穴の底に達したときに往復運動を一時停止するか，あるいは砥石に加える圧力を適当に調節しなければならない．

往復運動と回転運動の割合は加工すじ目の交差角が適当な値になるように選ばれるが，一つの砥粒が工作物に対して同じ場所を通らないようにする必要がある．

図 17·3 にホーニング盤の実例を例す．
図 17·4 はホーンの実物写真である．

図 17·4 ホーンの実例（Micromatic）

17·1·3 ホーニング仕上作業条件

（1） **砥石** ホーニング仕上げに用いられる砥石は，研削の場合に比べて非常に大きな接触面をもって工作物にあたるため，切刃の自生作用の大きなことが必要であり，砥粒として GC または WA が用いられ，その粒度は荒仕上用 #120〜#180，中仕上用 #320〜#400，精密仕上用 #600 が用いられる．結合度は L〜N のものが多く用いられる．

砥石の大きさ，数量は砥石の作用面積と加工面積の割合から適当に決められる．

（2） **ホーニング速度** ホーニング速度は大きくとるほど仕上能率が高くなるように考えられるが，高速になりすぎると，結合度の高い砥石を用いたときと同じような結果が現われ，仕上能率はかえって低下し，熱の発生が多くなり，切くずの除去が悪く

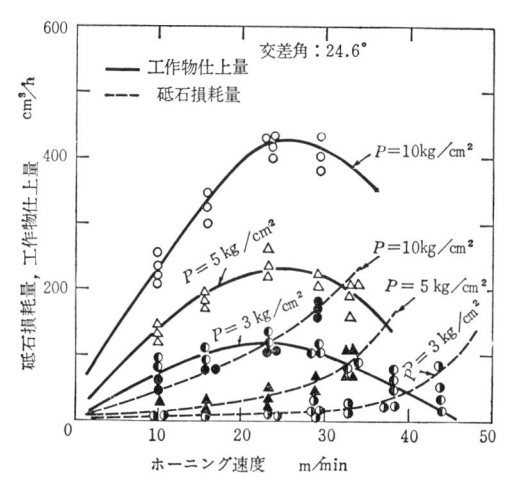

図 17·5 ホーニング速度の影響

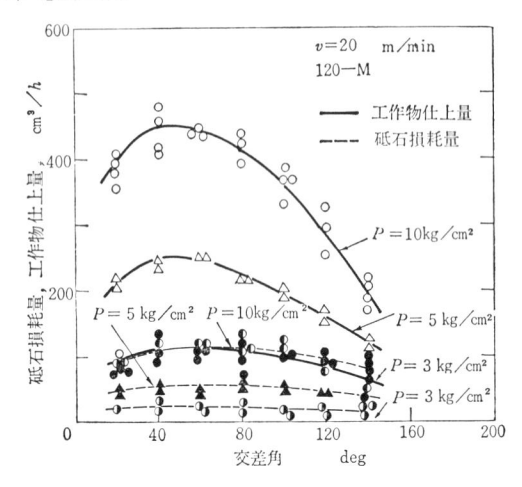

図 17·6 交差角の影響

なる．図 17·5 に切削量，砥石損耗量とホーニング速度の関係を示す．回転方向の速度と軸方向の速度の割合によって加工すじ目の交差角が変わるが，この交差角の値も仕上能率に大きく影響する．図 17·6 は交差角の影響を示す一例である．

(3) **砥 石 圧 力** 砥石圧力は工作物材料のかたさおよびじん性，使用砥石の結合度，荒仕上げと精密仕上げなどの条件により適当に選定される．砥石圧力を増せば作業能率はよくなる．しかし 10kg/cm^2 以上では仕上量の増加は少なく，砥石の損耗が多くなる傾向が見られるからあまり高圧にすることは不利である．図 17·7 はこれらの関係を示

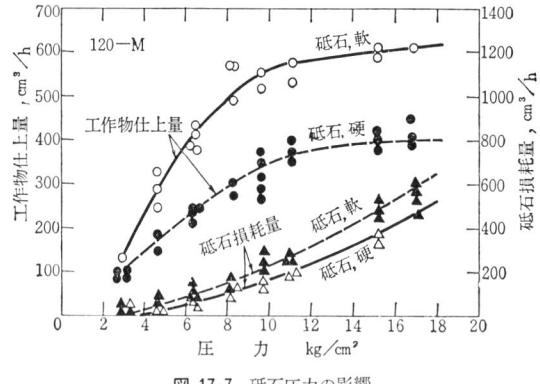

図 17·7 砥石圧力の影響

すものである．作業能率の増大をねらって10kg/cm²以上の高圧で荒仕上げを行ない，4～6 kg/cm²で仕上加工を行なうことが多い．

（4）ホーニング仕上用工作液　ホーニング仕上用工作液は砥粒の切刃が鋭く工作物に作用して仕上面を悪くするのを防ぐとともに，切くずを流し去って砥石の目つまりを防止し，発生した熱を除去する役目をする．したがって使用する油の粘度が問題になり，高すぎると砥石の切れ味が悪くなり，仕上能率は低下するが仕上面はなめらかになる．この相反する傾向を適当に調整して，所定の粘度の工作液を選定する．一般に石油を主成分として硫化油または動物性油を添加したものが用いられる．工作液循環系ではフィルタが重要であり，油を使用する場合火災防止の注意が必要である．

17・1・4　ホーニング仕上げの応用

　ホーニング仕上げによって作られる面は寸法的に精度が高く平滑であると同時に方向性がなく，残留加工ひずみが少ないという特徴をもっている．仕上表面のあらさは，荒仕上げで1μ以上の光沢の少ないなし（梨）地面であり，精密仕上げでは0.5μ以下の光沢のある平滑面になる．ホーニング仕上げの仕上しろは普通$0.025～0.5$ mmの範囲であるが，特に前加工工程を省略するほうが経済的な場合2 mm以上の仕上しろをとることもある．

　ホーニング仕上げが応用される工作物材質としては鋳鉄，各種鋼材，軽合金などほとんどすべての金属材料から，ガラス，陶器，プラスチックスなどの非金属材料にも及んでいる．

17・2　超仕上げ

17・2・1　超仕上げ

　超仕上げ（super-finishing）はホーニング仕上げと類似した機械的な表面仕上法で，1935年米国において発明された．この加工法の特性を概説的に述べると，「微細な砥粒を比較的強度の低い結合剤で焼結した砥石を工作物表面に押し付け，砥石と工作物の接触面に適度の粘度をもった工作液を多量に注ぎかけながら，砥石および工作物に振動的相対運動を与えて金属表面を仕上げる加工法である」．砥粒切刃によって作られる網目状の加工すじ目で工作物表面をおおうことはホーニング仕上げと同じであるが，砥石の往復運動行程の長さが短く，多方向運動となるようにできているので，この運動中に砥粒にかかる切削抵抗の作用方向が大きく変化する．そのためホーニング仕上げにおけるより一そう砥粒切刃

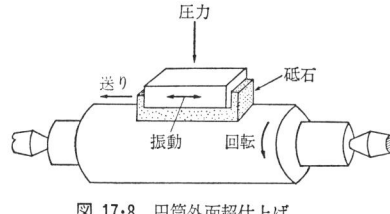

図 17・8　円筒外面超仕上げ

工作物形状	No	実施状態	運動方法	
			砥石	工作物
円筒外面	1		振動送り	回転
	2		振動	回転送り
円筒内面	3		振動回転送り	静止
	4		振動送り	回転
平面	5		振動	回転
	6		振動回転送り	送り
曲面	7		振動	回転
	8		振動	回転

図 17・9　超仕上げの実施方法

の自生作用が大きく，短時間に平滑面が得られる．

図17・8は代表的な超仕上作業である円筒外面超仕上げの概要を示す．円筒外面のほかに円筒内面，円すい面，平面，曲面などに対してもこの加工法を実施することができる．図17・9は概念的にその実施方法を示したものである．今日ではころがり軸受軌道面の最終仕上法として広く用いられている．

超仕上げによって作られる金属仕上表面は鏡面に近いものであり，寸法精度もすぐれたものが得られる．そのため摩擦部分に使用するとき摩擦係数が小さく，潤滑性能が向上する．また低圧，低速のもとで多量の工作液を使用して加工するため，発熱が少なく，表面に変質層がほとんどできない．したがって仕上面の耐摩耗性，耐食性が高い．これらのすぐれた特性にもまして，超仕上げの最大の特徴は仕上能率が非常によく，短時間に平滑面が得られることにある．

17・2・2　超仕上盤

超仕上げを行なう機械としては，旋盤などに取り付けて使用する超仕上ヘッド及び工作物の形状寸法に応じた専用機械がある．**超仕上ヘッド** (super-finishing head) は砥石の振動装置と加圧機構からできた簡単な装置で，図17・10にその一例を示す．専用**超仕上盤** (super-finishing machine) は多量生産用として造られたもので図17・11は多頭円筒超仕上盤，図17・12はクランク軸の超仕上盤である．最近わが国ではころがり軸受軌道面の超仕上盤として量産的な大形機械が数多く造られている．

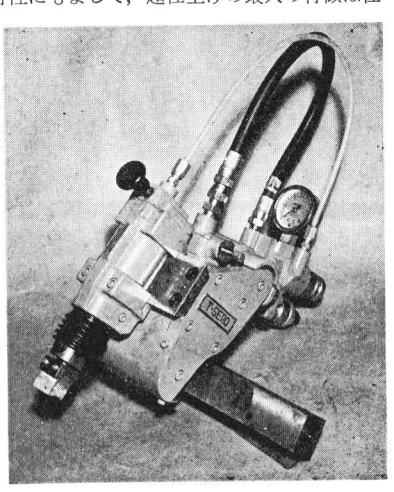

図 17・10　超仕上ヘッド

17・2・3 超仕上機構

一般に超仕上げを行なう工作物表面は精密旋削，研削などを行なった面であり，この前加工面には最大高さ $2\sim10\mu$ 程度の凹凸がある．このような表面に超仕上砥石を押し付けて振動させると，砥石に加える圧力は小さくても，砥石表面の切刃と工作物表面のあらさ突起との接触部分は非常に小さな面積となり，単位面積当り大きい圧力が加えられることになる．このような状態で工作物表面の前加工すじ目と交差する方向に砥粒が運動すれば，急速に山の部分は取り去られてゆく．超仕上げが進行するにつれて砥石と工作物の真実接触面積が増加し，切削点に加わる圧力は小さくなり，砥粒の切削能力は低下する．また砥石の表面では気孔部分に切くず，砥粒粉がつまって目つまり状態（loading）となる．多量に注がれている工作液の潤滑作用も加わって，切削作業がみがき作業に変わってくる．かくして工作物表面は光沢をもった鏡面となる．この

図 17・11　多頭円筒超仕上盤（東洋工業）

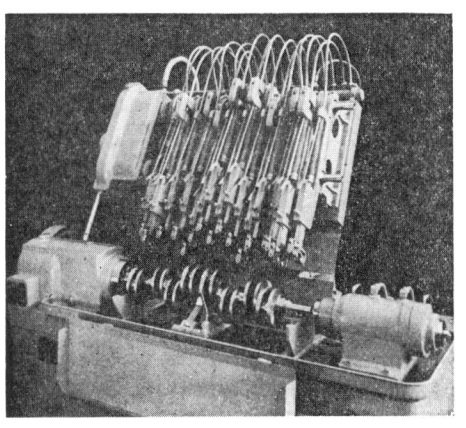

図 17・12　クランク軸超仕上盤（Gisholt）

ように切削能力を失った砥石で次の加工を行なう場合，あらい表面に砥石が押し付けられると自動的に目直しが行なわれ，切削能力を取りもどす．図 **17・13** は超仕上げの進行につれて仕上面のよくなる状態を示す一例である．

上記のような過程で超仕上作業が進行する場合，実際の生産工程で実施するには作業条件の選定に微妙なものがあり，前加工面あらさを一定に保つ必要がある．特に自動的に切削作用が停止することは，その停止時期の差異によって仕上量が変化することになり，一定した寸法精度が得られなくなる．また相当あらい前加工面を仕上げる場合，図 **17・14** に示すようにかなり深い前加工きずを残したままで切削作用が停止する．した

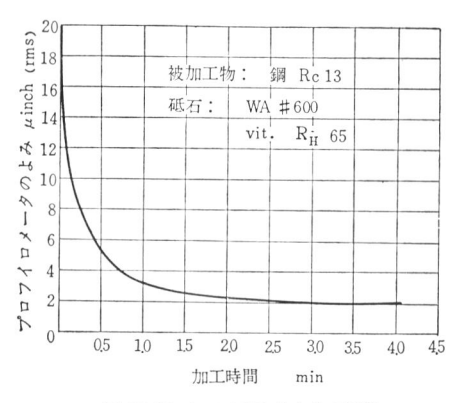

図 17·13 加工時間とあらさの関係

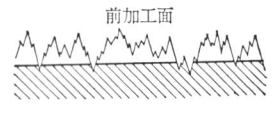

図 17·14 あらい面の超仕上げ

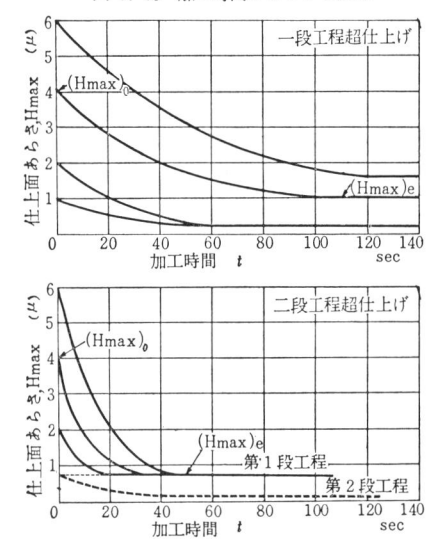

図 17·15 二段工程超仕上法と一段工程超仕上法の比較

がって，寸法仕上げができ，前加工きずを残さない超仕上げを行なうには，第一段の工程として，砥石が目つまりを起こすことなくいつまでも切削作業を続けることができるような加工条件（大きい切削方向角）を選び，第二段工程として，第一段工程で作られた 0.7μ 程度の超仕上加工きずを完全に除去して鏡面を作る条件（小さい切削方向角）を選ぶことが行なわれる．第二段工程の仕上量は 1μ 以下であるから，第一段の仕上量が所定の値になったところで第二段に移れば，寸法精度の高い製品を造ることができる．図 17·15 は二段法と一段法を比較したものである．

17·2·4 超仕上作業条件

超仕上げの仕上能率，仕上効果に影響する作業条件は表 17·1 に示すように非常に多い．以下これらの主要なものについて説明する．

(1) 砥　石　超仕上用砥石の砥粒としては比較的じん性の少ないへき開性のよいものが必要であり，WA または GC が用いられる．粒度は #180〜#1000 のものが使用されるが，普通は #400〜#600 である．結合剤は主としてビトリファイド結合剤（vitrified bond）が用いられるが，ベークライト，シェラックが用いられることもある．結合度（grade）は比較的やわらかく，H〜K程度で，工作物のかたさの高いものほどやわらかい砥石を用いる．

表 17·1 超仕上作業条件

工作物	材質（種類，かたさ，組織） 仕上面（あらさ，うねり，表面層の性質） 寸法，形状		
砥石	砥粒（材質，粒度，形状） 結合剤（種類，分量，強度） 組織（気孔率，砥粒率） 寸法，形状		
加工条件	運動条件	工作物表面速度 砥　石　速　度 送　り　速　度	切削速度 切削方向角 砥石振幅
	工作液（種類，粘度，供給量） 加工圧力		

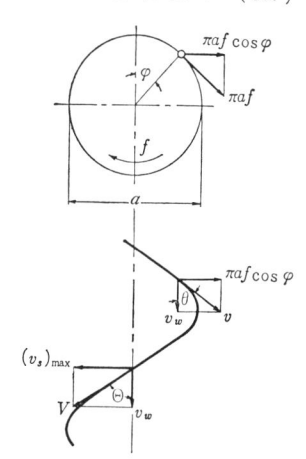

図 17·16 工作物表面上の砥粒の切削軌跡

（2）運動条件 超仕上げの運動として，砥粒切刃が工作物表面上に作る軌跡を見ると，普通図 **17·16** に示すように sine wave であり，加工条件との関係は次式で示される．

切削速度　$v=(v_w^2+v_s^2)^{1/2}$,　$v_w=\pi DN$,　$v_s=\pi af\cos\varphi$,　$(v_s)_{max}=\pi af$

切削方向角　$\Theta=\tan^{-1}\dfrac{(v_s)_{max}}{v_w}=\tan^{-1}\dfrac{af}{DN}$

ここに，D：工作物直径，N：工作物回転数，a：砥石振幅，f：振動数

運動条件として仕上能率に大きく影響する値は上式中で，切削速度 $V((v)_{max})$，切削方向角 Θ および振動の振幅である．

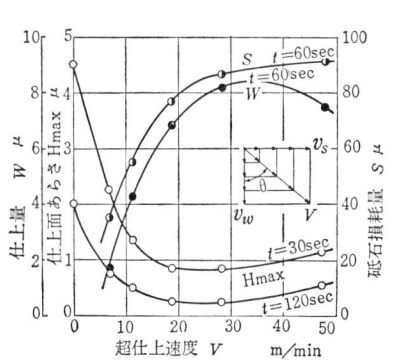

図 17·17 超仕上速度の影響

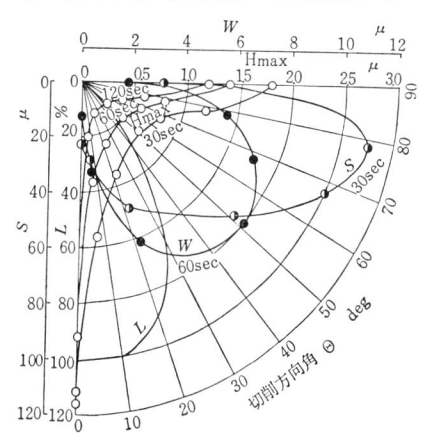

図 17·18 切削方向角の影響

切削速度 V の影響は図 **17·17** に示すとおりであり，30～40m/min で最良となる．次に，切削方向角 Θ は超仕上機構に本質的な影響をもつもので，この値の選定により超仕上作業は任意に調整することができる．図 **17·18** は切削方向角 Θ と切削量 W，砥石損耗量 S，仕上面あらさ H_{max} および砥石の目つまり程度 L との関係を示す．仕上量を多くするには $\Theta = 40° \sim 60°$ をとらねばならず，鏡面を作るには $\Theta < 10°$ としなければならない．これらの値は砥石の結合度により多少変わる．

次に砥石の振動運動であるが，V および Θ から砥石速度 $(v_s)_{max}$ が与えられる．その場合振幅と振動数のとり方について考えると，振動数の大きいことは砥石の切削方向変換の回数が多くなるから，仕上能率を増進することになる．普通振幅は 2～3mm がとられており，振幅 a mm，振動数 f c/min とするとき，仕上能率の点からは $af = 2000 \sim 4000$ の範囲がよい．

(3) 砥石圧力 砥石圧力の影響は図 **17·19** より明らかなように，切削方向角の影響に次いで大きなものであり，その値の大小と仕上能率，仕上効果の関係は切削方向角の場合と全く類似である．普通に用いられている砥石圧力は 1～2 kg/cm² である．

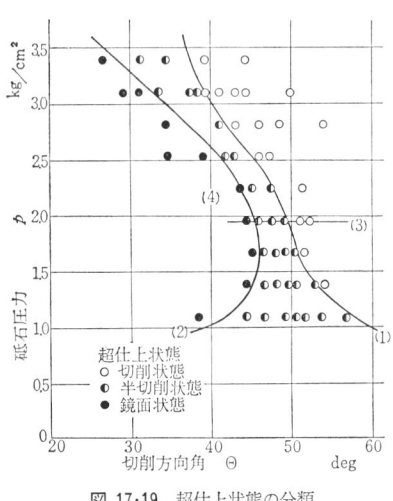

図 17·19 超仕上状態の分類

(4) 工作液 超仕上げに用いる工作液の作用は切くずの排除，洗浄，冷却および潤滑を目的としているが，潤滑作用に関係するのは油の粘度である．普通 工作液として用いられるものはホーニング仕上げの場合とほとんど同じで，石油を主成分とし，これに30％程度のマシン油を加えて粘度を調整したものである．

17·3 ラップ仕上げ

17·3·1 ラップ仕上げの方法

工作物を**ラップ**(lap) の表面に押し付けて，両者の間に**ラップ剤**(lapping powder) を加えて相対運動させ，工作物表面から微量の切くずを取り去って工作物の寸法精度を高め仕上面をなめらかにする方法が**ラップ仕上げ**(lapping) である．

ラップ仕上げは，工作液を使うと否とで図 **17·20** (a)(b) のように湿式法と乾式法とに分けられる．湿式法では遊離した砥粒のころがりによる切削，乾式法では埋め込み砥粒

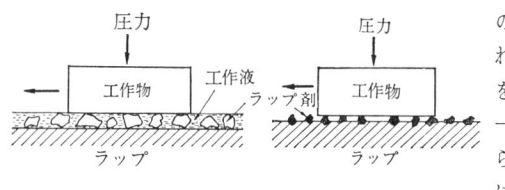

図 17・20 ラップ仕上げにおける砥粒の作用

の引っかきによる切削が行なわれる．この両種の工作法の比較を表 17・2 に示す．湿式法では一般になし(梨)地無光沢面が作られ，乾式法では引っかききずによる光沢面ができる．乾式法で特に細かい砥粒を使い，わずかの油膜の存在のもとにラップ仕上げをすれば きず目 のない 鏡面 (mirror finished surface) を作ることができる．

表 17・2 湿式法と乾式法の比較

	湿 式 法	乾 式 法
仕 上 機 構	主として遊離砥粒のころがりによる切削が行なわれる	主として埋め込み砥粒との間のすべりによる切削が行なわれる
工 作 液	使用する	使用しない
仕 上 量	大きい	小さい．湿式法の1/10以下
仕 上 面	無光沢梨地の粗面	光沢のある滑面
適 用 範 囲	一般のラップ仕上作業，特殊精密部品の荒および中仕上げ	特殊精密部品の精密仕上げ

ラップ仕上げは簡単な操作のもとに高精度の加工が可能なことが大きな特長であり，標準尺，ブロックゲージ，各種ゲージ類をはじめ，軸受用ボールとローラ，燃料噴射弁，各種弁類，水密気密継手，油圧装置，軸類などその応用範囲は広い．

ラップ としては， (1) 材質がち密で大きなきずや介在物のないもの，(2) 工作物より軟質で砥粒を保持する能力をもつこと，(3) 正確な寸法形状を長く保つために耐摩耗性をもつこと，などの要素を満たすものが要求せられる．

最もよく用いられるものは **鋳鉄** で，これは焼入鋼のラップ仕上げに適している．鋳鉄には遊離炭素があり，これが潤滑剤として働らくことと，その場所に砥粒が埋め込まれやすいという利点とがある．ラップの摩耗を減少させるために，**パーライト鋳鉄** または **ミーハナイト鋳鉄** (Meehanite cast iron) も用いられる．

鋳鉄以外の金属ラップとしては，**軟鋼，銅，黄銅，青銅，鉛，すず，活字合金，アルミニウム，バビットメタル** などが用いられる．非金属材料としては，**竹，皮，ファイバ，木炭** などが使われるが，これは主として仕上面をなめらかにすることを目ざしている．

ラップ剤 として最も広く用いられるものは，**炭化けい素**（カーボランダム）および **酸化アルミニウム**（アランダム）である．前者は荒仕上げに，後者は精密仕上げ

第17章 砥粒加工作業

表 17·3 湿式ラップ仕上げ工作条件

	荒仕上げ	中仕上げ	精密仕上げ
砥　　粒	C	C	A
粒　度 #	200〜600	800〜1000	1000〜2000
圧　力 kg/cm²	1〜2	1〜2	0.5〜1
速　度 m/min		30〜100	
工　作　液	粘度小 ←――――――→ 粘度大		

によく使われる．そのほかにかたさの高いものとして**炭化ほう素**があり，最もかたいものでは**ダイヤモンド**があって，これらは特にかたい材料の加工に応用せられる．また軟質微粒のラップ剤としては，**酸化クロム**および**酸化鉄**（べんがら）があり，前者は金属材料のつや出しに，後者はガラスの加工によく用いられる．ガラスのつや出しにはこのほかに**酸化セシウム**もよく用いられる．

工作液としては**石油**が広く用いられ，これに**マシン油**，**植物油**，**動物油**を加えることもある．加工条件は表 **17·3** に示すものが一般的なものである．

17·3·2 ラップ盤

ラップ仕上げを能率的に行ない，多量生産の実をあげるために，**ラップ盤** (lapping machine) がある．その中でラップ円盤を垂直軸のまわりに回転させる**立形ラップ盤**が最も広く用いられている．

図 17·21　立形ラップ盤 (Norton)

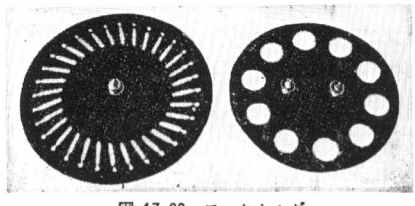

図 17·22　ワークホルダ

立形ラップ盤としては，(1) **二面ラップ盤**，(2) **一面ラップ盤**の2種類があげられる．二面ラップ盤は上下のラップの間で，工作物の上下面を同時にラップ仕上げするもので，円筒外径の加工も可能である．一面ラップ盤は下のラップ円盤上で工作物の下面だけを平面ラップ仕上げするものである．

図 **17·21** に二面ラップ盤の外観を示す．これでは工作物を図 **17·22** のような**ワークホルダ**に入れて，上下ラップ円盤の間で遊星運動させ，下ラップ円盤の回転運動との合成によって，工作物に複雑な運動軌跡を与え，それによって一様なラップ仕上げを行なわせるものである．ホルダのうち，右は平面用，左は円筒用である．上部ラップ円盤は停止し，油圧によって工作物を加圧する．ラップ

円盤としては一般に鋳鉄が用いられるが，その代わりに研削砥石を取り付けることもある．このときはむしろホーニング仕上げであるので，ホーニング盤と呼ぶことがある．

図 17·23 に一面ラップ盤の外観を，また図 17·24 にその要部の構造を示す．大きなラップ円盤上に数個のホルダがあり，これに工作物が取り付けられる．ラップ円盤の回転につれてホルダが自然回転をし，ラップ仕上げが行なわれる．ホルダの外周には鋳鉄製の摩耗リング (wear ring) があって，これもホルダとともに回転するので，これが常にラップ表面を修正し，精密な加工を可能にする．

図 17·23 一面ラップ盤 (Lapmaster)

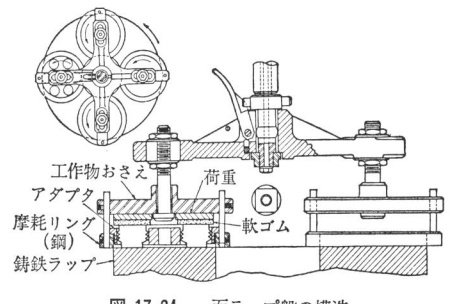

図 17·24 一面ラップ盤の構造

そのほかにラップ盤としては，**はさみゲージラップ盤** (snap gauge lapping machine)，**心なしラップ盤** (心なし研削盤と同じ原理によるもの, centerless lapping machine)，**センタ穴ラップ盤** (center hole lapping machine) などが数えられる．

17·3·3 手作業によるラップ仕上げ

(1) **平面のラップ仕上げ** 平面を正しく仕上げるには，ラップとして正しい平面をもったものを使わなくてはならない．完全な平面を得るためには，定盤を3面同時に用意し，これを交互にすり合わせてラップ仕上げを行なう (Whitworth による完全平面の製作法)．この方法で得られた定盤をラップとして平面のラップ仕上げを行なう．ラップ定盤としては角形と丸形があるが，角形は平面に工作するのがむずかしいので一般には丸形がよく用いられる．表面にラップ剤だめのためのごばん目のみぞを切ったものがあり，これは荒ラップ仕上作業に使われる．精密ラップ仕上げにはみぞのないものを用いるが，鏡面のラップ仕上げには，特になめらかに仕上げられ，きずや欠陥のないラップ定盤が使われる．

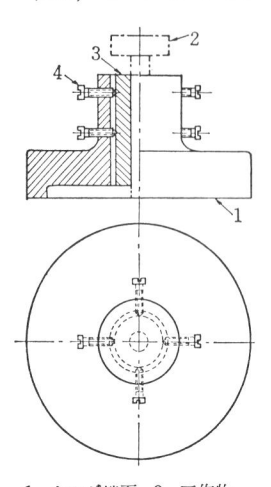

正しい平面を加工するためには，手からの熱あるいは加工時の熱によって工作物にひずみの起こらないようにすることが肝要である．そのためにはホルダに熱の不導体を介するなどの工夫をすることがある．厚さの薄いものや長いものの加工には，特別に設計したホルダを使うのがよい．図 **17·25** に細長い丸棒の端面を加工するためのホルダを示す．工作物はホルダの面と同時にラップ仕上げされるが，工作物端面をその軸線に対して直角に仕上げるには，スリーブ中で工作物を回して位置を変えて

1. ホルダ端面 2. 工作物
3. スリーブ 4. 調整ねじ
図 **17·25** 丸棒端面工作用ホルダ

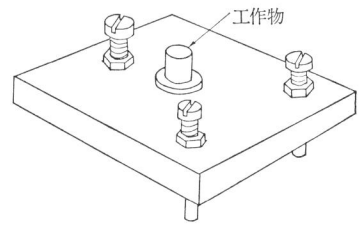

図 **17·26** 3本足のホルダ

も常に定盤と全面で当たるようになるまで作業を続ければよい．

　図 **17·26** は3本足のホルダに工作物を取り付け，足のボルトを調節して軸線に対して直角な平面を作るものである．これは簡便ではあるが，直角度のくずれやすい欠点があるので，ときどき調整し直す必要がある．

　ブロックゲージのラップ仕上げは，平面の加工としては最も高級なものの一つである．8枚程度のゲージをホルダに取り付け，その相互位置を適宜取り換えながらラップ仕上げを続けるうちに，両面平行で寸法の等しいゲージを同時に造り上げるものである．

（2） 外径のラップ仕上げ　円筒外径をラップ仕上げするには，旋盤主軸のような回転軸に工作物を取り付け，ラップを手持ちでこれに当てがい，軸方向の往復運動をさせて行なう．図 **17·27** にこれに使うラップの一例を示す．仕上げが進行すれば，工作物・ラップ間にすき間ができるので，ときどき調整ねじを締めてラップの内径を細める．ラップの長さは工作物長さの 40〜70% が適当で，長すぎれば工作物の両端がだれるし，短かすぎれば真直度が失われる．真直

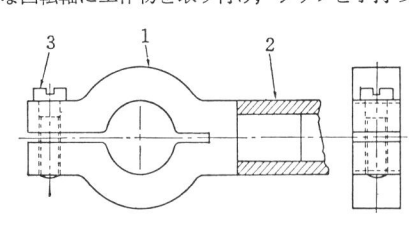

1. ラップ 2. 握り 3. 調整ねじ
図 **17·27** 円筒外径用ラップ

度，真円度のすぐれた製品を得るには，前加工の精度を十分に高める必要がある．前加工がよくないときは，いくら正確なラップを使っても，ラップが工作物になじんで形くずれするので，高精度の製品を得ることができない．

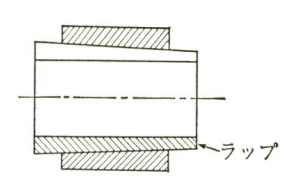

図 **17·28** は比較的小径のものに使われるラップである．割りみぞがあり，テーパ穴に押し込むことによってラップの内径が小さくなる．

図 17·28 テーパで調節する外径用ラップ

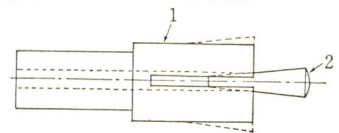

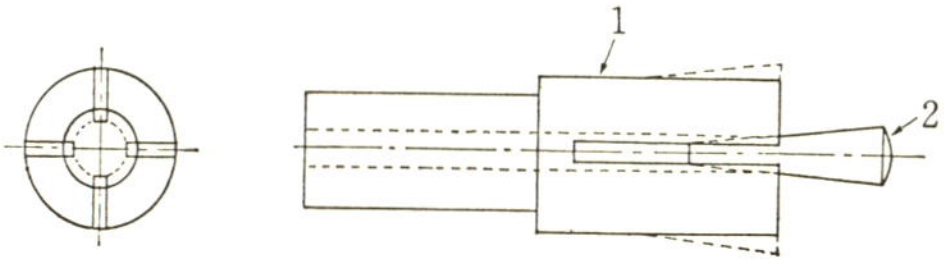

1. ラップ　2. くさび
図 17·29 くさびを用いた内径用ラップ

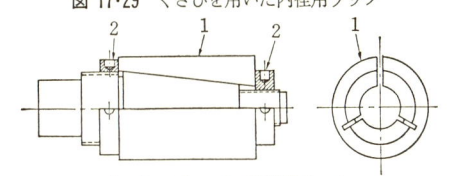

1. ラップ　2. 調整用ナット
図 17·30 テーパで調節する内径用ラップ

(3) 内径のラップ仕上げ　内径のラップ仕上げは，ほとんどの場合手作業によっている．外径のときと同様にしてラップを回転させ，工作物を手持ちでこれに当てがい往復運動させてラップ仕上げする．最も簡単なラップは図 **17·29** に示される．くさびを押し込むことによってラップの外径を拡張させる．テーパを使ってラップを広げるものとして，図 **17·30** のものがある．

(4) ねじのラップ仕上げ　ねじゲージ，マイクロメータねじなどの高級なねじは焼入研削後にラップ仕上げを施して，ねじ切りのときの誤差や焼入ひずみを除くことがよく行なわれる．近時は高精度のねじ研削盤が広く用いられるようになったため，ラップ仕上げを応用することは少なくなったが，ねじ研削盤のない場合には，手作業によるラップ仕上げが手軽な方法として賞用せられている．

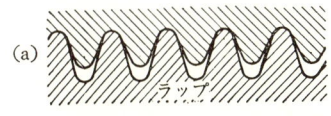

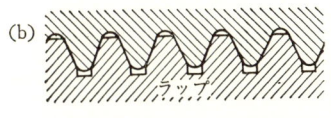

ねじのラップ仕上げは，正しいねじ山の切られたラップを用い，外径や内径のラップ仕上げと同じ方法で行なわれる．旋盤におねじを取り付け，めねじを手持ちで主軸を正逆転させながら，めねじを左右に送る．ときどきめねじの左右をひっくり返して全面が均等にラップ仕上げせられるように心がける．

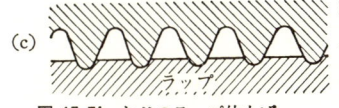

図 17·31 ねじのラップ仕上げ

メートルねじ，ウイットねじ，台形ねじの中

で，ウイットねじが最もラップ仕上げするのに困難である．そのラップ仕上げは図 17・31 のように三段階に分けて行ない，谷，斜面，山の順序にそれぞれ適合した3種のラップを使って実施する．

17・4 研摩布紙仕上げ

研摩布 (sand cloth, abrasive cloth) あるいは研摩紙 (sand paper, abrasive paper) による表面のみがき仕上げ（つや出し）をいう．従来，ペーパ仕上げといわれる簡単な仕上法が行なわれていたが，近年の研摩布紙の品質向上と，各種加工法の開発により，相当重要な加工法として再認識されてきている．そのうちでも，最も広く用いられているものに，**アブラシブベルト加工** (abrasive-belt finishing) があるが，性能からいっても，研削加工の一分野と見なされている．

この方面の研究は，近年かなり多くの研究者[1]によって行なわれ，従来不明であったベルト研削機構が，i) 研削ベルトについて，ii) ベルトをバックアップするゴムコンタクトホイールについて，iii) 仕上面の諸性状などについて，かなり解明されてきており，応用面での今後の進展が期待される．

17・4・1 研摩布紙の構成

研摩布紙は，表 17・4 に示すような構成でできており，その形状も，使用法により種々のものがある[2]．図 17・32 にシート形，ベルト形，ディスク形など各種のものを示す．研

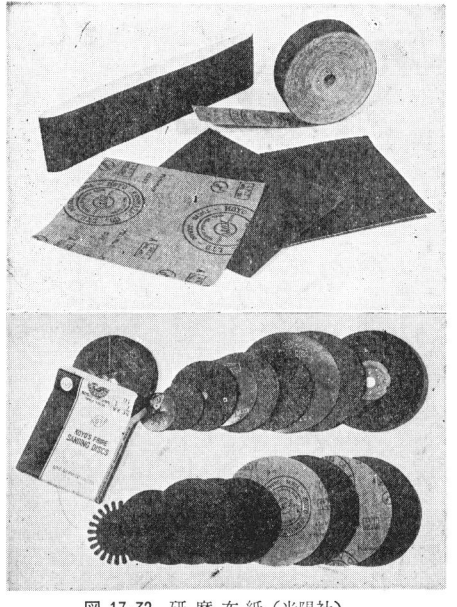

図 17・32 研 摩 布 紙（光陽社）

摩布紙の使用にあたっては，(1) 研削能力，(2) 寿命，(3) 切くずの排出性，(4) 研摩布紙面の精度，(5) 耐水性，(6) 耐油性，(7) 耐熱性，(8) 耐候性，(9) 伸び，(10) 抗張力，(11) 柔軟性，(12) 引裂性 などに注意し最も適したものを選択せねばならない．

17・4・2 研摩布紙仕上用機械

最近に至るまで，シートによる手作業が多く行なわれていたが，ベルト，ディスクの

---

(1) 津和，難波，田中，北島，中山など
(2) JIS R 6251〜6260 参照．なお研摩材関係は JIS R 6001〜6003 参照．

17·4 研磨布紙仕上げ

表 17·4 研磨布紙構成一覧表
塗装研磨材料　Coated Abrasives
(研磨布紙　Flexible Abrasives)

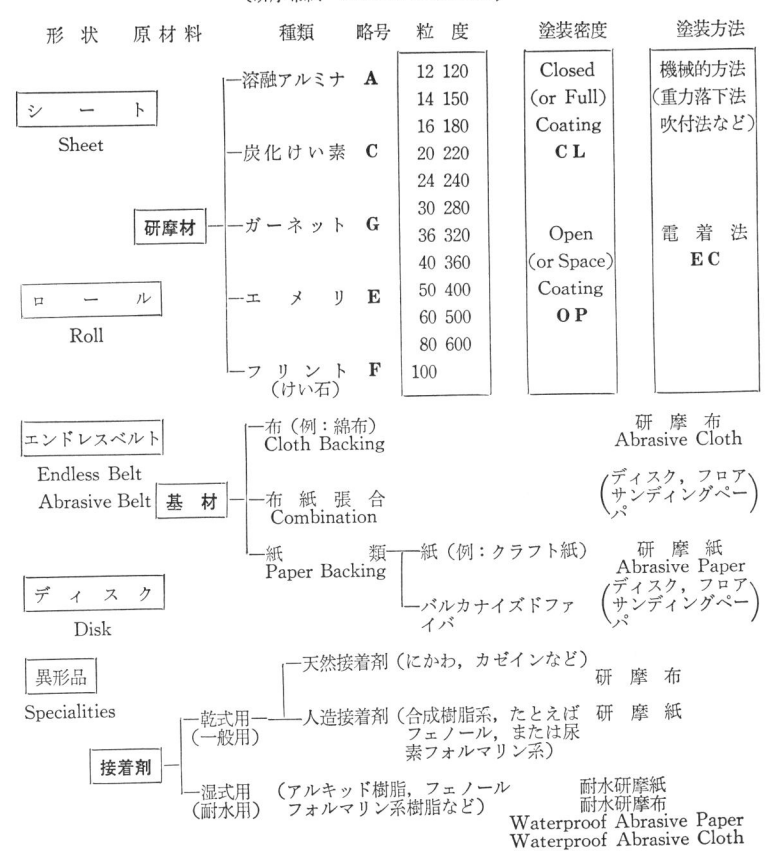

形状	原材料	種類	略号	粒度	塗装密度	塗装方法
シート Sheet ロール Roll エンドレスベルト Endless Belt / Abrasive Belt ディスク Disk 異形品 Specialities	研磨材	溶融アルミナ 炭化けい素 ガーネット エメリ フリント(けい石)	A C G E F	12　120 14　150 16　180 20　220 24　240 30　280 36　320 40　360 50　400 60　500 80　600 100	Closed (or Full) Coating C L Open (or Space) Coating O P	機械的方法 (重力落下法 吹付法など) 電着法 E C
	基材	布(例:綿布) Cloth Backing 布紙張合 Combination 紙 Paper Backing		紙(例:クラフト紙) バルカナイズドファイバ	研磨布 Abrasive Cloth (ディスク,フロア サンディングペーパ) 研磨紙 Abrasive Paper (ディスク,フロア サンディングペーパ)	
	接着剤	乾式用(一般用) 湿式用(耐水用)		天然接着剤(にかわ,カゼインなど) 人造接着剤(合成樹脂系,たとえばフェノール,または尿素フォルマリン系) (アルキッド樹脂,フェノールフォルマリン系樹脂など)	研磨布 研磨紙 耐水研磨紙 Waterproof Abrasive Paper 耐水研磨布 Waterproof Abrasive Cloth	

開発により,機械的使用法が発達し,非常に広範囲に応用されている.

(1) **ベルトグラインダ** (belt grinder) アブラシブベルト (abrasive belt) を使用する機械で図 **17·33** に示すように用いる.ベルトサンダ (belt sander),ベルトポリッシャ (belt polisher) とも呼ばれる.研磨布紙製造技術の発達と,コンタクトホィールの改良発達によって,急速に多用されはじめた.各種方式を図 **17·34** に示す.軽合金,不銹鋼などの平面仕上げ,木材加工,合板加工,ガラスの研磨,超硬工具の研磨,ター

ビン翼の研摩，チタン合金の研摩など，きわめて広範囲に応用されている．なおポータブルのものとして図 17·35 に示すものもあり，木材表面などの仕上げに用いられる．

(2) ディスクサンダ (disk sander) 図 17·32 に示すような，研摩ディスクを用いて，ばり取りその他の荒研摩に用いる．機械の一例を図 17·36 に示す．なお，ディスク基材にはバルカナイズドファイバを用い，砥粒結合剤としてはレジンボンドのも

図 17·33 ベルトグラインダ作業

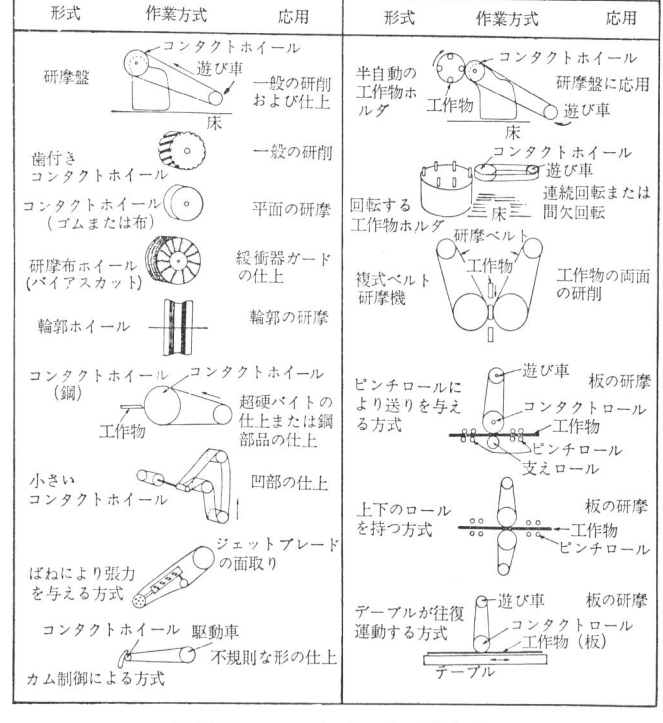

形式	作業方式	応用	形式	作業方式	応用
研摩盤	コンタクトホイール／遊び車／床	一般の研削および仕上	半自動の工作物ホルダ	コンタクトホイール／工作物／遊び車／床	研摩盤に応用
歯付きコンタクトホイール		一般の研削	回転する工作物ホルダ	コンタクトホイール／遊び車／床／工作物／研摩ベルト	連続回転または間欠回転
コンタクトホイール（ゴムまたは布）		平面の研摩	複式ベルト研摩機		工作物の両面の研削
研摩布ホイール（バイアスカット）		縦締器ガードの仕上	ピンチロールにより送りを与える方式	遊び車／コンタクトロール／工作物／ピンチロール／支えロール	板の研摩
輪郭ホイール		輪郭の研摩	上下のロールを持つ方式	工作物／ピンチロール	板の研摩
コンタクトホイール（鋼）／コンタクトホイール／工作物		超硬バイトの仕上または鋼部品の仕上	テーブルが往復運動する方式	遊び車／コンタクトロール／工作物（板）／テーブル	板の研摩
小さいコンタクトホイール		凹部の仕上			
ばねにより張力を与える方式		ジェットブレードの面取り			
コンタクトホイール／駆動車／カム制御による方式		不規則な形の仕上			

図 17·34 ベルトグラインダの各種方式

図 17·35　ポータブルベルトグラインダ
(Skil)

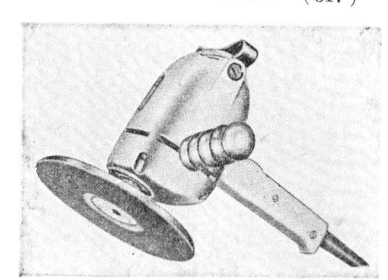

図 17·36　ディスクサンダ (Skil)

図 17·37　新形研摩ホィール(光陽社)

のが多い．

（3） その他　上述のほかに，**ドラムサンダ** (drum sander)，**オシレイティングサンダ** (oscillating sander) なども用いられているが，従来の使用法と全く異なった方法として，図 17·37 に示すような新形ホィールも考案されている．

17·5　バフ仕上げ

バフ仕上げ (buffing) は，金属あるいは非金属表面の砥粒による仕上方法の一つであるが，布，皮，ゴムなど柔軟性材料で構成されたバフ車に，にかわ(膠)あるいは油脂類で砥粒を固定，半固定あるいは一部遊離状態に付着させて加工する．すなわち一種の変形可能工具による独特の仕上法である．仕上法の性質上，寸法精度を要求することは困難であるが，めっき面の下地仕上げ，めっき面のつや出しなどには，安価に，しかも迅速，容易に実施できるので従来から広く用いられている．

17·5·1　バフ仕上げの機構

バフ仕上げに用いる研磨剤は，荒仕上げから鏡面仕上げまで，すべて砥粒が主体となり，またバフの性質上，弾性体支持で，ややルーズな砥粒による加工であるから，削り取り作用のほかに，えぐり取り，こすり取り作用などが考えられる．したがって一般の研削機構はそのまま適用できないが，一応砥粒による切削機構，研削機構が考えられる．また，バフ車は 2000～3000m/min の高速回転をするため，工作物表層部の摩擦熱は非常に高くなり，流動を生じ，いわゆる Beilby 層が表面をおおい，また塑性変形によって凹凸がならされる効果が考えられる．さらに，バフ研磨剤の構成要素である油脂が，加工中

(a)   (b)   (c)   (d)

図 17·38 各種のバフ車

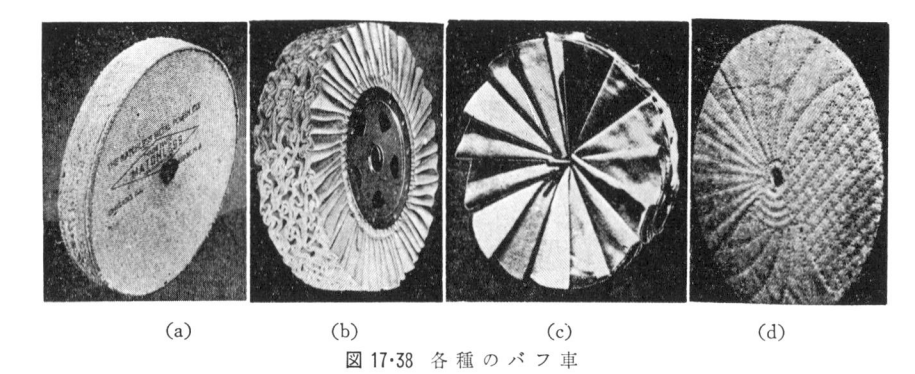

高温高圧のため，ごく表層の金属と反応し，金属石けんとして溶出させる化学的清浄効果 (chemical cleaning effect) が考えられる．バフ仕上げは，これら三種の仕上効果が相乗的に作用する特殊な仕上機構をもっている．

17·5·2 バフ構成要素

（1）**バフ車** (buffing wheel) バフ車は，その密度あるいは剛性を変える目的で種々の材質を用い，また，縫い方をいろいろに変える．材質として最も多く用いられるものは，木綿，麻などの織編布であるが，このほかに，羊皮，牛皮，しか皮，ゴム布，ボール紙あるいは，フェルトなども用いられる．バフ車のいくつかを図 **17·38** に示す．図中ハブをもつものがあるが，これはひだ付布を固定するためであって，同時に中心から外周に送風して，加工面を冷却する効果もねらったものである．なお，(d) は縫いバフの場合の縫い方の見本である．

（2）**砥 粒** (abrasives) バフ用砥粒は，天然，人造ともに用いられている．単純な研削だけではなく，バニシ仕上効果，破砕後の微粒による鏡面仕上効果などを期待するため，砥粒形状，かたさ，じん性，へき開性などを考慮して，バフ仕上工程別に砥粒を選ばねばならない．なお，粒度は，かえってそろえないほうがよい場合が多く，故意に規定粒度以下の微粒を混用することもある．また，ポリシなど荒バフには人造砥粒を，仕上バフには天然砥粒を用いることが多い．天然産砥粒としては，ダイヤモンド，鋼玉，エメリ，ざくろ石，けい砂，トリポリ，軽石，けいそう(珪藻)土，白雲石などがあるが，そのうちでもエメリ，トリポリ，白雲石が多用されている．エメリの主成分は Al_2O_3 でこれに Fe_2O_3, SiO_2 などが混じっている．人造エメリもあるが Al_2O_3 の割合が多い．天然産のものは Naxos, Turkish, あるいは Peekskil emery など産地名で呼ばれている．トリポリは toripolite (SiO_2) より成り，潜晶質けい酸の一種で，加工途中で砥粒が微粉化し，自動的に仕上工程に移行する性質があり，バフ仕上げに重要な砥粒の一つである．

白雲石は $CaCO_3$ と $MgCO_3$ より成り，焼成して，CaO, MgO として使用する．ドロマイトとかライムと呼ぶ．研削能力は弱いが，鏡面仕上げの最終工程に用いられる．

人造砥粒としては，一般研削砥粒として用いられる SiC, Al_2O_3, B_4C, WC などのほかに，ルージ，クローカスと呼ばれる Fe_2O_3，また Cr_2O_3, MgO などが使用される．Fe_2O_3 系の高純度のものは貴金属のつや出しに用いられ，Cr_2O_3 は青棒と称して，クロムめっき面，不銹鋼の鏡面仕上げに必ず用いられるものである．

(3) 油 脂 (fatty grease)　油脂は，砥粒と混合して固形棒状のコンパウンドと称する研磨剤の成形剤として用いられるが，前述したように，化学的反応を伴って仕上効果を助長し，また，潤滑剤ともなるため，その選択配合は非常に重要である．従来，ステアリン酸，獣脂，樹脂，ろう類，鉱物油などが配合されているが，主要剤はステアリン酸である．また，最近では，シリコンオイル，メチルシリコンなどが有効であるといわれている．前記砥粒と油脂を配合して棒状としたコンパウンドの各種を図 **17・39** に示す．

図 17・39　コンパウンド
（光陽社）

17・5・3　バフ仕上作業

ポリシ，みがきバフなどの荒バフ仕上げは，バフ車の周囲に にかわ により砥粒を固着させて加工を行なうが乾式による場合が多く，やや高級な面を得たいときには，潤滑，冷却剤として油[1]を用いることがある．これをルブリカント (lubricant) といい，このような加工法を俗に油バフ仕上げという．バフ車周速度は 1800m/min 以上であり，ポリシで 2400m/min まで，中仕上げで 3000m/min まで，鏡面仕上げで 2700m/min までである．仕上面あらさは，バフ仕上時間とともに向上するが，砥粒によって最終あらさの限界があ

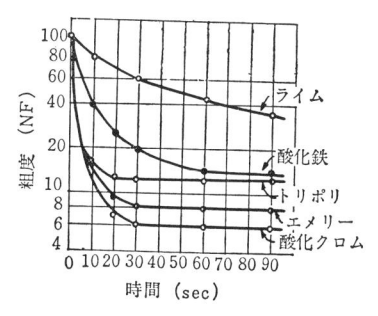

図 17・40　仕上面あらさの経過

（1）コンパウド用油脂ではなく，有り合せの機械油などを用いることが多い．

る．一例として図 **17・40** に鋼の研削面にバフ仕上げを行なったときの，あらさの変化とバフ仕上時間の関係を示す．ライムの加工能率が悪いが，これはライム砥粒の能力に比べて，前加工面あらさが過大なためである．

17・5・4 バフ仕上用機械

バフ仕上げに用いる機械を**バフ盤**，**バフレース** (buffing lathe) という．図 **17・41** に示すものは，最も簡単な両頭バフ盤であるが，バフユニットを直列に，あるいは円形に配置して，作業を自動的に行なわせるものもある．図 **17・42** にこの一例を示す．また，近年固形棒状のコンパウンドを用いず，液状

図 17・41 両頭バフ盤

図 17・42 自動バフ盤（サーキュラテーブル形）

図 17・43 液体バフ機械ユニットを直列に並べた例

研磨剤[1]が用いられはじめた．これは図 **17·43** に示すように，スプレーガンの応用により，研磨剤の供給，回収も含めて，完全自動化ができ，さらにバフ仕上げに宿命的なものであったじんあいを完全に防止できるなどの利点がある．

17·6 バレル仕上げ [2]

バレル仕上げ (barrel finishing) とは，8角柱，円筒形などの **バレル** (barrel) 内に被研磨物のみ，または被研磨物，**研磨石**，**メディア** (media)，**コンパウンド** (compound) などを装入しバレルを回転することにより，装入した被研磨物を研磨する方法をいう．被研磨物のみ（または被研磨物とコンパウンド）が装入される場合は，従来からあった「共ずり」のいわゆる がら研摩 といわれる方法で，これに対し，研磨石，メディアおよびコンパウンドを加え，作業条件を適当に選定した方法を狭義にはバレル仕上げと呼び近年発達したものである．

共ずり研摩は被研磨物相互の衝突摩擦による研磨であるから，切削作用は少なく，きずがつきやすく，精密仕上げには向かない．これに対しバレル仕上げでは被研磨物相互が衝突しないように，比較的多量の研磨石やメディアを入れ，さらに使用するコンパウンドの種類を変えることで荒研摩からつや出しまで行なうことができ，かなり精密な仕上げを行なうことができる．

17·6·1 バレル仕上げの機構

バレル内での運動を図 **17·44**，図 **17·45** に示す．

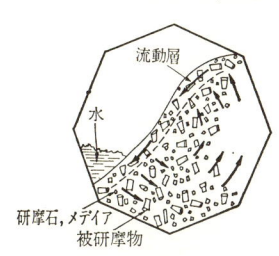

図 17·44 バレル内の運動 (1) 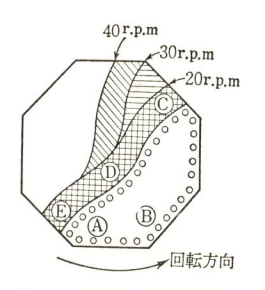　　図 17·45 バレル内の運動 (2)

図 17·45 において装入物は回転数が適当であると，ⒶⒷⒸⒹⒺの順に移動する．ⒶⒷでは主として重力，摩擦力によるもみ合い運動で，ⒸⒹⒺではすべり運動で，ここで主として研磨石による研磨作用が行なわれ，バレル仕上げの主機構はこのすべり層中で行

（1） 乳化液中に砥粉微粉を混入して使用する．Liquimatic とか Spray Compound と称する市販品がある．
（2） 松永正久編：バレル研摩法（昭39）日刊工業新聞社．
　　　めっき技術便覧（昭46）日刊工業新聞社，93．

なわれ，流動研磨であるといわれる．したがってすべりの長さが長いほど有効に研磨される．

バレルの回転速度の低いときはすべり層の厚さおよびすべり速度が小さく，逆に回転速度が高すぎると，すべり層を生じないで，ある点より落下し衝撃がはげしくなって面があれてくる．

17·6·2 装置

（1） **バレルの材質**　鉄製でゴムライニングを施す．木製でもよい．バレル内部は被研磨物を傷つけず，摩耗に耐え，高音を発しないものであればよい．

（2） **バレルの形状**　種々の形状のものがあるが，すべり層形成のできやすい8角水平形が最も使いやすい．一例を図 **17·46** に示す．

図 17·46　横形バレル

17·6·3 使用材料

（1） **研磨石**　直接研磨作用を行なう大形の無機質研摩材を研摩石とよぶ．被研磨物の研摩作用を行なうとともに，被研磨物の相互接触を避け，きずのつくのを防止する作用もある．

研摩石を分類すると，

$$\begin{cases} 塊状研摩石 \\ 成形研摩石 \end{cases} \begin{cases} 天\ 然\ 産 \\ 人\quad 造 \end{cases}$$

天然研摩石としては，SiO_2 を主成分としたもの（けい石，砂など），花こう岩，石灰石，天然エメリなどが用いられ，人造研摩石としては溶融酸化アルミニウム，人造エメリ，各種酸化物の焼結体が用いられる．

塊状研摩石は不定形であるが，成形研摩石では球形，四角形，ひし形，三角形，截頭円すい形などの形状のものがある．

（2） **メディア**　自身研摩作用がないが，被研摩物相互の接触を防ぎ，研摩石の担体になるものをメディアとよぶ．金属製ボール，亜鉛塊，鋳鉄の粉，ガラス製ボールや，有機物の皮くず，おがくず，もみ，ふすま，果実の殻（くるみ），フェルトくず，ナイロンくず，とうもろこしの軸などが用いられる．また各種の砥粒を補助的に加えることもある．(1)の研摩石をも含めてメディアと呼ぶこともある．

（3） **コンパウンド**　バレル仕上げはウェットの状態で行なわれるのが普通であ

る．バレル内に加える液体は通常水溶液で，そのもとになるものがコンパウンドである．コンパウンド溶液の作用は次のとおりである．
    a．被研摩物と研摩石，メディアおよびバレル壁との間の緩衝作用
    b．すべり運動における潤滑作用
    c．被研摩物，研摩石およびメディアの表面を常にきれいに保つ作用
    d．作業後の洗浄を容易にする作用

コンパウンドには，さびとりなどを目的とした酸性コンパウンド，鉄鋼などの荒仕上用に用いられるアルカリ性コンパウンド，精密仕上用としての界面活性剤，光沢仕上用の石けん形コンパウンド，亜鉛，アルミニウムなどのように酸にもアルカリにも溶ける金属に用いる中性塩などがある．

酸性コンパウンドでは塩酸，硫酸，スルファミン酸などが主体になり，アルカリ性コンパウンドではピロりん酸ナトリウム，亜硝酸ナトリウム，炭酸ナトリウム，水酸化ナトリウム，シアン化ナトリウムなどが多く使われる．鉄鋼に対する前処理用の一例をあげるとピロりん酸ナトリウム7，亜硝酸ナトリウム3の混合物を5 g/lの割合で水に溶かして用いる．界面活性剤としてはアルキルアリルスルフォン酸ナトリウムがよく用いられ，石けんは化粧石けん，洗たく石けん，大豆油カリ石けんなどが用いられる．濃度は0.5～2%で使用する．

17・6・4 作業条件

（1）**バレルの回転数** バレルの回転数 N rpm は次式で与えられる．

$$N=\frac{K}{\sqrt{D}}$$

D はバレルの直径（m），K は荒仕上げで22～25，中仕上げで20～22，上仕上げで17～20の値をとるとよい．

（2）**装入量** バレル内容積の50～60%のときが，最も能率よく，光沢仕上げではもう少し装入量をふやす．

（3）**混合比** 研摩石，メディアと被研摩物との混合比は，被研摩物の多いほど能率がよいが，表面あらさは悪くなる．通常容積比で研摩石の$\frac{1}{3}$～$\frac{1}{4}$の被研摩物を装入する．特に大形のものには1/25ぐらいにするほうがよい．

（4）**研摩石の選択** 大きさの選択には特別の基準はないが，荒仕上げには大きいものを，上仕上げには小さい石を用いるとよい．また石の形については鉄鋼製品の荒加工には塊状，三角形のものを用い，銅合金，亜鉛合金には球状のものがよい．精密加工，光沢加工には常に粒状，球状のものがよい．

（5）**研摩時間** 目的により，前加工の状態により違ってくるが，通常2～4時間で一工程を行なう．場合によっては24時間以上を要することもある．

17・6・5 バレル仕上げの得失

利点として次の諸点があげられる．
1. 一時に大量の仕上げができる．
2. 作業者の個人的技量が影響せず，仕上げが均一となる．
3. 労働力が少なく，人件費が低減し，手作業に対し大幅のコスト安になる．
4. 作業者の熟練を必要としない．
5. バフ研磨に比べ，品物の全面が仕上げられる．
6. バフ研磨に比べ，騒音，ほこりが少なく衛生的である．

欠点としては
1. 表面あらさ，工作精度はラップ仕上げや超仕上げのような精密加工に劣る．
2. 最適作業条件の決定が困難である．
3. 品物の形状，寸法に制約がある．
4. 一バレル当りの作業量があまり多くなく，時間がかかる．

17・6・6 バレル仕上法の応用と類似の方法

バレル仕上げと同様の原理であるが，バレルを回転でなく振動させることによる振動バレル法も多く使われている．現在は鉄鋼，銅合金，アルミニウム合金，亜鉛合金，貴金属などの金属製の小物，ガラス，プラスチックス，貴石，半貴石などに利用されている．

17・7 噴射加工

噴射加工とは砥粒または金属粒子をいろいろな方法で加速して，これを被加工物表面に吹き付ける加工全般をいうもので，その中には**吹付加工** (blasting)，**液体ホーニング** (liquid honing)，**ショットピーニング** (shot peening) などが含まれる．これらの加工法は被加工物表面をある目的の状態にすることを主眼とするもので，製品の寸法精度にはあまり関係がない．

17・7・1 吹付加工

吹付加工は噴射加工の中で代表的なものであり，古くから実用されている．鋳物の砂落し，ばり取り，塗装およびめっきの下地仕上げ，スケール落し，高速度鋼のマット仕上げ，宝石，ガラスの仕上げなどその応用範囲は広く多種にわたっている．これに属する加工法として，**砂吹き加工** (sand blasting)，**ショットブラスト** (shot blast)，**グリットブラスト** (grit blast) などがあるが，総称して砂吹き加工と呼ばれることもある．

(1) 吹付加工機械　吹付加工機械は吹付粒子の加速方法により次のように分類される．

17・7 噴射加工　(325)

H. ホッパ　C. 閉塞弁
T. タンク　V. 弁
R. 調節弁　N. ノズル
図 17・47　直圧形砂吹き加工機

図 17・48　吸込形砂吹き加工機

図 17・49　重力供給形砂吹き加工機

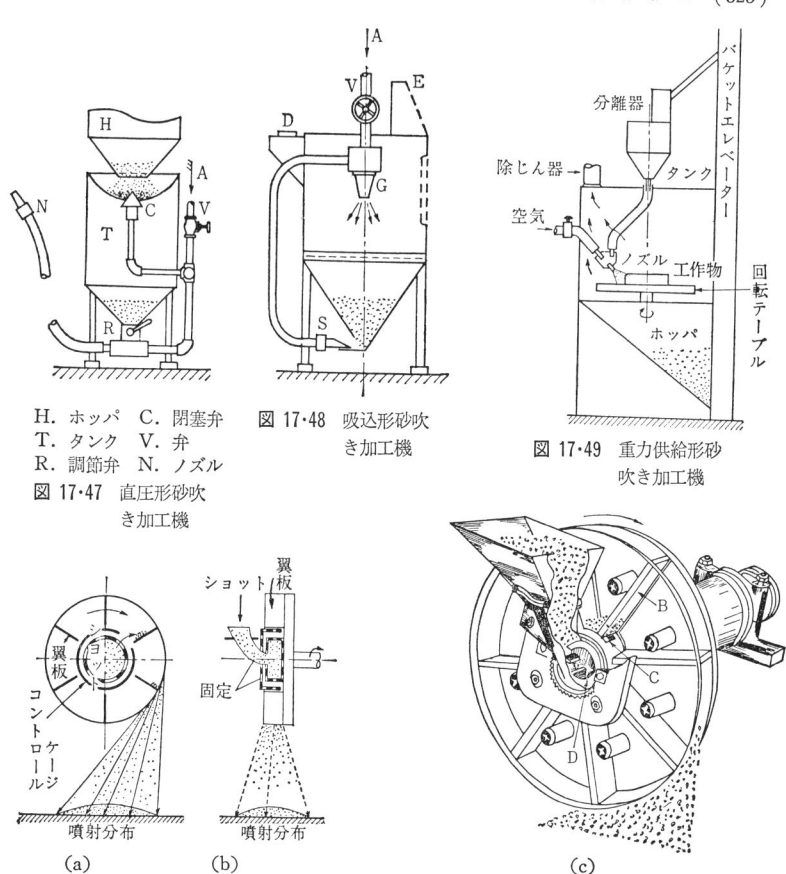

図 17・50　遠心形砂吹き加工機

空気圧利用ノズル噴射形
　　直圧形：(連続形，間けつ形) 図 17・47
　　吸込形：霧吹きの原理によって，吹付粒子を吸込み噴射する．図 17・48
　　重力供給形：上から砥粒の落下してきたところを空気圧で噴射する．図 17・49
機械的加速噴射形
　　打出形：回転円板により落下粒子を打出すもの
　　遠心形：図 17・50
　　わん(椀)形：わん形の容器を回転してその中に粒子を供給し，打出すもの

吹付加工機械は粒子の加速装置のほかに，その処理装置，集じん装置などが付属しており，大形のものでは工作物の連続供給装置も備えている．(図1・85 参照)

（2） 吹付粒子　吹付加工における工具としての粒子の材質，寸法形状，重量，比重，かたさなどは加工効果に重要な影響を及ぼす．吹付粒子として用いられるものは，その目的に応じて各種の材質のものがあり，一括列記すると次のとおりである．

　　川砂，けい砂，アランダム，カーボランダム，
　　果実の殻，ふすま，もみ殻，おがくず，プラスチックくず，
　　白銑鋳鉄，可鍛鋳鉄，鋼，銅，ステンレスなど．

球形粒子をショットと呼び，これを破砕したものをグリットという．吹付粒子の大きさは #10〜#200 程度である．

17・7・2　液体ホーニング

液体ホーニングは1937年米国において発明された加工法である．液体ホーニングでは**研摩材** (abrasive) を水と防せい剤の混合液中に混入して，$6\,kg/cm^2$ 程度の圧縮空気で誘導させ，毎分当り 5〜7 kg を噴出し，被加工物に吹き付ける．したがって，他の吹付加工法に比べて細かい研摩材を使用することができ，仕上面の精度がよくなる．この加工法で得られる仕上面は湿式ラップ仕上面と同じような なし地面で，表面あらさは前加工の種類，使用砥粒の大きさにより左右されるが，#3000 程度の 微粒を用いるときは $1\,\mu$ 程度とすることもできる．

液体ホーニングの得失を列記すると次のようである．
（1） 単時間になめらかな無方向性のなし地面ができる．
（2） 複雑な形状の部品でも簡単に仕上げることができる．
（3） 表面の酸化膜，返りなどの除去に応用することができる．
（4） 工作物の疲労強度をある程度改善することができる．
（5） 工作物中に埋め込まれた微粉が耐摩耗性に悪影響を与えることがある．
（6） 製品の寸法精度が普通のホーニングより劣る．

液体ホーニング機械 (liquid honing machine) の構造は吹付加工機械とほとんど同じで，液体が加わったために砥粒循環系統が多少変わるのみである．液体ホーニングに用いる研摩材は普通 #100〜#3000 である．噴射ノズルの形状は図 **17・51** に示すとおりである．

液体ホーニング作業を行なう際に問題となる作業条件は砥粒の吹

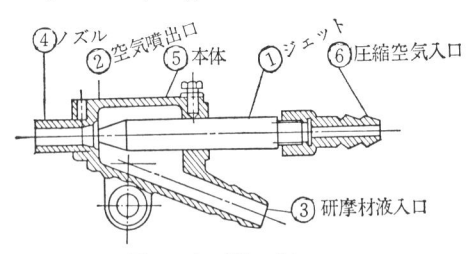

図 17・51　噴射ノズル

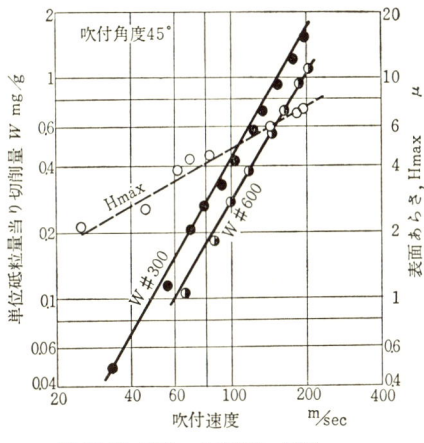

図 17·52 砥粒の吹付速度の影響

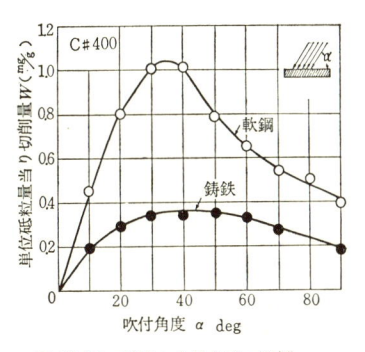

図 17·53 砥粒の吹付角度の影響

付速度，吹付角度，ノズル形状，噴射距離，工作物の材質およびその前加工面である．これらに関する実験結果の一例を図 17·52 および図 17·53 に示す．

17·7·3 ショットピーニング

ショットピーニングは金属製の小球を加速して，被加工物表面に打ち付ける作業であり，前述の 2 種類の噴射加工と類似であるが，その目的は異なる．前述の噴射加工では吹付粒子の持つ運動エネルギによって，工作物表面から不必要部分を取り去り，所定の仕上表面を得ることが目的であったのに対し，ショットピーニングでは，ショットのつち打作用によって，工作物表面に塑性変形を起こさせ，圧縮の残留応力を持った硬化表面層を造ろうとするものである．この加工硬化した圧縮残留応力層によって，その品物が繰返し荷重を受ける場合の材料の疲れ強さが上昇する．すなわち，ショットピーニングは製品の疲労寿命を長くすることを目的として行なわれる加工で，表面あらさ，精度などとは無関係である．したがって，その応用範囲は繰返し荷重を受ける部品が対象となり，歯車，ばね，回転軸などに用いられる．図 17·54 はショットピーニングをしたことによる寿命の延びを示すもので，施さなかっ

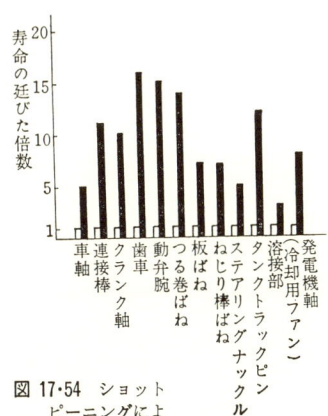

図 17·54 ショットピーニングによって得られる寿命増加

た場合(白棒)を1として倍率で示している．10倍以上の延びを示すものが相当ある．

また，工作物に使用状態と同一の静荷重をかけた状態でショットピーニングを行なう**ストレスピーニング**（stress peening）なる方法も考えられ，疲労寿命がさらに数倍上昇することが報告されている．

圧縮残留応力層を工作物表面に造る方法はほかにもいろいろ考えられるが，ショットピーニングによると複雑な形状の品物に対しても容易に目的とする加工を施すことができる利点がある．

噴射される金属球としては，**鋳鋼ショット**，**カットワイヤショット**（cut-wire shot）が多く用いられる．ショットの大きさ，重量，比重，噴射速度などがピーニング効果に大きな影響を持つ．

ショットピーニング機械は吹付加工機械とほとんど同じであるが，ショットの循環使用にあたって，破砕ショットを取り除き，そろった粒径のものを供給するように留意しなければならない．

第18章 特殊加工作業

18・1 バニシ仕上げ

円筒内径を仕上げるときに，図 18・1 のようにして，その内径よりもわずかに直径の大きい鋼球を圧入して，前加工のあらい仕上面を押しつぶし，なめらかな面と高い加工精度を得る方法が **バニシ仕上げ** (burnishing, ball finishing または press finishing) である．穴あけまたはリーマ通しを行なった穴を精密仕上げする目的で行なわれるが，多数の製品を一定の寸法公差内に収めることができ しかも 簡単な設備で短時間に加工できる利点をもっている．また数 mm 程度の小穴に対しては，他の方法では精密加工が大変むずかしいが，バニシ仕上げではきわめて容易である．

しかし鋼球の摩耗のために，鉄製品にはあまり用いることができなくて，もっぱら銅，アルミ系の軟質材料にしか行なえないことが欠点であった．しかし現在は超硬ボールの出現によって，鉄鋼製品にもこの加工法を行ないうるようになった．

バニシ仕上用の機械としては簡単なプレスが用いられる．ボールを用いないで，図 18・2 のような球形頭をもった加圧工具によることもある．また図 18・3 に示すものは連続的にバニシ仕上げを実施する一例である．

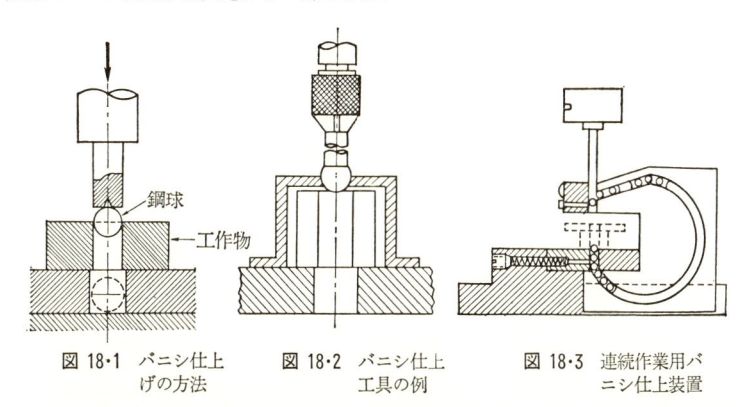

図 18・1 バニシ仕上げの方法

図 18・2 バニシ仕上工具の例

図 18・3 連続作業用バニシ仕上装置

バニシ仕上げのときの製品内径は工具の外径よりもスプリングバックの量だけ小さくなる．そして得られた内径は，前加工の穴径と工具の外径との関係，それらの材質，工作物の肉厚などによって複雑に変化する．たとえば肉厚が非常に薄いときは，変形はほとんど工作物の弾性変形となって，実質的には仕上げられないことになる．またバニシ仕上げでは製品穴の入口と出口とでは内径が増大し，いわゆる端部に だれを発生する．

18・2　ローラ仕上げ

18・2・1　円筒のローラ仕上げ

ローラ仕上げ（surface rolling）はバニシ仕上げと同様に塑性変形によって材料を加工し，精密な寸法となめらかな仕上面を得ようとするものである．図 **18・4** に示すように焼入硬化した**ローラ**を工作物に押し当て，工作物の回転とローラの送り運動によって加工せられる．機械としては旋盤が用いられることが多い．ローラが1個のときには，工作物を曲げ，機械にも無理な力が加わるので，向かい合った2個のローラや，図**18・5**のように3個のローラを使うものもある．

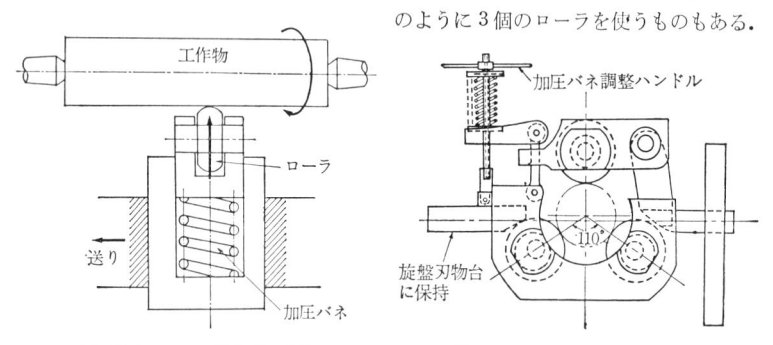

図 18・4　ローラ仕上げの方法　　　　図 18・5　ローラ仕上工具の例

ローラとしては工具鋼，高速度鋼または超硬合金が使用せられ，その形状は塑性変形を容易にするため，たる形にしている．この丸味半径とローラの直径は，塑性変形の難易に関係し，それらの小さいほど変形は容易となるが，仕上面は悪くなる．通常は 直径10～50mm，丸味半径5mm程度のものが用いられる．ローラに加える圧力は，工作物や加工の程度によって異なるが，100kg以上500kg程度が普通である．ローラの送りによって，工作物上に送りマークができるが，これを消すために数回の加工を繰り返す．

ローラ仕上げの前加工としては旋盤作業が行なわれるが，その前加工条件によってローラ仕上面のあらさが左右せられる．たとえば構成刃先でむしられたあとを加工しても，その跡が残って良好な結果が得られない．それゆえ，前加工としては仕上バイトで削るよりも，剣バイトによる高速度微細送りの精密旋削のほうが適している．

ローラ仕上げを施された面は，常温で圧延したものと同じような塑性変形を受けているので，その表面の結晶粒は内部と異なり，結晶粒が微細化し，かつローラ仕上げの方向にすべり変形を受けて，著しくひずんだものとなっている．そのため表面は繊維組織をもっていて圧縮の残留応力が生じ加工硬化を伴っている．そのうえ，仕上面がなめらかなために，疲れ強さが増大する．このことがローラ仕上げの効果として最大のもので，鉄

道車両のジャーナルの仕上げによく用いられるのはこのためである．また仕上面を詳細に観察すると，凹凸の山によって谷が埋められた跡があり，微細な亀裂を伴うこともある．このようなときには耐食性と耐摩耗性をそこなうので，加工にあたっては注意しなくてはならない．

工作液として各種の油が用いられるが，これの主要な目的は前加工のときに出てくる細かい金属くずを洗い流すことである．

18・2・2 ねじの転造

ねじを素材丸棒から塑性変形によって転造 (rolling) する方法として，図 18・6 に示す**平ダイス** (flat die) による方法と，図 18・7 の**ロールダイス**[(1)] (roll die) によるものとがある．前者は小ねじやボルトの多量生産によく用いられるのに対し，後者は製品精

図 18・6 平ダイスによるねじ転造

図 18・7 油圧式ねじ転造の方法

図 18・8 ねじの繊維組織
(a) 切削ねじ　(b) ロールねじ

度が高いので，広く精密ねじの量産に応用せられている．切削ねじでは，切削によって図 18・8(a) のように素材の繊維組織が分断せられるが，転造ねじでは (b) のように繊維が続き，さらに冷間加工による表面硬化とその平滑化のために，引張強さと疲れ強さの大きいねじが得られる．

2本のロールダイスによる転造法は，工作物素材をねじと同じリードを持ち同方向に回転する2本の大径のロールダイス間にはさみ，油圧によって加圧する．図 18・9 にこの方式の機械の外観を示す．

図 18・9 ねじ転造盤 (津上)

---
(1) JIS B 4502 ねじ転造平ダイス
　　JIS B 4501 ねじ転造丸ダイス

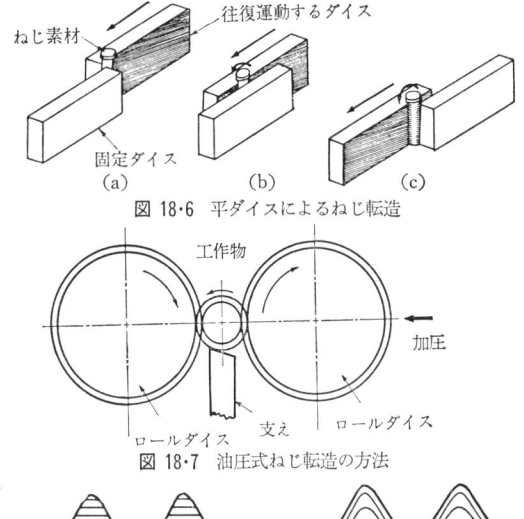

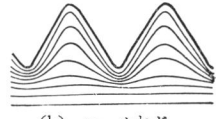

ねじ転造作業では素材直径とその精度が最も重要である．直径が小さすぎれば製品ねじの外径が小さくなるし，大きすぎるときには有効径が大きくなる．素材の直径は製品有効径に近い値であるが，精度等級，大きさなどによって補正を加えて定めている．

18·3 電解研摩[1]

電解研摩 (electrolytic polishing) とはフランスで銅の陽極酸化より発展した方法で，研摩すべき金属，合金を陽極として，直流電流（または交流）により，金属表面の微視的な凸部を選択的に溶出させるような電解液条件で作業し，光輝ある仕上面を現出させる方法である．図 **18·10** にその電気回路図を示す．この方法ではきわめて微視的な凹凸は除去できるが巨視的な凹凸の除去は困難で，あらい面に施すと平滑にならずギラギラ輝いた面になる．平滑な鏡面を得るには少なくとも前加工仕上面として，#160 以上の細かいエメリで仕上げておく必要がある．

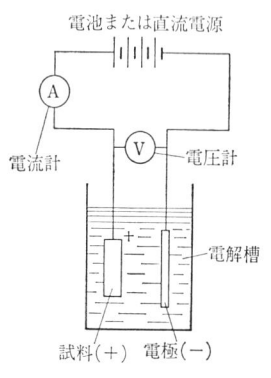

電解研摩を行なった面には Beilby 層がなく，反射率高く，異物が付着せず，ある程度の陽極酸化を受けているので耐食性の向上が得られる．

図 18·10 電解研摩の配線

電解研摩が工業的に利用されるのはステンレス鋼とアルミニウム材料に対する仕上げに多く，このいずれもバフ研摩の困難なもので，しかも後処理が比較的簡単なものである．このほか銅，黄銅，炭素鋼，タングステンなどの研摩にも使用されている．一般に合金鋳物材の仕上げは困

表 18·1 電解研摩液と作業条件

電解液	条件				応用部品
	電圧 V	電流密度 A/dm²	時間	温度 °C	
アルミニウム りん酸 (89%) 100容 硫酸 (98%) 5〜10容 クロム酸 20〜100g/l	15〜20	10〜50	30秒〜数分	60〜80	反射鏡，カメラの黒色部品，金色アルマイト，その他アルミニウム製品の装飾
ステンレス鋼 炭素鋼 りん酸 (89%) 7容 硫酸 (98%) 2容 水 若干 グリセリンあるいはクロム酸を加えてもよい．	5〜10	10〜200	1〜数分	50〜130	洋食器，タービン翼，針類，紡織機部品，時計部品，線材など

---

(1) 田島栄：電解研摩と化学研摩 (1955) 産業図書
Metal Finishing Guide Book Directory (1958)

| 銅および
その合金 | りん酸（比重 1.4～1.7）
クロム酸を加えてもよい | 1.5～1.8 | 6～8 | | 15～25 | めっき下地
塗装下地
電話機部品 など |
| タングス
テン | 水酸化ナトリウム 10～30% | 5～15 | 10～30 | | 室 温 | 接点, 線材など |

電流密度：極板の単位面積当りの電流

難である．電解液とその作業条件については非常に多くの発表があるが 表 18・1 に代表的なもののみを表にして示す．

18・4 化 学 研 摩[1]

研摩すべき金属を化学液またはその加熱したものの中へ浸せきし, 引きあげて直ちに洗浄するだけで, 微視的な凸部を選択的に溶出して光輝ある仕上面を得る方法を **化学研摩** (chemical polishing) という．

実用されているのはアルミニウム, 亜鉛, 銅およびその合金, 炭素鋼などの化学研摩である．表 18・2 にそのおもなものを示す．

表 18・2 化学研摩液と作業条件

	研 摩 液	条　件		応 用 部 品
		温度(°C)	時　間	
アルミ ニウム	りん酸 (89%)　　　　　　100 容 硝　酸 (比重約 1.42) 10～20 容	90～130	数秒～数分	電解研摩の困難な大形製品
亜 鉛	クロム酸　　　　　200～250g/l 硫　酸　　　　　　10～ 20g/l （硝　酸　1～3cc/l）を加えて （酢　酸　20～40g/l）もよい．	20～45	数 秒	電気亜鉛めっきしたものに施し, 光沢と耐食性を与える（クロメート処理）
銅および その 合 金	硫　酸　　　　　　700～800 容 硝　酸　　　　　　200～300 容 塩　酸　　　　　　 10～ 50 容 水　　　　　　　　100～600 容	20以下	数 秒	銅, 黄銅のつや出し
炭素鋼	りん酸　　　　　　　　　100cc 硝　酸　　　　　　　　20～30cc 硝酸カリまたは硝酸ナトリウム 20g	120～140	数 秒	炭素鋼のつや出し

18・5 ケミカルミリング法

ケミカルミリング法 (chemical milling) は, 最近アメリカにおいて発達し主として航空機工業などに用いられている．その方法は, 金属表面の要加工部分を露出し, 他を耐薬品被膜でおおい, これを酸またはアルカリなどからなる加工液中に浸せきまたは液を流動し, あるいは飛まつ(沫)法により不要部分を溶解除去するもので, その溶解機

（1） 文献としては電解研摩と同じ

槽は液と金属露出部により形成される局部電池作用が主であると考えられる。

加工法は，次の2方法に大別される．
(1) 非選択除去法
(2) 選択除去法

(1)は，工作物全表面より金属除去を行なうもので，鋳物，押出品，鍛造品などの表面仕上に用いられる．

(2)は，局部重量軽減，形状加工に実用される．

この場合，金属面選択露出方法として，写真法，網目印刷法，けがき法などがある．

腐食液の代表的なものを表 **18·3** に示す．

表 18·3 ケミカルミリング法の腐食液

浸 せ き 法		噴 霧 ま た は 飛 ま つ 法	
アルミニウム	アルカリ溶液	アルミニウム	弱 $FeCl_3$
銅	$HCl+HNO_3$	銅	$FeCl_3+HNO_3$
銅	$FeCl_3+HNO_3$	銅およびその合金	$FeCl_3+HNO_3$
	クロム酸	ニッケル	$FeCl_3$
	$CuCl_2+HCl$	ステンレス鋼	$FeCl_3$

いまのところ精度もあまりよくなく，溶解速度も遅く腐食液の組成，金属との組合わせ，実施条件も今後の研究課題である．

18·6 放電加工

超硬合金のようなかたい材料に穴をあけることははなはだ困難な作業であるが，**放電加工** (electric spark machining) によって比較的容易に穴あけその他の加工ができる．特に超硬プレス型の発達は，この加工法に負うところが多い．放電加工の特徴をあげれば次のようになる．

(1) 他の機械加工法では困難に近いような高硬度材料でも容易に加工できる．

(2) 任意の断面形状をもった穴をあけることができる．

(3) 加工に方向性がなく，加工変質層も非常に薄くなる．

放電加工は図 **18·11** に見られるように，工作物と加工電極との間に火花放電を行なわせて，放電に伴って工作物から微量の切くずを取り去って，電極と同じ断面形状の穴をあけるものである．工作物は液槽の中に浸しておい

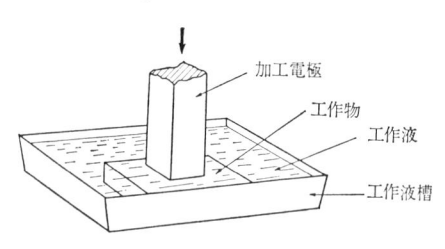

図 18·11 放電加工の方法

18·6 放 電 加 工　(335)

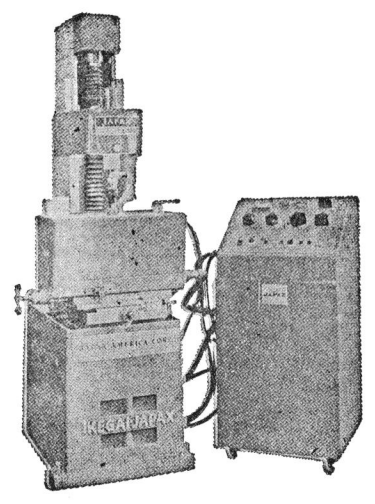

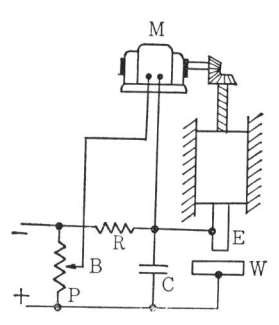

図 18·13　電動子制御法

て，冷却と切くずの除去とに役だたせる．

　図 18·12 に放電加工機の外観を示す．コラムに沿うて上下するヘッドに加工電極を，テーブル上の液槽に工作物を取り付けて，両者間に火花放電を行なわせるが，放電加工中に間隔が増

図 18·12　放電加工機（池貝鉄工所）

大するので，自動的に電極を下げてこの間隔を一定に保っている．
　この火花間隙を自動制御する方式として図 18·13 に示す電動子制御方式が最もよく用いられる．放電加工では極間電圧が電源電圧の 44.5% のとき放電エネルギが最大となるので，図の回路によって常にこの値をとらせるように電動子によって陰極を上下方向に動かすのである．図において P のポテンシオメータのブラシ位置を 44.5% のところにもってくると，P の電圧は電源の 44.5% となる．加工開始前には C の電位は P より低いので電流は P から電動子 M を経て C に流れ，電動子は回転して電極を接近させる．加工が始まると C の電位が上り電極の接近速度はおそくなる．極間電圧が電源の 44.5% になると P と C が同電位となり，電動子に電流が流れなくなって電極が停止する．また接近しすぎると電流が流れて電極を遠ざけるようになって自動制御がなされる．

　放電を行なわせる方式としては，
(1) 蓄電器法，(2) 振動法，(3) 低電圧交流法があげられる．図 18·14 に蓄電器法の回路を示す．電源は 40～400 V，ふつうは 100V 以下である．この直流を蓄電器に充電して電極間で放電させる．蓄電器の容量は 100～200μF 程度である．

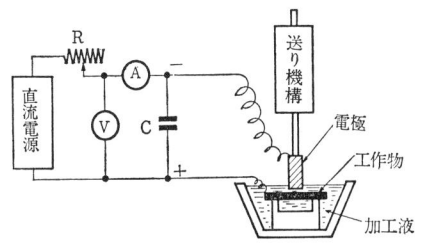

図 18·14　蓄 電 器 法

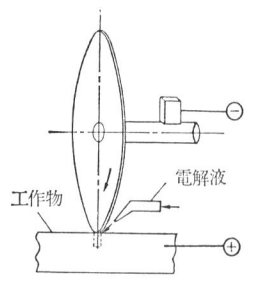

図 18・15 放電切断法

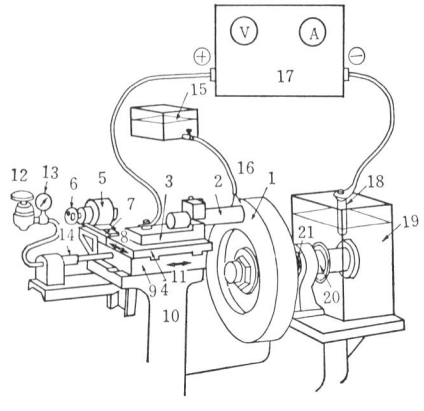

放電加工の特殊な応用として，宝石特にダイヤモンドの穴あけがある．これは白金イリジウムの針と座の間で高電圧のコロナ放電を行なわせ，その間に工作物を置くものである．

図 18・16 放電研削装置

そのほか図 18・15 のような放電切断法，図 18・16 に示す放電研削法が，放電加工を応用した特殊な加工法として用いられる．

18・7 電解加工

電解研摩では陽極（工作物）の表面に，電位の低い陽極生成物が生じ，これが陽極表面をおおうために，その後の溶出作用を妨げ，大きな仕上量を得ることができない．この陽極生成物を,電解液の噴流または機械的方法によって取り除いて,加工量の増大を図る方法を総称して **電解加工** (electro-chemical machining，略して ECM) という．しかし一般には陽極生成物を電解液の噴流で除去する方法を電解加工と呼び，それに使用される機械を電解加工機という．これに対して研削砥石による機械的除去を行なうものは **電解研削** (electrolytic grinding，略して EG) と称せられている．

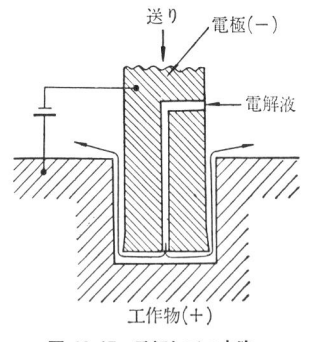

図 18・17 に電解加工の原理を示す．放電加工と同様に工作しようとする穴と同じ断面形状をもつ電極（陰極）を工作物（陽極）に向って送り込む．このとき電極には図のように電解液噴出穴を設けて，ここから高圧の電解液（通常食塩水）を噴出させる．低電圧（約 10V）大電流（約 $50A/cm^2$）の直流を流し，放電加工に比べてはるかに高能率（約 1 mm/min）

図 18・17 電解加工の方法

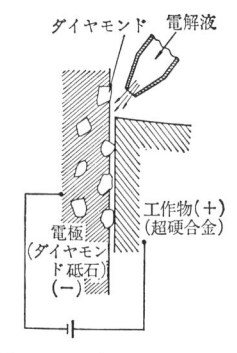

図 18·18 電解研削の加工機構

図 18·19 超硬工具研削盤

の加工を行なう．

この加工法の長所は，仕上能率の高いことと，電極消耗が全くないことにあるが，欠点は精度が放電加工に劣ることと，複雑な断面形状の加工には電解液を全断面一様に注ぐことの困難さがあげられる．

陽極生成物を研削砥石によって機械的に取り除く電解研削の加工機構を図 **18·18** に示す．研削砥石としてはメタルボンドのダイヤモンド砥石を使用する．ダイヤモンドは絶縁体として働き，図のように電極と工作物間に一定の間隔を保たせると同時に，陽極生成物を除去して加工量の増大に役だつ．またダイヤモンド砥石による研削作用もある程度は加わるが，この研削作用はごく一部で大部の仕上量は電解によって行なわれている．

電解研削はダイヤモンド砥石の消耗を少なくして，ダイヤモンドを節約する目的で開発されたので，主として図 **18·19** のような超硬工具研削盤として応用されている．在来のダイヤモンド砥石による研削に比べて，数倍の加工能率をあげることができるとともに，砥石の寿命もまた数倍延長することができる．

電解研削はまた，通常の平面研削や円筒研削，内面研削にも応用せられる．このときには，グラファイトの混入などの方法によって研削砥石に導電性を持たせている．そのほか，電解加工と放電加工を組み合わせた電解放電加工や，ラッピング，ホーニングと結び付けた電解ラッピング，電解ホーニングなどの加工法がある．このように加工法を組み合わせたものを **複合加工法** と呼んでいる．

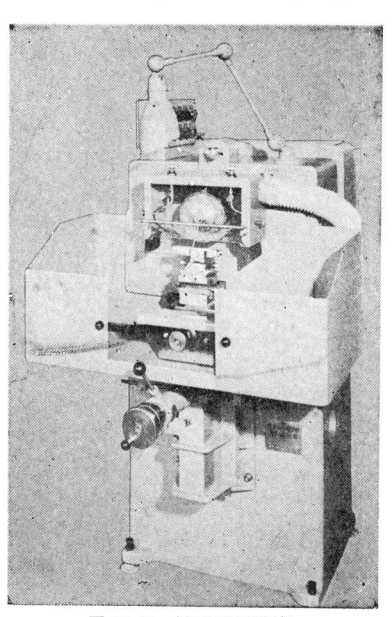

18・8 超音波加工

超音波加工 (ultra-sonic machining) は図 **18・20** に示すように上下方向に超音波振動する工具 (ホーン) と工作物との間に砥粒と工作液とを入れて, この砥粒切刃によって工作物に穴あけその他の加工を行なうものである. 砥粒は非常に高い加速度のもとに工作物に衝突し, その衝撃エネルギによって工作物を削り取るので, 一種のラップ仕上げと考えられる.

超音波加工は 1927 年頃から実験せられてきたが, 実用化せられたのは 1950 年来である. 超音波加工の特徴としては次の事項があげられる.

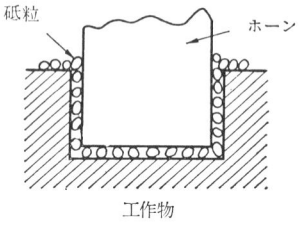

図 18・20 超音波加工の方法

(1) 高硬度材料の加工が容易にできる.
(2) 穴あけに利用するときは複雑な断面形状の穴も簡単に加工できる.
(3) 細かい砥粒を使用すれば精度と仕上面あらさを高めることができる.

超音波加工機の原理は図 **18・21** に示されるように, 超音波発生装置よりの高周波電流を磁わい振動子に入れて機械的な上下方向の振動に直し, この振動をエクスポネンシャルホーン (exponential horn) によって振幅を拡大して工具であるホーン (horn) に伝えるものである. 磁わい振動子は通常ニッケルの薄板を層状に重ねて図のような磁気閉回路を形成させたものである. エクスポネンシャルホーンは振幅の拡大を目的としているので軸断面が指数関数曲線をなしており, 軟鋼, 黄銅, モネルメタルなどで造られている. この作用によって振動子における 10μ 以下の振幅をホーン部では 40〜

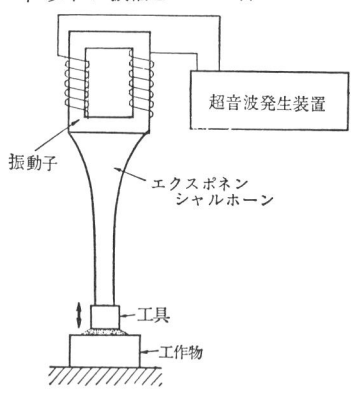

図 18・21 超音波加工機の構造

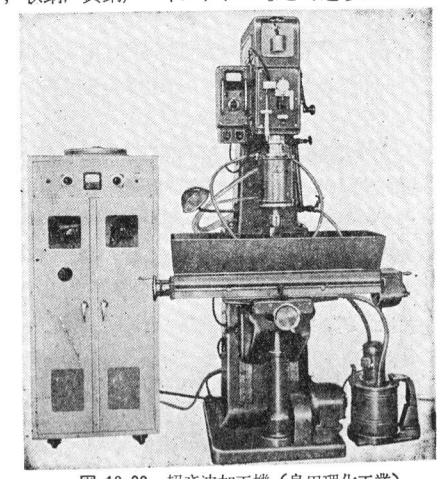

図 18・22 超音波加工機 (島田理化工業)

50μ 程度に拡大している．振動子部は諸損失によって高温となるので冷却水によって過熱を防いでいる．振動子の振動数は 20～30kc 程度がよく用いられている．

図 **18·22** は超音波加工機の外観である．工作物は位置決めテーブル上に載せられ，ホーンは上から工作物に向って加圧せられる．砥粒と工作液はポンプによって循環せられる．

砥粒としてはアランダム，カーボランダム，炭化ほう素あるいはダイヤモンドが用いられ，その粒度は #200～#600 がよく使われる．工作液としては 水または石けん水が使われる．

工作物材料は焼入鋼はもとより，超硬合金などの硬質材料，ガラス，陶器，ルビー，サファイアなどの非金属材料，ゲルマニウムなどの半導体など，ほとんどあらゆる材料に超音波加工を施すことができる．表 **18·4** に各種の材料に対する 超音波加工の 工作条件と加工時間などを示す．

表 18·4　各種材料の超音波加工

工作物		工具		貫通時間 mim	砥粒		使用静圧力 g/mm²
材料	厚さ mm	材料	直径 mm		種類	粒度 #	
ガ　ラ　ス	3.0	軟　鋼	3.0	1	カーボランダム	400	200
ステアタイト	3.0	軟　鋼	3.0	3	カーボランダム	240	500
ア　ゲ　ー　ト	3.0	硬　鋼	3.0	2	カーボランダム	320	60
ル　ビ　ー	0.5	ピアノ線	0.5	0.3	炭化ほう素	600	1000
ダイヤモンド	1.0	ピアノ線	0.8	150	ダイヤモンド	320	20
ゲルマニウム	3.0	ピアノ線	3.0	2	炭化ほう素	600	60
焼　入　鋼	1.0	ピアノ線	0.8	3	炭化ほう素	600	2000
タングステンカーバイド	1.5	ピアノ線	1.0	7	炭化ほう素	600	1000

西村源太郎：精密機械 21, 13（昭 30）495

18·9　電子ビーム加工

電子ビーム加工 (electron-beam machining) は，高真空中熱陰極から出た電子線を直流電圧で加速するとき，この電子が試料に衝突する際に与えられる高エネルギによる局部加熱を利用するものであり，1μ 程度の微小孔や複雑な形状のスリットなどの精密加工，微細溶接などを行なうことができる．図 **18·23** にその原理を示す．電子銃より放出された電子ビームは電磁レンズの作用で加工物上に焦点を結び，高エネルギを与える．この電子ビームは電磁コイルにより偏向することが可能であり，また加工物はテーブル上にセットされ，外部から操作できる．電子ビームは連続状にも作動するが，またパルス状にして加工物の温度を抑制することもできる．図 **18·24** に電子ビーム加工機の全体図を示すが，これはテープによる制御も可能である．

電子ビーム加工の特長としては，高真空中で行なわれるので，加工中の汚染が少ない

第18章 特殊加工作業

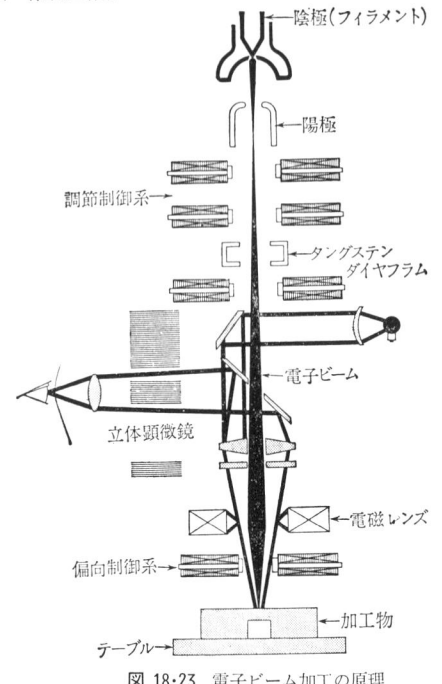

図 18・23 電子ビーム加工の原理

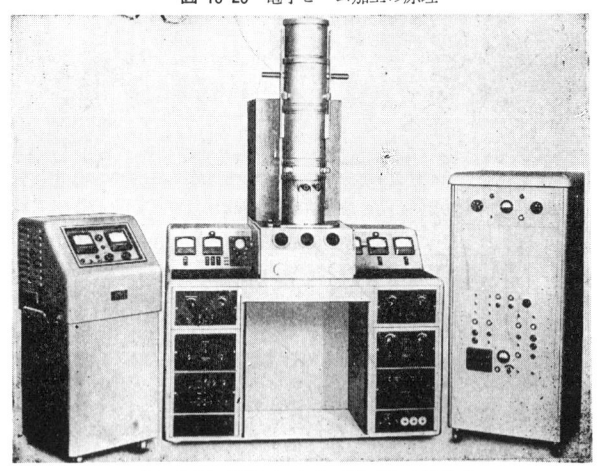

図 18・24 電子ビーム加工機（Carl Zeiss）

こと，局部的高温加熱であるから普通の方法では加工困難な硬質材料の精密加工が可能であることなどがあげられるが，他面真空系（10^{-4}〜10^{-5}mmHg）であることが必要であり，また X 線防護の問題がある．

18・10 レーザ加工

レーザという言葉は "light amplification by stimulated emission of radiation" を意味し，光メーザともいわれる．これは誘導放射による発光増幅現象であり，この出力光線が高指向性と高エネルギを有することを利用して，微小孔やスリットなどの精密加工，切断，微細溶接などを行なうのがレーザ加工 (laser machining) である．レーザには固体レーザ，液体レーザおよび気体レーザがあるが，加工用としては現在では固体レーザが最もすぐれている．固体レーザとして用いられるルビー棒の中には少量のクロムが含まれており，これに励起用光線が作用すると，基底エネルギ準位にあるクロム原子が光量子エネルギを吸収して二つの高いエネルギ準位のいずれかへ（たいていは最高エネルギ準位へ）もたらされる．この状態のクロム原子はいくらかのエネルギをルビーの格子に与えて半安定中間状態にごく短時間保持された後，もとの基底エネルギ準位に戻るが，この際連鎖状に光子放射が誘導される．このうちルビー棒の軸方向をとるものは鍍銀された光学的平面をもつ端面で反射を繰返した後，いずれか一方の半鍍銀端面から高エネルギ高指向性をもつ赤色光線となって出る．これは空間的および時間的にコヒーレント (coherent) な単一位相光線であり，しかも多数の原子が同時に光子を誘導放出するのでビームは強烈である．単一要素のレンズによって焦点を結ばせると高エネルギを集中させることができ，これを精密加工に利用するわけである．図 18・25 に典型的なレーザ発生装置を示す．

レーザ加工は電子ビーム加工に比べて大気中で行ないうることが特長であるが，反射率のきわめてよい表面をもつ試料を加工する時には効率が減じる．

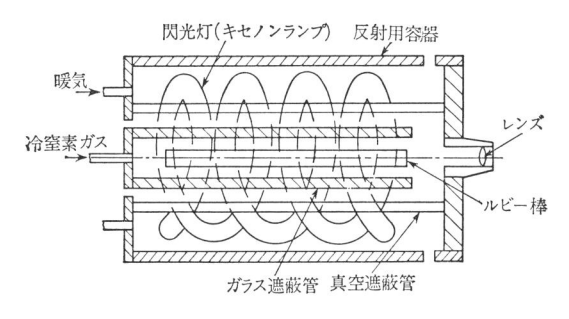

図 18・25 典型的なレーザ発生装置

18・11 プラズマジェット加工

気体が高温に熱せられて自由電子と正イオンに解離した状態がプラズマであるが，これをジェット状の噴流にして，その高温高速のプラズマ炎により切断や溶接などの加工をするのが プラズマジェット加工 (plasma-jet or plasma-torch cutting) である (第4章 4・7・4 参照)．これは金属，非金属，その他あらゆる高融点材料に適用できる．図 18・26 にプラズマジェット切断装置の原理図を示すが，これでは窒素・水素・アルゴン・圧縮空気からなるプラズマガスを用いて，数万°C の超高温高速プラズマ炎を噴射する．プラズマジェットでは，アークの温度を上げるために電流を増し，アーク径の増大を抑制して電極の消耗を防ぐ，いわゆるアークの安定化を行なう必要があるが，左図のものではガス旋回方式によっている．プラズマ炎に及ぼす電圧の効果は大きく，これが高いほど加工が容易である．

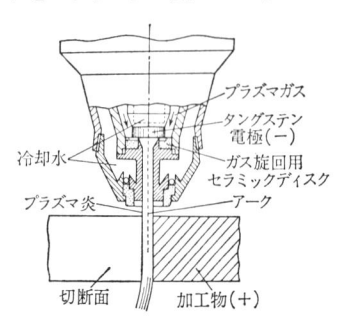

図 18・26 プラズマジェット切断装置

第19章 歯車の製作

歯車は通常歯切作業によって製作される．歯切作業という語は歯車の歯を工作機械により削り出す意味に使用されるが，研削，ラッピングなどの歯の仕上加工法も含められることが多い．歯車の製作法としては，このほかに鋳造，鍛造，転造，引抜き，押出しなどの非切削加工法がある．歯車の測定も製作法の一部といえるので，ここに含めて述べる．

歯車はその使用目的に応じて多くの種類，形状，寸法，材質のものが用いられ，要求製作精度にも差があり，また一般に広く**インボリュート歯形** (involute tooth profile) が採用されているが，**サイクロイド歯形** (cycloid tooth profile) やその他特殊歯形が用いられることもある．したがって，**歯切り**にはいろいろの理論，方式があり，多くの種類の専門歯切盤が考案製作され，使用されている．しかし，歯の切削成形方式としては次の4方式のいずれかに帰着しよう．

 (1) **型　板** (template) による**ならい方式**あるいは**カム方式**
 (2) **成形刃物** (formed cutter) による**方式**
 (3) **創成方式** (generating method)
 (4) リンク機構などを用いた**近似曲線歯切方式**

型板によるならい方式の歯切法は今日では大形のかさ歯車歯切盤以外ではほとんど用いられない．成形カッタなどを用いる従来の割出方式の歯切法も今日では計器用サイクロイド歯車などやスプラインなどの場合を除き，ほとんど用いられなくなりつつあるが，最近多量生産を目的とする場合，専用歯切機械に新しい方式の成形刃物法を採用することも多くなっている．

創成法というのはカッタと歯車素材の関係運動によって歯を削り出す方法で，1個のカッタで，同系統同ピッチの各歯数の歯車を理論上正しく削ることができ，また能率的で高精度の歯車を削ることもでき，さらに転位歯車の歯切りも容易であるので，一般にはこの創成法が広く用いられる．この創成歯切法はさらに

 (1) **ホ　ブ** (hob) を使用する方式
 (2) **ラックカッタ** (rack cutter) を使用する方式
 (3) **ピニオンカッタ** (pinion cutter) を使用する方式
 (4) **特殊カッタ**を使用する方式

に分類することができる．

近似曲線歯切方式は，たとえばインボリュート歯形を円弧で近似し，工具にリンク機構などにより円弧運動を与えて歯切りする方式で，現在実用されているものはほとんどないようである．

19・1 円筒歯車の歯切り

19・1・1 成形歯切法

平歯車は，歯みぞの輪郭をもった刃物で歯を1歯ずつ削り出してゆく方法で歯切りできる．1みぞ削ってから**歯車素材**(gear blank)を正しく1ピッチ回して，すなわち割出し(indexing)して次のみぞを削るのであるが，万能フライス盤と**割出台**(index head)および所要の歯切カッタがあれば歯切りできる．

一般に同系統の歯形の歯車で，そのピッチや圧力角や歯のたけが同一の場合でも，歯数が異なれば歯形が異なるから，歯数が異なるごとにそれに相当する歯形のカッタが必要となる．これでは非常に多数のカッタを準備しておかねばならないので，実際にはインボリュート歯車の場合表 **19・1** に示すように8個あるいは15個のカッタで歯数12以上の歯車を全部削ることにしている．

表 19・1 インボリュートフライスのフライスの番号と切られる歯車の歯数（JIS B 4232）

フライスの番号	切られる歯車の歯数	フライスの番号	切られる歯車の歯数
1	ラック～135	1½	134～80
2	134(79)～ 55	2½	54～42
3	54(41)～ 35	3½	34～30
4	34(29)～ 26	4½	25～23
5	25(22)～ 21	5½	20, 19
6	20(18)～ 17	6½	16, 15
7	16(14)～ 14	7½	13
8	13, 12		

ねじれ角 β のはすば歯車も万能フライス盤でカッタ軸に対しテーブルを $(\pi/2+\beta)$ だけ傾け，歯車素材1回転につき **1リード** (lead) L の割合で送りをかけることによって歯切りできる．

なお，はすば歯車の歯直角断面ではピッチ円はだ円となり，歯形は

$$z_v = z/\cos^3\beta \tag{19・1}$$

により計算される歯数 z_v の平歯車の歯形と考えてよい．したがってこの**相等平歯車歯数** z_v に対して歯切カッタを表 19・1 より選択して歯切りを行なう．

フライス盤による成形歯切法は一般に非能率で精度もあまり期待できないので，今日ではほとんど行なわれないが，時計や計器などの微小ピッチ歯車の多量生産には歯切り，割り出しを自動的に行なう専門の成形カッタ式自動歯切盤が広く用いられている．

また，特に大きい歯形の歯車の歯切りに，ホブは非常に大きく高価となるので，成形エンドミルカッタにより，ホブ盤を割出式成形カッタ歯切盤として使用することも多い．

最近多量生産歯車用として，内歯車形成形カッタによる全歯同時歯切方式の**シャー**

スピード歯切盤 (shear-speed shaper) が開発され，使用されている．

19・1・2 ホブ切法

創成歯切法のうち，最も一般的なものはホブ盤でホブにより歯切りするホブ切法である．

(1) ホ ブ (hob)　ホブ (JIS B 4354 歯車用ホブ，B 4355 小形歯車用ホブ) は図 19・1 に示すようにねじに幾すじかの縦みぞを入れ，多くの切刃をねじすじ上に造った歯切工具である．もちろん切刃の後には二番（逃げ）が取ってある．

ホブは図 19・2 に示すように，歯切りしようとする歯車の歯すじの方向にホブの刃すじを合わせて取り付ける．このときホブの刃すじ面の刃形は歯切りしようとする歯車の

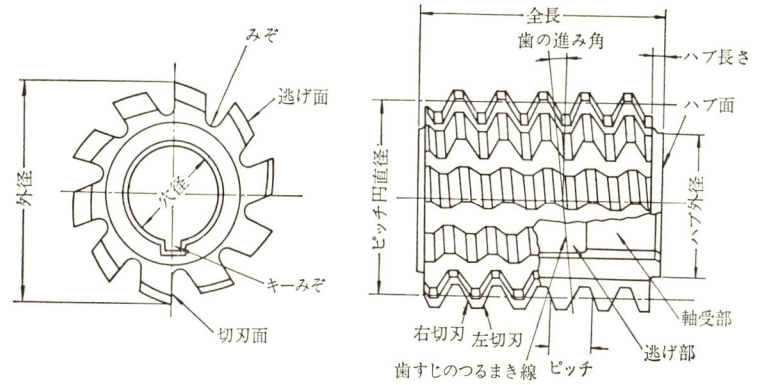

図 19・1　歯車用ホブ (JIS B 4354)

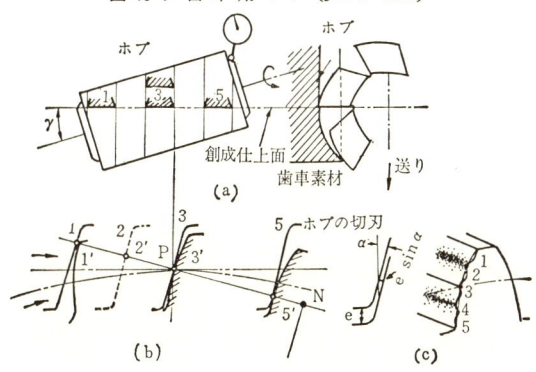

(a)

(b) (c)

ホブが偏心していて 1, 3, 5 の切刃が深く切込み，反対側の切刃 2, 4 が浅く切込むと(c)図のような二段当りの歯形が創成される

図 19・2　ホブによる歯形の創成

ラック（歯数が無限大の場合）に相当する．インボリュート歯車の場合にはこのラックの刃形は直線となり，高精度の刃形を造りやすい．

　このホブを回転するとつぎつぎに刃が歯車素材に切り込んで歯を削るが，刃はねじに沿って分布しているから，回転とともに切り込む刃は右方へ移動する．したがって歯車素材をこれに合わせて右方へ移動，すなわち回転させると，(b)図のように歯車素材の歯先部より歯底部へとしだいに歯を削り出してゆくことになる．一般に用いられる1条ホブのときはホブ1回転につきその現わすラックは1ピッチ進み，歯車素材も1ピッチだけ回転する．**多条ホブ**の場合にはホブ1回転に対し歯車素材は多ピッチ回転する．このようなホブは歯車の多量生産の場合に用いられる．このようにホブ切りの場合には歯車の一つの歯面は多数の切刃により順次創成され，ラックカッタやピニオンカッタによる創成歯切りの場合に一つの歯面が一つの切刃により創成されるのと対照的であることは，歯切精度の観点より注意を要するところである．

　ホブは通常高速度鋼製のものが使用される．高精度の歯車を製作するためにはホブの刃の逃げ面（二番面）は研削仕上げされていなければならない．これを**研削ホブ**(ground hob)という．最近は高級高速度鋼などのラック切刃を一体に組み付けた**組立ホブ**(build up hob, 図 **19·3**)も使用され，高速歯切りが行なわれる．

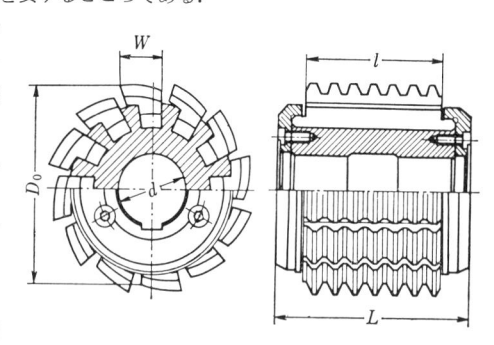

図 19·3　組立ホブ

　（2）　**ホブ盤**(hobbing machine)　ホブ盤は，平歯車，はすば歯車，ウォームギヤなどを歯切りできるきわめて応用範囲の広い歯切機械であって，連続的に創成歯切りが行なわれるので一般に高能率であり，また歯切精度も適当な管理を行なえば相当高精度を期待できるので，最も広く用いられる．

　ホブ盤は一般に，ホブと歯車素材を一定の関係で回転させる機構，歯車素材に対し相対的にホブを歯車軸方向に送る機構，さらにホブに対し相対的に歯車素材（テーブル）を追い込む機構を有している．図 **19·4** はこのような相対運動を与えるための歯車系統図である．このうち被削歯車の精度に直接大きい影響を及ぼすものはテーブルを駆動する親ウォームギヤの回転精度とホブの軸方向動的変位で，割出換え歯車などの精度はそれほど重要ではない．

　ホブ盤には歯車素材を垂直に取り付ける**立形**と，水平に取り付ける**横形**がある．立

19・1 円筒歯車の歯切り　(347)

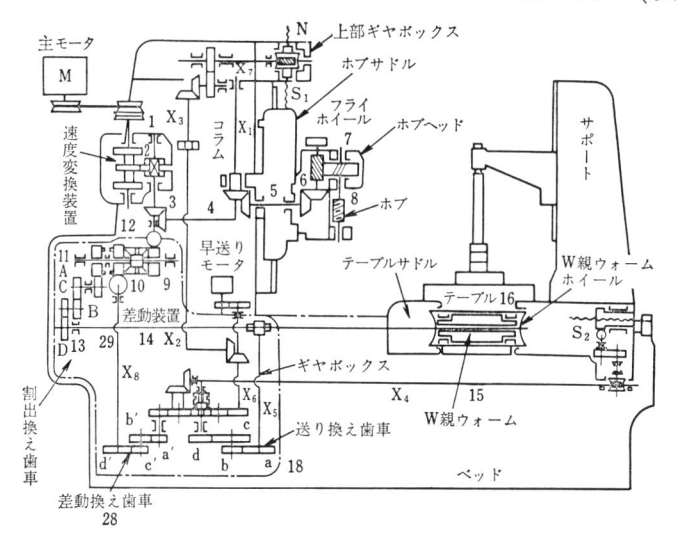

割出し定数	差動歯車を掛けないとき	24
	差動歯車を掛けたとき	48
差動換え歯車定数		25

図 19・4　万能ホブ盤の歯車系統図

形には歯車素材とホブとの軸間距離を変えるのに刃物台 (hob saddle) を取り付けるコラム (column) を固定し，歯車素材を取り付けるテーブルを移動する**テーブル移動形** (図 19・4) と，コラムを移動しテーブルおよび歯車素材支台 (support) 位置は固定の**コラム移動形**がある．大形ホブ盤や強力ホブ盤ではコラム移動形が採用される．

（a）**平歯車のホブ切り**　歯数 z の平歯車を1条ホブで切るときは，ホブ軸1回転につきテーブルを $1/z$ 回転の割で回さねばならない．したがって図 19・4 の 3～8 間の回転比が 3～16 間の回転比の z 倍になるように，13 の 4 個の割出換え歯車の歯数 A, B, C, D が適当に選ばれる．すなわち，

$$\frac{A}{B}\cdot\frac{C}{D}=\frac{C_1}{z} \tag{19・2}$$

ここに C_1 は 3～8 間と割出換え歯車 13 を除く 3～16 間の歯車列の回転比の割合を示す数で，ホブ盤の**割出定数**と呼ばれるものである．図 19・4 の場合は $C_1=24$ である．

なお，ホブの送り運動は平歯車の場合はホブあるいはテーブルの回転と無関係に適当な値を採用すればよく，これは送り換え歯車 18 の歯数を適当に選択して得られる．

（b）**はすば歯車のホブ切り**　ねじれ角 β のはすば歯車を歯切りする場合には，ホブ z 回転につきホブを歯車軸方向に f 送るとすれば，歯車素材は1回転のほかにピッ

チ円上で $f\tan\beta$ だけ進めてやらねばならない．したがってはすば歯車のリードを L とすれば

$$\frac{A}{B}\cdot\frac{C}{D}=\frac{C_1}{z}(1\mp f/L)^{-1} \tag{19・3}$$

ここに，負号はホブと歯車のつる巻き方向が同じとき，正号は逆のときである．所要のねじれ角に対し十分に一致するような換え歯車比を求めることはむずかしい場合が多いので，現在ではたいていのホブ盤は次に述べる **差動歯車装置** (differential gears) を採用して，容易に所要のねじれ角を与えうるようにしている．

(c) **差動歯車装置によるはすば歯車のホブ切り** 12のクラッチをはずして12を29により駆動すると差動歯車が働くので，差動換え歯車28の歯数 a', b', c', d' を適当に選択して所要の補正回転を与えうる．

$$\frac{a'}{b'}\cdot\frac{c'}{d'}=\frac{C_2\cdot z}{L}=\frac{C_2\sin\beta}{t_n} \tag{19・4}$$

ここに，t_n は歯直角ピッチで，ホブの歯直角ピッチで定まる．差動換え歯車定数 C_2 は C_1 とともにホブ盤製造者によって与えられている．なお，差動歯車を掛けたときの割出定数 C_1 は掛けないときの2倍となる．

差動歯車を掛けてはすば歯車を歯切りする場合には割出換え歯車は平歯車のときの (19・2) 式より求められる値を採用し，差動換え歯車比を (19・4) 式のごとくにとればよい．(19・4) 式は歯数 z に関係しないから，1組のかみ合う歯車を歯切りするとき同じ差動換え歯車を用いることができ，したがって両者のねじれ角はよく一致することになる．

19・1・3 ラックカッタによる歯車の形削り

図 **19・5** のようにラックを表わすカッタ(JIS B 4358 ラックカッタ)と歯車素材とを正しくかみ合わせて，ラックのピッチ線と歯車のピッチ円とがすべらないでころがるような運動を与えることによって歯形を創成できる．したがってこのときカッタに図で紙面に垂直の往復運動を与えて歯切りを行なえばよい．

この場合，(1) ラックを図の矢印方向に動かすとともに歯車素材をこれに応じて回転させる方法と，(2) ラックは動かさないで歯車素材を回転させながらラックのピッチ線方向にすべらせる方法の2方法が実用される．(1) はサンダーランド (Sunderland) 形，(2) はマーグ (Maag) 形歯車 **形削り盤** (gear shaper) に採用されている．

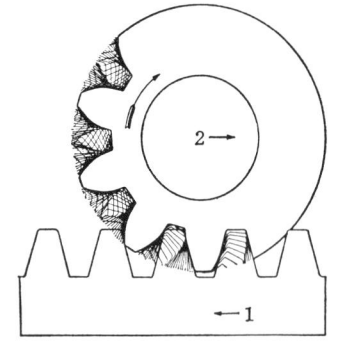

図 19・5　ラックカッタによる歯切り

ラックカッタは形状が簡単で，インボリュート歯車の場合には歯面は直線（平面）となるので，製作，管理が容易であるが，ラックカッタの歯数は実用上あまり多くすることはできないので，割出行程が必要となり，ラックカッタ歯車形削り盤ではホブ盤のような連続歯切操作が行なえない欠点がある．

図 **19・6** は代表的な立形ラックカッタ歯車形削り盤であるマーグ歯車形削り盤の構造を示す．はすば歯車を歯切りするときはカッタスイーベル㊱を図のようにねじれ角だけ傾けて固定し，カッタ㉟に往復運動を与える．

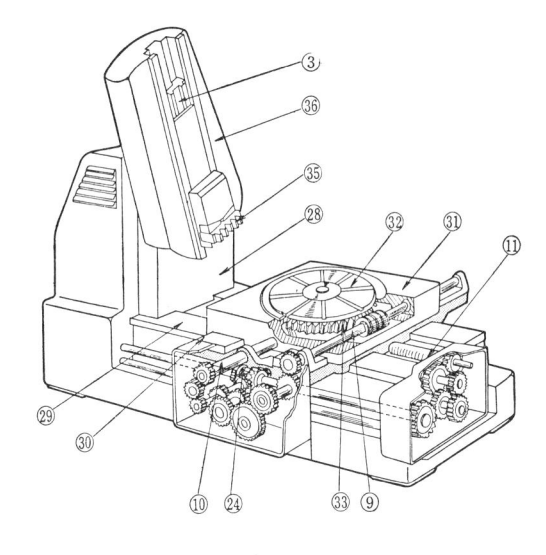

横形の代表的なものにサンダーランドやまば歯車形削り盤がある．この場合ねじれ角は自由に選定できず，カッタガイドの方向により一定の角

図 19・6　立形歯車形削り盤 (Maag)

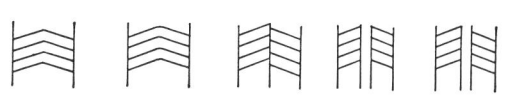

図 19・7　やまば歯車の山形部形状と名称

角突合せ　丸突合せ　千鳥　中みぞ突合せ　中みぞ千鳥

度に限定される．サンダーランド形歯切盤により歯切りする歯車の歯形はその軸直角断面（正面）で規定される．これはホブ切りやマーグ形ラックカッタ歯切盤などにより歯切りする歯車の歯形が歯直角断面で規定されるのと対照的である．

やまば歯車の山形部は図 **19・7** に示すようにいろいろの形状のものが実用されるが，このうち中みぞのない角突合せと千鳥はサンダーランド形歯切盤か，後述のサイクス形歯切盤でないと歯切りできない．

19・1・4　ピニオンカッタによる歯切り

ピニオンカッタ（JIS B 4356 ピニオンカッタ）とは図 **19・8** に示すように，歯車の形をした歯切工具で，その歯すじの一端に切刃を付けたものである．この切刃が歯すじの方向に往復運動を行なって一つの仮想歯車を造り出し，これと歯車素材が正しくかみ合

うような相対運動を両者の間に強制的に与えて歯車素材を創成歯切りする．ピニオンカッタ歯車形削り盤はラックカッタ歯車形削り盤に比べると機構上割出行程が不必要なことと，内歯車および段付歯車の歯切りが容易に行なえることが大きい利点である．

歯数の少ない内歯車を歯切りする場合にはピニオンカッタと内歯車の歯形が干渉を起こすことがあり，ピニオンカッタの歯数に制限が生じる．

図 **19・9** はピニオンカッタ 歯車形削り盤の歯車系統図の一例である．はすば歯車を歯切りするにははすば歯車状のピニオンカッタにねじれ角案内装置によって回転運動を与えて行なう．したがってねじれ角に応じてねじれ角案内を準備しなければならず，大きいねじれ角の歯切りは困難である．横形のピニオンカッタ歯車形削り盤としてはサイクス (Sykes) 歯車形削り盤などがある．

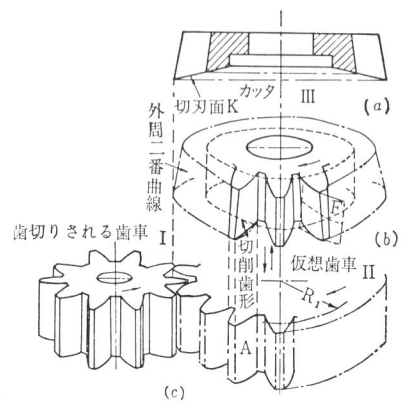

図 19・8　ピニオンカッタによる平歯車の歯切り

なお，内歯車の新しい歯切法として**スカイビング法**（gear skiving）が開発された．これはホブ盤に似た構造のスカイビング盤において，ピニオンカッタと同様の形状のスカイビングカッタを被削歯車と食違い軸状態でかみ合わせて回転させるとともに，カッタに被削歯車軸方向の送りを与えて歯切りするものである．

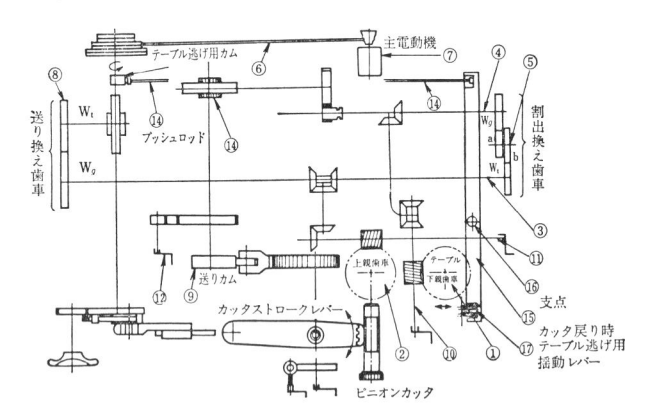

図 19・9　歯車形削り盤の歯車系統図

19・2 かさ歯車の歯切り

平歯車,はすば歯車など円筒歯車では,インボリュート歯形を採用すれば,ラックの歯面は直線(平面)となり,創成歯切工具の製作が容易になり,転位歯切りができる.かさ歯車の場合,円筒歯車のラックに対応するものは,ピッチ円すい面が平面である冠歯車であるが,冠歯車の歯形は**球面インボリュート**(spherical involute)を採用しても図 **19・10** に示すように平面とはならず,またかさ歯車の場合転位することはかみ合うかさ歯車の軸角を変えることを意味し実用的ではないので,かさ歯車の歯形として球面インボリュート曲面は用いられず,一般には図 **19・11** に示すように冠歯車の歯面が平面である**オクトイド歯形**(octoidal tooth profile)が用いられる.

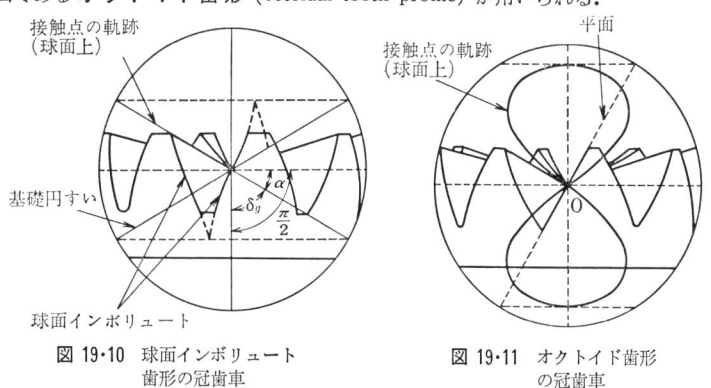

図 19・10 球面インボリュート歯形の冠歯車

図 19・11 オクトイド歯形の冠歯車

オクトイド歯形は交換性歯形であり,ピッチ点付近では球面インボリュート歯形によく似ているから,ある程度は近似的に転位も可能である.

19・2・1 すぐばかさ歯車のならい歯切法

すぐばかさ歯車では,そのピッチも歯形も歯すじの外端から内端に向かうにつれそのピッチ円すい母線の長さに比例して小さくなり,円すい頂点で点になる.図 **19・12** に示すように,かさ歯車素材の外端の外側に大きい**型板**(テンプレート)(template)を置き,この型板とピッチ円すい頂点を結ぶ線上にバイトの刃先を動かして,型板の形に相似な歯形をもつ歯面を削って仕上げることができる.

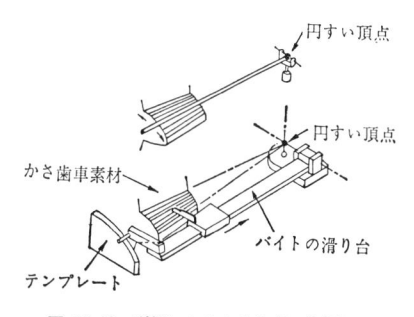

図 19・12 型板によるかさ歯車の歯切り

この歯切法は最も単純なバイトを使用すること,型板さえ造れば自由に希望する歯形が削れ,歯形修整などが容易なこと,また相似の歯形であれば歯形の大小に関係なく1個の型板で済むこと,創成式歯切法のように干渉による歯の**切下げ**を生ずる心配のないことなどの長所をもっている.しかし,型板は厳密には歯数が変わるごとに異なった形のものを準備しなければならず,また歯切盤の構造上重切削には不向きで生産性は高くない.結局この歯切盤は大形かさ歯車の歯切りに適しているものと考えられる.

19・2・2 すぐばかさ歯車の成形フライスカッタによる歯切り

すぐばかさ歯車も 19・1・1 で述べた平歯車の成形フライス歯切りと同様な方法で一応歯切りできる.すなわち,万能フライス盤のテーブル上の割出台にかさ歯車素材をその軸が水平と(ピッチ円すい角 δ ―歯元円すい角 θ_d)だけ傾くように取り付け,フライスカッタはかさ歯車の歯数を z とするとき $z/\cos\delta$ により求められる歯数に対応するカッタ番号のものを用いる.

かさ歯車用インボリュートカッタは平歯車と同様のものであるが,その刃形の大きさはかさ歯車の外端の歯形の大きさを採用するため,このカッタが内端部の歯みぞを通過できるよう平歯車用カッタよりも刃厚が薄く造られており,したがってかさ歯車の歯形は片歯面ずつ仕上げられることになる.また図 **19・13** に示すようにカッタの中心を歯みぞの中心よりずらす**セットオーバ** (set over, set off) が必要となる.しかもこのようにして歯切りしても一応正しい歯形が得られるのは外端部だけで,正しいかみあいをするかさ歯車を得ることは不可能である.しかし成形フライス歯切法でも図 **19・14** に示すように外端部より内端部まで歯のたけを一定にした,いわゆる等高歯方式を採用し,かさ歯車の内端の歯形をもつ成形カッタを使用すれば,比較的容易に良好なかみあいを示すかさ歯車を得ることができる.

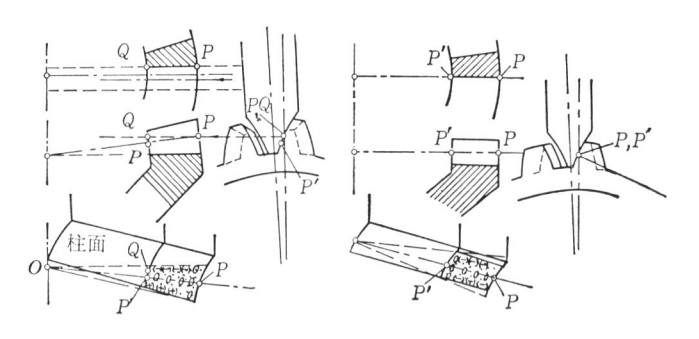

図 19・13 かさ歯車の成形フライス削り

図 19・14 等高歯かさ歯車の成形フライス削り

19・2・3 すぐばかさ歯車の創成歯切法

すぐばかさ歯車の創成歯切法はいろいろの方式のものが現在用いられているが，いずれも刃物の切刃によって仮想冠歯車 (imaginary crown gear) の歯面を表わしだし，この仮想冠歯車とかさ歯車素材との間にかみあい運動を与えて，かさ歯車の歯面を創成仕上げするものである．

(1) ライネッカ形すぐばかさ歯車創成歯切盤 図 19・15 に本機の創成歯切りの原理を示す．三角柱状の1本のバイト1は往復運動を行なって仮想冠歯車3の歯面を表わす．かみあい運動は冠歯車を固定しておき，かさ歯車素材の方に自転と公転を与える．この創成運動はかさ歯車素材のピッチ円すい角に等しい円すい角をもつころがり円すい4を平面5の上でころがすことによって与える．この際両者間のすべりをなくすため，ころがり円すいと平面との間に鋼帯を張って強制的に一定の関係を保ちながらころがるように工夫してある．ピッチ円すい片は厳密にはかさ歯車素材のピッチ円すい角が変わるごとに一つ一つちがったものを準備しなければならないのであるが，実際には 2°〜5° とびの ピッチ円すい角 に該当する円すい片を使う．なお，本機は はすばかさ歯車を歯切りすることもできる．

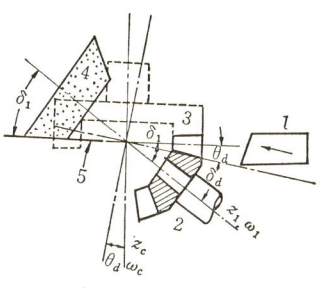

図 19・15 ライネッカ形かさ歯車歯切盤の歯切り原理

(2) グリーソン形2本バイト方式すぐばかさ歯車創成仕上盤 わが国でも最も多く使われているすぐばかさ歯車創成歯切盤である．図 19・16 に示すように2本のバイト(JIS B 4351 直歯かさ歯車用G形刃物)が交互に往復切削運動を行ない，その切刃が仮想冠歯車の二つの歯面を表わす．2本のバイトで2歯面を同時に仕上げるからライネッカ形よりも生産能率は高い．仮想冠歯車3とかさ歯車素材2との創成ころがり運動は，かさ歯車素材の一部を表わすセグメント4のかみあいによって強制的に行なわれる．

なお，注意すべきことは，さきのライネッカ形の場合もそうであるが，刃物1の往復方向がかさ歯車素材のピッチ円すい母線の方向と一致しないことである．このため歯切りされたかさ歯車の歯形の圧力角が歯数により変化する．かさ歯車の歯形にはこのほかいろいろかさ歯車特有の誤差が加

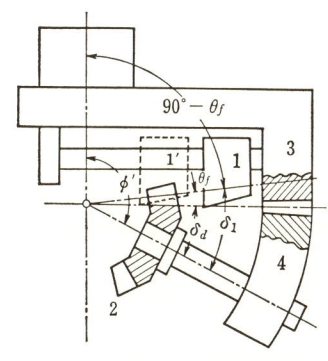

図 19・16 グリーソン形すぐばかさ歯車歯切盤の歯切り原理

わるので，1組の歯車に対し1回の歯切りだけで良好な歯当りを得ることはなかなかむずかしく，重要なかさ歯車の場合にはいろいろ調整を行なって修正歯切りすることが多い．最近この方式の歯切盤でクラウニングを与えうるものも製作されている．

（3）　さら形フライス創成歯切盤
図 19·17 に示すように，さら形フライスカッタ2枚を使って仮想歯車の二つの歯面を表わすことにしたもので，2本バイト形創成歯切盤に比べて数倍の生産力がある．カッタの切刃が表わす内円すい面，すなわち凹面で仮想歯車の歯面を表わすから，容易に歯すじにふくらみをつけることができる．ただし，歯みぞの底部は歯幅の中央部が端部よりわずか深く削られ，中央部の歯元のたけが端部のそれより大きくなるが，歯幅を大きくしないかぎり強度上問題となるほどではない．

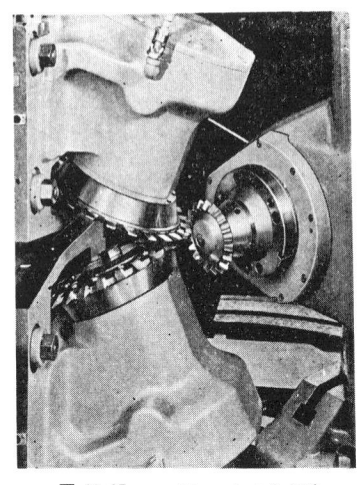

図 19·17　コニフレックスすぐばかさ歯車歯切盤

19·2·4　まがりばかさ歯車の歯切り

まがりばかさ歯車の歯切法としてはホブ切り法と環状フライス削り法があり，さらにこれらに種々の機構が採用され，各国でいろいろの形式のまがりばかさ歯車歯切盤が製作使用されている．これらの歯切盤はそれぞれ一長一短があり，その採用に当っては慎重な考慮が必要である．現在ではグリーソン社の環状フライス削り歯切盤が非常に多く採用されているが，わが国でも新しい方式の優秀な歯切盤が発明製作され，普及しつつある．

（1）　ホブ切法　かさ歯車を平歯車やはすば歯車のようにホブで連続創成歯切りしたいという考えは当然起こるのであるが，すぐばかさ歯車に対しては実用上これは不可能であって，まがりばかさ歯車にのみ採用できる．

クリンゲルンベルグ (Klingelnberg) 社では図 19·18 に示すような円すいホブを回転させてインボリュート歯すじをもった回転する仮想冠歯車を表わさしめ，それと理想的にかみ合うようにかさ歯車素材を回して創成歯切りを行なう歯切盤を造っている．図 19·19 はその原理図である．ホブと歯車素材とは通常のホブ盤と同様の機構で連結されている．正確な円すいホブの

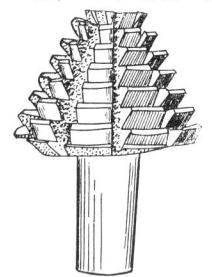

図 19·18　円すいホブ

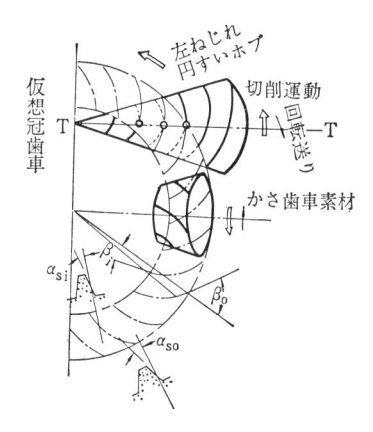

図 19·19 円すいホブによるまがりば
かさ歯車の創成歯切り

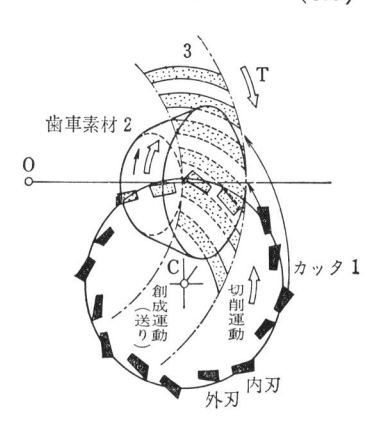

図 19·20 円板ホブによるまがりば
かさ歯車の創成歯切り

製作，管理がむずかしく，重切削が困難なことが本機のおもな欠点である．

エリコン (Oerlicon) 社では円板ホブを使用する歯切盤を製作している．図 **19·20** に示すように，正面フライス形の円板カッタに2枚1組（あるいはさらに歯底を削る刃を加えて3枚1組）の刃を幾すじか植え，カッタを回しその刃すじ1ピッチ回転につきかさ歯車素材を1ピッチの割合で回して順次各歯みぞを削るもので，この歯切盤でもカッタの精度管理が大きい問題点である．

フィアット (Fiat) 社でも同様の原理のまがりばかさ歯車創成歯切盤を製作している．エリコン歯切盤の円板ホブがいわば多条ホブであるのに対し，フィアット歯切盤のものは1条ホブに相当し，1条うず巻形の円板ホブを使うので切刃が多くなり，かつ精度管理もやや容易となる．

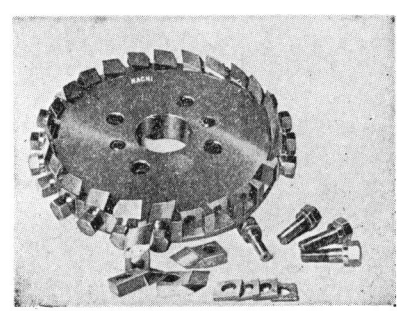

図 19·21 環状フライスカッタ

(2) 環状フライス削り法 環状フライス削り法というのはホブ切法と異なって，使用する歯切工具の切刃が図 **19·21** に示すように一つの円周上に並んでおり，歯切工具が切削回転運動を行なっても，静止した仮想歯車の一つの歯面が表わされるだけで，歯切工具の回転削り速さとかさ歯車素材の創成回転速さとの間には全然関係がないような歯切法のことである．したがって歯切工具は削られるかさ歯車の材質や刃

物の性質によって早くも遅くも回しうるし，カッタはホブの場合に比べて著しく簡単になり，製作，精度管理も容易になる．そのかわり，1歯みぞの切削が終ればカッタと歯車素材のかみあいを一たんはずし，1ピッチだけ歯車素材の位置を回転して後切削に移さねばならず，割出しのむだ時間ができるが，これは切削速度を上げることで十分補える．

また，創成運動を行なわせずに大歯車を成形歯切りし，この大歯車に対応する歯形をもつ仮想歯車によって小歯車のみを創成歯切りすることで，さらに生産性を高めることもできる．自動車歯車に用いられる**フォーメート歯車**（Formate gears）はこれである．

図 **19·22** は最も広く使われているグリーソン社のまがりばかさ歯車創成歯切盤の機構図で，カッタの回転と創成運動および割出運動とは別個の電動機により独立して行なわれていることがわかる．

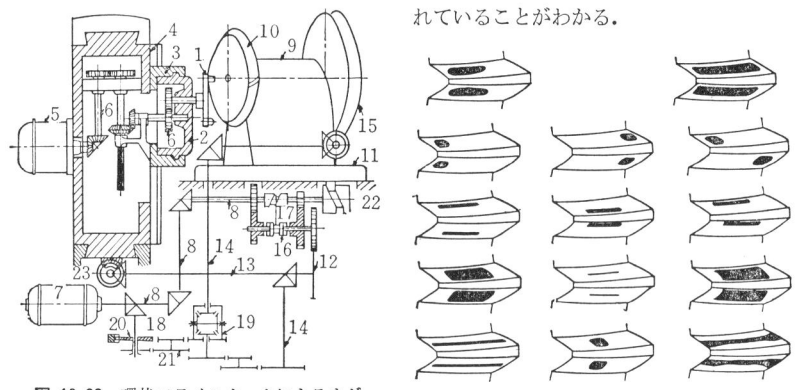

図 19·22 環状フライスカッタによるまがりばかさ歯車歯切盤の機構図

図 19·23 かさ歯車の歯当りの種類

ハイポイドギヤもまがりばかさ歯車によく似た方法でハイポイドギヤ歯切盤によって歯切りされる．歯車素材は仮想歯車に対しオフセットして取り付けられ，特別のカッタにより歯切りされるが，歯当りの良好なハイポイドギヤを得るのはなかなかむずかしい仕事である．

最近わが国で，カッタはグリーソン式のものを用いて創成運動とは無関係に回転しうるようにし，仮想冠歯車とかさ歯車素材とを連続的に回転させて**等高歯まがりばかさ歯車**を創成歯切りする新方式の歯切盤が開発され，しだいに普及しつつある．

かさ歯車を正確に歯切りすることは上述のように大変むずかしい上に，その精度測定もきわめて困難であり，またその1組のかさ歯車の組付位置を適当に決めることが重要であるので，かさ歯車の良否は通常1組の歯車をかみ合わせ，歯当り（JIS B 1741 歯車の歯当たり）を調べて決定する．歯当り試験の際注意すべきことは負荷によりその当

りが変ってくることで，無負荷でかみあい試験をしたときの歯当りを負荷時の歯当りが最良になるような歯当りにしなければならない．図 19・23 は歯当りの種類を模式的に示したものである．歯当りが望ましくないときは歯切盤のセッチングをわずか変えて修整し，所望の歯当りを得て後生産歯切りに移るべきである．

19・3 ウォームギヤの歯切り

19・3・1 ウォームの切削

一般に円筒ウォームの歯面や三角ねじのねじ面などは **ヘリコイド** (helicoid) と呼ばれるが，加工法によって異なった曲面となる．

（1） 旋削 ウォームの最も簡単な一般的切削法は直線の切刃をもったバイトをバイトすくい面がウォーム軸平面上にあるように取り付けて，刃物台に一定の軸方向送りを与えつつ旋削する方法である（図 **19・24** (a)）．削られたウォームの歯形は軸断面で直線の輪郭をもち，**スクリューヘリコイド** (screw helicoid) と称せられる．一般の三角ねじの面もこれである（図 **19・25** (ii)）．

ウォームの進み角が大きくなるとバイトの一方の切刃のすくい角がはなはだしく負になり，切削困難になるので，(b)，(c) あるいは (d) のようにバイトすくい面を歯みぞ，歯すじおよび歯面の中央を通るピッチつる巻線に直角に取り付けて切削する．このようなウォームの歯形はそれぞれ歯みぞ直角断面，歯すじ直角断面，歯面直角断面で台形であるから，軸断面では中凹の歯形となる．またバイトの角度が同じでも軸断面圧力角は異なったものになる．これらは **チェイスドヘリコイド** (chased helicoid) と呼ばれる(iv)．中凹の程度は (b) が最も少なく，(c) が大きいが，進み角の小さいときはこれらの歯形の差異はきわめて少なく問題でない．

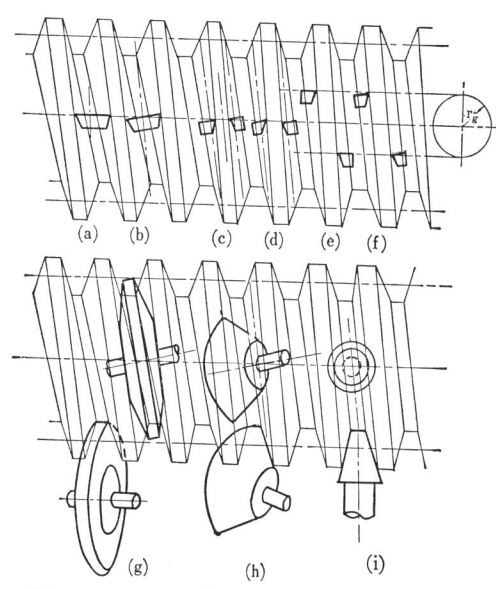

図 19・24 ウォームの旋削，フライス削り，研削の諸方法

(e)，(f) のようにウォーム

をはすば歯車と考え，バイトの切刃をその創成母線の位置にとると，すなわちバイトのすくい面をはすば歯車の基礎円筒に接するように取り付けると**インボリュートウォーム**が歯切りされる．その軸直角断面歯形はインボリュート歯形をなしており，この歯面は**インボリュートヘリコイド** (involute helicoid) と呼ばれる(iii)．インボリュートウォームギヤは転位が可能で組付けが容易という利点がある．

バイトすくい面が基礎円より小さい円筒に接するような高さに取り付けて切削すると，その高さに応じてインボリュートヘリコイドとスクリューヘリコイドの中間の歯形をもつウォームができる．この歯面を**コンボリュートヘリコイド** (convolute helicoid) という(i)．

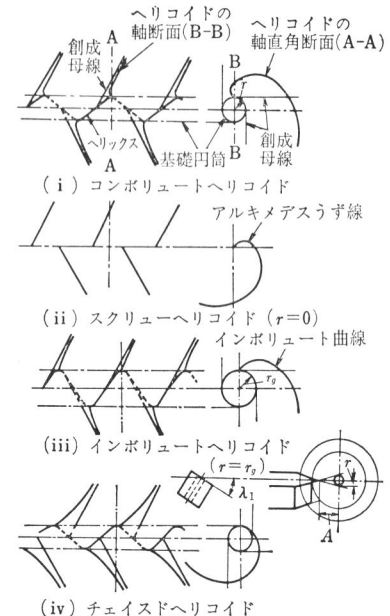

図 19·25　各種のヘリコイド面

(ⅰ) コンボリュートヘリコイド
(ⅱ) スクリューヘリコイド ($r=0$)
(ⅲ) インボリュートヘリコイド ($r=r_g$)
(ⅳ) チェイスドヘリコイド

（2）フライス削り　進み角のあまり大きくないウォームの量産に対してはウォーム専門のねじ切り盤がある．両面円すい形フライスを (g) のようにねじの進み角だけ傾けて切削する．このようにフライス削りされたウォームの軸断面歯形は中高となり，**ミルドヘリコイド** (milled helicoid) と呼ばれる．(i)のようなエンドミルを用いると干渉が少ないので，ほとんど (b) の場合と同じような直線に近い輪郭のウォームが削れるが，能率が悪い．

（3）ホブ切り　条数の多いウォームはねじれ角のきわめて大きいインボリュートはすば歯車と考えてホブ切りすれば製作が容易であるばかりでなく，ピッチ精度の高いインボリュートウォームが得られる．

（4）ウォームの研削　ウォーム歯形の説明の便宜上ここでウォームの研削に触れる．ウォームの研削は (g) のような形状の砥石を用いてもよいのであるが，(h) に示すようなさら形砥石がよく用いられる．このほうが砥石の曲率半径が小さく，干渉が少ないために中高の程度の少ない歯面が得られる．

ウォーム専門の研削盤としてはクリンゲルンベルグ社，デビッドブラウン (David Brown) 社のものなどが著名である．

19·3·2 ウォームホィールの歯切り

(1) ホブ切り 正確なウォームを正しく表わすホブで，ウォームホィール素材を正しく取り付けて歯切りすれば理想的なウォームホィールが得られるはずであるが，ホブのとぎ直しを見越してウォームよりやや大き目の外径のホブを使用する．

ホブ切法には **半径方向送り** (radial feed) を与える方法と **接線方向送り** (tangential feed) による方法の 2 方法がある．

半径方向送りによるホブ切りはホブとホィール素材を離して創成運動をさせながらしだいにテーブルをホブに送り込み，所定の中心距離に至って歯切りを終るものである．進み角の小さいホブの場合にはこの方法で簡単にウォームホィールを歯切りできる．

進み角が大きいときは接線送りがかかるホブ盤（図 19·4 参照）で，接線送り法によりホブ切りしなければならない．図 **19·26** に示すようにホブとホィール素材の軸距離をウォームとホィールの軸距離に 等しくとって 創成 運動をさせながらホブに軸方向の送りを与え，ホブをねじ込むようにして削る．図のような **テーパホブ** (taper hob) を用いれば荒削りからしだいに仕上削りをさせることができる．ホィール素材にはホブの回転に対する基準回転を実線の矢印の方向に与えるとともに，ホブの接線送りに対する補正回転を破線の矢印の方向に与えればよい．

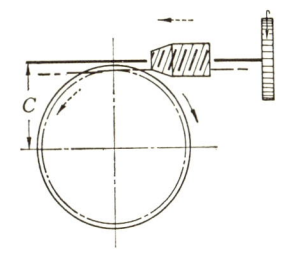

図 19·26 接線方向送りによるウォームホィールのホブ切り

(2) 舞いカッタによる歯切り 舞いカッタ (fly tool) は図 **19·27** に示すように 1 本のバイトを心棒に固定し，ホブの 1 刃を表わすようにしたもので，これを回転とともにごく少しずつ軸方向に送ることによって上述のホブによる接線送り歯切りと同じ作用を行なわせることができる．ホブに比べて刃が少ないから送りはごく小にしなければならず，能率は低いが，ホブとは比較にならぬほど簡単で一般の機械工場でも造れる

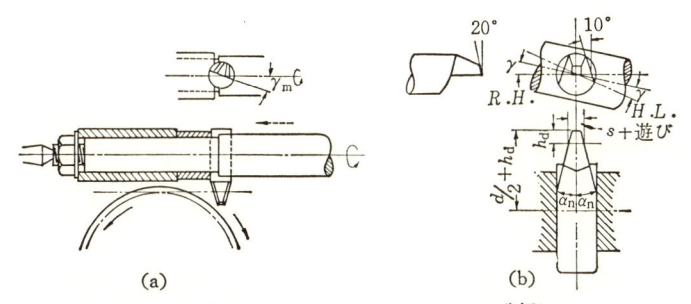

図 19·27 舞いカッタによるウォームホィールの歯切り

ので，少量生産の場合に広く使われている．

（3） **シェービングホブによる仕上歯切り**　正確なウォームホィールを多量に製作する場合には図 19·28 に示すような，多数の細かい切刃をもった**シェービングホブ** (shaving hob) を仕上用に用いることがある．

（4） **ウォームホィールの歯面にふくらみをつける歯切法**　ウォームホィールは普通にホブ切りしておいて，これにかみ合わすウォームのリードをホブのリードよりわずか大きくし，それに応じてウォームの圧力角をホブの圧力角よりわずか増すようにして歯切りすれば，それだけで歯面中央部で当りのよい，焼付きを起こしにくいウォームギヤを得ることができる．

図 19·28　シェービングホブ

（5） **鼓形ウォームギヤの歯切り**　コーン (Cone) の方法とローレンツ (Lorenz) の方法などが知られている．

コーンの方法は，ウォームの切削にはホィールの中央断面を表わすピニオン形カッタをホブ盤のテーブルに取り付け，ホブの代わりにウォーム素材を取り付けてホブ切りの場合と同様に回して歯切りし，ウォームホィールは鼓形ウォームの形をしたホブでホブ切りするものである．

ローレンツ法は舞いカッタ式の比較的簡単な工具を用いてウォームホィールを歯切りするものであるが，近似的な方法であるためにいろいろ問題がある．

19·4　歯車の仕上加工法

19·4·1　歯車のシェービング仕上げ

歯車のシェービング仕上げ (gear shaving) とは，わずかの仕上しろを残して歯切りされた歯車の歯面を，図 19·29 に示すような多数の切刃みぞ（**セレーション** serration）付歯面をもつ歯車形の**シェービングカッタ** (shaving cutter) (JIS B 4357 丸形シェービングカッタ) とかみあわせ回転することにより，きわめて軽く歯面を仕上削りする歯面仕上加工法である．比較的簡単な機械で短時間（たとえば自動車用歯車では 1～3 min 程度）で歯車の精度を高め，歯面を奇麗に仕上げ，均一性のある運転時騒音の少ない歯車を造ることができ，最近では自動車用歯車はもちろん，一般機械

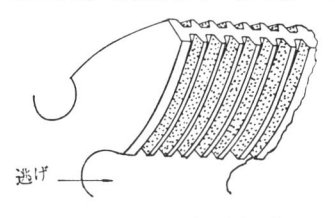

図 19·29　シェービングカッタ

用歯車，直径が 5 m 以上もあるような舶用タービン減速歯車などにも盛んに用いられるようになった．

図 **19・30** に示すように，通常カッタ軸と歯車軸とは食い違いに取り付けられ，ちょうどねじ歯車のかみあいのようになっている．このため歯面は歯すじの方向に V_s のすべりを生ずる．V_c, V_g はそれぞれカッタおよび歯車の周速であって，V_c は 2 m/s 程度にとれる．軸角が大きいほどすべり V_s は大きく，切削作用も大きいが，あまり軸角が大きくなるとねじ歯車のかみあいにおける案内作用が減少するので，通常軸角は 15° くらいにとられる．

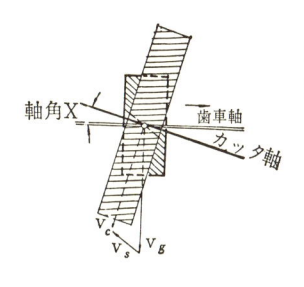

図 19・30 シェービングの原理

このような状態でカッタと歯車とは歯形理論上は点接触するが，両歯面が押し合うと実際は両歯面は細長いだ円状の面で接触し，カッタの切刃みぞが接触面に食い込んだ状態で上記のすべり運動によって切削作用を行なう．歯車の歯幅全体がシェービング仕上げされるためには，この接触部が歯車の歯幅全体にわたるように歯車を軸方向にゆっくり移動する．実際にはこの往復運動を数回繰り返し，その行程端でテーブルを 0.025〜0.5mm 程度押しあげて切込みを行なう．図 **19・31** はこのような操作を行ないうる代表的な歯車シェービング盤を示す．行程端近くでテーブルをわずか移動させると歯面にふくらみを付けることができる．これを **クラウンシェービング** (crown shaving) という．

シェービングはホブ切りや創成研削仕上げなどと異なり，歯車と歯切工具の間に相対的創成運動を強制的に与えるものではなく，カッタか歯車のいずれか一方が外部から駆動されるだけで，他方はかみあいによって自由に回されるようになっているから，創成運動は歯車に前もって歯切りされている歯によって行なわれることになる．したがってシェービング仕上げにおいてはシェービング前の歯切精度が重要な問題であり，精度の低い歯切りをした歯車をシェービングで高精度にすることは期待できない．

シェービングカッタは高速度鋼で造られ焼入，焼戻後歯面は研削仕上げされる．歯面には図 19・29 に示すように 0.7〜1 mm 程度の幅のみぞが歯形に沿って切られており，このみぞと歯面の交線がカッタの切刃となって歯車の歯面を削る．切刃には二番は付けられていない．カッタの切れ味は歯形精度にかなり影響するので注意が必要である．

図 19・31 歯車シェービング盤 (National Broach)

シェービングカッタで仕上げうる歯車のかたさは実用上 H_RC35 (H_S48) 程度までといわれる．したがって浸炭焼入歯車では浸炭前にシェービングを行なわなければならない．通常，はだ焼鋼製自動車歯車などで，とぎ直しまでに3000〜5000個くらい加工できる．とぎ直しは数回行なうことができるが，工具製作者に依頼することが多い．

なお，シェービングの方法としては上述の，いわゆる**コンベンショナルシェービング** (conventional shaving) 法 のほかに，**タンゼンシャルシェービング** (tangential shaving あるいは underpass shaving) 法，**ダイヤゴナルシェービング** (diagonal shaving あるいは traverpass shaving) 法 などの生産的な方法がある．最近，特殊な，食い違い切刃みぞ (differential serration) をもつシェービングカッタを用い，カッタに横送りを与えないでインフィードのみにより，きわめて短時間にシェービングを行なう**プランジカットシェービング** (plunge cut shaving) 法が開発され，わが国でも採用されようとしている．内歯車や段付歯車などには**平行軸シェービング** (parallel-axes shaving) 法 が用いられる．

タービン減速歯車など歯幅の広い歯車ではシェービング仕上げは歯すじ方向をわずか修整し歯当りをよくするためにも賞用されるが，この場合カッタに制動をかける**ブレーキシェービング** (brake shaving) や特殊のシェービングカッタなどが用いられることもある．

また1歯のラックを表わすシェービングカッタを多数並べてテーブルに取り付け，歯車とかみ合わす**ラックシェービング** (rack shaving) 法 もあるが，能率が劣るので今日ではほとんど用いられない．

19・4・2 歯車のラップ仕上げ

歯車のラップ仕上げ (gear lapping) は歯切り後 熱処理の際に生じたわずかの誤差を除いて歯車の精度を高め，また歯面に生じたスケールなどを除いて歯面をなめらかに仕上げるために行ない，また歯切りのまま使う歯車でも歯面をなめらかにし，歯形や歯すじの多少の修正などを行なって当りをよくし，静粛運転を得ることを目的として行なわれる．

通常鋳鉄製のラップ歯車とかみ合わし，ラップ剤をかみあい部に流し込んで歯面を仕上げるのであるから，歯車ラップ盤は比較的構造が簡単であり，また旋盤などを利用しても行なうことができる．

インボリュート歯車のかみあいにおける歯のすべりはピッチ点で0で，それより歯末歯元に接触が進むにつれすべりが大きくなる．一方，歯面荷重はピッチ点付近で大きく歯末歯元では小さくなるので，歯形のラップされる状態は複雑である．ラップ作用を改善するために歯車とラップ歯車との回転運動以外に，軸方向，半径方向，みそすりなどの相対運動を付加する．

ラッピングによって歯車の各種の誤差が少なくなるとは限らない．法線ピッチは方法さえ誤らなければある程度改善される．歯形誤差は細かい凹凸はとれる．ラップ歯車の歯形精度も影響する．はすば歯車ではラッピングによって歯形がくずれることは少ないが，平歯車では特に歯数の少ないときは歯形がくずれやすい．ラッピングを過度に行なうことは禁物で，長時間ラッピングしても精度は決してよくならず，かえって低下することが多い．

歯みぞのふれは普通行なわれる**ブレーキラッピング**（brake lapping）では除くことは困難で，歯車とラップ歯車をバックラッシなしに押し付けあって行なう**クランプラッピング**（cramp lapping）では歯みぞのふれはかなり少なくできるが歯形が悪くなる．また歯車とラップ歯車の歯数比は公約数を有しないほうがよい．

ラップ歯車を使わずに相手歯車とかみ合わせる**共ずり（すりあわせ）**もよく行なわれるが，これは使用状態と同じ状態において実施すべきものである．共ずりのときの両歯車のかみあい位置を印をつけて明らかにしておき，組付後この印を合わすようにしないとその効果は減ずる．

ラップ剤は一般に石油に混ぜて使用する．ラップ剤はできるだけ歯面一様に薄く分布されるようにしなければならない．早く大量にラップしたいときには100〜120番の荒い砥粒を使うが，一般には150〜200番くらいの砥粒を使い，仕上げには200〜400番くらいの細かい砥粒を使う．数種のあらさの砥粒を混ぜて使うとぐあいのよい場合がある．

19・4・3 歯車のホーニング仕上げ

歯車ホーニング盤は歯車シェービング盤のシェービングカッタの代わりに歯車形の砥石車を付けたものといえる．シェービング後浸炭焼入れした歯車の歯面をさらにホーニングし，歯面を仕上げるとともに，運搬中などに生じた歯面の小さい打傷をとり除き，運転時騒音を減少することをその目的として，自動車用歯車に採用されている．

砥石車はシェービングカッタより早く最高3000rpm程度で回転するが，かみあい歯面の相対すべり速度はそれほど早くなく，したがって研削状態ではなしにホーニングの状態にある．加工歯車と砥石歯車の押付圧も16kg程度におさえられ，砥石歯車を破損より保護する．砥石歯車の外周の歯部はレジノイドボンドの砥石で，1個の砥石歯車で1万個程度もホーニングできるといわれる．ホーニングのとりしろは歯面片側で十数μ程度である．

最近，大形歯車に対し，ウォーム状の砥石で歯面をホーニングする方式がわが国で開発され，また小形歯車に対するウォーム状砥石によるホーニング盤も発売されている．

19・4・4 歯車の研削仕上げ

歯車の歯面の研削にも歯切りの場合と同様にならい研削，成形研削，創成研削の3方式が考えられるが，現在実用されている歯車研削盤の大部分は創成研削方式のものであ

第19章 歯車の製作

表 19・2 各種円筒歯車研削盤の研削方式および特徴

番号	研削方式	創成運動, 割出し	製作者名	特徴
(a)	砥石軸：固定／砥石の縁で研削／歯車：早い転動をしながらゆるやかに軸方向に移動	鋼帯と円筒（レバーで運動を調節する形式がある）／ピッチブロック／割出しは割出し板	Maag	きわめて高精度，はすば歯車研削可能，15°法によるものは歯面網目状
(b)	砥石軸：固定／歯車：ゆるやかな転動，軸方向に動かない	鋼帯と円筒／割出しは割出し板	Lees Bradner	1枚の大きなさら形砥石で片歯面ずつ研削 ／ 歯幅の広い歯車には不向きで，数量が多い場合は生産的
(c)	砥石は早い往復／歯車：ゆるやかな転動	親歯車と親ラック／割出しは親歯車	Pratt and Whitney（1枚砥石形）	生産的／はすば歯車研削可能
(c)		親ウォームギヤと送りねじ	Niles	立形
(c)		鋼帯と円筒	Korb	1枚および2枚砥石
(d)	創成運動と割出しを同時に行なう	ホブ盤と同じ機構 ／ 同期電動機／同期電動機パルス制御方式／歯車機構	Reishauer／津上／Coventry Gauge／岡本工作機	連続創成運動，きわめて生産的
(e)		インボリュートカム	National Tool／Lorenz	はすば歯車研削可能
(f)		成形砥石／割出しは割出し板	Gear Grinding Machine	砥石車 旧形1枚 新形2枚 ／ 歯形修整が容易
(f)			Minerva	1枚砥石

り，成形研削方式のものが二，三製作されている程度である．表 **19·2** に現在実用されているおもな平およびはすば歯車用歯車研削盤の研削方式と特徴，製作者名などを比較して示した．次におもな研削盤について説明する．

（1）マーグ歯車研削盤　小形歯車用から直径 3600mm 程度の歯車が研削できる大形のものにいたるまでの数種の容量，形式の研削盤が造られているが，図 **19·32** はその中形のものの外観である．表 19·2(a) に示すようにさら形の2個の砥石車によって仮想ラック歯面を表わさせ，これと理想的にかみ合うころがり運動をかみあいピッチ円に相当するピッチブロックとこれに巻き付けた2本の鋼帯によって歯車素材に与えるとともに，歯車軸の方向に送り運動を与えて歯の研削を行なう．砥石は外周の縁だけで研削させるので，各瞬間の歯面との接触は円弧の一部となり，このため歯面に特徴的な網目状の模様ができる．このように砥石と歯面の接触は軽く行なわれるので，割出板や機械自身の持っている精度を十分に発揮させうる．また巧妙な砥石研削面自動調整装置を有していて，砥石の表わすラック歯面の位置が 1μ 以上狂わぬように砥石の修正が行なわれるようになっている．研削は乾式で行なわれる．

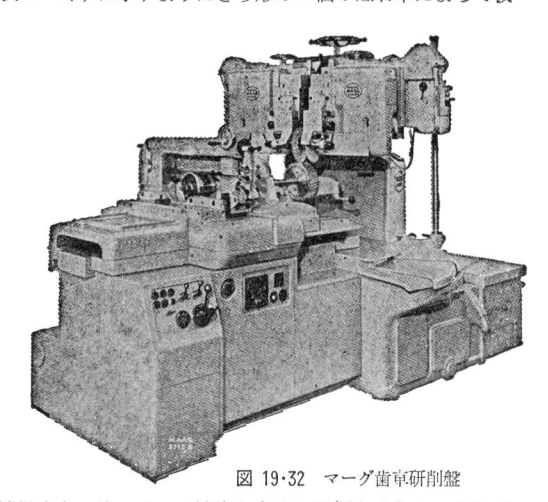

図 19·32　マーグ歯車研削盤

はすば歯車を研削するときは砥石台を斜めに取り付ける．

最近のマーグ研削盤は図 19·32 に示すように砥石軸を水平に取り付けて研削する，いわゆる **零度法** (ze.o method) を行ないうるようになっている．従来の 15°法に比しテーブルを送る距離と左右に転動させる量が少なくてすみ，作業時間が 40〜60％ 程度に節減される．ただし，従来マーグ研削歯車の特徴であった網目はつかない．

歯形修整およびクラウニングについてはカム装置により定量的に実施できる装置が設けられる．

（2）ウォーム状砥石を用いる歯車研削盤　戦後実用化された新しい方式の歯車研削盤で，ホブ盤で歯切りするのと全く同じようにして，ホブの代わりにウォーム状砥石によって研削を行なう．すなわち，平歯車を研削する場合には砥石1回転につき被削歯車を1ピッチの割合で回す．被削歯車をあまり早く回すことは好ましくないの

で，砥石の回転はあまり上げず，しかも研削に必要な周速を与えるために，また砥石の損耗を少なくするために，砥石径を大きくとっている．この機構から明らかなように，研削能率が非常に高く，従来の研削作業時間の常識を破り，精密歯車の多量生産に研削を採用することの可能性を示したといえる．

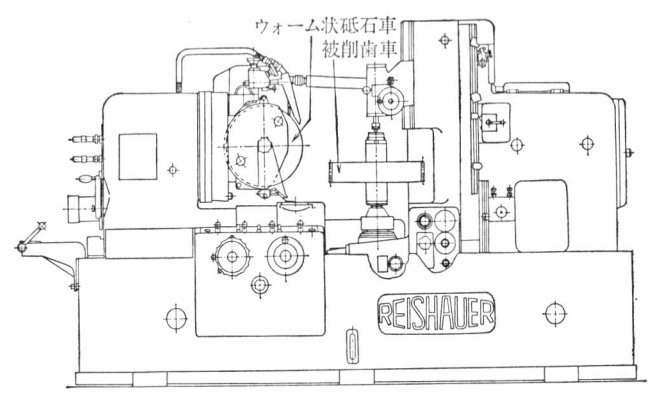

図 19·33　ライスハウエル歯車研削盤の構造

図 **19·33** はライスハウエル (Reishauer) 社のこの種の歯車研削盤を示す．最近の形のものは歯形修整およびクラウニングを行ないうる．本機では歯車と砥石車の間に相対運動を与えるのにホブ盤のような歯車機構をもってせず，それぞれ別の同期電動機によっている点が大きい特徴で，きわめて高精度の歯車が期待できる．

ねじ状砥石の歯形の成形は，比較的小ピッチのものに対しては**クラッシローラ** (crush roller) による方法が用いられるが，一般にダイヤモンドによるドレッシング法が採用されている．現在はモジュール 5 程度までの歯車が研削される．

最近，わが国でも津上社がパルス制御方式により 2 個の同期電動機の回転速度を正確に制御する新しい方式の歯車研削盤を開発している．

コベントリゲージ (Coventry Gauge) 社のマトリックス (Matrix) 歯車研削盤や岡本工作機社の歯車研削盤なども同様の原理に基づく研削盤であるが，歯車と砥石車の関係運動は歯車機構により与えられる．

（**3**）**かさ歯車研削盤**　すぐばかさ歯車に対しては 19·2·3 (1) のかさ歯車歯切盤と同方式の，1 個の円盤状砥石車を持った研削盤が実用されている．マーグ社でも同様原理の 2 個の砥石車式のかさ歯車研削盤を製作している．また，19·2·3(3) のかさ歯車歯切盤と全く同原理のかさ歯車研削盤がグリーソン社，クリンゲルンベルグ社で製作され，わが国でもクラウニングができ，はすばかさ歯車も研削できる新しい方式のかさ歯

まがりばさ歯車に対しては 19·2·4(2) の環状フライス方式と同原理の研削盤がグリーソン社で製作され，わが国でも和栗式の歯切，研削兼用盤が東芝機械社より発表されている．

次に歯車の研削作業にあたって注意すべき事項につき述べる．

歯車研削に用いられる砥石車は使用する歯車研削盤の種類，研削条件などによって当然異なるのであるが，その選択には JIS B 4051 (研削といしの選択標準) を参考にすればよい．研削剤は使用する場合としない場合とがある．研削しろは歯車の大きさによっても異なるが，おおよそ歯厚で 0.2～0.4 mm くらいが望ましい．

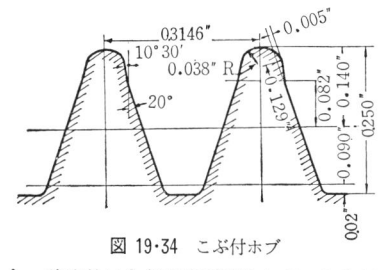

歯切りにおいて図 **19·34** に示すようなこ**ぶ付ホブ** (プロチュバランス付ホブ) (protuberance type gear hob) を使用して歯車の歯底部を初めからくぼませておくようにし，研削はかみ合う歯面部分だけで行なうようにすると，精度的にも，能率的にも，強度的にも好結果が得られる．これはシェービングの場合も同様である．

図 19·34 こぶ付ホブ

19·5 特殊歯形の歯切り，その他

19·5·1 非円形歯車の歯切り

ピッチ曲線が だ円や特殊形状の，いわゆる非円形歯車の歯切りにも成形歯切法および創成歯切法が採用される．

成形カッタによる場合，非円形平歯車の歯形はピッチ曲線上の位置によって異なるので，これに応じカッタ番号 (表 19·1 参照) の異なる数種のカッタが必要で，カッタ交換の手数がかかり，誤差を生じやすいが一応特別の装置なしに歯切りできる．

創成歯切りを行なうには，被削歯車のピッチ曲線と歯切工具のピッチ曲線とのころがりに相当する相対運動を与えなければならない．たとえば，ピッチ曲線の輪郭をもった曲線板を作り，これに鋼帯を巻き付けてころがり運動を行なわせる方法や，カッタ軸とテーブル軸の間の距離を変化させるとともにテーブルに変速回転を与える方法がある．

また，テーブルの創成回転運動は円形平歯車の場合と同様に一定に保ちつつ，被削歯車の中心に適当な平行移動をカム装置などによって付加して与える方法も考案されている．この方法はホブ盤やフェロース形歯車形削り盤などに簡単な改造を施すことによって容易に実施しうる．

19・5・2 特殊歯形の歯切り

一定の間隔で突起あるいは くぼみ が連続してあるような、歯車に類似した形状の部品も、一般に前述の歯切法と同様な方法で切削することができる．**平行歯スプライン軸，チェーン用鎖歯車** などはその例である．また一見歯車とは全く関係のないような部品も創成切削できることがある．たとえば，正五角形，正六角形などの軸を歯数5あるいは6の直線歯形歯車と考え，ホブ切りすることができる．

平行歯スプライン軸はもちろんフライス削りによって切削されるが，またホブ切りすることもできる．ホブのラックの歯形は一般にスプライン軸の外径を創成ピッチ円に選んで決定する．図 19・35(a) に示すようにホブの歯形は曲線となり，スプラインのみぞすみにはすみ肉ができる．創成ピッチ円を外径より大きくとればすみ肉が大きくなり，小さくとれば創成ピッチ円より外の 部分が面取りされる．平行部分を多くするため，(b)のように **山付歯形ホブ** (spline hob with lugs) を使うこともある．

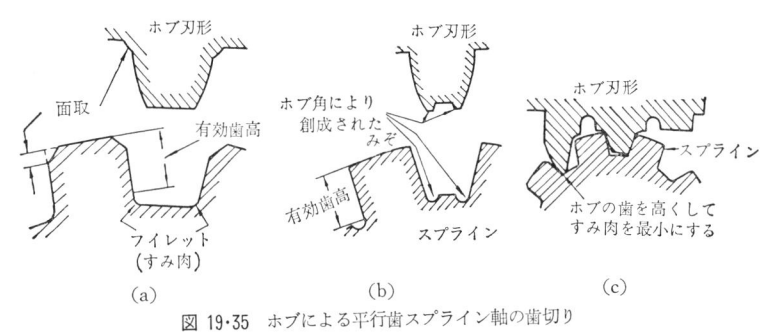

図 19・35 ホブによる平行歯スプライン軸の歯切り

すみ肉の特に小さいスプラインを歯切りするには **定位置ホブ** (single position hob) を使用する．これはホブの歯すじ上に荒削りから仕上げにいたるまでの各切刃を設け最後の切刃で所望の歯形に成形仕上げを行なうものであり，この切刃は歯車素材に対して正しい一定の位置に来るようにしなければならない．したがって通常のホブのようにホブの位置を移して使うことはできず，ホブの寿命は短くなる．(c) は鼓形スプラインホブによるすみ肉の小さいスプライン軸の歯切りを示すもので，このホブは定位置ホブである．

19・5・3 歯形の修整とクラウニング

歯形の修整 (profile modification，歯先の逃げ tip relief) は通常歯切工具の歯形に対応する修整を施しておくことにより行なわれるが，マーグ歯車研削盤のように創成運動を一部変更する方式が採用される場合もある．

クラウニング (crowning) は通常歯切工具と被削歯車の相対位置を歯切り中に標準

の状態より変化させることによって行なう．

ホブ盤では，油圧，重錘，ばねなどによりコラムとテーブルとを押し付け合う状態にしておいて，一方カムにより両者の間隔をホブの上下位置に応じて変化させ，歯車素材の両端面近くでホブの切込みを標準値よりやや大きくして歯をやせさせる方法が広く採用される．図 19・4 でテーブルの送りねじ S_2 をホブの位置と関連させて左右に回転してテーブルの出し入れを行なう方法も用いられる．

歯車のシェービング仕上げ，研削仕上げでは，カッタ軸あるいは砥石軸と歯車軸との間にわずかの揺動運動を与えることによってクラウニングを行なうのが通常である．

かさ歯車やウォームギヤでもクラウニングが盛んに行なわれる．

19・5・4 歯の面取り

歯の面取り (chamfering) には目的と方法に応じいろいろの種類がある．図 **19・36** はその 3 例である．ばり取りはやすりなどの手作業によることが多いが，特殊の面取り機も考案実用されている．丸形面取りや角形面取りにはいろいろの方式の専用の歯車面取り機が製作されているが，一種のエンドミルを歯みぞ部に押し込み，面取り後引出して割出す操作を繰り返すような構造のものが多い．

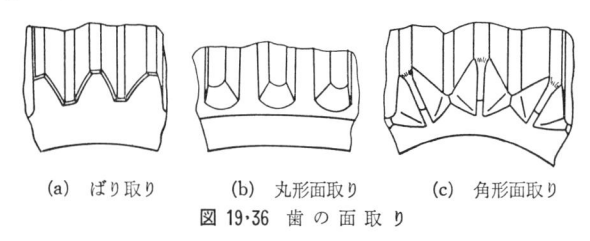

(a) ばり取り　　(b) 丸形面取り　　(c) 角形面取り

図 19・36　歯 の 面 取 り

歯車の面取り加工は二次的な作業であるが，加工時間よりみると軽視できない作業といえる．

19・6　歯車の非切削加工

19・6・1　歯車の鋳造

昔は金属製歯車は鋳造が普通であったが，機械歯切法の著しい進歩と精度に対する要求の増大のため，現今では普通の鋳造法は特殊の，重要性の少ない歯車に限られるようになった．いっぽう，最近精密鋳造法の進歩により，かなりの精度の鋳造歯車も製作しうるようになっているが，いろいろの制約があり，広く用いられるに至っていない．

Zn などの低溶融点金属製歯車の多量生産にはダイキャストが活用される．また，金属粉を歯車型に入れ加圧加熱して造る焼結金属歯車が最近家庭用電化製品の歯車などに盛んに使われるようになった．焼結金属歯車は Fe–Cu–C 系の場合は相当の強度があり，

合油させることによって潤滑を要しない特徴がある．浸炭焼入を行なえば高強度が得られる．

ナイロンなどのいわゆるプラスチックス材料の場合は射出成形機によって歯車を多量生産できる．フェノール樹脂歯車は，内歯車状の金型にフェノール樹脂を浸して乾燥した綿布をつめ，これを加圧加熱して成形する．

これら歯車型成形加工法が歯車の多量生産に採用されるに至った陰には，放電加工法などによる金型製作法の進歩があずかって力があったことを知らねばならぬ．

19・6・2 歯車の鍛造

低炭素鋼のかさ歯車は比較的簡単に鍛造できる．この場合鍛造型は型彫り作業によらず，鍛造によって造ることもできる．最近高速の塑性変形を与える新しい方式の鍛造機械も開発されつつあり，かさ歯車の精密鍛造は実用化の段階に達している．

小ピッチの歯車を除き，歯車の鍛造は通常熱間で行なわれる．

19・6・3 歯車の転造

歯車素材に歯形をもった転造工具を押し付け，両者にころがり運動を行なわせて工具の歯形に応じた歯形を素材につけて歯車を造ることができる．この**歯車転造法**はねじの転造法と同様に生産能率の高いことと歯が丈夫なことを大きな特色としているが，ねじの場合に比べて一般に歯形が大きく，また工具の歯形と歯車の歯形が一致しない，いわゆる開放形の転造法であるためいろいろ困難な問題があり，ねじの転造のように広くは行なわれていず，最近ようやく実用化の域に達したものである．

歯車の転造法は，使用工具によって，(1) ラック形工具によるもの，(2) ピニオン形工具によるもの，(3) 内歯車形工具によるもの に分類される．また，素材を加熱するか否かによって熱間転造法と冷間転造法とに分けることができる．

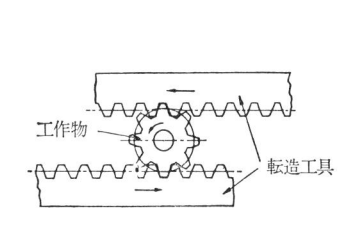

図 19・37　ラック形工具による転造 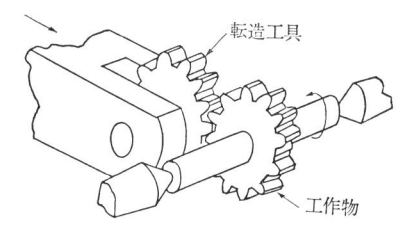　　　図 19・38　ピニオン形工具による転造

図 **19・37** にラック形工具による転造法を示す．この形のものはスプライン軸転造盤として実用化されている．

ピニオン形工具による転造は図 **19・38** のようにして行なわれるが，このとき素材および工具の双方に強制回転を与えるものと，一方だけを駆動して他方は自由回転させるも

のとがある．自由回転式は装置は簡単であるが，素材の全周を歯数で正しく割り切るのが困難である．強制駆動式はこのおそれがない．実際の装置としては図のように一方からだけでなく，両側あるいは3方から工具を押し込むようにすることが多い．

なお，最近開放形転造法の欠点を除くため，成形歯形工具を用いる割出し方式の，衝撃鍛造作業を併用した歯車転造盤がわが国で実用化されている．

歯が大きいときや材質のかたいときには熱間転造を行なうが，素材の外周部だけを急速に加熱軟化させるため，高周波加熱法が効果的に応用される．

最近，ホブ盤などであら歯切りした小形歯車に仕上転造加工を行なう歯車転造盤が歯車シェービング盤に代わって用いられようとする傾向もあり，わが国でも歯車仕上転造盤が開発，発売されるに至っている．

19・6・4 歯車の引抜き，押出し

低炭素鋼や黄銅製のがん具用すぐば小歯車は丸棒を内歯車型のダイスに通し，**引抜き**（drawing）により製作することが多い．また黄銅やアルミニウム，青銅などの小歯車は加熱軟化した線材を内歯車形のダイスを通して**押出し**（extrusion）によって製作することもある．

19・6・5 歯車の打抜き

がん具用の大歯車のように厚さの薄い，比較的小さい歯車はプレスで打抜いて製作されることが多い．

19・7 歯車の測定

19・7・1 歯車の仕上寸法管理―歯厚の測定

一般に平歯車やはすば歯車などの形状寸法は歯数，モジュール，工具圧力角，ねじれ角および転位係数などで定められるが，これらのうちモジュール，工具圧力角は一般に

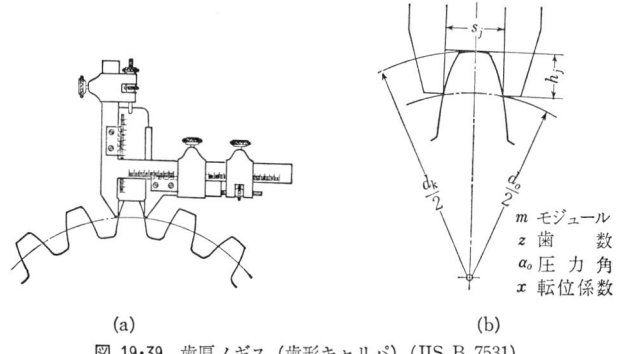

図 19・39 歯厚ノギス（歯形キャリパ）（JIS B 7531）

工具によって与えられ，また，ねじれ角は工具と歯切盤の運動によって定められるので，歯車の仕上寸法管理は歯厚寸法を管理する事に帰着する．歯厚の測定法としては弦歯厚法，またぎ歯厚法及びオーバピン(玉)法が JIS B 1752 に規定されている．

最も簡便な弦歯厚測定器として図 **19・39** の**歯厚ノギス**（歯形キャリパ）(gear tooth vernier calipers) がある．平歯車では

図 19・40 歯厚マイクロメータ (JIS B 7530)

$$h_j = \frac{mz}{2}\left\{1 - \cos\left(\frac{\pi}{2z} + \frac{2x\tan\alpha_0}{z}\right)\right\} + \frac{d_k - d_0}{2} \tag{19・5}$$

$$s_j = mz\,\sin\left(\frac{\pi}{2z} + \frac{2x\tan\alpha_0}{z}\right) \tag{19・6}$$

により h_j, s_j を計算し，歯先より h_j の距離で測定した歯厚を s_j の値と比較する．

またぎ歯厚の測定器としては図 **19・40** に示すような**歯厚マイクロメータ** (gear tooth micrometer) が広く用いられている．

平歯車では，またぎ歯数を z_m，バックラッシを与えるためのピッチ円上の円弧歯厚減少量を δs とするとき

$$s_m = m\cos\alpha_0\{\pi(z_m - 0.5) + z\,\mathrm{inv}\,\alpha_0\} + 2xm\sin\alpha_0 - \delta s\cos\alpha_0$$

によりまたぎ歯厚 s_m を計算し，測定した値と比較する．なお，inv 20°=0.014 904 2 である．

オーバピン(玉)法は二つのピン(または玉)を直径上の相対する歯みぞ(偶数歯の場合)，または π/z だけかたよった歯みぞ(奇数歯の場合)にそう入し，外歯車では二つのピン(玉)の外側寸法を，内歯車では内側寸法を測定して歯厚を求める方法である．

19・7・2 ピッチの測定

円ピッチの測定法としては直線距離測定法と角度測定法がある．図 **19・41** (a) は手持ち式の直線距離測定方式歯車ピッチ測定器で，歯先円筒を基準としてピッチを測定している状況を示す．(b) は手持ち式法線ピッチ測定器を示す．

図 **19・42** はツァイス万能歯車試験機で，円ピッチ，法線ピッチおよび歯みぞのふれ，歯厚などを測定できる．

19・7 歯車の測定　(373)

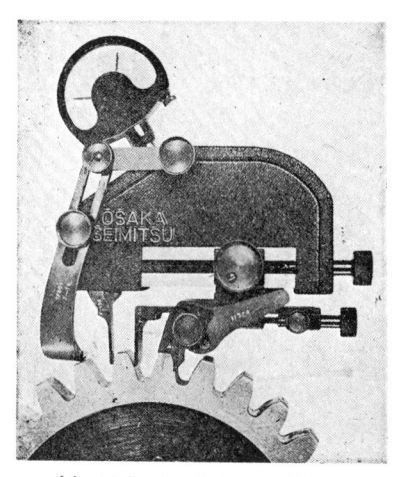

(a) 円ピッチ用（法線ピッチ測定も可能）
　　（Maag 形）（大阪精密）

(b) 法線ピッチ用
　　（Carl Zeiss）

図 19・41　歯車ピッチ測定器

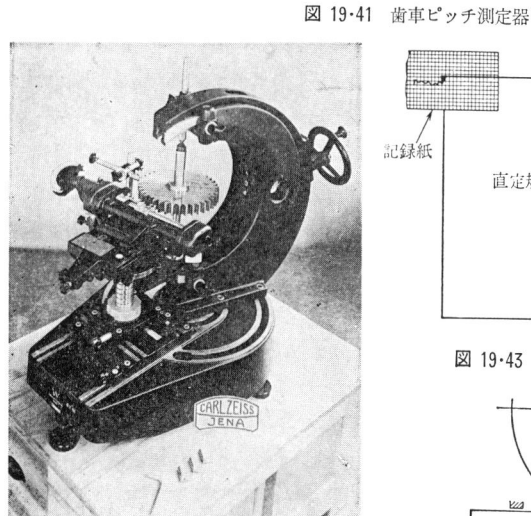

図 19・42　ツァイス万能歯車試験機

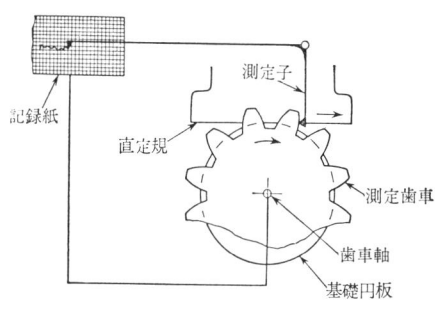

図 19・43　基礎円板方式歯形測定器の機構

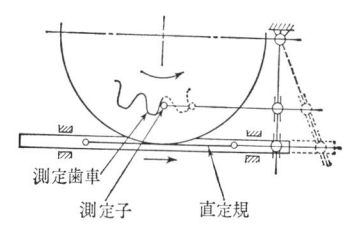

図 19・44　基礎円調節方式歯形測定器の機構

19・7・3 歯形の測定

歯形の測定は，軸直角断面における実際の歯形を，その正しいインボリュートと比較することによって行なう．最も基本的な基礎円板方式歯形測定器の機構を図 **19・43** に示す．測定歯車の基礎円直径に応じ基礎円を調節しうる構造の歯形測定器もある．図 **19・44** はその機構の一例を示す．

歯形測定器としては，このほかにマスタインボリュートカム方式，ピッチ円板方式，直線あるいは円弧基準方式，直交座標方式のものなどがあり，測定歯車の形状，寸法，精度に応じてそれぞれ利用されている．微小ピッチ歯車などには投影器が用いられる．

19・7・4 歯みぞのふれ，歯すじ方向の測定

歯みぞのふれは，玉またはピンなどの測定子を全円周にわたって歯みぞの両側歯面に接するようにそう入し，測定子の半径方向の位置の変動を測定して求める．

歯すじ方向の測定は，ピッチ円筒（又はピッチ円筒に近い円筒）上での理論上の歯すじと実際の歯すじとを比較する事によって行なう．歯すじ創成方式測定器（図 **19・45**）と比較測定方式測定器が実用されている．

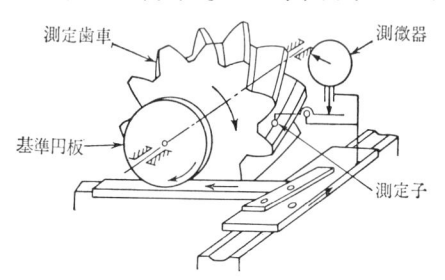

図 19・45 歯すじ創成方式歯すじ方向測定器の機構

19・7・5 かみあい試験

歯車のかみあい状況を試験することによって歯車の総合誤差を測定することができる．かみあい誤差測定器としては次の2方式がある．

（1）両歯面かみあい誤差測定器（中心距離変化方式） 測定歯車を高精度の親歯車 (master gear) とバックラッシがないように押し付けてかみ合わせ，回転させたときの中心距離の変動を測微器により読みとるか，自動記録する測定器で，図 **19・46** にその機構を示す．測定器の構造も簡単で，測定も容易であるが，高精度の親歯車を必要とすることと，測定結果より歯形誤差，ピッチ誤差などの個別誤差を求めることが困難な点が欠点である．

一組の使用歯車同志をかみ合わせる方法も行なわれる．

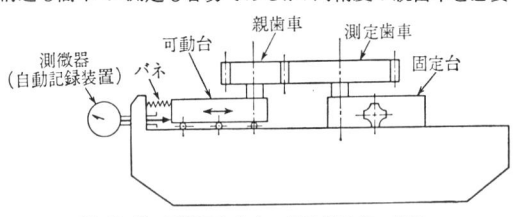

図 19・46 両歯面かみあい誤差測定器の機構

(2) 片歯面かみあい誤差測定器(中心距離固定方式) 測定歯車と高精度の親歯車あるいは一組の使用歯車同志を正規の中心距離でかみあい回転させ，従動歯車の正しい回転角からの進み遅れを測定するもので，図 **19·47** にその代表的なものの機構を示す．正しい回転運動は両歯車と同軸上の2個のピッチ円板のすべりのない回転によって与えられる．この測定方式は歯車の本質的な精度を測定するものであり，歯車の機能を判定する最も望ましい測定方法といえようが，測定歯車に対応するピッチ円板を必要とする点などから広く実用されるまでには至っていない．

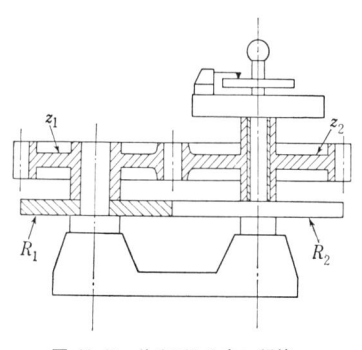

図 19·47 片歯面かみあい誤差測定器の機構

なお，歯車の動的かみあい試験として，一組の歯車を使用状態で回転させ，そのときの伝導トルクの変動，騒音の発生状態などを調べることにより，歯車の総合的良否を検査することがある．**歯車騒音試験機**(gear sounder, gear speeder) はその最も簡便なものといえよう．

19·7·6 歯車の精度

歯車の精度関係国家規格として JIS B 1702 平歯車およびはすば歯車の精度，JIS B 1752 平歯車およびはすば歯車の精度測定方法，JIS B 1751 検査用親円筒歯車，JIS B 1704 かさ歯車の精度がある．

表 19·3 歯車の工作法と精度等級の関係 (JIS B 1702)

加工法および熱処理別 \ 等級	0	1	2	3	4	5	6	7	8
シェービング 切削 / 非焼入		←	→						
					←	→			
シェービング 切削 / 焼入			←	→					
						←	→		
研削	←	→							

精度規格では円筒歯車の精度を 0 級，1 級～8 級の 9 等級に分けている．**表 19·3** に経済的に製作される歯車の，工作法の相違による精度等級のおおよその見当を示す．

第20章 手仕上げ，組立および工作測定

手仕上げ (hand finishing) にはそのおもなものとして**はつり** (chipping), **やすり仕上げ** (filing) および **きさげ仕上げ** (scraping) の3種がある．このうち はつりに用いられる**たがね** (chisel) は工作物から比較的大きい部分をはつり取ることができるが，正確な形状および寸法に仕上げることは望めない．これに対し**やすり** (file) はほぼ完全に近い形にまでやすり掛けすることができる．さらに精密な仕上面を必要とするとき，**きさげ** (scraper) によるきさげ仕上げが行なわれる．

組立 (assembling) とは種々の機械加工および手仕上げによってでき上った部品を一体の機械として組立てることをいう．このときスパナ，ねじ回し，ハンマなどいわゆる作業工具類が使用される．

工作測定 (engineering measurement) とは，工作物の寸法，形状および仕上面が要求通りに仕上っているか否かを確かめるため，加工作業中ならびに加工終了後に**検査** (inspection) または**測定** (measurement) を行なうことをいう．

20・1 た が ね

たがねの一例を図 **20・1** に示す．図の刃先の角度 θ はやわらかい材料に対し 20～40°，かたい材料に対し 40～60° に研削される．図 **20・2** の圧縮空気を利用して高能率のはつり作業を行なう手持式の**空気はつり機** (pneumatic chipping hammer) である (図 1・77 参照)．

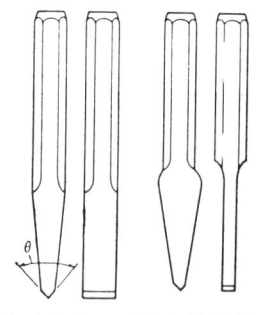

(a) 平たがね　(b) えぼしたがね
図 20・1　たがねの形状

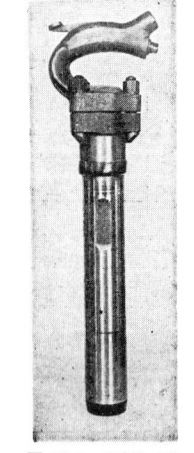

図 20・2　空気たがね

20・2 やすり

やすりの一例を図 20・3 に示す[1]. これら鉄工やすりの特殊なものとして，**可とう性やすり** (flexible file) と称し力を加えたとき少したわむものがある. なおこのほか次のようなものがある.

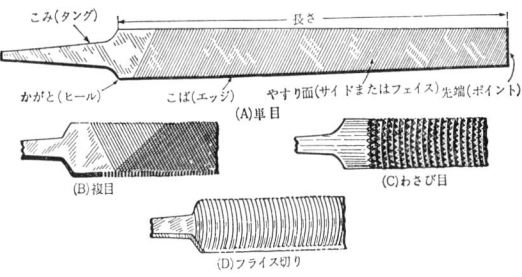

図 20・3 やすりの目の形

組やすり (assorted set of files)[2]　細かい仕上作業用.

刃やすり (edge file または saw file)[3]　手引きのこぎりの目立用.

製材のこやすり (mill saw file)[4]　木工用および製材用のこ の目立用.

人力によるやすり掛けの代わりに機械力によるものが**やすり盤** (filing machine) であるが，その一例を図 20・4 に示す. これによるときは複雑な形状の工作物のやすり掛けも能率よく行なうことができる.

20・3 き さ げ

きさげの一例を 図 20・5 に示す. きさげ仕上げは，工作物の面と標準面または組立てられる相手の面とをすり合わせて，当たりを検査しながら行なわれる. たとえば平面のきさげ仕上げには標準面として，すり合わせ定盤 (20・7・1 平たん度の測定 参照) が用いられ

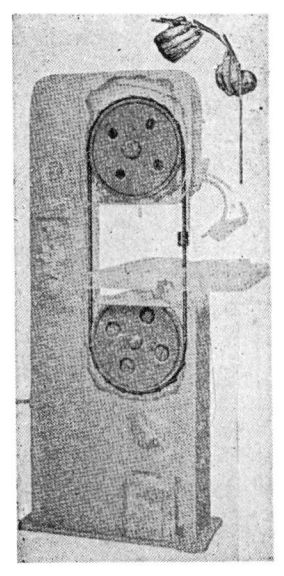

図 20・4　やすり盤

(1)　JIS B 4703 鉄工やすり
(2)　JIS B 4704 組やすり
(3)　JIS B 4705 刃やすり
(4)　JIS B 4706 製材のこやすり

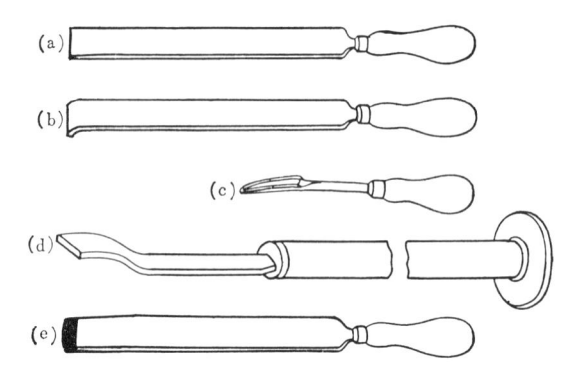

(a) 平きさげ (b) かぎ形きさげ (c) ささばきさげ
(d) 腰使いのきさげ (e) 超硬きさげ
図 20·5　きさげの種類

る．油でねった光明丹やプルシャンブリュ (Prussian blue) などを，定盤または工作物のいずれかの側に薄く塗り両者をこすり合わせると，工作物の高い部分がわかる．この部分をきさげで削り取りこれを繰り返してゆく．

20·4　その他の手仕上げおよび組立用作業工具

20·4·1　万力およびハンマ

手仕上作業において工作物は，大きくて重いもの以外は一般に**万力** (vice) によって固定される．万力には手万力 (hand vice)，取付万力[1] (bench vice)，横万力[2] (parallel vice)，立万力[3] (blacksmith's vice または leg vice)，パイプ万力[4] (pipe vice) など種々のものがある．

手仕上作業用の**ハンマ**としては，片手ハンマ[5] (hand hammer)，テストハンマ (test hammer) などが用いられる．

20·4·2　穴あけ用工具

手仕上げおよび組立作業の際，その場所で穴あけを行ないたい場合が多い．ボール盤のほかに次のものが用いられる．

ハンドボール (ratchet drill)

---

(1)　JIS B 4616　取付万力
(2)　JIS B 4620　横万力（角胴形），JIS B 4621　横万力（丸胴形）
(3)　JIS B 4622　立万力
(4)　JIS B 4642　パイプ万力
(5)　JIS B 4613　片手ハンマ

手回しボール[1] (hand drill).

胸当形手回しボール[2] (breast drill).

携帯電気ドリル[3] (portable electric drill) (図 20・6).

空気ドリル[4] (pneumatic drill).

これらに使用されるドリルについては第10章で述べたが、一般にストレートシャンクドリルを**ドリルチャック**[5] (drill chuck) でくわえて穴あけが行なわれる.

図 20・6 携帯電気ドリル

20・4・3 ねじ切用工具

めねじに対しては図 20・7 の**ハンドタップ**[6] (hand tap) がある.

次におねじに対しては図 20・8 の**ダイス**[7] (die) が用いられる. これらタップおよびダイスにより、ねじを切るには図 20・9 のハンドルが使用される. なおタップによるねじ切りには、第10章で述べたようにボール盤、ねじ立盤などに**機械タップ**[8] (machine tap または nut tap) を取り付けて行なう方法も多く用いられる. 機械タップは1本で荒, 中, 仕上げの3種を兼ねている.

このほかパイプのおねじを切るのに**パイプねじ切器**[9] (pipe die または die stock) がある.

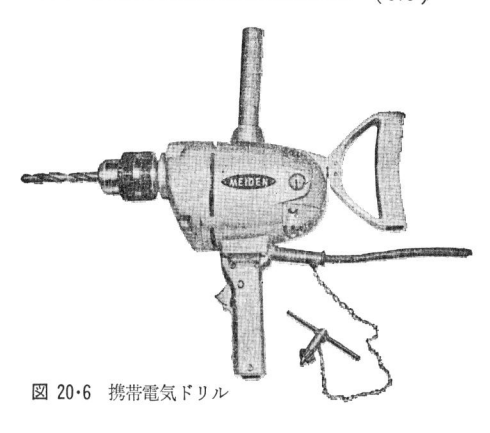

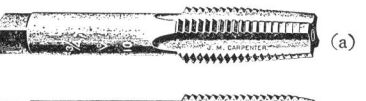

(a) 荒タップ　(b) 中タップ
(c) 仕上げタップ
　　この3種のタップを順
　　次用いてねじを仕上げる
　　図 20・7 ハンドタップ

---

(1) JIS B 4611 手回しボール
(2) JIS B 4617 胸当形手回しボール
(3) JIS C 9605 携帯電気ドリル
(4) JIS B 4902 空気ドリル
(5) JIS B 4612 手回しボール用および胸当形手回しボール用チャック
　　JIS B 4634 携帯電気ドリル用チャック
(6) JIS B 4430 等径ハンドタップ（メートル並目ねじ用）
　　JIS B 4432 等径ハンドタップ（ユニファイ並目タじ用）
(7) JIS B 4451 アジャスタブルねじ切丸ダイス（メートル並目ねじ用）
(8) JIS B 4433 ナットタップ（メートル並目ねじ用）
(9) JIS B 4645 パイプねじ切器（オスタ形）

(380) 第20章 手仕上げ，組立および工作測定

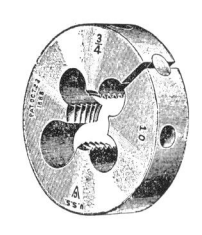

図 20·8 ダイス

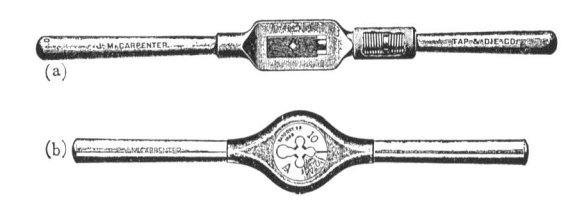

(a) タップ用ハンドル (tap wrench)
(b) ダイス用ハンドル (die handle)
図 20·9 ハンドタップおよびダイス用ハンドル

20·4·4 リーマ通し用工具
あらかじめあけられた穴を精密に仕上げるため，リーマを用いて，いわゆるリーマ通し (reaming) を行なうことについては第10章において述べた．手仕上げで行なうときは**ハンドリーマ**[1] (hand reamer) と，図20·9のタップ用ハンドルを用いる．

20·4·5 ハクソーフレーム[2] (hacksaw frame)
ハクソー[3] (hacksaw) を取り付けて手仕上作業により金属を切断する工具である．

20·4·6 研削仕上用工具
可搬式のものとして**携帯電気グラインダ**[4] (portable electric grinder)，**空気グラインダ**[5] (pneumatic grinder) (図 **20·1**) などがある．

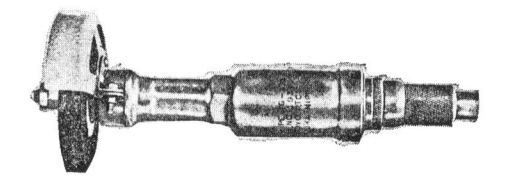

図 20·10 空気グラインダ

20·4·7 ねじ回し
普通の**ねじ回し**[6] (driver)，十字ねじ専用の**十字ねじ回し**[7] (Phillips head driver)，

---

(1) JIS B 4405 ハンドリーマ
(2) JIS B 4615 固定形ハクソーフレーム，JIS B 4618 片開き自在形ハクソーフレーム，
    JIS B 4619 両開き自在形ハクソーフレーム
(3) JIS B 4751 ハンドハクソー
(4) JIS C 9610 携帯電気グラインダ
(5) JIS B 4901 空気グラインダ
(6) JIS B 4609 ねじ回し
(7) JIS B 4633 十字ねじ回し

柄を押すと先端が回転する構造の **アメリカ形ねじ回し** などがある．

20・4・8 プライヤ類
針金その他をつかんだり，曲げたり，あるいは切断したりするため用いるもので，次のように種々のものがある．

ペンチ[1] (cutting pliers)　主として銅線，鉄線などの切断用．

ニッパ[2] (nipper)　主として電気通信機器類の配線のとき，銅線などの切断用．

強力ニッパ[3]　主として銅線，鉄線などの切断用．

プライヤ[4] (slip-joint pliers)　つかむ物の大小に応じ口のひらきが変えられる．かつ線材の切断もできる．

丸ペンチ[5] (round-nose pliers)　主として電気通信機器類の配線のとき，線材の曲げ加工用．

ラジオペンチ[6] (telephone pliers)　主として通信機器類の組立用．

ボルトクリッパ[7] (bolt clipper)　主として線材，丸鋼，より線などの切断用．

パイプカッタ[8] (pipe cutter)　主としてパイプ類の切断用．

20・4・9 レンチ類
ボルト，ナットなどの組付けまたは分解に用いるもので，次のように種々のものがある．

スパナ[9] (spanner)　片口と両口がある．

モンキレンチ[10] (monkey wrench)　口の開きを調節できる．

パイプレンチ[11] (pipe wrench)　パイプのねじ締めなどのとき パイプをはさんでつかむ．

鎖パイプレンチ[12] (chain pipe wrench)　外径の大きいパイプのねじ締め用．

ソケットレンチ[13] (socket wrench)　}　主として自動車などに用いる．
めがねレンチ[14] (offset wrench)

---

(1)　JIS B 4623　ペンチ
(2)　JIS B 4625　ニッパ
(3)　JIS B 4635　強力ニッパ
(4)　JIS B 4614　プライヤ
(5)　JIS B 4624　丸ペンチ
(6)　JIS B 4631　ラジオペンチ
(7)　JIS B 4643　ボルトクリッパ
(8)　JIS B 4646　パイプカッタ
(9)　JIS B 4630　スパナ
(10)　JIS B 4604　モンキレンチ
(11)　JIS B 4606　パイプレンチ
(12)　JIS B 4647　鎖パイプレンチ
(13)　JIS B 4636〜4641　ソケットレンチ用工具類
(14)　JIS B 4632　めがねレンチ

20・4・10 その他

組立作業，けがき作業などにおいて垂直を検査するのに図 20・11 の**下げ振り** (plumb bob) が用いられる．また工作物の水平や高さの調節のために，**ジャッキ** (jack) が用いられる．なお工作機械などの水平調節に用いられるものに図 20・12 の**レベリングブロック** (levelling block) がある．

図 20・11 下げ振り

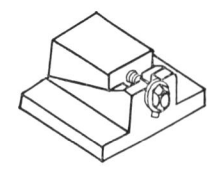

図 20・12 レベリングブロック

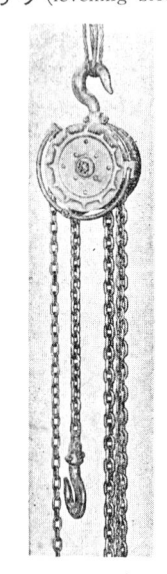

図 20・13 チェンブロック

手仕上げおよび組立作業場において重いものを釣り上げるのに図 20・13 の**チェンブロック** (chain block) が便利に用いられる．

20・5 工 作 測 定

20・5・1 ブロックゲージ[1]

長さの**標準ゲージ** (standard gauge) として最も広く使用されるもので，図 20・14 の例のように 1.005mm から 100mm まで総数 103 個組のものが多く用いられる．**ブロックゲージ** (block gauges または slip gauges) の特徴として，これらのおのおのを単独にまたは数個を密着 (**リンギング** (wringing)) させることにより任意の寸法のものをつくることができる．

---

(1) JIS B 7506 ブロックゲージ

20・5 工作測定　(383)

103個組内訳
1.005　　　　　　　　　　　　　　1個
1.01〜1.49　　0.01mm おき　49個
0.5 〜24.5　　0.5 mm おき　49個
25 〜100　　　25 mm おき　　4個
　　　　　　　　　　　　計　103個

これにより 300mm ぐらいまで
0.005mm おきの各種寸法をつく
ることができる

図 20・14　ブロックゲージ

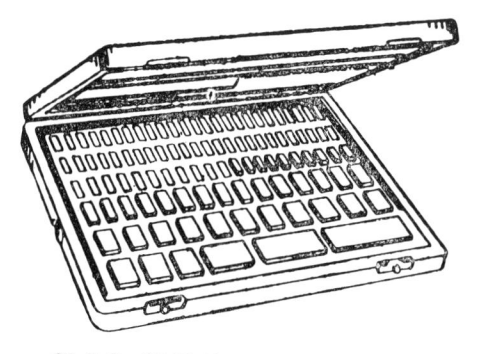

20・5・2　限界ゲージ

大小2種の**限界ゲージ** (limit gauges),すなわち**通り側ゲージ** (go gauge) と**止り側ゲージ** (not go gauge) とを用いて,製品の寸法を最大寸法と最小寸法の間,いいかえると**公差** (tolerence) の範囲内にあるように工作する方法を**限界ゲージ方式** (limit gauges system) という.JIS[1]の寸法公差にはIT01,IT0,IT1,IT2,〜IT16の18種類があるが,一般の機械部品に対してはIT4〜IT10の7種類が用いられる.

限界ゲージ[2]の形状には表20・1のような種類がある.なお限界ゲージの製作にあたり,その公差ならびに**摩耗しろ** (permissible wear) について JIS の規定がある[3].

表 20・1　限界ゲージの種類

穴用限界ゲージ	円筒形プラグゲージ	テーパロック形	図 20・15
		トリロック形	
	平形プラグゲージ		図 20・16
	板プラグゲージ		
	棒ゲージ		
軸用限界ゲージ	リングゲージ		図 20・17
	両口板はさみゲージ		
	片口板はさみゲージ		
	C形板はさみゲージ		図 20・18

20・5・3　その他のゲージ

図20・19の**すきまゲージ** (thickness gauge),図20・20の**半径ゲージ** (radius gauge),図20・21の**ピッチゲージ** (screw pitch gauge),図20・22の**ワイヤゲー**

（1）JIS B 0401　寸法公差及びはめあい
（2）JIS B 7420　限界ゲージ
（3）JIS B 7421　限界ゲージの公差,寸法許容差及び摩耗しろ

第20章 手仕上げ，組立および工作測定

図 20・15　円筒形プラグゲージ

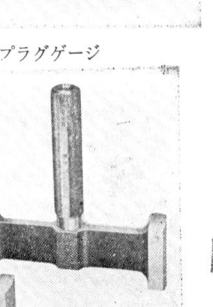

図 20・16　平形プラグゲージ

図 20・17　リングゲージ

図 20・18　C形板はさみゲージ

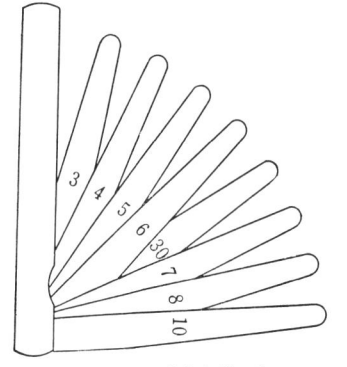

図 20・19　すきまゲージ

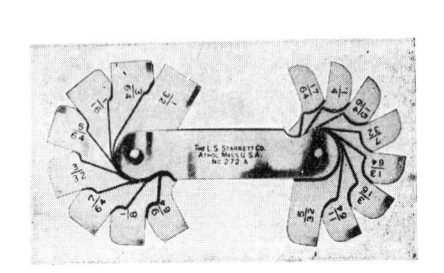

図 20・20　半径ゲージ

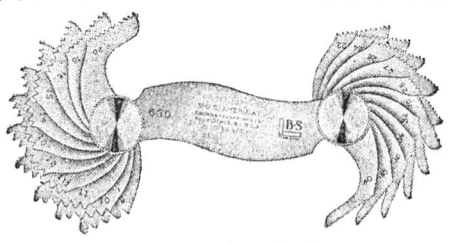

図 20・21　ピッチゲージ

図 20・22 ワイヤゲージ

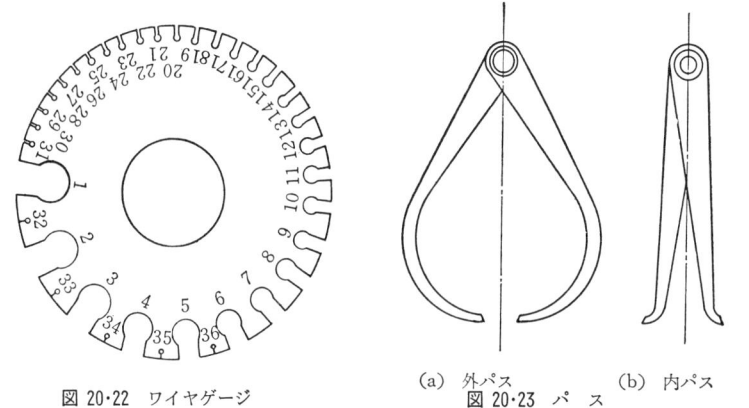

(a) 外パス (b) 内パス
図 20・23 パス

ジ (wire gauge) などがある．

20・5・4 物さしとパス

物さし (scale) には金属製直尺，金属製角度直尺，木製折尺，巻尺など[1]がある．これらのうち，工作物の測定に金属製直尺が広く用いられる．図 **20・23** の **パス** (calipers) は，物さしと併用することにより穴や軸の直径その他を便利に測定することができる．

20・5・5 ノギス

現場で広く用いられるものに図 **20・24** の **ノギス** (vernier calipers または slide calipers)[2] がある．これは上述の物さしとパスを一体としたものと考えられ，**バーニヤ** (vernier) によって寸法を細かく読むことができる．

図 20・24 ノギス

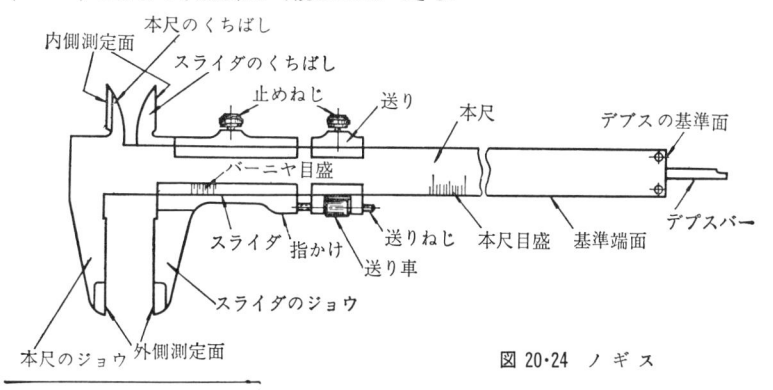

（1） JIS B 7512 鋼製巻尺，JIS B 7516 金属製直尺，JIS B 7522 繊維製帯状巻尺
（2） JIS B 7507 ノギス

20・5・6 マイクロメータ

簡単に,しかも比較的精度高く長さを測定するものとして**マイクロメータ** (micrometer)[1] (図 **20・25**) がある.固定したナットの中でねじ軸を回してその送りが回転角に比例することを利用したものである.

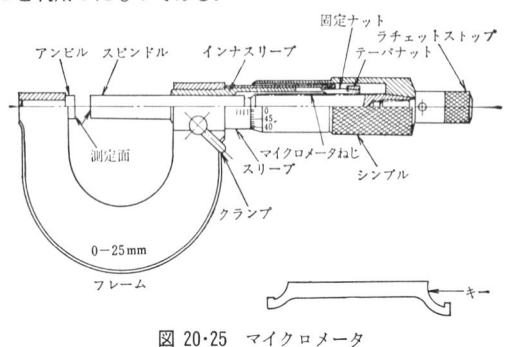

図 20・25 マイクロメータ

20・5・7 ダイヤルゲージ

図 **20・26** のようにダイヤル上において指針が直ちに長さの変化を指示する**ダイヤルゲージ** (dial gauge)[2] は,マイクロメータと同様工場現場,検査室などで広く用いられる.長さの測定には,おもに比較測長器すなわちコンパレータ (comparator) として用いられ,そのほか工作機械に取り付けた工作物の ふれ の測定,一面と他面の平行度の測定など利用範囲は広い.

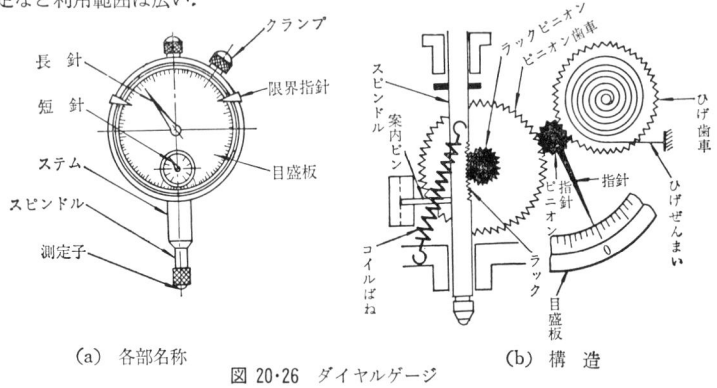

(a) 各部名称 (b) 構 造

図 20・26 ダイヤルゲージ

---

(1) JIS B 7502 外側マイクロメータ (0.01mm 目盛)
(2) JIS B 7503 ダイヤルゲージ (0.01mm 目盛)
    JIS B 7509 ダイヤルゲージ (0.001mm 目盛)

20・6 角の測定

角度の標準ゲージとして，ブロックゲージとよく似た **角度ゲージ** (angle gauges) (図 20・27) がある．また角度測定器として広く用いられるものに **角度定規** (bevel protractor) (図 20・28) がある．このほか三角関数 sine を利用して，任意の角度の設定および測定を行なうものに **サインバー** (sine bar)[1] がある．

(a) 外観

A形　B形　C形
(b) 3種の形

85個組内訳
10°〜11°　1′おき　15個　A形のもの
0°〜90°　1°おき　40個　｛A形のもの7個
　　　　　　　　　　　　B形のもの33個
89°〜90°　1′おき　30個　C形のもの
　　　　　　計　85個

これにより1′おきの各種角度をつくることができる

図 20・27　角度ゲージ

20・7　面の測定

20・7・1　平たん度の測定[2]

直定規 (straight edge)[3] は，その直線縁を被測定面にあてて，すきまの有無より面の

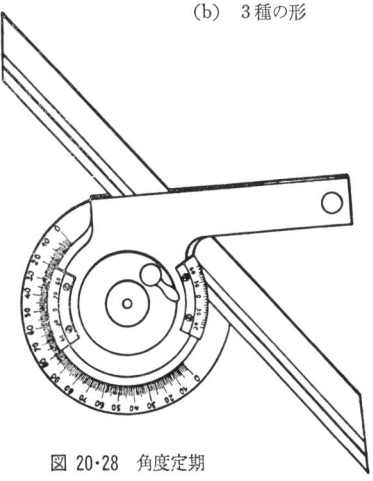

図 20・28　角度定期

---

(1) JIS B 7523 サインバー
(2) 平たん度，真直度，平行度に関する JIS として次のものがある．JIS B 0621 形状及び位置の精度の定義及び表示，JIS B 0021 形状及び位置の精度の許容値の図示方法
(3) JIS B 7514 直定規

平たん度を検査する．**定盤** (surface plate)[1] は平面の標準として平たん度の測定に用いられるほか，けがき，心出し，組立作業などの際に基礎面として使用される．なお**光線定盤** (optical flat) と称し光学硝子製で，光波干渉じまの模様から面の平たん度を検査するものがある．

20・7・2　表面粗さの測定[2]

工場現場で簡単に表面粗さの程度を判定する方法として表面粗さ見本[3]と比較する方法がある．なお表面粗さ測定機としては触針法や光波干渉法によるものなどが広く用いられる．

20・8　自動選別および自動組立

多量生産用工作機械に自動化が試みられるとき，それに付随する工作測定にも自動化が要求される．その代表的な例が自動定寸装置（図16・5, 図16・14参照）ならびに自動選別機である．

多量生産における経済的な工作精度よりも部品に要求される精度が一段と高いとき，工作物を自動選別によりいくつかの級に分ける．たとえば図 **20・29** の玉軸受自動選別組立機では，内外輪のみぞ径を自動測定しその結果から適当な径のボール（すでに 1μ の幅で 20 の級に自動選別されている）を選択組合わせて，さらに自動組立，完成品の自動検査まで行なう．

(a) 外観

---

(1)　JIS B 7513　精密定盤
(2)　JIS B 0601　表面粗さ，JIS B 0610　表面うねり
(3)　JIS B 0659　比較用表面粗さ標準片

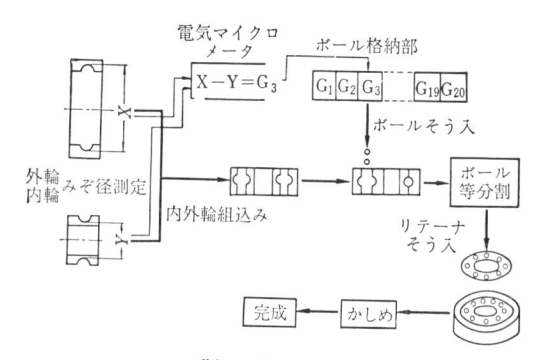

(b) 工程説明図

図 20・29 玉軸受自動選別組立機（玉軸受マッチング自動選別機）

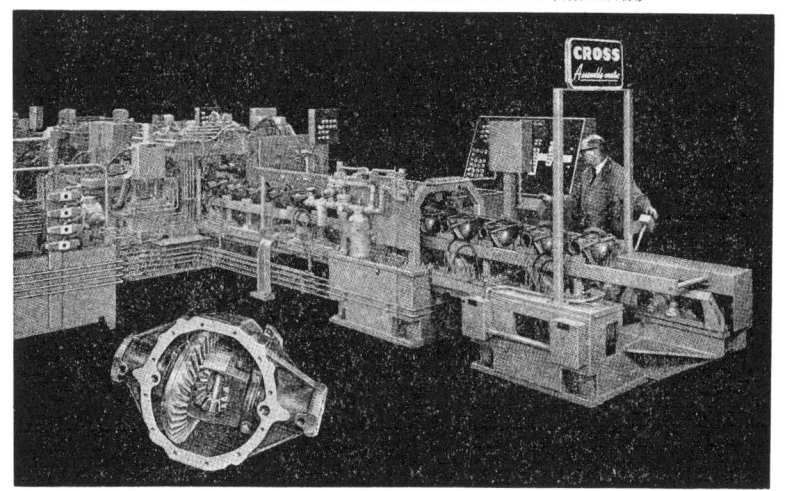

図 20・30 自 動 組 立 機

　最近，種々の自動組立機の活用が盛んになったが，図 **20・30** の例は差動歯車装置の組立さらに最終的なトルク検査まで行なう 500 個/hr の能力をもつ自動組立機である．このほか自動工作機械と自動組立機の結合によりさらに高能率を図ったものもある．

第21章 表面処理[1]

表面処理（surface treatment or metal finishing）とは各種材料の表面の物理的および化学的性質を改善するために行なう操作をいう．物理的性質にはかたさ，耐摩耗性，潤滑性，電気伝導度，熱伝導度，平滑度，色調，強度などがこれに属し，化学的性質には耐食性，耐薬品性，耐熱性，変色などの特性がこれに属する．

素材に他の物質を被覆するか，素材の表面のみを素材と化学的あるいは物理的性質の異なる状態に変化させることによって表面処理の目的を達成する．

いわゆる表面処理の分野に属するものには，研磨，洗浄，エッチング，電気めっき，化学めっき，溶融めっき，真空めっき，気相めっき，陽極酸化，化成処理，着色，塗装，ライニング，コーチング，拡散浸透，熱処理などがあり，他の章にないものについてごく簡単に概説する．

21・1 洗　浄 (surface cleaning)

金属材料の表面にあるよごれを除去し，清浄な表面にする操作をいう．種々の表面処理を行なう前処理として必ず行なわねばならない工程である．

21・1・1 脱　脂 (degreasing)

さび以外の表面にあるよごれをとる操作を脱脂という．

（1）**溶剤脱脂**　有機溶剤に浸せきまたはその蒸気にあてることにより，よごれを溶解除去する．溶剤としてはトリクロルエチレン，パークロルエチレンなどがよい．溶剤と界面活性剤とを加えておきこの液に浸せきしてから水洗しその際乳化させる乳化性洗浄法，溶剤と水とを界面活性剤で乳化させておき（比率 10：100：1 ぐらい）この液で洗浄する乳化脱脂法もある．乳化法を用いると表面に付着した微量固体（研摩砥粒など）の除去が容易である．

（2）**アルカリ脱脂**　2〜3％の加熱アルカリ水溶液中へ浸せきする．アルカリは炭酸ナトリウム，けい酸ナトリウム，りん酸ナトリウム，水酸化ナトリウムなどを用いる．少量の界面活性剤を添加するとより有効である．

（3）**電解洗浄**　アルカリ液中で品物を陰極または陽極として電解する．電流密度[2] 2〜20A/dm² で，発生するガスによる表面かく乱，陰極還元または陽極酸化がそのおもな機構である．この方法は脱脂の最終工程として行なわれる．

---

(1) 新版 金属表面技術便覧（昭和38年）日刊工業新聞社
　　Metal Finishing Guidebook (1973) Metals & Plastics Publications, Inc.
(2) 電極の単位面積当りの電流の強さ

21·1·2 酸洗い (acid pickling)

さびとり，表面の活性化のために行なう．普通には 5〜10% の硫酸または塩酸が用いられる．特殊の場合には りん酸，ふっ酸，しゅう酸 なども使う．

21·2 エッチング (etching)

写真製版，ネームプレート，プリント配線などの製造法の一部の操作として，金属の特定部分を溶解除去する方法である．溶解しては困る部分はレジストといって保護皮膜を施す．

亜鉛，マグネシウムには硝酸 (Be 40°) の 6〜15% 溶液に浸せきし，銅，黄銅，アルミニウム，鋼に対しては 40° Be 前後の塩化第二鉄溶液中へ浸せきするか，液を品物に吹きかける．

電解でエッチングを行なう場合には 10% 塩化ナトリウムと 3% 塩化アンモニウムの混合液中で $10〜40 A/dm^2$ の電流密度で陽極として溶解する．

21·3 電気めっき[1] (electroplating)

品物を陰極とし，めっきしようとする金属のイオンを含む溶液中で直流電解して，その金属を電解析出せしめる方法である．

めっき層の品質を規定する性質として，外観（光沢，平滑），厚さ，多孔性，耐食性，かたさ，内部応力などがある．

外観の美しさは素地の仕上げの程度とめっき条件で定まり，厚さは 電流効率×電気量（電流の強さ×電解時間）で定まり，多孔性は素地の平滑さ，めっきの厚さ，およびめっき条件で定まり，かたさや内部応力は同一種類のめっきでも添加剤の種類やめっき条件で大きく変化する．

めっき液は不純物や浮遊物を含まぬことが必要で，均一なめっき層を得るには品物各部分の電流密度分布を均一にすることが必要である．

おもなめっきの浴組成，作業条件，用途などを表 21·1 に示す．

21·3·1 光沢めっき

普通のめっきでは素地がよく研磨され，光沢があっても，めっき層が厚くなると光沢がなくなってくる．これはめっき層の結晶成長に基因している．めっき層の結晶を微細化して，平滑な光沢ある面を得るには，浴に適当な添加剤を加え，結晶の成長を抑制し，核の発生を多くすればよい．光沢を与える添加剤は陰極面に吸着して上述の作用を与える．

---

[1] Blum Hogaboom : Principles of Electroplating and Electroforming (1952) McGraw-Hill.
川崎元雄他：めっき技術（昭和38年）日刊工業新聞社．
めっき技術便覧（昭和46年）日刊工業新聞社．

表 21・1　おもなめっきの浴組成，作業条件，用途など

		浴　組　成 g/l	作業条件 温度°C	電流密度 A/dm²	電着速度[1]	おもな用途	備　考
銅	酸性	硫酸銅　125〜250 硫酸　　30〜100	20〜50	0.5〜5	45A·min/dm²	ロールなどの肉盛り，再生，電鋳用[2]	光沢めっきには光沢剤を加える 鉄鋼，亜鉛合金には直接めっきできない
	アルカリ性	シアン化第一銅　60〜80 シアン化ナトリウム　75〜100 遊離シアン化ナトリウム[3]　5〜15 pH 10.0〜12.8	50〜80	1〜4	22.5A·min/dm²	鉄鋼，亜鉛，アルミニウム合金素地の一般防食用下地めっき，鉄鋼の浸炭防止	光沢めっきには光沢剤を添加，液をかくはん，電流変化を実施（後述）
ニッケル		硫酸ニッケル　220〜280 塩化ニッケル　45 ほう酸　30〜45 pH 3.5〜4.5	40〜60	2〜10	50A·min/dm²	一般装飾，防食用，クロムめっきの下地	光沢めっきを行なうには光沢剤を添加（後述）
クロム		クロム酸　250 硫酸　2.5	40〜60	15〜80	電流効率[4] 15%以下	一般装飾・防食用めっきの最終仕上めっき	陽極は純鉛板を使用
ロジウム		クロム酸　～50[5] けいふっ化ナトリウム　5〜10 硫酸　0.7〜1.3	55	50	電流効率 26%	工業用に種々の用途がある（後述）	陽極はすず7％以上を含むすず鉛合金を使用
亜鉛		金属亜鉛　5〜15 シアン化ナトリウム　8〜27 水酸化ナトリウム　60〜100	25〜40	1〜4	36A·min/dm²	鉄鋼製品のさび止め，塗装下地	鋳鉄には直接めっき困難クロメート処理をするとよい（後述）

(1) 電流効率100％とした場合10μの厚さを得るに要する電気量
(2) 電気分解による一種の鋳造法，厚いめっきを施して逆型をつくる方法（例：レコード円盤，活字々母）
(3) 銅と錯塩を形成していないシアン化ナトリウムの量
(4) 全消費電気量のうち，そのめっきに有効に使用された電気量の割合
(5) 林 禎一：日本特許 198552

通常アルカリ性銅めっき浴にはロッセル塩，酒石酸カリの 50g/l 前後，亜セレン酸ナトリウム，鉛塩の 0.01〜0.1g/l，ロダンカリの 10〜15g/l を添加する（単独またはこれらの二，三を混合して）．

ニッケルめっきには第1種光沢剤として化学構造 $-\overset{|}{C}=SO_2-$ をもつ有機化合物，たとえばナフタリンスルフォン酸ナトリウム，サッカリンなどを 10g/l くらいと，少量で平滑さを増す第2種光沢剤たとえばアセチレン系アルコール（例 1.4ブチンヂオール），フォルマリンなどを 0.01〜0.1g/l 前後とを，併用する．

21・3・2 クロムめっきの性質と用途

クロムめっき層は光沢がよく，空中で変色せず，かたさはミクロビッカースで 800〜1,100 あり，摩擦係数小さく，耐摩耗性すぐれ，耐食性もよいので種々の用途がある．装飾用としてニッケルめっき上に 0.1〜1μ のごく薄いめっきを施すほか，工業用として 5μ 以上の厚さにめっきして種々の用途がある．たとえばジグ，工具，計器，機械部品の寿命向上や，そのほかゴム，プラスチックス，ガラスの型，鍛造型などに実施して型の寿命を延ばし製品の仕上りをよくする．さらにめっきの後，逆電腐食し多孔性を増して含油性を与え，いわゆるポーラスクロムめっきとして内燃機関のシリンダライナ，ピストンリングに使用してしゅう動部分の摩耗防止に効果をあげている．

21・3・3 クロメート処理

亜鉛，カドミウムめっきなどはそのままでは変色するが，これをクロム酸塩を含む溶液に数秒〜数十秒浸せきすると著しく耐食性が向上する．この処理をクロメート処理という．クロメート処理法には光沢膜を得る方法と着色膜を得る方法とがある．使用薬品はクロム酸，硫酸，硝酸の混合したものが主で，クロム酸の有毒性を考慮し，最近はうすい液（クロム酸5 g/l）の使用が多くなっている．得られる皮膜は $xCrO_3 \cdot yCr_2O_3 \cdot zH_2O$ の組成をもつ非晶質のものである．厚さは 0.5μ 以下で，厚さが厚いほうが着色しており，耐食性もよい．皮膜は多孔性で染料で染着でき，塗料の密着性もよい．

21・3・4 電気めっきと公害防止

電気めっきには種々の有害薬品を使用するので，その浴の廃棄には十分な注意が必要である．特にシアンおよびその化合物，クロム酸を主とする6価クロムの水溶液は猛毒で，その廃水にはきびしい基準が設けられている．

シアン類はアルカリ性で塩素により酸化し，6価クロムは酸性で亜硫酸塩で還元し，それぞれ中和したのち沈殿を除去して放流する．銅，亜鉛，鉛，カドミウムなどの重金属イオンも中和沈殿して除去しなければならない．

21・4 化学めっき[1] (chemical plating)

化学めっきとは電気エネルギを使用せずに金属塩水溶液中の金属イオンを置換反応，あるいは還元反応で他の素材表面に析出させる方法をいう．

工業的に価値のあるのはニッケルの還元めっきで浴組成の一例を示す．

塩化ニッケル 30g/l，次亜りん酸ナトリウム 30g/l，酢酸ナトリウム 10g/l，pH 4～6，温度 90～98°C

この方法は素材表面およびめっきされた面が触媒となり，ニッケルの還元析出が進行し，素材の形状に関係なく各部均一に析出する利点があるが，析出物はりんを9％程度含み，次亜りん酸ナトリウムの還元効率が30％程度で悪く，高価になり，装置材料や，浴の管理のむずかしいなどの欠点がある．厚さが各部均一に着く点と加熱により硬度を上げることができる点で，耐摩耗性皮膜として利用されている．

また銅の化学めっきがプラスチックス上の電気めっきの前処理に広く使われるようになった．

21・5 溶融めっき (hot dip coating)

金属を溶融点以上に加熱しておき，被めっき物をこの中へ浸せきして引上げ，表面にその金属の膜を得る方法である．この方法の得失としては，素材の融点がめっきすべき金属のそれより高いことが必要で，操作が簡単で短時間に割合厚い層が得られるが，厚さを自由にコントロールすることはできない．また素材と溶融金属とは高温のため直ちに合金層を形成し，素材の一部が変質することがある．素地金属はおおむね鉄鋼で，めっきしうる金属は亜鉛，すず，アルミニウムなどの低融点金属である．

操作としては素地を清浄にして，予熱し，フラックスにつけて酸化を防止するとともに，湯流れをよくし，浴中へ一定時間浸せきの後，引き出し冷却すればよい．

21・5・1 亜 鉛

作業温度は板で 450±15°C，線で 460±15°C，フラックスは塩化亜鉛，塩化アンモニウムの飽和水溶液を用いる．

主として鉄鋼のさび止め用として使用される．板に施したものはトタン板と呼ばれ，建築用材となり，線に施して，よろい装線，有刺鉄線，電信線，金網，蛇籠，鋼索などとして用いる．管に施してガス管，水道管，継手として使用し，その他鍛造品，鋳造品，鉄塔，橋りょう，ボルト，ナットなどにも施される．

---

(1) 呂 戍辰：防食メッキと化学メッキ (1960) 日刊工業新聞社

21·5·2 すず

鉄板に施したものはブリキ板といわれ,かん詰容器その他の原料となる.
銅線の上にも施行し電線に使用する.防食性とハンダづけのしやすい点を利用する.

21·5·3 アルミニウム[1]

溶融アルミニウムめっきは最近工業化されたもので,アルミニウムの融点が660°Cと高いので作業はむずかしい.アルミニウムは亜鉛よりさらに卑な電位をもつから一般防食用として使用されるほか,酸化アルミニウムが耐熱性のある点を利用して耐熱用にも用いる.

21·6 真空めっき (vacuum coating), 気相めっき (gas plating)

21·6·1 真空めっき [2]

$10^{-4} \sim 10^{-6}$ mmHg の高真空中で金属あるいは化合物を加熱蒸発させ,蒸発した原子または分子を物体に当てて,その表面に金属または化合物の薄膜(厚さ 1μ 以下)を形成する方法である.工業的に応用されている例はがん具,装飾品,包装紙などの上にアルミニウムを蒸着して金属光沢を与え,電気的用途として抵抗,コンデンサに実施し,光学的用途としてレンズの反射防止に ふっ化マグネシウム,一酸化けい素を蒸着する.素地はガスを放出しなければ金属でも非金属でもよい.

21·6·2 気相めっき [3]

gas plating, vapor plating などと呼ばれ,金属ハロゲン化物やカルボニル化合物を熱分解あるいは水素還元で,金属皮膜を得る方法である.本法では水溶液電解では得難いチタニウム,ゲルマニウム,タングステン,タンタラム,コロンビウムなどの高純度めっきが得られるほか,金属の炭化物,窒化物,ほう化物,けい化物,酸化物などの皮膜も得られる.しかし薬品が危険であったり,作業温度が高温であったりして,まだ特殊の分野にしか実用されていない.

21·7 陽極酸化[4] (anodic oxidation)

金属を陽極として電解し,表面に酸化皮膜を形成させる方法であるが,アルミニウムおよびその合金に対する方法はアルマイトという名でよくしられ,普及している.標準電解条件と皮膜特性,用途などを表 21·2 に示す.

---

(1) 多賀谷,伊佐:金属表面技術 11, (1960) 506.
(2) 上田良二:真空技術(岩波全書)(昭和37年)岩波書店
(3) Powell, Cormpbell, Gosner; Vapour-plating (1955)
　　友野理平:表面処理を主題とした電気化学 (8) (1963) 157. 電気化学協会関西支部
(4) 池田,西邑:金属表面技術通覧(昭和31年) 175, 日本鍍研新聞社
　　宮田 聡:陽極酸化(昭和29年)日刊工業新聞社

表 21・2　アルミニウム陽極酸化の標準電解条件と皮膜特性

電解液	電解液濃度(%)	電圧 (V)	電流密度(A/dm²)	皮膜の特性	用途
しゅう(蓚)酸	2〜5	D.C. 30〜60 A.C. 40〜80 または D.C.+A.C.	1〜2	薄黄色皮膜，耐食性，耐摩耗性きわめて良好	特に耐酸，耐摩耗が必要なもの
硫　　酸	10〜20	D.C. 10〜20 A.C. 10〜40 または D.C.+A.C.	1〜2	透明，染色性のよい皮膜，加工費低廉	一般家庭用品，建材，染色加工のもの
クロム酸	2〜5	D.C. 40	0.2〜0.5	灰色皮膜，耐食性特に耐アルカリ性がよい，摩耗に弱い	塗装下地

21・8　化成処理 (chemical formation), 着色 (coloring)

21・8・1　化成処理

　金属表面に溶液を用いて酸化膜や無機塩の薄い皮膜を化学的に造り，簡易な防錆皮膜および塗装下地を造ることを化成処理という．鉄鋼表面にはりん酸または可溶性金属りん酸塩[1]のうすい水溶液で，不溶解性の金属りん酸塩の皮膜を生成させる．クロム酸および，その塩によるクロメート処理，しゅう酸処理も実用化されている．

21・8・2　着　色

　金属表面に金属自身の化学変化により1種またはそれ以上の金属の化合物を形成し，それによってその表面の発色を変化させる方法で，皮膜はたいてい 0.1μ 以下の薄さで，密着性，耐摩耗性，耐食性などはあまり期待できない．

21・9　塗　装[2] (painting)

　塗装は素地を汚染と腐食から保護し物体に美観を与える目的で行なう．

21・9・1　塗　料

　塗料は塗膜形成要素と塗膜助成要素とからなる．たとえば油性ペイントにおいては乾性油―顔料（着色顔料，体質顔料）；乾燥剤―溶剤からなり，合成樹脂塗料では合成樹脂―顔料；可塑剤―溶剤とからなっている．塗料は塗装の目的に応じて乾燥性，光沢，耐候性，耐薬品性，耐熱性，密着性，価格などを考慮して適材適所に選ぶことが肝要である．

（1）たとえばりん酸マンガン，またはりん酸亜鉛を主成分とした皮膜処理剤が種々の商品名で市販されている
（2）塗装便覧（1957）産業図書
　　塗装技術便覧（1956）日刊工業新聞社

21・9・2 塗装方法

塗装を行なうには表面清浄後適当な前処理（たとえば りん酸処理）を行ない，下塗り，中塗り，上塗りのように何段階かで行なう．

塗装方法には刷毛塗り，浸せき，スプレーガン塗装，静電塗装，電着塗装などの方法がある．

塗料の乾燥方法には自然乾燥，加熱乾燥があり，加熱方法には熱風，赤外線などの方法が利用される．

21・10 ライニング (lining)，コーチング (coating)[1]

21・10・1 金属溶射 (metal spraying)

溶射ピストルを用いて，線状または粉末状の金属を溶融すると同時に高圧ガスあるいは空気で噴霧状として目的物に吹付け被覆する方法で，防食，耐熱，耐摩耗，肉盛補修，電導性付与，放射線防止，美化などの目的に実施される．金属としてはアルミニウム，亜鉛，鋼，ステンレス鋼，ニッケル，銅，ニクロム，モネル，鉛，すず，モリブデンなどが使われる．付着速度は割合に大きいが，できた被膜は多孔性で酸化物を含有する．

21・10・2 無機質被覆

グラスライニング，セラミックコーチング，ほうろうがこれに属する．

21・10・3 有機質被覆

各種のプラスチックス，ゴムなどの有機物を溶射，溶液塗装，流動浸せき，ディスパージョン，シートはり付けなどの方法で金属面に厚く被覆する方法で各種の化学容器，反応槽に利用される．

21・11 拡散浸透 (diffusion treatment)

カロライジング（アルミニウム），シェラダイジング（亜鉛），シリコナイジング（けい素），クロマイジング（クロム）のように各種の金属粉末と金属材料とを接触させて加熱し，材料の表面から内部へ金属を拡散浸透させる方法である．両種金属間に溶解度があり，固溶体をつくることが必要である．拡散剤には被覆金属の粉末と，その焼結を妨げる たとえばアルミナのような酸化物と，適当な反応促進剤とを配合する．

操作がめんどうであるので，それほど大きくは工業的に利用されていない．

---

(1) ライニング便覧（昭和 36 年）日刊工業新聞社

第22章　ジ　グ

ジ　グ（jig）とは機械部品の製作，検査，組立などにおいて，工作物を取り付け，あるいは工作物に取り付けて加工部分の位置を定めたり，工具の案内をする器具である．狭義には工具の案内をするものをジグ，工作物を取り付けるものを**取付具**（fixture）と称して区別することがあるが，一般にはこの二つを区別することの困難な場合が多く，両方を合わせてジグと称している．

ジグはそれを使用する作業によって次のような多くの種類に分類される．

(1) ドリルジグ（drill jig）　　　　　(2) 中ぐりジグ（boring jig）
(3) 旋削ジグ（lathe fixture）　　　　(4) 平削りジグ（planing fixture）
(5) フライスジグ（milling fixture）　(6) ブローチジグ（broaching fixture）
(7) 歯切りジグ（gear cutting fixture）(8) 研削ジグ（grinding fixture）
(9) 精密加工用ジグ　　　　　　　　　(10) 溶接ジグ（welding jig or fixture）
(11) 組立ジグ（assembling jig or fixture）(12) 検査ジグ（inspection jig or fixture）

また一定の部品にのみ使用される専用ジグと，少しの設計変更で種々の部品に対して使用できる はん（汎）用ジグに分けることもできる．

このようなジグを使用することによって，

(1) 部品の加工が容易となる．(2) 取付け時間を減少する．(3) 特殊作業を容易に行なうことができる．(4) したがって作業員の熟練度を必要としない．(5) 工作上の失敗が少なくなる．(6) 検査作業の一部を省略することができる．(7) 部品加工の精度を向上することができる．(8) 部品に厳密な互換性を与える．(9) 生産過程を改善する．

など多くの利点が得られる．しかし一般にジグの製作費は高くつくので，生産個数をにらみ合わせて，ジグの製作に当っては技術的と同時に経済的な検討が必要である．

22・1　ジグの要素

ジグの設計は工作物の形状や作業の種類により場合場合に応じて行なわねばならず，その一般共通的な点をとりあげることははなはだ困難であるが，工作物の位置決め，締付け，工具の案内などについて原則的な事項は次に述べるとおりである．

22・1・1　工作物の位置決め（locating）

工作物の位置を決めるには，物体の有する運動の自由を拘束しなければならないが，その際抑制すべき自由度数以上の拘束を与えると加工品，あるいはジグにひずみを生ずるから注意を要する．たとえば図**22・1**の例においては必要拘束自由度の数は4であるのに対して (a) は6個の自由度を拘束するために不可であり，(b) または (c) の設計と

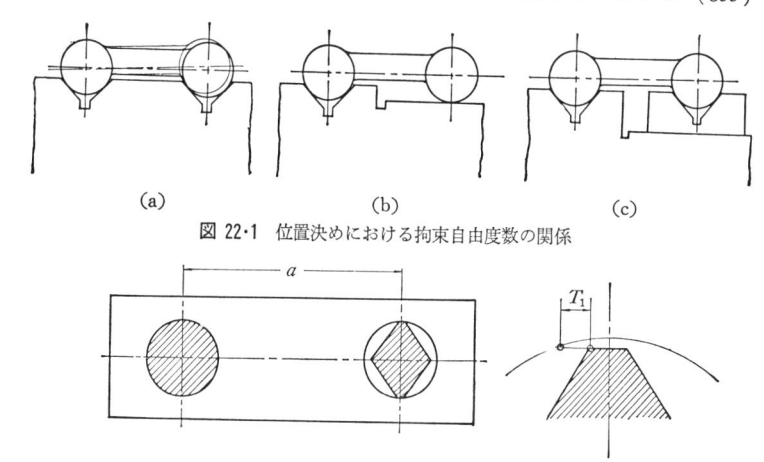

図 22・1 位置決めにおける拘束自由度数の関係

図 22・2 2個の穴を持つ部品の位置決め

しなければならない．また図 22・2 は 2 個の穴とこれにはまりあうピンにより位置決めするものであるが，必要な拘束数は 6 であり，その内左方の丸ピンで 4 個の自由度が拘束される．したがって右方のピンで，2個の拘束をすればよいが，そのために図のようにひし形のピンを用い，同図右に示すように逃げをとる．このように設計すれば両穴の中心距離が $(a±T_1)$ の加工品を，これに取り付けることができる．

　工作物をジグに取り付ける場合，点で支持することもあり，広い面で受けることもある．未加工面を受けるときや，圧力の小さいときは前者でよく，仕上面を受けるときには後者による．図 22・3 は支持ピンの設計で，いずれもその高さが調節できるが，(a)，(b)はねじを直接用いるもの，(c)はカムを介在せしめ，(d) はばねを用いている．(d)においてαの角度が過大であるとねじを締めたときに A を押上げ，逆に 小さすぎると圧力がかかったときにピンを右に押すから一般に 9°〜10° ぐらいにする．これらのピンの工作物との当り部分は焼入研削しておくのがよい．面で品物を受ける場合，切くずのつまらぬように図 22・4(a) のように碁盤目のみぞをつけ，また工作物の直角の二面にあてるときは (b) 図のようにすみにみぞをつける．一般にこのような工作物の支持点あるいは支持面を設計するときには，
- (1) 切くずの逃げを考える．
- (2) 相互になるだけ離れた位置に置き，かつ締付部および切削力作用点に近く位置するようにする．
- (3) 圧力が均等に分布するようにする．
- (4) いわゆるフールプルーフにして，位置決めが一とおりよりないようにする．

(400) 第22章 ジ グ

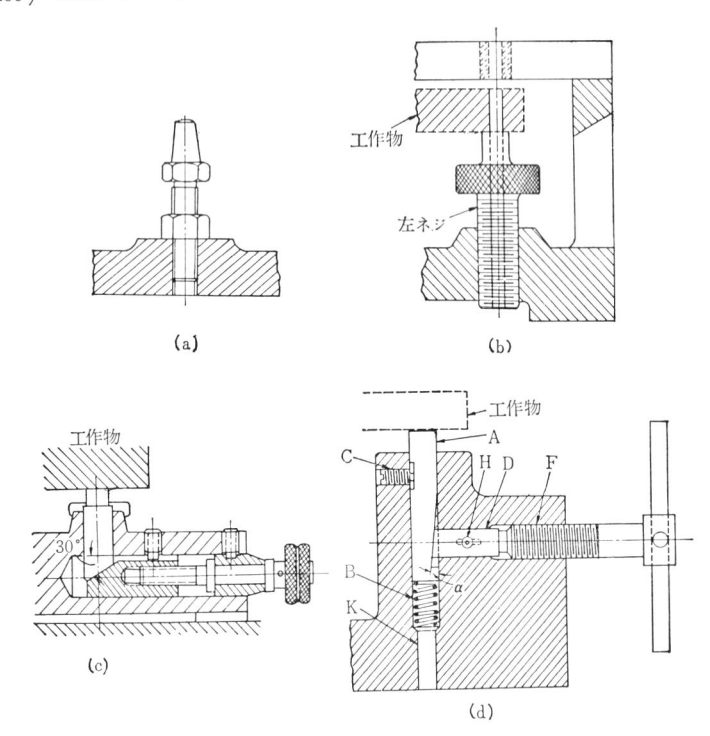

(a) (b) (c) (d)

図 22·3 支持ピンの設計例

などの注意が必要である.

穴の中心のように品物の基準となるべきものが物体の内部にあって仮想のものであるとき，その位置決めを **心出し** (centering) という．一般のジグでは心出しと同時に締付けも行なわれるのが普通である．**図22·5, 図22·6** はジグにおける心出しの例を示す．図22·5はドリルジグで，工作物のテーパ部分を利用して心出しをしている．図22·6は鋳造品のように外側の寸法があまり正確でない工作物の中心を出すための装置である．旋盤のスクロールチャックもこのような目的をもつはん用ジグと考えることができる．

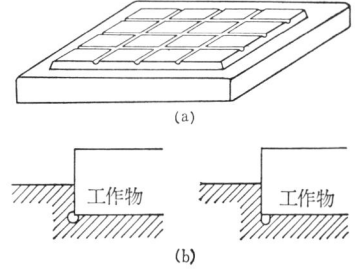

図 22·4 支持面の設計

工作物の長さに沿って等間隔に穴をあけるとか，あるいは円周上等角度に穴をあける

22・1 ジグの要素　(401)

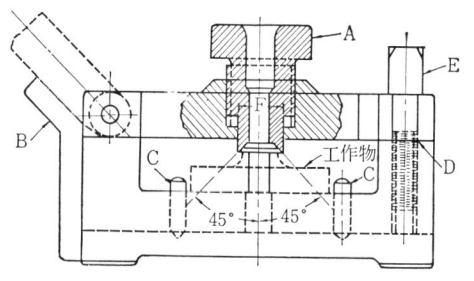

図 22・5　心出し方法の例（その1）

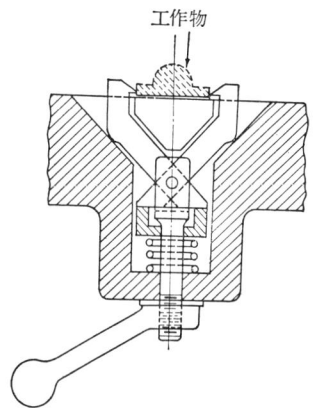

図 22・6　心出し方法の例（その2）

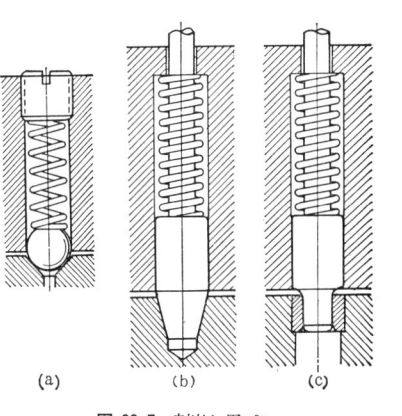

図 22・7　割出し用ピン

などのためには，**割出し作業** (indexing) が必要である．このためには一般に穴とこれにはめ込むピンとを用いて行なわれるが，その二三の設計例を図 22・7 に示す．
(a) は最も簡単なものであるが，あまり良い精度を期待することはできない．そのために，(b), (c) のような設計が用いられるが，(b) のようにテーパピンを用いるとピンが摩耗してもガタつかない利点はあるが，切くずなどがつまって精度を害するおそれがある．これに対し (c) のように円筒状にすれば穴への差込みに手間はかかるが精度は良好である．摩耗に対してはブシュをとりかえればよい．大形ジグの場合はばねの代わりにカムを利用することが多い．円周の角度割出しのときは，差込み穴は円弧部に設けるより平面部に設けるほうが割出し精度は良くなる．

22・1・2　工作物の締付け (clamping)

工作物をジグに取り付ける際の一般的注意事項をあげると次のとおりである．
(1)　締付力は十分で，かつ加工面に変形を与えぬようにする．このためには締付点がなるべく固定当り面に近くなるようにするなどの着意が必要である．
(2)　加工時の切削圧力などを考えて最良の締付位置を選ぶ．またフライス切削の場合などのように工作物が振動しやすいときは，締付けにゆるみを生じないようにする．

(3) 加工機械の切削方向，刃物の位置などを考慮し危険のない締付操作位置を選ぶこと．
(4) 締付面が大きいとき，または2個以上の品物を同時に締付けようとするときには，締付力が平均するような構造にする．
(5) 締付機構はできるだけジグと一体とする．やむをえずスパナなどを用いるときにはただ1種のスパナですむように設計する．
(6) 締付機構は操作を迅速にするために，いわゆる「速締め」形式をなるべく採用する．

以上の方針にそうよう設計することが必要であるが，締付けをその加圧力によって大別すれば
(1) 定寸締付け（剛性締付け），(2) 定圧締付け（弾性締付け）

になる．ねじ，カム，リンクなどによるものは前者に属し，重力，ばね，圧縮空気，油圧などを直接用いたものは後者に属する．ただし定圧締付けは多くの場合定寸締付けの補助手段として用いられ，たとえばある方向に定圧的に締付けて心出しをしてから，これと直角の方向に定寸的に締付けるというようにする．定寸締付けはさらに使用目的から，工作物を1個のみ締付けるものと，多数を同時に締付けるものとに分けられる．工作物を1個締付ける場合にも，1個所を1方向に締付けるもの，締付力が均等に分布するように数個所を同時に締付けるもの，あるいは2または3方向を同時に締付けるなど多くのものがある．図 22・8 は締付け機構の数例を示す．

22・1・3 工具の案内

工具の案内装置としては，ドリルジグ，中ぐりジグに使用されて，ドリル，リーマ，タップ，中ぐり軸などの強制的案内に供せられるジグ ブシュと，平削りジグ，フライスジグなどに用いられて バイト，フライスなどの位置決定に供せられるフィーラ ブロックとがある．

(1) **ブシュ**（bushing）　上述のように，ブシュとはジグにはめこまれてドリルなどの案内に用いるものであるが，次の種類がある．(図 22・9 参照)

(a) **固定ブシュ**（press-fit bushing）　下ブシュを用いないで直接ジグにはめこまれるブシュで，あまり生産数量の多くないとき，あるいは穴の間隔が狭くて下ブシュをはめる余裕のないときに用いられる．これに図のように つば付 と つばなし の2種がある．

(b) **差込ブシュ**（renewable bushing）　ジグ板に下ブシュをはめこんであるときに用いるもので，生産数量が多くて1個のブシュでは摩耗して寿命が足りないとき，あるいは一つの穴で種々の径のドリルを使用するときなどに用いられる．リーマ，タップなどつぎつぎに用いる際，ブシュを取りかえやすいように頭部にローレットを切っておく．また，はめこんで固定するために切欠きをつけたものもある．

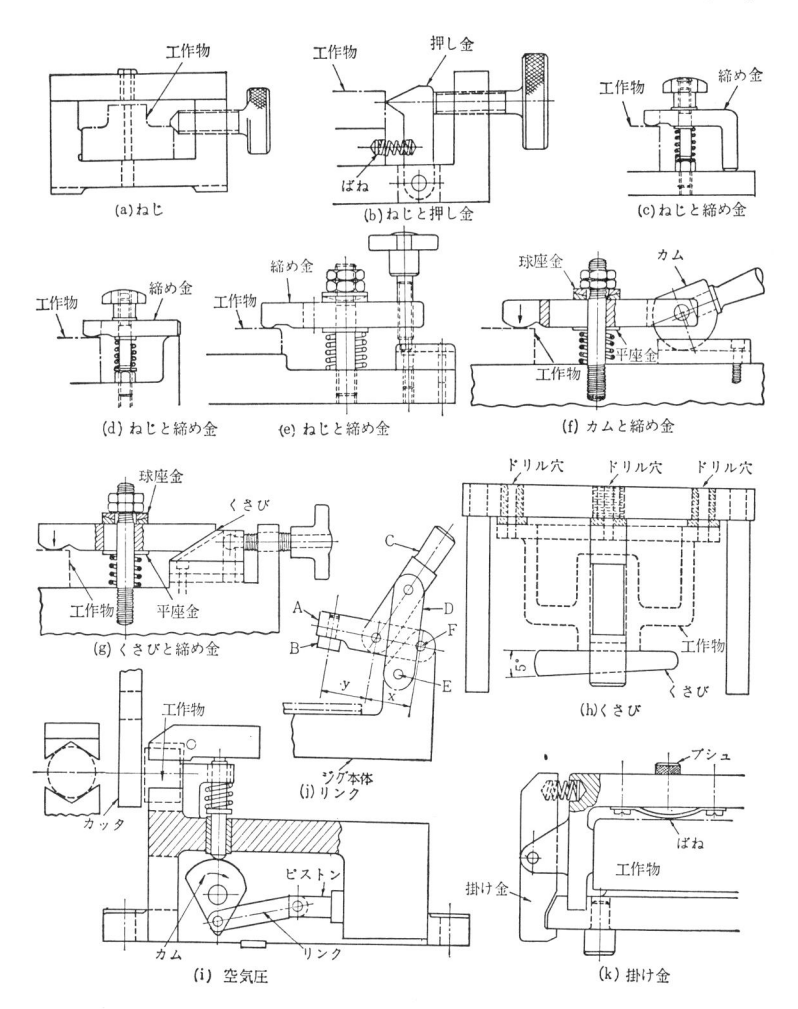

図 22·8 締付け機構例

(c) **下ブシュ** (liner bushing) 上記差込ブシュとともに用いられるもので，固定ブシュと同様に つば付 と つばなし とがある．

ジグブシュはドリルジグにおいてその生命ともいうべきものであるから，その材料，寸法精度などについては十分注意して製作しなければならない．(22·3項 参照)

(2) **フィーラブロック**(feeler block) これは平削りジグ, フライスジグ, 旋盤ジグなどに用いられて, バイト, フライスなどの位置決めに用いられるもので, 図 22·10 は代表的な例を示す. (a) は固定したもの. (b) は可動のものである. 型板を用いた ならい切削や ならい研削装置もこの一種とみなすことができる. フィーラブロックの使用に際して多くの場合刃物を直接接触させないでその間に薄板(フィーラ)を介在せしめる.

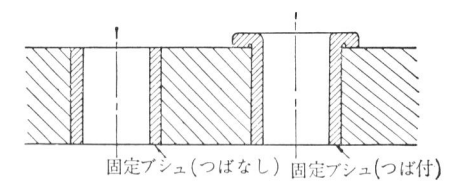

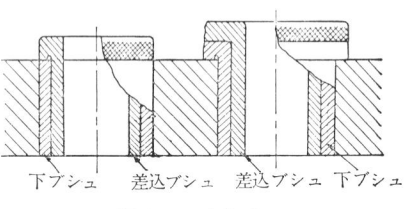

図 22·9 ジグ ブシュ

22·1·4 工作物の位置決め装置と工具の案内装置との連結機構

小形のジグ, ドリル ジグ, 中ぐりジグなどではこの連結機構を独立のものとすることが多いが, 平削りジグのように大形の場合は工作機械のテーブルや面板などを利用することが

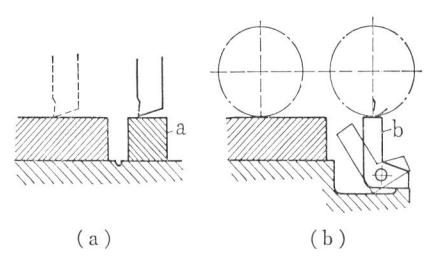

図 22·10 フィーラ ブロック

ある. この連結機構はジグの工作精度に密接な関係があるからその設計は十分注意しなければならない. すなわちできるだけ可動部分を避け, 剛性度も高めることが必要である. 小形ジグ箱などでは, ジグ ブシュと工作物の位置決め装置をなるだけ同一のリーフ上に設け(たとえば図 22·5 参照), もしそれが可能のときは軸として焼入ピンを用いるなど, その部分のガタにつねに注意すべきである.

22·1·5 その他の付属装置

(1) **ジグのつり上げ装置** ジグ自身の運搬だけでなく, ドリル ジグなどでは工作物をその中に取り付けたままでその向きを変える必要もあるから, 全体の重心を考慮してつり上げる位置を決定すべきである.

(2) **ジグの機械への取付装置および あし** ジグは加工機械のテーブルなどに固定することもあり, またその上に置いたままで使うこともある. 前者においては工作物をジグに取り付けるのと同様に締め金, 締付けボルト, ナットなどが利用され, また加工機械との関係位置を正確にするためにTボルトなどが裏面に設けられる. 後者はド

リルジグによく見られるものでジグ下面に あし を設ける．あしの数は剛性の許すかぎり最小にすべきであるが，3本では切くずがつまっても安定し精度がでないために必ず4本以上とする．また あし をつける位置は重心や切削力を考えて決定すべきである．

（3）**工作物の補給および取出装置** 工作物の補給は自動的なジグにおいて問題となる．一般にシュート式のものが用いられる．取出装置については考慮されることが少ないが，能率をあげるためには重要なものの一つである．カム，てこ，ばねあるいは圧縮空気などを利用する．たとえば図 **22·11** は圧縮空気を利用したもので，工作物の取出しとともに切くずの排除も行なう．図 **22·12** はナットのタッピング用ジグで，シュートから補給されたナットはタップ C で加工され，加工ずみのナットは G 端より自動的に抜け出る．

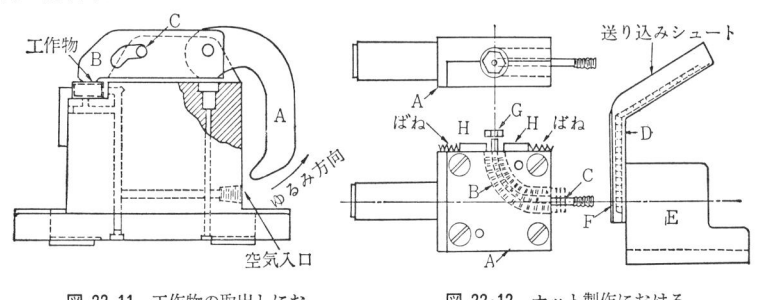

図 22·11　工作物の取出しにおける圧縮空気の利用

図 22·12　ナット製作における工作物の補給取出し

（4）**送り装置** たとえばフライス削りなどで，ジグに手動送り装置を設けて機械テーブルを静止したままで加工するものがある．また立フライス作業で回転テーブルを利用して連続切削を行なうことは最も普通に行なわれる．（たとえば後述の図 22·20 参照）

（5）**その他の装置** その他給油装置，切くず排除装置（前出図 22·11 参照）など必要に応じて設けている．特に切くずの排除については十分に考慮しなければならない．

22·2　ジグ用標準部品

ジグはそれにより加工される工作物の形状，作業の種類，使用工作機械などにより適切な構造機能のものに設計製作されるのであるから，ジグそのものを標準化することは不可能である．しかしジグを構成する各部品については，それらのうち共通にできる基本部品に対して標準化することは可能で，このようにすることによりジグの設計ならびに製作が大いに能率化される．

すでに（JIS）に制定されているものおよび制定予定のものは次のとおりである．

　　JIS B 5201　ジグ用ブシュ　　　　　JIS B 5202　ジグ用ブシュ止ねじ

JIS B 5211　ジグ用割り座金　　　JIS B 5212　ジグ用かぎ形座金
JIS B 5213　ジグ用球面座金　　　JIS B 5216　ジグ用位置決めピン
JIS B 5226　ジグ用六角ナット　　JIS B 5227　ジグ用締金
ジグ用段付締め金台．ジグ用球ハンドル．ジグ用押ボルト．ジグ用T形ボルト．
ジグ用押ボルト当金．ジグ用魚子目ナット．ジグ用T形ナット

以上のほか，一般の機械部品と同様のもので JIS に規定されているもの[1]は，これによるものを使用するほうがよい．

22・3　ジグの材料と製作

大形部品に対するジグは鋳鉄製のものが多いが，鋼板を溶接したものもかなり用いられる．すなわち適当な設計を行なえば，剛性度を弱めることなく，ジグの製作費を軽減することができ，ひいては少量生産の場合にもジグの使用が可能となる．ただし溶接後の変形を起こさないように適当な熱処理を行ない十分に残留応力を除いておかねばならない．なお最近はプラスチックス製ジグが用いられることもある．

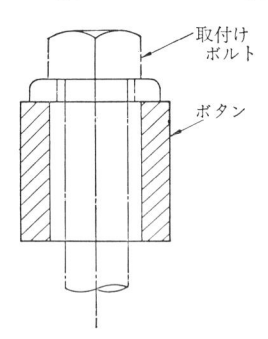

ジグの製作は十分高い精度をもって行なわれねばならない．このためには既述のジグ中ぐり盤(第11章 参照)，ジグ研削盤(第16章 参照)

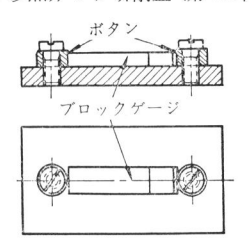

図 22・13　ボタン法に用いるボタン　　　図 22・14　ボタン法によるジグ製作

などの工作機械を使用することが必要である．このような工作機械の設備がない場合いわゆる**ボタン法** (button method) によってドリルジグの穴あけを行なうことができる．すなわち図 22・13 に示すような中空のボタンを，内径よりやや細いボルトでジグ板の大体の位置に取り付け，図 22・14 のようにボタンとボタンの間隔をブロックゲージなどを用いて正確に位置を調整し固定する．位置が決定したならばブロックゲージをはずし，これをボール盤テーブルに置き，ボール盤主軸からボタン周辺の振りを見てボタンの中心と主軸中心とを一致させる．ボタンをはずして穴あけを行ない，次いで他のボタ

---

(1) たとえば，ハンドル車，ハンドル，握り，ボルト，ナット，小ねじ，テーパピン，割ピンその他作業工具類

ンについても同様の作業を行なえば二つの穴の間隔は正確に所望の長さとなる．

22・4 ジグの実例

22・4・1 ドリルジグ

ジグはボール盤作業に用いられることが最も多いが，その構造によって多くの種類がある．図22・15～18にその例を示す．図22・15は，ジグの中でも最も簡単な**型板ジグ** (template jig) の一例を示し図22・16は**板ジグ** (plate jig) の一例で，いづれも製作費の少ない点に特長がある．図22・17は**平ジグ** (open jig) または**ターンオーバジグ** (turn over jig) と呼ばれる種類のもので，この種のジグは切くずの排除の容易である点においてすぐれている．前出図22・5は**リーフジグ** (leaf jig) で，工作物の取付けが迅速であり，また1回の取付けで2面以上の加工ができるなど，すぐれた点が多いのでよく使用されるが，リーフの剛性に注意すべきである．図22・18は**ボックスジグ** (box jig) で，一般に製作費は高くなるが，ドリルジグとしては最も高級なものといえる．

22・4・2 中ぐりジク

主として大物部品を取扱う中ぐり作業において，品物の取付け，取はずし，心出しを容易にするために，ドリルジグに次いで

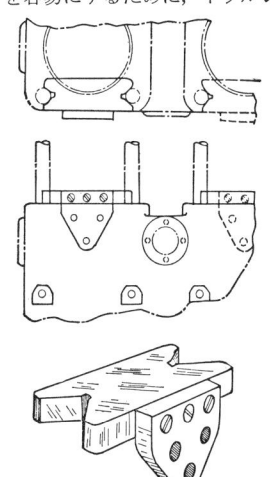

図 22・15 型板ジグの例

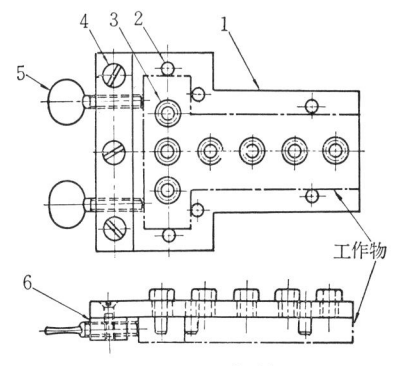

図 22・16 板ジグの例

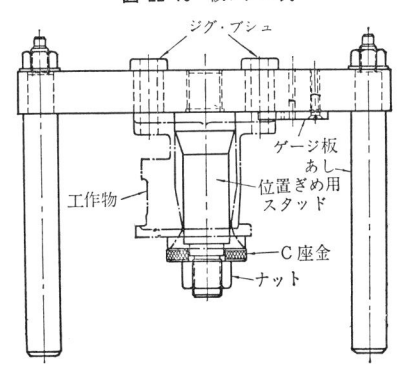

図 22・17 平ジグの例

中ぐりジグは広く用いられる．図22・19はその一例で，エンジン本体の主軸軸受および左右カム軸軸受穴加工用ジグである．

22・4・3 その他のジグ

(1) フライスジグ 図22・20はフォーク状品物の連続加工用のフライスジグであり，図22・21はエンドミルを案内する型板を用いたジグを示している．

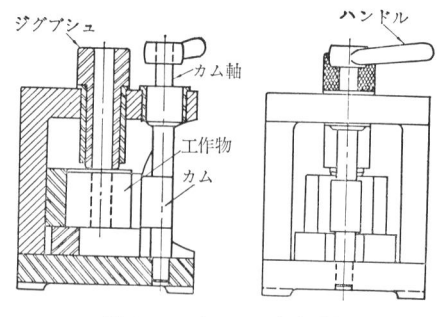

図 22・18 ボックスジグの例

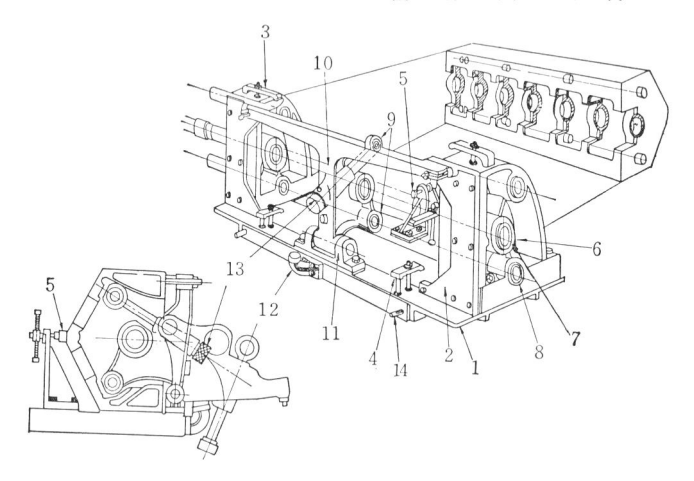

1. 底板 2. 側板 3. 締め金 4. 締め金 5. 押ボルト 6. 軸受体
7. 100φ穴用軸受 8. 60φ穴用軸 9. 振れ止軸 10. 振れ止軸受体
11. 振れ止取付台 12. 振れ止ささえ 13. 握り 14. 運搬用吊ボルト

図 22・19 中ぐりジグの例（エンジン本体加工用）

(2) 旋削ジグ 図22・22は円筒形部品の切削用のもので，ボルトを締めることにより，固定と心出しができる．

(3) 溶接ジグ 図22・23は溶接用のジグ（ポジショナとも呼ぶ）の一例で，溶接すべき各部品の相対的位置の狂わないように，かつ作業が容易となることを目的としている．

(4) 組立ジグ 組立作業を容易にするために，図22・24に示すようなジグを用いることも多い．

22・4 ジグの実例 （409）

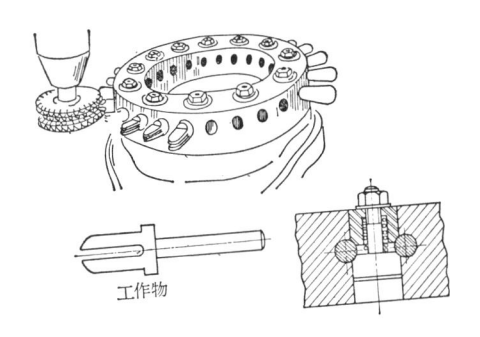

工作物

図 22・20 フライスジグの例（その1）

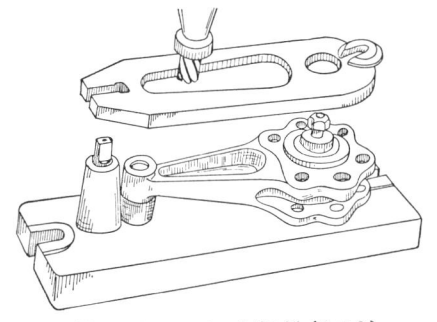

図 22・21 フライスジグの例（その2）

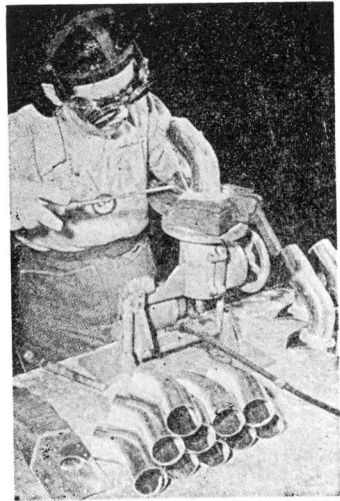

図 22・23 溶接用ジグ

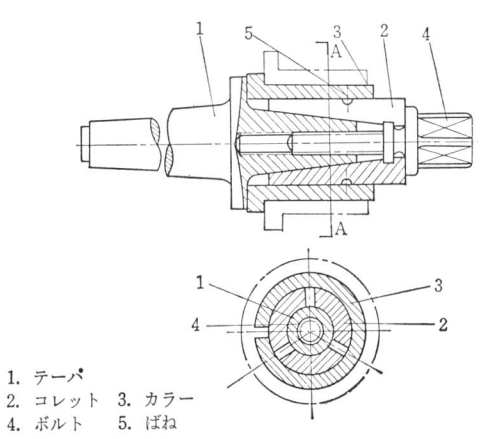

1. テーパ
2. コレット　3. カラー
4. ボルト　5. ばね

図 22・22 旋削用ジグ

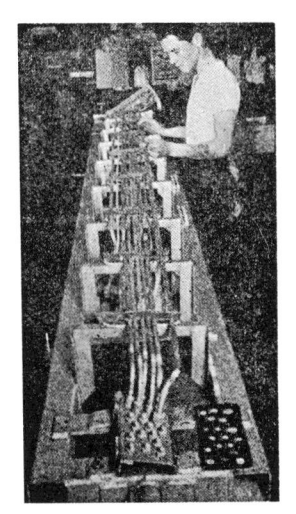

図 22・24 組立用ジグ

索　引

ア

亜鉛めっき …………………………………392
亜鉛溶融めっき ……………………………394
青竹 …………………………………………155
青棒 …………………………………………319
上り（鋳型の）（riser）……………………28, 50
あし
　――（ジグの）……………………………404
　――（旋盤の）……………………………158
　――（木工旋盤の）…………………………6
遊び歯車 ……………………………………173
圧印加工（coining）………………………101
圧縮加工（板金作業）…………………90, 100
圧縮試験（鋳物砂の）………………………17
圧接 …………………………………………130
あて金継手（strapped joint）……………141
穴あきテープ …………………………224, 263
穴あけ（drilling）
　――（旋盤による）…………………159, 173
　――（ボール盤による）…………………201
穴あけ（鍛造作業）…………………………70
穴あけ（板金作業）…………………………92
穴抜き（鍛造作業）（piercing）……………70
穴抜き（板金作業）（piercing）……………92
穴抜き型（piercing die）…………………107
油バフ仕上げ ………………………………319
あぶり型（skin dried mould）………11, 20, 48
雨ぜき …………………………………………28
ありみぞ（鍛造型の）（dovetail）…………74
合せ枠 ………………………………………19
安定化接種剤 ………………………………39
案内（プレス打抜き型の）（pilot）………123
安全装置（機械防護装置）……………152, 198
案内板（心なし研削の）……………………284
案内部（ブローチの）………………………238
アークエアーガウジング（arc air gouging）……………………………141
アーク切断（arc cutting）………………141
アーク溶接（arc welding）………………132
アーク炉 ……………………………………43
アーバ（フライス盤用）………………244, 250
アーバ（マンドレル）………………………168
アーバアダプタ ……………………………251
アーバささえ …………………………244, 250
アーム（ラジアルボール盤の）……………203
アジャスタブルリーマ ……………………210
アセチレン（ガス溶接用）（acetylene）……130
アダプタ
　――（フライスの）………………………251
　――（シェルリーマの）…………………210
アブラシブベルト加工 ……………………314
アプセット溶接（upset butt welding）……………………………………136
アメリカ形ねじ回し ………………………381
アメリカ標準テーパ ………………………250
アランダム …………………………………309
アルカリ脱脂 ………………………………390
アルミニウム鋳物 …………………………52
アルミニウム合金鋳物 ……………………52
アルミニウム陽極酸化（アルマイト）……395
アルミニウムろう（aluminum solder）…137
アンダカット（溶接の）（undercut）……133
IE（industrial engineering）……………152

イ

鋳型（mold, mould）……………………3, 11
鋳型乾燥炉 …………………………………20
鋳込み（注湯）（pouring）………………12, 43
鋳込み口（inlet）……………………………28
鋳巣 …………………………………………54
板押え（シヤの）……………………………121
板せん断機（plate squaring shear）……121
板取り（blanking layout）………………102
板筆（型込用）………………………………23
板ジグ ………………………………………407

(2) 索引

位置決め顕微鏡（ジグ中ぐり盤の）………224
位置決め装置（ジグ中ぐり盤の）………223
位置決めダイヤルゲージ（ジグ中ぐり盤の）………225
一段工程超仕上法………306
一面ラップ盤………310
一体形ブローチ………236
糸のこ盤（jig saw）………6
移動振れ止め（follow rest）………168
鋳ばり（fin）………45
芋継ぎ（突合せ継ぎ）………77
鋳物（casting）………3
鋳物ざし（shrinkage rule）………5
鋳物砂（鋳型用砂）（moulding sand）……3, 11
イナートガスアーク溶接（inert gas arc welding）………134
インゴット（ingot）………41, 64
インタロッキング（側フライスの）………248
インデキシングマシン………265
インベストメント法（investment casting）………62
インボリュート歯形（involute tooth）……343
インボリュートフライス………248, 344
インボリュートヘリコイド………358

ウ

植え刃フライス………250
植え刃ブローチ………236
打抜き（blanking）………91
打抜き型（blanking die）………104
内丸フライス………249
裏張り（ライニング）………33
上型（鋳型の）（cope）………20
上型（鍛造型の）………73
上型（プレス型の）………101, 108
上向き削り………252
運棒法（溶接の）………133
ウィービングビード（weaving bead）……133
ウォームギヤの歯切り………357
ウォームの研削………358
ウォームの切削………357
ウォームホィールの歯切り………359
Whitworth の三面すり合せ法………311

エ

永久磁石チャック………280
英式形削り盤………234
液圧による成形（液圧変形）………89
液圧プレス（hydraulic press）………115, 120
液体バフ機械………320
液体ホーニング（liquid honing）………326
枝形直立ボール盤………201
塩基性操業（キュポラの）………35
遠心送風機（turbo blower）………37
遠心鋳造（centrifugal casting）………58
円すいホブ………354
円テーブル（立て削り盤の）………234
円筒研削（cylindrical grinding）………271
円筒研削盤（cylindrical grinder）………271
円筒深絞り………95
エキスパンションリーマ………210
エキセントリックギヤ機構（プレスの）……116
エキセンプレス………115
エクスポネンシャルホーン………338
エッチング………391
エプロン………161
エメリ………318, 322
エメリ粉………6
エリクセン値………98
エリコンかさ歯車歯切盤………355
エルー式電弧炉………42
エレクトロガス（アーク）溶接………138
エレクトロスラグ溶接………138
エンドミル（end milling cutter）………249
エンボス加工（型付け加工）（embossing）…101
A 砥粒………288
F.S 法（fluid sand process）………61
N プロセス（Nishiyama process）………60
SMZ 合金………39
X プロセス（X-process）………62

オ

追込めコークス (charge coke) ……………34
黄銅鋳物………………………………52
往復台 (carriage) …………………161
岡本工作機歯車研削盤 ………………366
置き割れ (成形加工の) ……………128
送り研削 ……………………………271
送り込み法 ……………………………282
送り軸 (feed rod) …………………162
送りねじ (木工旋盤の) ………………6
送りの標準値 (旋盤の) …………175, 176
押込ブローチ ………………………236
押出加工 (extrusion) ……………86, 101
押出機械 ……………………………86
押し棒 (丸のこ盤の) (push stick) ………7
押湯 (dead head) ………………28, 49
落し込み法 …………………………49
落しハンマ (drop hammer) ………80, 82
帯のこ盤 (band sawing machine) ……6, 260
主型 (鋳型の) ………………………29
おもし (重り) (鋳型の) ………………25
親ねじ (lead screw) ……………162, 173
温間鍛造 ……………………………64
オージン (鋳物砂粘結剤) ……………12
オーバアーム …………………………244
オーバアームブレース ………………244
オーバトラベル ………………………300
オーバピン (玉) 法 …………………372
オクトイド歯形 ………………………351
オシレイティングサンダ ……………317

カ

加圧ロール ……………………………283
開先 (bevel) …………………………142
回転センタ (live center) ……………168
開放炉 ………………………………68
界面活性剤 …………………………323, 390
換え歯車 (change gear) ……………173
火炎 (ガス溶接の) (flame) …………131
化学研磨 (chemical polishing) ………333
化学的清浄効果 ………………………318
化学めっき (chemical plating) ………394
かき型 (strickling pattern) ………3, 21
かき型用砂 (へな) (loam) …………12
拡散浸透 (diffusion treatment) ……397
角タレット台 (四角刃物台) …………186
角度ゲージ (angle gauges) …………387
角度定規 (bevel protractor) …………387
角度フライス (angular cutter) ………248
かけぜき (pouring basin) ……………26
重ね継ぎ (lap joint) ……………77, 141
かさ歯車切削装置 (フライス盤の) ……257
かさ歯車の研削 ………………………366
かさ歯車の歯当り ……………………356
かさ歯車の歯切り ……………………351
かじや炉 (ほど) ………………………68
化成処理 (chemical formation) ………396
風箱 (wind box) ………………………33
仮想冠歯車 ……………………………353
仮想歯車 ………………………………349
型板 (かさ歯車歯切盤の) (template) ……351
型板 (ならい装置の) …………………171
型板ジグ ………………………………407
形削り盤 (shaper) ……………………231
型込用手工具 …………………………23
かたさ試験器 (鋳型の) (mould hardness tester) ………16
型鍛造 (die forging) …………………73, 101
型付け加工 (エンボス加工) …………101
片手ハンマ ……………………………79
形直し (truing) ………………………274
形フライス (formed cutter) …………248
型彫り盤 (die sinking machine) ………257
型彫り用エンドミル …………………249
片持形平削り盤 (open side planer) ……228
可鍛性 (forgeability) ……………51, 64
可鍛鋳鉄 (malleable cast iron) ………50
可とう性やすり ………………………377
稼働率 (工作機械の) …………………153
角継手 (corner joint) …………………142
金型 (metalic mould) …………………11

金型鋳造（permanent mould method）……58
金切りのこ盤 ……………………………259
金切りのこ盤（湯口切断用）……………46
金敷（落しハンマの）（anvil）…………74
金敷（鍛造用工具）（anvil）……………77
金焼（火床番）……………………………66
金枠…………………………………………24
過熱帯（キュポラの）……………………33
可搬式グラインダ（portable grinder）……297
可搬式ドライヤ（鋳型用）………………20
かぶせまえ…………………………………20
かみ合い誤差測定器……………………374
かみ合い試験……………………………374
枯らし（シーズニング）（seasoning）……47
川砂…………………………………………12
簡易金型…………………………………126
間隔リング（フライスの）……………250
聞けつ送り………………………………232
還元帯（キュポラの）……………………33
還元めっき（ニッケルの）……………394
乾式法ラップ……………………………308
環状フライス削り法……………………355
完成バイト………………………………162
完全酸化溶解法……………………………42
冠歯車（かさ歯車歯切りの）………351, 353
かんな刃……………………………………9
かんな盤（wood planing machine）………7
外面ブローチ（表面ブローチ）………236
外面ブローチ盤…………………………239
がら（タンブラ）…………………………45
がら研磨…………………………………321
側フライス（side milling cutter）………247
カーボランダム…………………………309
カーリング（carling）…………………100
カッタヘッド（木工かんな盤の）………7
カットワイヤショット…………………328
カップ形砥石……………………………281
カム軸研削盤（cam-shaft grinder）……294
カム軸旋盤（cam-shaft turning lathe）……184
カルシウムシリコン……………………39
カロライジング…………………………397

ガーネット………………………………315
ガイドブシュ（スイス形自動旋盤の）……193
ガス穴（鋳物の）（gas hole）……………55
ガス切断（gas cutting）……………46, 139
ガスガウジング…………………………141
ガス溶接（gas welding）………………130

キ

機械加工（machining）…………………149
機械タップ（machine tap）………211, 379
機械的効率（工作機械の）（mechanical efficiency）…………………………153
機械プレス（mechanical press）………115
機械防護装置……………………………198
機械万力…………………………………251
機械作業用リーマ（machine reamer）……208
木型（pattern）……………………………3
木組み……………………………………10
気孔（砥石の）…………………………287
気孔率……………………………………291
きさげ……………………………………376
きさげ仕上げ……………………………376
きず（鍛造品の）…………………………68
気相めっき（gas plating）……………395
基礎円板方式歯形測定器………………374
基礎円調節方式歯形測定器……………374
軌道面研削盤（race grinder）…………297
軌道面超仕上盤…………………………304
気抜き針（型込用）………………………23
きねハンマ…………………………………80
気ほう（鋳巣）……………………………55
球状黒鉛鋳鉄……………………………50
球面インボリュート歯形………………351
急動形ドリルチャック…………………212
鏡面仕上げ…………………………309, 319
強熱減量（鋳物砂の）……………………17
極圧添加剤………………………………182
極性（直流アーク溶接機の）（polarity）……132
きらい（湯の）…………………………29, 54
きら粉………………………………………13
きり…………………………………………203

切落し旋盤 (gap lathe)	158
切くず生成機構	177
切くずだめ（ブローチの）	237
切込み（切欠き）(notching)	92
切込みの標準値（ブローチの）	238
切下げ（歯の）	352
切取り（鍛造作業）(cutting off)	70
き裂（鋳物の）	55
切刃角	177
金属溶射	397
均熱炉 (soaking pit)	68
凝固収縮（鋳鋼の）	48
キーみぞ切り機	235
キーみぞブローチ	241
キュポラ	32, 50

ク

空気グラインダ	380
空気チャック	167
空気チッピングハンマ（空気はつり機）(pneumatic chipping hammer)	44, 376
空気ドリル	379
空気ハンマ (pneumatic hammer)	80
空気ランマ (air rammer)	25
鎖パイプレンチ	381
組合せ型（プレスの）	122
組立	376
組立形ブローチ	236
組立ジグ	408
組立ホブ	346
組立模型 (built up pattern)	3
組フライス (gang cutter)	256
組ボール盤	214
組やすり	377
車ぜき	28
黒皮	5
黒味 (blacking)	14
クイル (quill)	220
クッションピン（プレスの）	120
クラウンシェービング	361
クラッシ装置	274

索 引 (5)

クラッシドレッシング法	296
クラッシロール	274
クラッパ式バイト取付部	
── (形削り盤の)	233
── (平削り盤の)	228
クランク軸研削盤 (crankshaft grinder)	294
クランク軸超仕上盤	305
クランクハンマ	80
クランクプレス	115, 117
クランプバイト	163
クランプラッピング（歯車の）	363
クリーニングアクション	134
クリアランス（板せん断機用刃の）	92
クリンゲルンベルグかさ歯車研削盤	366
クリンゲルンベルグかさ歯車歯切盤	354
クレータ摩耗 (crater)	180
クローカス	319
クロススライド（自動旋盤の）	192, 194
クロマイジング	397
クロムめっき	392
クロムれんが	41
クロメート処理	393
グラスライニング	397
グリーソンかさ歯車研削盤	366
グリーソンかさ歯車歯切盤	353
グリット (grit)	47, 326
グリットブラスト	324

ケ

けい砂	48
携帯電気グラインダ	380
携帯電気ドリル	379
けがき (marking-off)	155
けがき台 (marking-off table)	155
けがき針 (scriber)	155
結合剤 (bond)	288
結合剤率	291
結合度 (grade)	289
結晶粒の成長	66
結晶粒の粗大化	67
検査 (inspection)	376

研削 (grinding)	271
研削剤	274, 281
研削剤ろ過装置	274
研削ジグ	398
研削装置（旋盤の）	165
研削ディスク（木工用）	6, 315
研削砥石の選択	292
研削盤（鋳ばり取り用）	46
研削盤 (grinder)	271
研削ホブ	346
研削目	281
研削ロール（木工用）	6, 315
検査ジグ	398
研摩材（液体ホーニング用）(abrasive)	326
研摩石（バレル仕上用）	322
研摩布紙 (sand cloth, sand paper)	314
研摩布紙仕上げ	314
限界板はさみゲージ	383
限界ゲージ (limit gauges)	383
限界ゲージの形状	383
限界ゲージ方式	383
限界絞り比 (L.D.R.)	96
限界はさみゲージ	383
限界平形プラグゲージ	383
限界プラグゲージ	383
限界棒ゲージ	383
限界リングゲージ	383
現型 (solid pattern)	3
弦歯厚法	372
原子水素弧溶接 (atomic hydrogen arc welding)	135
ケミカルミリング法	333
ケラーマシン	263
ケリー（回し金）	165
ケレン（中子押え）	29
ゲージ製作公差	383

コ

高圧ガス容器	130
高温ぜい性	147
工具研削 (tool grinding)	284
工具研削盤 (tool grinder)	285
工具寿命	181
工具摩耗	180
工具の案内（ジグにおける）	402
工具標準セッチング	189
公差 (tolerance)	383
鉱さい（のろ, スラグ）	26, 38
交差角	301
工作液	
——（超仕上用）	308
——（ホーニング仕上用）	303
——（ラップ仕上用）	310
——（ローラ仕上用）	331
工作機械 (machine tool)	149
工作機械精度検査, 運転検査	152
工作機械の効率	153
工作測定	376
工作物 (work)	149
工作物の位置決め（ジグにおける）	398
工作物の締付け（ジグにおける）	401
高周波電気炉	43
高周波溶接	137
構成刃先	178
光線定盤	388
高速切断機（摩擦のこ盤）	259
高速鍛造	89
高速度工具鋼	163
高速度鋼付刃バイト	163
高速ボール盤	202, 214
光沢剤（めっき用）	393
光沢めっき	391
光波干渉法（表面あらさ測定の）	388
硬ろう (brazing filler metal)	137
高エネルギ高速鍛造機（ダイナパック）	89
黒鉛（接種剤）	39
黒鉛（塗型材）	14
黒鉛化（黒心可鍛鋳鉄の）	51
黒鉛化接種剤	39
腰入れ（丸のこの）	6
こしき（積みこしき）	34
固体収縮（鋳鋼の）	48

索　引　(7)

こて（型込用） …………………………23
固定振れ止め（steady rest）……………167
固定ブシュ ……………………………402
胡粉 ……………………………………155
こぶ付ホブ ……………………………367
込め型（現型） …………………………3
ころし（型込用） ………………………23
混砂機（sand mixer） …………………19
混練機（muller） ………………………19
剛性（工作機械，工具の）（rigidity）…151
ごみあげ（型込用） ……………………23
コークス鍛造炉（リッチモンド）………69
コーチング ……………………………397
コーンの歯切法（ウォームギヤの）…360
コニカルカップ値 ………………………99
コニフレックスかさ歯車歯切盤 ………354
コベントリゲージ歯車研削盤 …………366
コラム
　──（立て削り盤の）………………234
　──（立旋盤の）……………………196
　──（中ぐり盤の）…………………216
　──（平削り盤の）…………………226
　──（フライス盤の）………………245
　──（ボール盤の）…………201, 203
コルハルトれんが ………………………42
コレット（フライス用）………………251
コレットチャック ……………………166
コンタクトホイール …………………315
コンパウンド（バフ仕上用）…………319
コンパウンド（バレル仕上用）………322
コンパレータ …………………………386
コンベンショナルシェービング ………362
コンボリュートヘリコイド ……………358
コンポジション（溶剤）………………134

サ

再結晶（recrystallization）………………67
再絞り（redrawing）……………………95
先手ハンマ ………………………………79
さげ振り ………………………………382
ささえロール …………………………283

差込バイト ……………………………163
差込ブシュ ……………………………402
差動歯車装置（differential gears）……348
酸洗い …………………………………391
酸化アルミナ ……………288, 309, 322
酸化クロム ……………………………310
酸化セシウム …………………………310
酸化帯（キュポラの）…………………33
酸化鉄 …………………………………310
酸性操業（キュポラの）………………35
酸素切断（ガス切断）（oxygen cutting）…139
酸素増補操作（キュポラの）…………35
酸素槍（oxygen lance）………………140
酸素-アセチレン炎……………130, 139
座ぐり（spot facing）…………………207
座標読取装置（ジグ中ぐり盤の）……223
残留応力（溶接部の）（residual stress）……145
サーキュラチェーザ …………………174
サーメット ……………………………164
サイクス歯車形削り盤 ………………350
サイクロイド歯形（cycloid tooth）……343
サインバー ……………………………387
サドル
　──（旋盤の）………………………161
　──（立て削り盤の）………………234
　──（立旋盤の）……………………196
　──（タレット旋盤の）……………187
　──（中ぐり盤の）…………………216
　──（フライス盤の）………………244
サドル形タレット旋盤 ………………187
サブマージアーク溶接（潜弧溶接）
　（submerged arc welding）…………134
サンサルエキス（鋳物砂粘結剤）……12
サンダランド形歯車形削り盤 ………349
サンドスリンガ（sandslinger）………30

シ

仕上しろ（machining allowance）………5
仕上面あらさ …………………………182
敷き金（バイト取付用）………………170
仕切り砂（別れ砂）（parting sand）……12

しごき加工 (ironing) …………………102
仕事量の効率 (工作機械の) ……………153
支持刃 ……………………………281, 283
沈めきり …………………………………207
沈めフライス ……………………………249
自然乾燥 (木材の) (natural seasoning)……5
自然通風 (るつぼの) (natural draft)………40
下型 (鋳型の) (drag)……………………20
下型 (鍛造型の) …………………………73
下型 (プレス型の) ………………101, 107
下ブシュ …………………………………403
下向削り …………………………………252
止端 (溶接の) (toe of weld)……………133
湿式法ラップ ……………………………308
湿度計 (鋳物砂の) ………………………15
しぼられ (buckling) ……………………54
絞り (鍛造作業) (reducing)……………70
絞り (板金作業) (drawing)……………95
絞り率 ……………………………………96
締め金 (クランプ) ………………170, 229
締め付金 (枠の) (clamp)………………25
しゃく (小とりべ) ………………………38
修正歯切り (かさ歯車の) ………………354
集中研削 …………………………………154
主軸 (main spindle)
　　── (旋盤の)…………………………159
　　── (中ぐり盤の)……………………216
　　── (フライス盤の)…………………244
　　── (ボール盤の)…………………201, 203
主軸回転数 (旋盤の) ……………………159
主軸の速度比と速度低下率 ……………161
主軸台 (木工旋盤の) ……………………6
主軸台 (head stock)……………………159
主軸頭
　　── (生産フライス盤の)……………246
　　── (中ぐり盤の)……………………216
　　── (ボール盤の)…………………202, 203
主軸ドラム (多軸自動旋盤の) …………194
出湯口 (のみ口, せん前) (tap hole)………34
焼結金属歯車 ……………………………369
衝撃押出し (impact extrusion) ………102

床上形横中ぐり盤 ………………………216
正面旋盤 (face lathe) …………………184
正面刃物台 (立旋盤の)…………………197
正面刃物台 (平削り盤の) (rail head)……226
正面刃物棒 (立旋盤の)…………………196
正面フライス (face cutter)……………250
触針法 (表面あらさ測定の) ……………388
心押台 (木工旋盤の) ……………………6
心押台 (tailstock) ………………………161
心金 (core-iron) …………………………29
真空鋳造 (vacuum casting)……………63
真空めっき (真空蒸着) (vacuum coating) ………………………………395
真空炉 (鍛造用) …………………………68
心立て盤 (centering machine) ………170
振動バレル法 ……………………………324
心なし円筒研削 (centerless cylindrical grinding) ……………………………282
心なし内面研削 …………………………282
心なしねじ研削 …………………………282
心なしラップ盤 …………………………311
軸付砥石 …………………………………292
自硬性鋳型法 ……………………………60
自生作用 …………………………301, 304
自動化プレスライン ……………………125
自動金属アーク溶接 (サブマージドアーク溶接)………………………………134
自動組立 …………………………………388
自動サイクル
　　── (円筒研削盤の)…………………273
　　── (精密中ぐり盤の)………………220
　　── (フライス盤の)…………………256
　　── (ブローチ盤の)…………………241
自動制御 (キュポラの) …………………39
自動制御工作機械 ………………………262
自動旋盤 (automatic lathe) ……………190
自動選別 …………………………………388
自動装荷装置 ……………………………273
自動定寸装置
　　── (円筒研削盤の)…………………273
　　── (立旋盤の)………………………198

索　引 (9)

―――（内面研削盤の）……………………276
自動鋳造装置………………………………32
自動ねじ切盤（automatic screw machine）………………………174, 184
自動溶接法…………………………134, 138
十字ねじ回し……………………………380
自由鍛造……………………………………70
重油鍛造炉…………………………………69
順送り型（progressive die）……………123
潤滑材料（板金プレス用）………………114
蒸気ハンマ（steam hammer）……………80
定規（rule）………………………………155
定盤（けがき用）（surface plate）………155
定盤（造型用）（moulding board）………25
定盤（面の測定用）………………………388
しわおさえ（blank holder）………………95
人工乾燥（木材の）（artificial seasoning）…6
人工通風（るつぼ炉の）（artificial draft）…40
シーズニング（枯らし）…………………47
シーム溶接（seam welding）……………136
シーメンス炉………………………………41
シェーカ（flask shaker）…………………44
シェービングカッタ……………………360
シェービングホブによる歯切り………360
シェダーピン（shedder pin）……………108
シェラダイジング………………………397
シェラック結合剤………………………289
シェルエンドミル（shell end milling cutter）………………………………249
シェルモールド法（shell mould process）………………………11, 59
シェルリーマ……………………………210
シヤー（板せん断機）（squaring shear）………………………………121
シヤースピード歯切盤…………………344
シヤ角（shear angle）……………………93
シャフト用トランスファマシン………267
シャンク
―――（エンドミルの）……………………249
―――（ドリルの）……………………………204
―――（ブローチの）……………………………236

―――（リーマの）……………………………208
シュート（素材自動供給装置）…………195
ショープロセス（Shaw process）………61
ショット（shot）………………47, 326, 328
ショットピーニング……………………327
ショットブラスト………………………324
シリケート結合剤………………………289
シリコナイジング………………………397
シングルコラム形ジグ中ぐり盤………223
シングルコラム形立旋盤………………196
シンニング（ドリルの）…………………204
ジグ………………………………………398
ジグ研削盤………………………………275
ジグ中ぐり盤（jig boring machine）……222
ジグの材料………………………………406
ジグの実例………………………………407
ジグの製作………………………………406
ジグの分類………………………………398
ジグの要素………………………………398
ジグ用標準部品…………………………405
ジグブシュ………………………………402
ジャコブ形ドリルチャック……………212
ジャッキ…………………………………382
ジョバースリーマ………………………208
ジョルト（造型機の）（jolt）………………32
C砥粒……………………………………288
CO_2プロセス（CO_2-process）……………60

ス

巣（鋳造品の）……………………………54
吹管（溶接トーチ）（blowpipe, torch）……131
吹管（切断用）（blowpipe）………………139
水射清浄装置………………………………47
水中切断（under water cutting）………140
水ひ…………………………………………289
水冷式キュポラ……………………………35
数値制御工作機械………………………263
数値制御式ジグ中ぐり盤………………224
数値制御フライス盤……………………258
すえ（すえ込み，すくめ）（swaging）……70
すえ込み機械（swaging machine）………86

すきま（板せん断機用刃の）（clearance）…92
すきまゲージ（thickness gauge）…………383
すくい角………………………………………177
すくい面………………………………………177
すくめ（すえ込み）……………………………71
すくわれ（scab）………………………………53
すず溶融めっき………………………………394
捨てざん（stopping off）…………………5, 56
砂洗い器（sand washer）……………………15
砂うす（フレット）（sand mill）……………19
砂型（sand mould）…………………………11
砂かみ（砂くい）…………………………16, 54
砂処理…………………………………………17
砂つき（鋳型の）………………………………23
砂吹き加工（sand blasting）………………324
砂吹き加工機（sandblast machine）………46
砂ふるい機（sand sifter）……………………17
すべり面（旋盤ベッドの）（slide way）……162
すべり面研削盤（slide-way grinder）……297
すみ肉溶接（fillet weld）…………………142
スイス形単軸自動旋盤………………………193
スイング（ボール盤の）……………………202
スエージ加工（swaging）…………………101
スキーズバルブ（造型機の）…………………32
スクリュープレス……………………………115
スクリューヘリコイド………………………357
スクロールチャック…………………………166
スター（タンブラ用）…………………………45
スタイラス……………………………………262
スタッド溶接（stud welding）……………135
スタンプ（stamp）（突き棒）…………………25
スティックスリップ（工作機械の）………151
ステーショナリマシン………………………265
ステーション（トランスファマシンの）……267
ステライト……………………………………164
ストッパ（かけぜきの）（stopper）…………27
ストリッパ（stripper）………………………92
ストレートシャンクドリル…………………204
ストレートシャンクリーマ…………………208
ストレートビード（straight bead）………133
ストレーナ（かけぜきの）……………………27

ストレスピーニング…………………………328
スパークアウト研削…………………………273
スパナ…………………………………………381
スプライン穴研削盤…………………………295
スプライン穴ブローチ………………………242
スプライン軸研削盤…………………………295
スプラッシュガード…………………………152
スプリングバック（バニシ仕上げにおける）…………………………………329
スポット溶接（spot welding）……………135
スライド（プレスの）………………………115
スライドツール………………………………188
スラグ（溶接の）………………………133, 138

セ

成形加工（板金作業）（forming）……………90
成形歯切法……………………………………344
生産フライス盤（production milling machine）……………………………………246
製材のこやすり………………………………377
生長（鋳鉄の）（growth）……………………29
精度（工作機械の）……………………………152
精度（工作物の）（accuracy）………………151
青銅鋳物………………………………………52
青熱ぜい性（blue shortness）………………65
精密打抜法（fine blanking）………………127
精密加工法……………………………………298
精密加工用ジグ………………………………398
精密中ぐり盤…………………………………220
精密鋳造………………………………………57
せき（湯口）（gate）…………………………25
石炭鍛造炉……………………………………69
赤熱もろさ（赤熱ぜい性）（red shortness）…………………………………65
せぎり（鍛造作業）（setting down）………70
石こう鋳型法（plaster mould method）……59
接合（板の）（assembling）…………………90
切削加工（cutting）…………………………149
切削加工時間…………………………………151
切削効率（cutting efficiency）……………153
切削剤（cutting fluid）

索引 (11)

―― (旋盤作業の) ·················182
―― (ドリルによる穴あけの) ······213
―― (ブローチ削りの) ············243
切削速度 (旋盤の) ··············174
切削抵抗 ··························179
切削方向角 θ ·····················307
切削理論 ··························177
接種 (inoculation) ················38
接種剤 (inoculant) ················39
切断作業 (ガス, アークによる)
　(cutting work) ··················139
切断条痕 (ガス切断の) (cutting
　pattern) ·························140
切断用砥石 ························289
設備保全 (P.M.) ··················153
旋回台 (旋盤の) (swivel slide) ···162
旋回台 (万能フライス盤の) ······245
旋削ジグ ···························408
洗浄 (surface cleaning) ··········390
先端角 (ドリルの) ················205
せん断 (鍛造作業) (shearing) ······70
せん断加工 (板金作業) (shearing) ······90, 91
旋盤 (lathe) ·······················158
せん前 (出湯口) ····················34
専用工作機械 ···············149, 264
ぜい性 ······························65
セグメント砥石 ···············281, 292
セットオーバ (成形フライスの) ···352
セミマフル炉 ······················68
セメント法 ····················11, 60
セラミックコーチング ············397
セラミックバイト ·················164
センタ ·····························168
センタ (木工旋盤の) ················6
センタ穴 ···························169
センタ穴ドリル (center drill) ···168
センタ穴ラップ盤 ·················311
センタ作業用自動旋盤 ············190
ゼーゲルコーン (Seger cone) ······16
ゼネバ機構 ························194

ソ

素板 (blank) ······················95
装入口 (キュポラの) (charging door) ······34
総形削り (form turning) ·········159
総形研削 ···························294
総形砥石 ···························296
総形バイト (姿バイト) (forming tool) ···159
総形フライス (formed cutter) ····248
総合誤差 (歯車の) ················374
創成歯切法 ························343
創成法 ····························150
総抜型 ····························122
送風機 (blower) ················36, 68
測定, 検査 (measurement, inspection) ···376
そこなで (型込用) ···················23
素材自動供給装置 ·················195
組織 (砥石の) (structure) ········290
塑性加工 (plastic working) ········90
外型 (よせ枠) ······················29
外ひけ ·····························55
外丸削り (turning) ···············158
外丸フライス ······················249
そり (そりかえり) (warping) ······94
造型 ·······························19
造型機 (moulding machine) ······30
ソケット (ドリル用) ··············211
ソケットレンチ ···················381

タ

耐火度 (鋳物砂の) ·················16
たがね ····························376
たがね (鍛造用工具) ···············78
卓上旋盤 (bench lathe) ··········182
卓上フライス盤 (bench milling
　machine) ·······················257
卓上ボール盤 (bench drilling machine) ···202
多軸立形自動旋盤 (多軸立旋盤) ·····200
多軸横形自動旋盤 ·················194
多軸精密中ぐり盤 ·················220
多軸ホーニング盤 ·················299

(12)　索　　引

多軸ボール盤 (multiple spindle drilling machine)……214
多条ホブ……346
多段羽口……35
縦送り (旋盤の) (longitudinal feed)……162
立形ブローチ盤……239
立形ホーニング盤……299
立形丸テーブルフライス盤……257
立形ラップ盤……310
立削り装置……257
立削り盤 (slotter)……234
立旋盤 (vertical boring and turning mill)……196
立タレット旋盤……199
立フライス装置……257
立フライス盤 (vertical milling machine)……245
多刃削り……171, 182, 189
多頭生産フライス盤……246
多刃旋盤 (multicut lathe)……182
多刃ターニングヘッド……188
多刃ヘッド……188
多砥石研削盤……272
炭化けい素……288, 309
炭化ほう素……310
炭酸ガスアーク溶接……138
単軸自動旋盤……191
鍛接 (forge welding)……70, 76, 137
炭素アーク溶接 (carbon arc welding)……134
鍛造 (forging)……64
鍛造温度……66
鍛造型 (forging die)……73
鍛造仕上温度 (終了温度)……67
鍛造ドリル……206
鍛造用加熱炉……68
鍛造用機械……77
鍛造用工具……77
単体模型 (one piece pattern)……3
単動チャック……166
単動プレス (single action press)……116
単能工作機械……149, 269

脱酸 (溶接部の)……131, 132
脱酸剤 (酸性平炉の)……41
脱脂……390
脱湿送風装置 (キュポラの)……37
脱磁機……280
脱炭 (可鍛鋳鉄の)……51
断続切削……177
断続溶接 (intermittent weld)……145
段付きブロック……229
ターンオーバジグ……407
タップ……211
タップ (鍛造用工具)……79
タップ立て (ねじ立て) (tapping)……213
タップ立て装置……213
タップ立て盤 (tapping machine)……213
タレットキャリエジ……187
タレット旋盤 (turret lathe)……186
タレット旋盤用工具……188
タレット台 (タレットヘッド)……186, 196
タレットヘッドボール盤……215
タング (ドリルの)……204
タンジェントベンダ……93
タンゼンシャルシェービング……362
タンブラ (がら) (tumbling barrel)……45
タンブラスト (tumblast)……47
ダイイングマシン……120
ダイカスト (die casting)……57
ダイカル鋳型……61
ダイクッション (プレスの)……121
ダイス (ねじ切用)……379
ダイス (ポンチ・ダイスの)……91, 94, 95
ダイセット (die-set)……106
ダイナパック……89
ダイヘッド……174
ダイヤゴナルシェービング……362
ダイヤルゲージ……386
ダイヤモンド……164, 310
ダイヤモンドステック……285
ダイヤモンドドレッサ……274
ダイヤモンドバイト……220
ダブルスエージハンマ……82

チ

縮みしろ (shrinkage allowance) ……………5
千鳥刃（側フライスの）(staggered tooth) ……………………………………248
千鳥溶接（zigzag intermittent weld)……145
着色 (coloring) …………………………396
中間鋳込み法………………………………49
鋳鋼 (steel casting) ………………………48
鋳鋼ショット……………………………328
鋳造 (casting) ………………………………3
鋳造組織（溶接部の）……………………146
注入口（鋳型の）(sprue) …………………28
注湯（鋳込み）(pouring)……………3, 12, 43
注湯温度 ……………………………43, 48
注湯時間（鋳込速度）………………26, 43, 49
超音波加工 (ultra-sonic machining) ……338
超音波溶接 ………………………………138
超硬工具研削盤（電解研削による)…………337
超硬工具専用研削盤 ……………………285
超硬センタ ………………………………169
超硬チップ ………………………………163
超硬ドリル ………………………………206
超硬バイト ……………………………163, 222
超硬フライス ……………………………250
超硬ボール（バニシ仕上げ用）……………329
超硬リーマ ………………………………210
彫刻機 (engraving machine) ……………257
超仕上げ (super-finishing) ………………303
超仕上盤 …………………………………304
超仕上ヘッド ……………………………304
調整車（心なし研削の）…………………281
直定規 (straight edge) …………………387
直立ボール盤 (upright drilling machine)………………………………201
直角定規 (square) ………………………157
直角ブロック ……………………………155, 170
鎮静鋼……………………………………64
地金の溶解 …………………………………32
チェーザ …………………………………174
チェーンブロック ………………………382
チェーン用鎖歯車の歯切り ………………368
チェイスドヘリコイド ……………………357
チゼルエッジ（のみ部)……………………204
チッピングハンマ…………………………44
チップ (tip) ………………………………163
チップブレーカ（バイトの）………………164
チップブレーカ（フライスの）……………247
チャッキングリーマ ………………………208
チャック ……………………………………166
チャック作業（自動旋盤の）………………191
チャック作業（タレット旋盤の）…………186
チャンファリング ………………………293
チルド鋳物 (chilled cast iron)……………59

ツ

通風性（鋳物砂の）(permeability)…………11
通気度試験機………………………………14
突合せ継ぎ (butt joint) ……………77, 141
突合せ部の形状（開先）(bevel)…………142
突合せ溶接 (butt weld) …………………142
搗固器（鋳物砂試験片の）…………………15
突切り (cutting-off) ……………………158
突き棒 (rammer) …………………………25
継手（溶接の）(joint)……………………141
付刃バイト ………………………………163
つち（鍛造用）(hammer)…………………77
つち打 (hammering) ………………………64
鼓形ウォームギヤの歯切り ………………360
鼓形スプラインホブ ……………………368
積みこしき (top charge cupola)…………34
つりあいおもり（旋削の）(balance weight) …………………………………170
つりあい削り ……………………………171
ツァイス万能歯車試験機 ………………372
ツースマーク（フライス削りの）…………253
ツールセッチングダイヤグラム …………189

テ

低圧鋳造法 (low pressure casting) ………58
定位置ホブ ………………………………368
低温応力緩和法（溶接部の）……………145

抵抗溶接（resistance welding）……135
定速装置（立旋盤の）……198
手押かんな盤……9
手加減ボール盤（sensitive drilling machine）……202
手込め式造型……20
手作業のラップ仕上げ……311
手仕上げ……376
手回しボール……379
手回し作業用リーマ（hand reamer）……208
転位係数……371
添加剤（めっきの）……391
点弧（アーク溶接の）……133
天神（型込用）……23
転造ねじ……331
転造歯車……370
点溶接（spot welding）……135
転炉（converter）……41
電解エッチング……391
電解加工（ECM）……336
電解研削（EG）……336
電解研摩（electrolytic polishing）……332
電解洗浄……390
電気めっき（electroplating）……391
電気炉（electric furnace）……41
電弧炉（エルー式）……42
電子ビーム溶接（electron beam welding）……138
電子ビーム加工（electron beam machining）……339
電磁成形法……129
電磁チャック（magnetic chuck）……279
電磁鉄片分離装置……19
テーパ削り（旋盤の）……159, 171
テーパ削り（立旋盤の）……200
テーパシャンクリーマ……208
テーパピンリーマ……209
テーパホブ……359
テーパリーマ……209
テーブル
  ——（形削り盤の）……231
  ——（立旋盤の）……196
  ——（中ぐり盤の）……216
  ——（平削り盤の）……226
  ——（フライス盤の）……244
  ——（ボール盤の）……201
テーブルアーム（ボール盤の）……201
テーブル形横中ぐり盤……216
テルミット溶接（thermit welding）……137
ディスク研削盤……279
ディスクサンダ……316
ディスパージョン……397
デトロイト形揺動炉（アーク炉）……43
デビッドブラウンウォーム研削盤……358
Tみぞフライス……250
T形継ぎ（T joint）……77, 141

ト

砥石（超仕上用）……306
砥石（ホーニング仕上用）（stick）……301
砥石圧力（超仕上げの）……308
砥石圧力（ホーニング仕上げの）……302
砥石車（grinding wheel）……287
砥石車軸……272
砥石車台……272
砥石構成要素……288
砥石修正装置……274
砥石の表示法……291
砥石の標準形状……291
砥石の標準縁形……292
投砂機（sand thrower）……19
通し送り法……282
通り側ゲージ（go gauge）……383
特殊加工作業……329
特殊研削盤……293
特殊旋盤……182
特殊な鋳造法……57
特殊なフライス盤……257
特殊なボール盤……214
特殊歯車形の歯切り……367
塗型材料……13
溶込み（溶接部の）……134

床砂 ………………………………12, 19
塗装 (painting) …………………396
止り側ゲージ (not go gauge) …383
止りセンタ (dead center) ………168
共ずり (がら研磨) ………………321
共ずり (歯車の) …………………363
取付具 (fixture) …………………398
とりべ (取鍋) (ladle) ……………38
砥粒 (研削用) (abrasives) ………288
砥粒 (超音波加工用) ……………339
砥粒 (バフ仕上用) ………………318
砥粒加工作業 ……………………298
砥粒切削 (abrasive machining) …281
砥粒率 ……………………………290
塗料 ………………………………396
銅合金鋳物 ………………………51
同時切削の刃数 (ブローチの) …237
銅めっき …………………………392
動力ハンマ ………………………80
土間込め (土地込め,床込め) …19
トースカン (scribing block) ……155
トーチ (溶接用) (blow pipe, torch) …131
トーチ (切断用) …………………139
トグルプレス ……………………115, 119
トタン板 …………………………394
トップビーム (立旋盤の) ………196
トップビーム (平削り盤の) ……226
トランスファプレス ……………124
トランスファマシン ……………267
トリポリ …………………………318
トレパニング ……………………207
トレパンきり (心残しきり) ……207
トンネル炉 ………………………51
ドッグ
　── (素材自動供給装置の) …195
　── (平削り盤の) ………………227
　── (フライス盤の) ……………256
ドラッグの長さ …………………140
ドラッグライン …………………140
ドラム形タレット旋盤 …………187
ドラムサンダ ……………………317

ドリフト (ドリル用) ……………211
ドリル (twist drill) ……………203
ドリル研削盤 (drill grinder) ……213, 286
ドリルジグ ………………………407
ドリルチャック …………………211, 379
ドリルの角度 ……………………205
ドリルの各部の名称 ……………204
ドレッシング法 …………………290
ドローイングプレス ……………120
ドロマイト ………………………319

ナ

内部応力 (残留応力) (鋳物の) (internal stress) ……………………56
内面研削 (internal grinding) ……275
内面研削盤 (internal grinder) ……275
内面研削ヘッド …………………275
内面ブローチ ……………………236
内面ブローチ盤 …………………239
中ぐり (boring)
　── (旋盤による) ………………158
　── (中ぐり盤による) …………216
中ぐりジグ ………………………407
中ぐりスナウト …………………217
中ぐり盤 (boring machine) ……216
中ぐりヘッド ……………………218
中ぐり棒 (boring bar) …………217
中ぐり棒ささえ …………………216
中子 (core) ………………………4, 20, 29
中子押え (ケレン) (chaplet) ……29
中子型 (core pattern) ……………4
中子乾燥炉 ………………………20
中子砂 (core sand) ………………12
中子造型機 (core making machine) …32
流し型 ……………………………19, 29
流し吹き …………………………19
投げ継ぎ (重ね継ぎ) ……………77
なし地 ……………………………303, 309
ななこめ (魚子目) ………………164
生型 (green sand mould) ………11, 20
生型用砂 (green sand) …………12

生づめスクロールチャック ……………166
ならい削り (profiling)…………159, 171, 262
ならい削り装置
　　―― (旋盤の)………………………171
　　―― (立旋盤の)……………………198
　　―― (平削り盤の)…………………231
　　―― (フライス盤の)………………257
ならい制御工作機械 ……………………262
ならい旋盤 (profiling lathe)…………182
ならい歯切法 ……………………………343
軟ろう (soft solder)……………………137
ナックルプレス …………………………115
ナットフォーマ (nut former)…………86

ニ

逃げ角 ……………………………………177
逃げ面 (フランク)………………………177
逃げ面摩耗 (flank wear) ………………180
二段工程超仕上げ ………………………306
二段注ぎ……………………………………26
二番 (ドリルの)…………………………204
二番取り旋盤 (relieving lathe)………184
二番取りフライス ………………………248
二面ラップ盤 ……………………………310
乳化性洗浄法 ……………………………390
乳化脱脂法 ………………………………390
ニー (フライス盤の)……………………244
ニッケルめっき …………………………392
ニッパ ……………………………………381
ニューマチックチッピング ……………141

ヌ

縫合せ溶接 (seam welding)……………136
抜きかす (scrap)…………………………92
抜き勝手 (抜けこう配)……………………5
ぬき枠 (snap flask) ………………………25
抜けこう配 (taper) ………………………5

ネ

ねじ切り (screw cutting) …………158, 173
ねじ切り旋盤 (screw cutting lathe) ……184
ねじ切りバイト …………………………173
ねじ研削盤 (thread grinder)……………295
ねじ下穴 …………………………………213
ねじの転造 …………………………174, 331
ねじのラップ仕上げ ……………………313
ねじフライス ………………………250, 258
ねじフライス盤 …………………………258
ねじ回し …………………………………380
ねじり (鍛造作業) (twisting)……………70
ねじれ穴ブローチ ………………………242
ねじれ角 (ドリルの)……………………205
ねじれぎり (ドリル)……………………203
ねじれ刃 (フライスの)…………………247
ねじれ刃 (リーマの)……………………208
熱間鍛造 (hot forging)……………………64
熱間転造 (歯車の)………………………370
熱風キュポラ ………………………………35
粘結剤 (鋳物砂の)…………………………12
粘結力 (鋳物砂の) (bond strength)… 11, 16
粘土分 (鋳物砂の)…………………………15

ノ

のこ ………………………………………259
のこぎり (hand saw) ………………………8
のこ盤 (金切り盤)………………………259
のど厚 (溶接部の) (throat depth)………142
伸ばし (鍛造作業) (drawing down)………70
延べ (鍛造作業) (spreading) ……………70
のみ口 (出湯口) …………………………34
のろ (鉱さい) (slag) …………………26, 38
のろ穴 (slag hole) ………………………34
ノーズ半径 ………………………………177
ノギス (vernier calipers) ………………385

ハ

歯厚の測定 ………………………………371
歯厚マイクロメータ ……………………372
歯形キャリパ (歯厚ノギス)……………372
歯形のクラウニング ……………………368
歯形の修整 ………………………………368
歯形の測定 ………………………………374

索　引　(17)

歯切り … 343	刃物台 (tool post)
歯切りジグ … 398	── (形削り盤の) … 231
白雲石 … 318	── (旋盤の) … 162
白銑鋳鉄 … 51	── (立て削り盤の) … 234
白熱ぜい性 … 65	── (立旋盤の) … 196
羽口 (tuyére) … 33, 36	── (平削り盤の) … 226
歯車形削り盤 (gear shaper) … 348, 350	── (木工旋盤の) … 6
歯車研削盤 (gear grinder) … 363	早送り
歯車騒音試験機 … 375	── (フライス盤の) … 256
歯車素材 … 344	── (ラジアルボール盤の) … 203
歯車の打抜き … 371	速締めのジグ … 402
歯車の押出し … 371	刃やすり … 377
歯車の研削仕上げ … 363	早戻り運動 (quick return motion)
歯車のシェービング仕上げ … 360	── (形削り盤の) … 232
歯車の精度 … 375	── (フライス盤の) … 246
歯車の測定 … 371	── (ラジアルボール盤の) … 203
歯車の転造 … 370	はり気 (swell) … 53
歯車の鍛造 … 370	張出し (bulging) … 90, 98
歯車の鋳造 … 369	半径ゲージ (radius gauge) … 383
歯車の引抜き … 371	半月ぎり (鉄砲ぎり) (gun drill) … 206
歯車の非切削加工 … 369	半月キーみぞフライス … 248
歯車のホーニング仕上げ … 363	反射炉 (reverberatory furnace) … 40, 68
歯車のラップ仕上げ … 362	半自動旋盤 (semi-automatic lathe) … 186
歯車ピッチ測定器 … 372	はんだ (solder) … 137
歯車面とり機 … 369	はんだ付け (soldering) … 137
刃先逃げ角 (ドリルの) … 205	汎用工作機械 … 149, 269
はさみゲージラップ盤 … 311	半割りナット (half nut) … 162
はし (火造りばし) … 78	爆発溶接 … 139
端送り法 … 282	爆発成形法 … 128
歯すじ方向の測定 … 374	ばねハンマ (spring hammer) … 80
裸棒 (bare electrode) … 132	ばり (flash) … 74, 101
はだ砂 (facing sand) … 12	ばり取プレス (trimming press) … 74
はちの巣 (swage block) … 77	板金プレス加工 … 90
はつり … 376	板金プレス加工部品 … 90
はな込めコークス (bed coke) … 34	板金プレス作業 … 90
はねかえり (spring back) … 94	板金プレス用金型 … 104
はばき (core print) … 4, 30	万能折曲げ機 … 93
はばきなで (型込用) … 23	万能研削盤 (universal grinder) … 272
浜砂 … 12	万能工具研削盤 … 286
歯みぞのふれの測定 … 374	万能工作機械 … 149
はめあい方式 (limit gauge system) … 383	万能フライス盤 (universal milling

machine) ……………………………245
万能フライス装置 ……………………257
万能ホブ盤 ……………………………347
ハイポイドギヤ歯切盤 ………………356
ハクソーフレーム ……………………380
ハンドタップ …………………………379
ハンドボール …………………………378
ハンドラップ …………………………285
ハンドリーマー …………………208, 380
ハンマ …………………………………378
ハンマ（鍛造用機械）…………………80
ハンマ（鍛造用工具）…………………79
バーニヤ ………………………………385
バーリング（burring）………………100
バイト（cutting tool）
　――（旋盤用）………………………162
　――（立旋盤用）……………………199
　――（中ぐり盤用）…………………217
　――（平削り盤用）…………………228
バイト位置決めゲージ（feeler block）……230
バイト研削盤（tool grinder）……………285
バイト取付ゲージ（中ぐり用）…………219
バイトの角度表示法 …………………174
バイトの各部の名称 …………………174
バイトの刃部角度（旋盤用）…………177
バイトホルダ
　――（旋盤の）………………………164
　――（タレット旋盤の）……………188
　――（中ぐり盤の）…………………225
　――（形削り盤の）…………………234
バックギヤ ……………………………160
バックテーパ（ドリルの）……………205
バックラッシ除去装置 ………………253
バットシーム溶接（butt seam welding）……136
バニシ仕上げ（burnishing）…………329
バニシ刃（ブローチの）………………238
バフ車 …………………………………318
バフ仕上げ（buffing）………………317
バフ盤（バフレース）（buffing machine）…………………………320
バランストブラスト（多段羽口）………35

バルジ加工………………………………99
バレル …………………………………321
バレル仕上げ（barrel finishing）………321
バンク（シャフトマシンの）…………269
パイプカッタ …………………………381
パイプなで（型込用）…………………23
パイプねじ切器 ………………………379
パイプレンチ …………………………381
パイロット弁方式ならい削り ………262
パウダ切断（powder cutting）………140
パス（calipers）………………………385
パワープレス …………………………117
パワーユニット ………………………264

ヒ

非円形歯車の歯切り …………………367
光メーザ ………………………………341
引付け棒（フライス盤の）……………251
引抜端部（ブローチの）………………238
引抜ブローチ …………………………236
引抜ヘッド ……………………………238
ひけ（ひけ巣）（shrinkage hole）……29, 48, 55
ひけ気 ……………………………………55
ひざ形フライス盤 ……………………244
ひずみ取りロール（roller leveler）……127
比切削力 ………………………………180
引切り形削り盤（draw cut shaper）……234
火造り（鍛造）…………………………64
非鉄合金鋳物……………………………51
一刃当りの送り（フライスの）………253
ひび（鋳造品の）………………………56
被覆剤（溶接棒の）（coating material）……132
被覆アーク溶接棒（coated electrode）……132
冷し金（chilling-block）………………29, 48
標準ゲージ（standard gauge）………382
標準作業条件
　――（帯のこ盤の）…………………261
　――（精密中ぐり盤の）……………221
　――（旋盤の）………………………174
　――（平削り盤の）…………………231
　――（フライス盤の）……………252, 254

索　引　（19）

── （ブローチ盤の）……………238
── （ボール盤の）………………213
── （丸のこ盤の）………………261
── （リーマの）…………………210
標準尺（ジグ中ぐり盤の）…………223
表面粗さの測定 ………………………388
表面粗さ標準片 ………………………388
表面処理（surface treatment）………390
表面ブローチ ……………………236, 243
平形工具研削盤 ………………………286
平ぎり …………………………………203
平削り盤（planer）……………………226
平ジグ …………………………………407
平ダイス ………………………………331
平フライス（plain milling cutter）……247
ひるべら（型込用）……………………23
ひれ（ばり）（型鍛造の）（flash）……74
広げ（鍛造作業）（expanding）………70
ビード（アーク溶接の）………………133
ビード（絞り型の）……………………98
ビット（木工ボール盤用）……………8
ビトリファイド結合剤 ………………289
ビルディングブロック形式 …………264
ピーニング ……………………………145
ピッチ円すい片 ………………………353
ピッチ円板 ……………………………374
ピッチゲージ …………………………383
ピッチブロック ………………………365
ピニオンカッタによる歯切り ………349
BTA 深穴きり ………………………206

フ

ふいご ……………………………………68
風圧計（キュポラ用）（manometer）………37
風帯（風箱）（wind belt）………………33
風ひ ……………………………………288
風量計（キュポラ用）（air flow meter）……37
深穴ドリル ……………………………206
深穴ボール盤 …………………………215
深絞り（deep drawing）…………90, 95
深絞り比（drawing ratio）……………96

吹付加工（blasting）…………………324
複合加工法 ……………………………337
複合型（プレスの）……………………122
複合削り …………………………171, 189
複合工作機械 ……………………150, 270
複合成形 ………………………………99
複合接種剤 ……………………………39
複式刃物台（compound rest）………162
複動プレス（double action press）……116
縁切り（trimming）……………………92
縁継手（edge joint）……………………142
普通寸法許容差（鍛造作業）…………73
普通寸法許容差（鋳造作業）…………57
普通旋盤 ………………………………158
不等角リーマ …………………………209
負のすくい角 …………………………177
振り（swing）…………………………159
ふるい（sieve）……………………16, 17
ふるいの番号 …………………………288
振れ止め（rest）………………………167
噴射加工 ………………………………324
噴射ノズル（液体ホーニング用）……326
分割型（へら絞りの）…………………98
分割模型（split pattern）………………3
分断（parting）…………………………92
フィアットかさ歯車歯切盤 …………355
フィーラブロック ………………230, 404
フールプルーフ …………………152, 198
フェロース形歯車形削り盤 …………350
フェロシリコン ………………………39
フェロマンガン ………………………41
フォージングカスト（forging cast）……86
フォーメート歯車 ……………………356
フライス（milling cutter）……………247
フライスジグ …………………………408
フライスの標準角度 …………………255
フライスの標準刃数 …………………254
フライス盤（milling machine）………244
フライスヘッド ………………………246
フラッシュバット溶接 ………………136
フラット形タレット旋盤 ……………187

フランク摩耗（逃げ面摩耗）……………180
フランジング（flanging）………………99
フリクションスクリュープレス …………115
フルモールド法（full mould method）……62
フレーム（プレスの）………………116
フローチングツールホルダ ………………188
ブシュ（ジグ用）………………………402
ブラウンシャープ形単軸自動旋盤 …………192
ブランク（blank）………………………92
ブランクホルダ（プレスの）……………120
ブリキ板 …………………………395
ブリッジリーマ …………………………209
ブレーキシェービング ……………………362
ブレーキラッピング（歯車の）…………363
ブローチ …………………………236
ブローチの各部の名称 ……………………236
ブローチの刃先の形状と角度 ……………237
ブローチ盤（broaching machine）………239
ブロックゲージ ……………………382
プライヤ ………………………………381
プラグ溶接（plug weld）………………142
プラズマジェット …………………141
プラズマジェット加工（plasma-jet cutting）………………………342
プラズマジェット切断 ……………………342
プラズマ切断 ……………………141
プラズマ溶接 ……………………138
プラネタリ削り（planetary milling）……257
プラネタリねじ切り ……………………257
プラノミラー ……………………246
プランジカットシェービング ……………362
プランジ研削 ……………………271, 274
プリセレクト装置（立旋盤の）…………199
プレス（鍛造用）（press）……………64, 86
プレス機械（板金用）……………………115
プレスブレーキ ……………………122
プログラム制御装置（立旋盤の）…………199
プロジェクション溶接（projection welding）………………………136
プロチュバランス付きホブ ………………367
Blanchard 形平面研削盤……………279

V ブロック ……………………155
v-T 線図 ……………………181

へ

平行軸シェービング ……………………362
平行台 ……………………155
平行歯スプライン軸の歯切り ……………368
平面研削（surface grinding）……………277
平面研削盤（surface grinder）……………278
平たん度の測定 ……………………387
並列溶接（parallel intermittent weld）………………………145
平炉（open-hearth furnace）………………41
へし（平へし）（flatter）………………77
へしきり ……………………78
へな（ローム，まね）（loam）……………12, 21
へら（型込用）……………………23
へら絞り（metal spinning）……………95, 98
へら棒（へら絞りの）……………………98
へり継手 ……………………142
変質層 ……………………304
偏心のある工作物の旋削 …………………174
べんがら ……………………310
ベース
　——（形削り盤の）…………………231
　——（立て削り盤の）…………………234
　——（フライス盤の）…………………245
　——（ボール盤の）……………201, 203
ベッド
　——（旋盤の）………………………162
　——（タレット旋盤の）………………186
　——（立旋盤の）……………………196
　——（中ぐり盤の）…………………216
　——（平削り盤の）…………………226
　——（木工盤の）………………………6
ベルトグラインダ ……………………315
ベルトサンダ（ベルトポリッシャ）………315
ベントナイト類（bentonite）………………12
ペーパ仕上げ ……………………314
ペンダントコントロール ………………152
ペンチ ……………………381

Beilby 層 ……………………317, 332

ホ

放電加工 (electric spark machining)……334
放電研削法 ………………………………336
放電成形法 ………………………………129
放電切断法 ………………………………336
ほうろう …………………………………397
火床 (ほど) (smith hearth) ………………68
火床番………………………………………66
骨組み型 (skeleton pattern)………………4
棒材作業 (自動旋盤の)…………………190
棒材作業 (タレット旋盤の)……………186
母性原則 (工作機械の)…………………150
ホークゲージ ……………………………273
ホーニング仕上げ (honing) ……………299
ホーニング盤 (honing machine)………299
ホーニング速度 …………………………301
ホーン (ホーニングヘッド)……………301
ホーン (超音波加工用)…………………338
ホッパ (素材自動供給装置の)…………195
ホブ …………………………………………345
ホブ切り法
　——(平歯車，はすば歯車の)…………347
　——(まがり歯かさ歯車の)……………354
　——(ウォームの)………………………358
　——(ウォームホィールの)……………359
ホブ盤 (hobbing machine) ……………346
ボーリングマスタ ………………………219
ボール盤 (drilling machine)……………201
ボタン法 …………………………………406
ボックスジグ ……………………………407
ボトムスライドドローイングプレス ……120
ボルトクリッパ …………………………381
ボンベ (酸素) (bomb, bottle) …………130
ポータブルベルトグラインダ …………316
ポリシ ……………………………………318
ポンチ (けがき用)………………………155
ポンチ・ダイス (板金せん断加工用)
　(punch and die)…………………………91
ポンチ・ダイス (深絞り用)………………95

ポンチ・ダイス (板曲げ用)………………94
ポンチスライド (プレスの)……………120

マ

舞いカッタによるウォームホィールの
　歯切り……………………………………359
前炉 (fore hearth) ……………………34, 35
まがり歯かさ歯車の歯切り ……………354
まくれ (型鍛造の)…………………………75
まくれ取りリーマ ………………………210
曲げ (鍛造作業) (bending)………………70
曲げ (板金作業) (bending) …………90, 93
摩擦のこ盤 (friction sawing machine)…260
摩擦溶接 …………………………………138
またぎ歯厚法 ……………………………372
摩耗しろ (ゲージの)……………………383
摩耗リング ………………………………311
丸のこ (木工用)……………………………6
丸のこ盤 (circular sawing machine)…6, 259
丸筆 (型込用)………………………………23
丸ペンチ …………………………………381
回し板 (driving plate) …………………165
回し型 (sweeping pattern)……………3, 21
回し型用砂 (loam)…………………………12
回し金 (ケリー) (dog) …………………165
回りぜき……………………………………28
万力 ………………………………………378
マーカスト法 (Marcast process) ………62
マーグ形歯車形削り盤 …………………348
マーグ歯車研削盤 ………………………365
マイクロメータ …………………………386
マイプレス ………………………………119
マガジン送り ……………………………195
マグネシヤれんが…………………………41
マグネシヤクリンカ………………………42
マグネットチャック ……………………167
マシニングセンタ ………………………264
マシンリーマ ……………………………208
マスタカム ………………………………294
マスタロール ……………………………294
マッチプレート ………………………4, 32

マ

マトリックス歯車研削盤 ……………366
マフル炉 …………………………68
マンドレル（アーバ）………………168

ミ

みぞ（ドリルの）…………………205
みぞなしタップ …………………213
みぞフライス（key-way cutter）……248
ミルドヘリコイド ………………358

ム

無機質被覆 ………………………397
むくバイト ………………………162
むくり上り法（押上げ法）…………49
むくリーマ ………………………207
無段変速装置（立旋盤の）…………198
胸当形手回しボール ………………379

メ

めがねレンチ ……………………381
目玉（鋳巣）………………………55
めっき条件 ………………………391
めっき層 …………………………391
めっき浴組成 ……………………391
目つまり …………………………305
目直し（dressing）………………274
目吹き（型込用）…………………23
面板（木工旋盤用）…………………6
面板（face plate）………………165
面削り（surfacing）……………158
面削り装置 ………………………218
面取り（歯の）（chamfering）……368
面取り（木型の）（rounding）………5
面取りフライス（corner rounding cutter）…………249
面取りフライス（center cutter, countersinks）…………168, 250
めんなで（型込用）…………………23
面の測定 …………………………387
メタルソー（metal slitting saw）……248
メディア …………………………322

モ

模型（ならい削りの）（model）……171
模型（pattern）……………………3
模型の整理 ………………………11
模型の塗装 ………………………10
模型番号（pattern number）………11
木工かんな盤（wood planer）………7
木工旋盤（wood working lathe）……6
木工用工具 ………………………8
木工フライス盤（wood milling machine）…8
木工ボール盤 （wood borer）………8
物さし（scale）…………………385
門形ジグ中ぐり盤 ………………222
門形立旋盤 ………………………196
門形平削り盤 ……………………226
モールステーパ …………………202, 252
モールステーパシャンクドリル ……204
モデルカム ………………………294
モンキレンチ ……………………381

ヤ

矢（鍛造による穴あけ用）（drift）……73
焼型（dry sand mould）……11, 20, 48
焼型用砂（dry sand）………………12
焼切り（たがね）…………………78
焼苦土 ……………………………41
焼付き（砂の）（burning）…………53
焼なまし（可鍛鋳鉄の）……………50
焼なまし（鋳鋼の）…………………49
焼もどし（鋳鋼の）…………………49
やすり ……………………………377
やすり仕上げ ……………………376
やすり盤 …………………………377
矢はず継ぎ（vee welding）…………77
山砂 ………………………………12
山付歯形ホブ ……………………368
やまば歯車の山形部形状 ……………349

ユ

湯 ……………………………………3, 11

湯足……52
油圧プレス……121
有機質被覆……397
有効高さ（キュポラの）……35
遊星運動（planetary motion）……277, 310
融接……130
床込め（土間込め）……20
湯口（せき）（gate）……25, 49
湯口棒……20, 23
湯口切断機（riser shear）……46
湯境（cold shut）……56
油脂（バフ仕上用）……319
油性向上剤……182
油性ペイント……396
弓のこ盤（hack sawing machine）……259
湯溜帯（キュポラの）……33
湯道（runner）……27, 49

ヨ

溶解（地金の）……32
溶解層（キュポラの）……34
溶解帯（キュポラの）……33
溶加材（filler metal）……130, 134
陽極酸化（anodic oxidation）……395
溶剤（ガス溶接用）（flux）……131
溶剤（鍛接用）（flux）……76
溶剤（ろう接用）……137
溶剤脱脂……390
溶射ピストル……397
溶接作業（welding）……130
溶接ジグ……398, 408
溶接部の組織……146
溶接姿勢……133
溶接法（各種金属の）……146
溶接棒（アーク溶接の）（welding rod）……132
溶接棒（ガス溶接の）……131
溶着金属（deposited metal）……132
溶着性（鋳物砂の）……16
溶融アルミニウムめっき……395

溶融池……133
溶融めっき（hot dip coating）……394
溶炉（鍛造用）……68
予荷重法……276
横送り（旋盤の）（cross feed）……162
横送り台（cross slide)
　——（自動旋盤の）……192
　——（旋盤の）……162
　——（タレット旋盤の）……186
横形ジグ中ぐり盤……224
横形ブローチ盤……239
横形ホーニング盤……299
横けた（cross rail）
　——（立旋盤の）……196
　——（平削り盤の）……226
横中ぐり盤（horizontal boring machine）……216
横刃物台（立旋盤の）……197
横刃物台（平削り盤の）（side head）……226
横フライス盤（horizontal milling machine）……244
よせ枠（外型）……29
予熱帯（キュポラの）……33
読取顕微鏡（ジグ中ぐり盤の）……223

ラ

ライスハウェル歯車研削盤……366
ライニング（キュポラの）（lining）……33
ライニング（コーチング）……397
ライネッカ形かさ歯車歯切盤……353
ライム……319
ラウタル……53
ラジアルボール盤（radial drilling machine）……203
ラジオペンチ……381
ラックカッタによる歯切り……348
ラック削り装置……257
ラックシェービング……362
ラップ……309
ラップ剤……309
ラップ仕上げ（lapping）……308

ラ

ラップ盤 (lapping machine) ……………310
ラバー結合剤 ……………………………289
ラム (ram)
　── (落しハンマの) ………………74
　── (形削り盤の) …………………231
　── (立て削り盤の) ………………234
　── (タレット旋盤の) ……………186
　── (ブローチ盤の) ………………239
ラム形立フライス盤 ……………………245
ラム形タレット旋盤 ……………………187
ランド (ドリルの) ………………………204

リ

離型油 (鍛造型の) ………………………75
りずわ (型込用) …………………………23
粒度 (鋳物砂の) …………………………15
粒度 (砥粒の) (grain size) ……………288
両センタ間の最大距離 (distance between centers) …………159
両頭研削盤 …………………………46, 285
輪郭研削 …………………………………271
輪郭研削盤 (profile grinding machine) ……………………………296
リーフジグ ………………………………407
リーマ ……………………………………207
リーマ通し (reaming)
　── (旋盤による) ……………159, 173
　── (ボール盤による) ……………207
リブ (鋳物の割れ防止用) ………………56
リンギング ………………………………382

ル

るつぼ (crucible) ………………………39
るつぼ炉 (crucible furnace) ………39, 51
ルージ ……………………………………319
ルーツブロワ (Roots blower) …………37
ルブリカント (バフ仕上用) …………319

レ

零度法 (マーグ研削盤の) ………………365
冷間圧接 (cold pressure welding) ……137
冷間鍛造 (cold forging) …………………64
冷間もろさ (冷ぜい性) (cold shortness)…65
連続式表面ブローチ盤 …………………241
連続鋳造法 (continuous casting) ………62
連続炉 (鍛造用) …………………………68
連続溶接 (continuous weld) ……………145
れん台 (とりべ) …………………………38
レーザ加工 (laser machining) …………341
レーザ溶接 (laser welding) ……………139
レジスト (エッチングにおける) ………391
レジノイド結合剤 ………………………289
レベリングブロック ……………………382
レボリューションマーク (フライス削りの) ………………………………253

ロ

ろう (ろう接用) …………………………137
ろう付バイト ……………………………163
ろう付け (brazing) ………………………137
六角タレットヘッド ……………………187
炉底 (キュポラの) ………………………34
炉前検査 …………………………………50
ローラ仕上げ (surface rolling) ……159, 330
ローラレベラ ……………………………127
ロール研削盤 (roll grinder) ……………293
ロールダイス ……………………………331
ロールフォージング (roll forging) ……86
ローレット (knurling tool) ………159, 164
ローレット切り (knurling) ………159, 164
ローレンツの歯切法 (ウォームギヤの) ……360
ロストワックス法 (lost wax method) ……62

ワ

わかし継ぎ (鍛接) ………………………76
枠 (型わく) (flask) ………………………23
和栗式歯切, 研削兼用盤 ………………367
割り (鍛造作業) (splitting) ……………73
割り型 (sectional die) …………………107
割り刃 (丸のこ盤の) (clearance block) ……7
割出円テーブル …………………………225

割出し作業（ジグにおける）（indexing）…401	ワークホルダ（ラップ盤の）…………………310
割出定数（ホブ盤の）……………………347	ワードレオナード式
割出台（dividing head）………………251	──制御方式（平削り盤）……………227
割出板（index plate）…………………251	──無段変速装置（立旋盤）…………198
割れ（加熱による）…………………66,68	ワイヤゲージ ………………………………383
割れ（鋳造品の）………………………55	Y合金……………………………………………53

2016 最新 機械製作	1974年3月10日　第1版第1刷発行 2016年9月16日　第1版第36刷発行
著者との申し合せにより検印省略	
©著作権所有	著 作 者　機械製作法研究会
定価（本体4000円＋税）	発 行 者　株式会社　養賢堂 　　　　　代表者　及川　清
	印 刷 者　公和図書株式会社 　　　　　責任者　佐々木　剛

〒113-0033　東京都文京区本郷5丁目30番15号
発 行 所　株式会社 養賢堂　TEL 東京(03)3814-0911　振替00120
　　　　　　　　　　　　　　FAX 東京(03)3812-2615　7-25700
　　　　　URL http://www.yokendo.co.jp/
　　　　　ISBN978-4-8425-0153-6　C3053

PRINTED IN JAPAN　　　　　　　　　製本所　株式会社三水舎